Rainer Dietrich
Hartmut Wiesner

Biophysik

C.C.Buchner

Biophysik

Herausgegeben von Rainer Dietrich und Hartmut Wiesner

Erarbeitet von Michael Authier, Rainer Dietrich, Markus Elsholz, Christian Fauser, Thomas Geßner, René Grünbauer, Christian Hanel, Robert Meckler, Anja Michel, Melanie Nerding, Alexander Rachel und Hartmut Wiesner

Zu diesem Band ist das Lehrermaterial (BN 6704) lieferbar.

Dieses Werk folgt der reformierten Rechtschreibung und Zeichensetzung. Ausnahmen bilden Texte, bei denen künstlerische, philologische oder lizenzrechtliche Gründe einer Änderung entgegenstehen.

2. Auflage, 2. Druck 2016
Alle Drucke dieser Auflage sind, weil untereinander unverändert, nebeneinander benutzbar.

Gestaltung und Herstellung: tiff.any GmbH, Berlin
Grafiken: Helmut Holtermann, Dannenberg
Druck- und Bindearbeiten: Friedrich Pustet, Regensburg

www.ccbuchner.de

ISBN 978-3-7661-6703-3

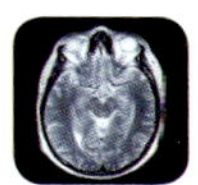

Die Behandlung der mit * gekennzeichneten Kapitel ist fakultativ.

Vorwort

Liebe Schülerinnen und Schüler,
liebe Lehrerinnen und Lehrer,

In den letzten Jahrzehnten sind in kaum einem Wissensgebiet so viele Fortschritte erzielt worden wie in der Biologie. Die dabei verwendeten Methoden gehen aber weit über die der klassischen Biologie hinaus, so dass man je nach Bereich besser von Biotechnologie, Biochemie oder Biophysik spricht. Längst sind daraus eigenständige Fachrichtungen entstanden, was sich auch in entsprechenden Studiengängen niederschlägt. Der aktuelle Lehrplan für die bayerischen Gymnasien trägt dieser Entwicklung Rechnung und bietet erstmals die Möglichkeit, in der 11. Jahrgangsstufe die Lehrplanalternative Biophysik zu wählen. Damit eröffnen sich neue Chancen, die genutzt werden können und sollten.

Sie sollten genutzt werden, weil immer mehr höchst attraktive Studiengänge und Berufsfelder Kenntnisse aus Biologie *und* Physik erfordern. Das gilt nicht nur für die „klassischen" Tätigkeitsfelder in der Medizin. Auch die Medizintechnik bietet gute Aussichten für entsprechend ausgebildete Ingenieure, und viele Biologen und Physiker arbeiten an den Grenzen ihrer eigentlichen Fächer.

In der Schule lassen sich diese Chancen in mehrfacher Hinsicht nutzen: Zum einen öffnet die Biophysik den Blick dafür, dass die übliche Einteilung der Naturwissenschaften in Biologie, Chemie und Physik rein praktischer Art ist. Tatsächlich sind alle Dinge, ob Stein oder Zelle, den gleichen universellen Naturgesetzen unterworfen. Zum anderen ergeben sich aus der Vernetzung von Physik und Biologie sehr interessante neue Einsichten. Die Leistungen unserer Sinnesorgane kann jeder am eigenen Leib erfahren, und die physikalische Perspektive führt zu einem vertieften Verständnis dieser Leistungen; Technologien zur medizinischen Diagnose und Therapie sind jedem schon selbst oder im Bekanntenkreis begegnet.

Das vorliegende Buch stellt den Bezug zwischen Physik, Biologie und Medizin auch in den eher theoretischen Teilen immer wieder her. Seine Struktur orientiert sich eng am Lehrplan und deckt so alle verbindlichen Inhalte ab. Inhalte, die darüber hinausgehen, sind mit einem Sternchen markiert. Während die Teile zu *Auge und Ohr* sowie zur *Neuronalen Signalleitung* in sich abgeschlossene Einheiten bilden, bietet es sich an, die *Typischen Untersuchungsmethoden der Biophysik* um Kapitel aus dem fakultativen Bereich *Strahlenbiophysik und Medizinphysik* zu erweitern. Dadurch lässt sich der zentrale Bereich der elektrischen und magnetischen Felder in einen größeren Kontext einbetten. Der Teil ist jedoch auch unter Auslassung der fakultativen Abschnitte einsetzbar, und der Kursverlauf kann dann mit der *Biomechanik* abgeschlossen werden. Die Behandlung des dritten fakultativen Lehrplanteils, der *Photosynthese*, hätte den Umfang des vorliegenden Buches gesprengt. Für einen diesbezüglichen möglichen Unterrichtsverlauf wird auf die Handreichung des ISB verwiesen.

Zentraler Bestandteil dieses Schulbuches sind die Übungsaufgaben, die durchweg aus der Unterrichtspraxis stammen und unterschiedlichste Kompetenzbereiche einbeziehen. Die Aufgaben werden durch ausführlich kommentierte Beispiele ergänzt.

Wir hoffen, dass alle Leser – egal ob Schülerinnen und Schüler oder Kolleginnen und Kollegen – diesem Buch interessante Anregungen entnehmen können und wünschen uns, dass wir etwas von der Begeisterung, die wir beim Unterrichten und Schreiben hatten, weitergeben konnten.

Viel Erfolg mit der Biophysik wünschen

Herausgeber und Autoren

Auge und Ohr

Für eine erfolgreiche Lebensbewältigung sind Lebewesen darauf angewiesen, auf ihre Umwelt rasch und angemessen reagieren zu können. Voraussetzung dafür ist, dass sie Informationen über die Umwelt zuverlässig aufnehmen und verarbeiten können. Für uns Menschen und viele Tiere sind der Sehsinn und der Hörsinn von größter Bedeutung. Dabei haben sich diese Sinnesorgane im Laufe der Evolution an die unterschiedlichsten Lebensformen und Lebensräume angepasst. Dies zeigt sich beim Auge sowohl am äußeren Aufbau (Augenfarbe, Lider, Größe und Form der Pupille) als auch an der Leistungsfähigkeit: Augen können über oder unter Wasser sehen, in hellen oder dunklen Umgebungen, nur Graustufen unterscheiden oder Farbbereiche und Farbnuancen wahrnehmen, die außerhalb unserer menschlichen Erfahrung liegen.

1 Auge

1.1 Einführung: Biologie und Physik

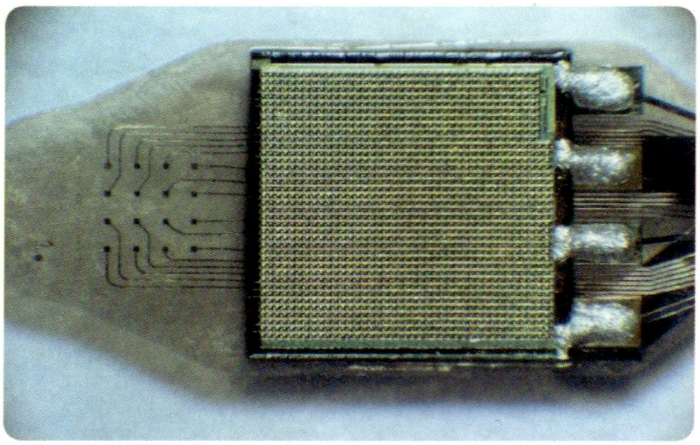

Abb. 1.1 ▶ Netzhaut-Chip der Universität Tübingen

„Forschungserfolg: Netzhaut-Chip gibt Blinden Sehfähigkeit zurück" – diese und ähnliche Schlagzeilen füllten in den Jahren 2010 und 2011 viele Zeitungen. Forschern an der Universität Tübingen war es gelungen, einen Netzhaut-Chip (Abb. 1.1) zu entwickeln, der Menschen, die an der Erbkrankheit Retinitis pigmentosa erkrankt sind, ihr Augenlicht wiedergibt. Bei der Entwicklung eines solchen Retina-Implantats stehen Forscher vor zahlreichen Herausforderungen. Der Chip muss einerseits perfekt an den Sehapparat des menschlichen Auges angepasst sein, andererseits muss er den dabei registrierten Seheindruck in das Nervensystem einspeisen. Dazu sind quantitative Informationen z. B. über das Auflösungsvermögen des Auges und die Kodierung von Sinneseindrücken im Nervensystem nötig. Die Physik und ihre vorwiegend quantitativen Modelle können an dieser Stelle einen wertvollen Beitrag leisten.

1.2 Überblick über verschiedene Augentypen

Bei den meisten Tieren organisierten sich die Photorezeptoren im Laufe der Evolution zu einer Retina. Diese bei wirbellosen Tieren zunächst außen liegende lichtempfindliche Schicht senkte sich zu einer Grube ein (Grubenauge), verengte sich zu einer schmalen Öffnung (Lochkamera-Auge), und verschloss sich schließlich mit einem Deckgewebe zu einem Linsenauge (Abb. 1.2 a – d). Das Linsenauge ist so leistungsfähig, dass es in der Evolution zweimal unabhängig voneinander bei Tintenfischen (Abb. 1.2 e) und bei Wirbeltieren (Abb. 1.2 f) entstand. Die Netzhaut entwickelt sich bei den beiden Entwicklungssträngen aus unterschiedlichen Gewebetypen. Daher trifft beim Tintenfisch das ins Auge einfallende Licht direkt auf die Lichtsinneszellen (everses Auge). Beim Linsenauge der Wirbeltiere muss das Licht dagegen erst verschiedene Nerven-

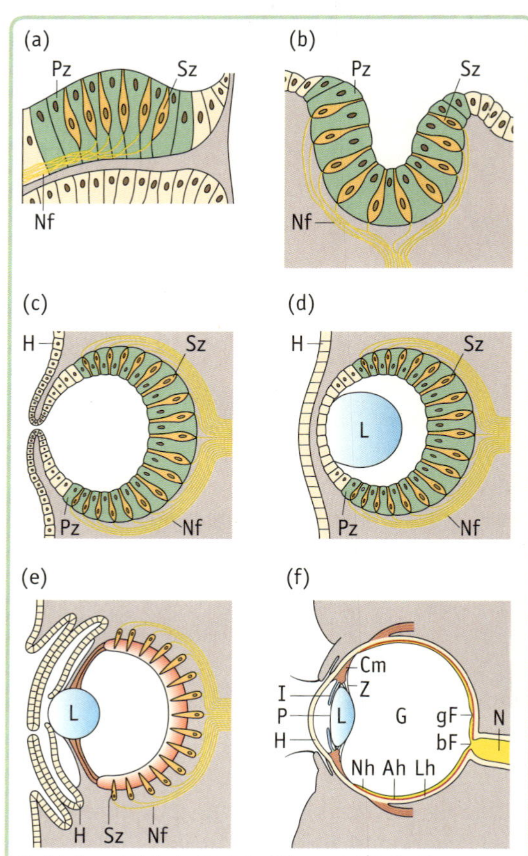

Ah Aderhaut, bF blinder Fleck, Cm Ziliarmuskel, G Glaskörper, gF gelber Fleck mit Fovea, H Hornhaut, I Iris, L Linse, Lh Lederhaut, N Sehnerv, Nf Nervenfasern, Nh Netzhaut, P Pupille, Pz Pigmentzellen, Sz Sehzellen, Z Zonulafasern

Abb. 1.2 ▶ Verschiedene Augentypen: **(a)** Flachauge, **(b)** Grubenauge (Napfschnecke), **(c)** Lochkamera-Auge (Nautilus-Tintenfisch), **(d)** Linsenauge ohne Iris (Weinbergschnecke), **(e)** Linsenauge mit Iris (höhere Tintenfische) und **(f)** Linsenauge (Mensch)

zellschichten durchqueren, bevor es die Lichtsinneszellen erreicht (inverses Auge).
Im Laufe der Evolution haben sich bei den verschiedenen Tierarten jeweils hochspezialisierte Anpassungen des Linsenauges an den jeweiligen Lebensraum entwickelt. Die spezielle Linse (Kap. 1.8.2) vieler Tierarten im Wasser, die flache Hornhaut bei Pinguinen und Seehunden, die stark verformbare Linse bei Tauchvögeln (Kap. 1.8.3), die stark verformbare, schlitzförmige Iris bei Katzen oder auch die trichterförmige Struktur in der Retina des Adlerauges (Abb. 2.12) lassen sich mit physikalischen Konzepten zur optischen Abbildung und zum Auflösungsvermögen von Linsensystemen verstehen und quantifizieren.
Kleine Tiere wie die Gliederfüßer (z. B. Insekten, Tausendfüßer und Krebse) haben eine Speziallösung entwickelt, weil die wichtigsten Leistungsmerkmale des Linsenauges – gute räumliche Auflösung und hohe Lichtempfindlichkeit – von der Augengröße abhängen. Das Facettenauge liefert bei kleiner Augengröße ein besseres Bild als ein Linsenauge gleicher Größe (Kap. 3.6).

1.3 Lochkamera-Auge

Ein Lochkamera-Auge (Abb. 1.2 c) findet man heute bei verschiedenen Meeresschnecken, zum Beispiel bei den Seeohrschnecken und beim Nautilus-Tintenfisch. Es ist nicht möglich, mit einem Lochkamera-Auge gleichzeitig ein scharfes und helles Bild zu erhalten. Daher kann man davon ausgehen, dass Meeresschnecken und Nautilus-Tintenfische wahrscheinlich eher Formen und Schatten erkennen können.
Eine Lochkamera ist das einfachste Gerät, um optische Abbildungen zu erzeugen. Sie benötigt dafür keine optische Linse, sondern nur eine dunkle Zelle (Camera obscura) mit einer kleinen Öffnung in der vorderen Wand (Blende). Das auf der gegenüberliegenden Innenseite entstehende Bild lässt sich auf Fotopapier oder über einen elektronischen Bildwandler festhalten. Die Lochkamera bildet leuchtende Gegenstände ab, indem durch die Lochblende fast alle Lichtstrahlen, die vom Objekt ausgehen, ausgeblendet werden (Abb. 1.3). Nur ein kleines Bündel nahezu paralleler Strahlen trägt zur Bildentstehung bei. Das stets auf dem Kopf stehende, seitenverkehrte Bild kann durch Verkleinern der Blende schärfer dargestellt werden. Dies geht aber zu Lasten der Bildhelligkeit.

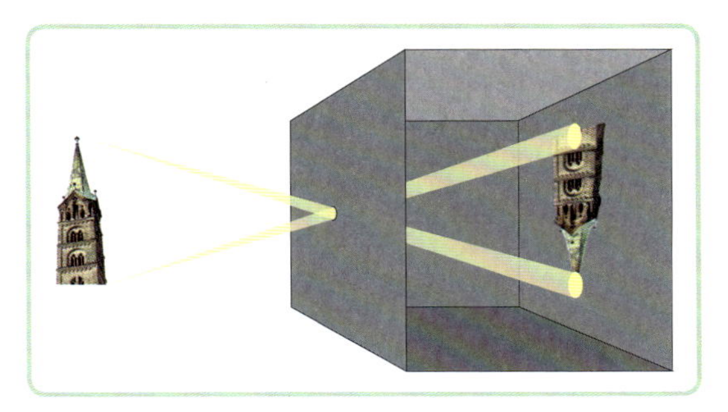

Abb. 1.3 ▸ Prinzip einer Lochkamera

1.4 Bildentstehung auf der Netzhaut

Als dioptrischen Apparat eines Auges bezeichnet man die Strukturen, die die Außenwelt auf der Netzhaut abbilden. Er besteht bei einem Linsenauge (Abb. 1.4) im Wesentlichen aus

- den lichtbrechenden Flächen der Hornhaut (Cornea) und der Linse
- dem Glaskörper und
- der Pupillenöffnung.

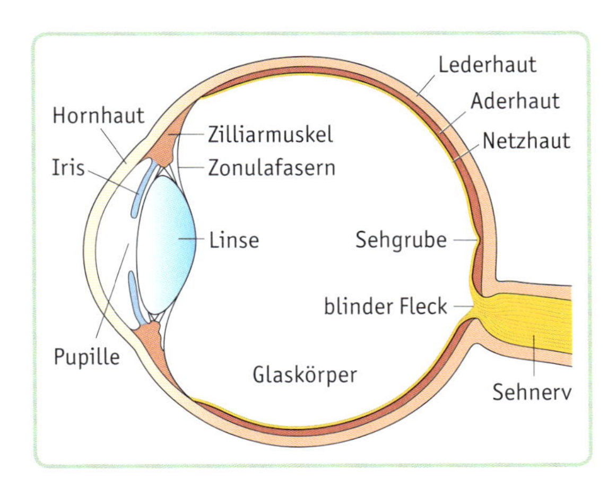

Abb. 1.4 ▸ Vereinfachter Aufbau des menschlichen Auges

Um das Auge zu beschreiben, gibt es verschiedene physikalische Modelle mit unterschiedlichen Komplexitätsgraden (Aufgaben 3 und 4). Das einfachste Modell besteht aus einer einzigen dünnen Sammel-

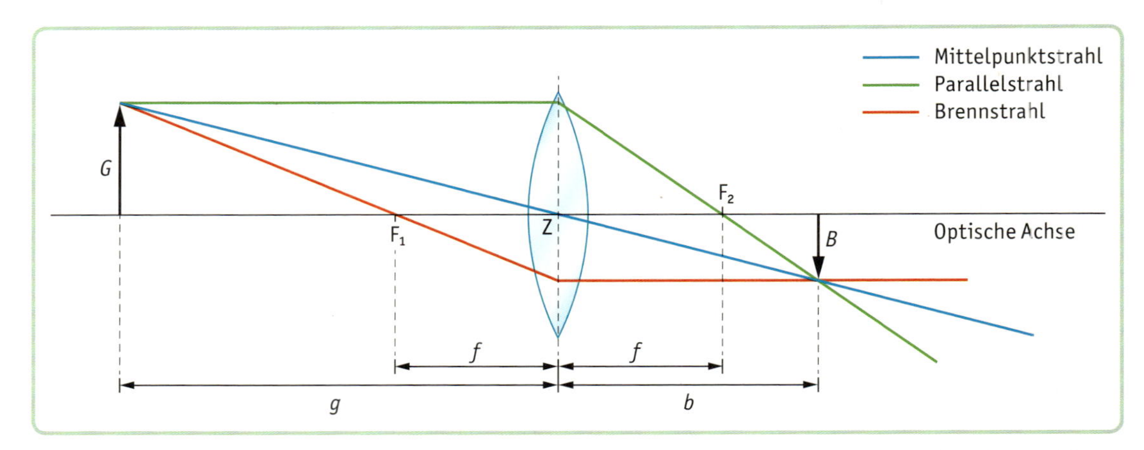

Abb. 1.5 ▶ Strahlengang bei der Bildentstehung an einer Sammellinse. Bezeichnungen: *G*: Gegenstandsgröße, *B*: Bildgröße, F_1, F_2: Brennpunkte, *f*: Brennweite, *g*: Gegenstandsweite, *b*: Bildweite

linse (Hornhaut und Augenlinse) und einem ebenen Schirm (Netzhaut). Abb. 1.5 zeigt den Verlauf der Lichtstrahlen in diesem Modell. Von jedem Punkt eines Gegenstandes breiten sich Lichtstrahlen geradlinig in alle Richtungen aus. Die Linse bewirkt durch Brechung (vgl. Kap. 1.8.1) eine Richtungsänderung der Lichtstrahlen. Daher vereinigen sich die ursprünglich auseinanderlaufenden Lichtstrahlen auf dem Sichtschirm wieder zu einem Bildpunkt.

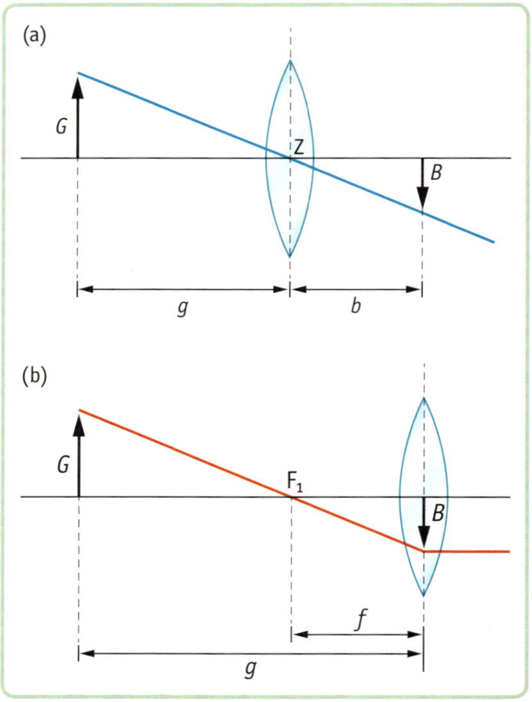

Abb. 1.6 ▶ **(a):** Strahlensatz mit Zentrum Z
(b): Strahlensatz mit Zentrum F_1

1.5 Abbildung durch Sammellinsen

1.5.1 Berechnungen zur optischen Abbildung

Die Gegenstandsweite, die Bildweite und die Brennweite können nicht beliebig gewählt werden, wenn das entstehende Bild scharf sein soll. Zwei Strahlensatzfiguren mit Zentren in F_1 bzw. in Z führen zu nachfolgenden Verhältnissen:

$$\frac{B}{G} = \frac{b}{g} \qquad \text{(Abb. 1.6 a)}$$

$$\frac{B}{G} = \frac{f}{g - f} \qquad \text{(Abb. 1.6 b)}$$

Gleichsetzen der beiden rechten Seiten liefert einen Zusammenhang zwischen Gegenstandsweite, Bildweite und Brennweite der Linse:

Linsengleichung

$$\frac{1}{f} = \frac{1}{b} + \frac{1}{g}$$

Entsteht ein scharfes Bild auf der Netzhaut, dann ist die Linsengleichung erfüllt und umgekehrt.

1.5.2 Reelle und virtuelle Bilder

Der Abstand des Gegenstandes von der Linse hat einen entscheidenden Einfluss auf das entstehende Bild (Abb. 1.7). Ein reelles Bild eines Objekts kann auf einem Schirm hinter der Linse aufgefangen werden, da sich die Strahlen, die von einem Objekt-

Ort des Gegenstandes	Bild und Bildkonstruktion	Eigenschaften des Bildes
außerhalb der doppelten Brennweite einer Sammellinse $g > 2f$	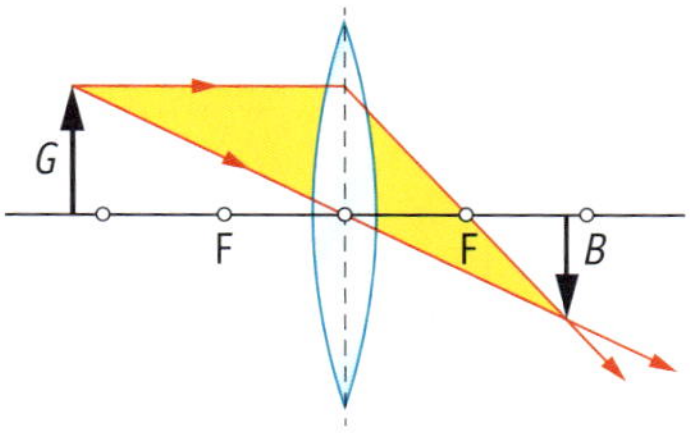 G, F, F, B	• verkleinert • umgekehrt • seitenvertauscht • reell (wirklich) $f < b < 2f$ $B < G$
in der doppelten Brennweite einer Sammellinse $g = 2f$	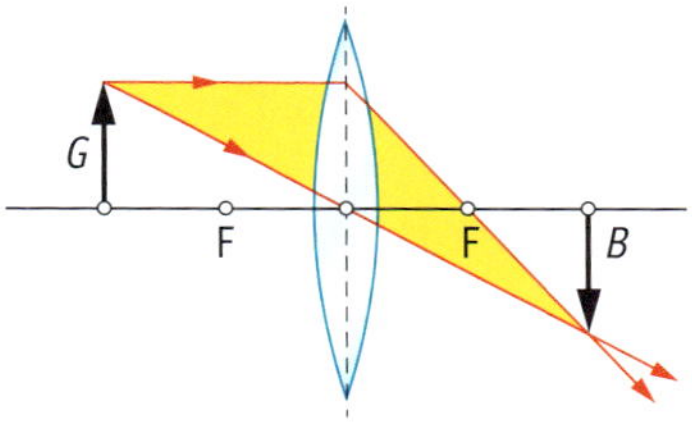 G, F, F, B	• gleich groß • umgekehrt • seitenvertauscht • reell (wirklich) $b = 2f$ $B = G$
zwischen einfacher und doppelter Brennweite einer Sammellinse $2f > g > f$	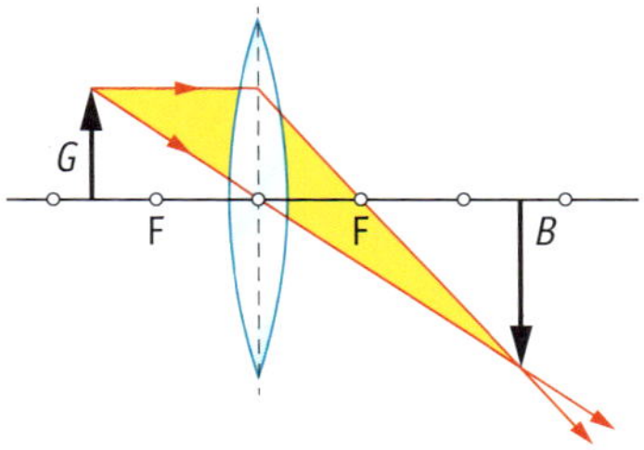 G, F, F, B	• vergrößert • umgekehrt • seitenvertauscht • reell (wirklich) $b > 2f$ $B > G$
in der einfachen Brennweite einer Sammellinse $g = f$	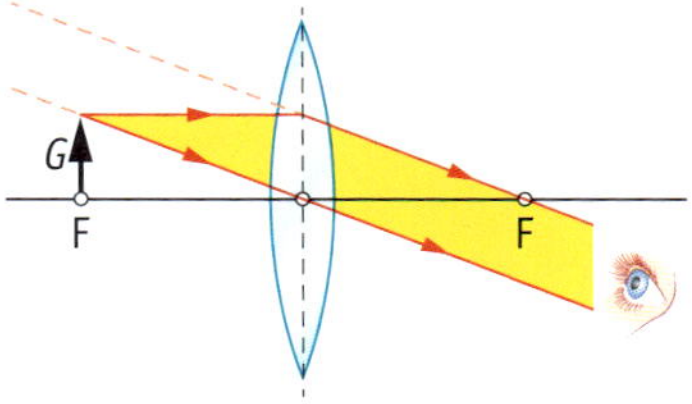 G, F, F	• kein scharfes Bild (Bild im Unendlichen) • gebrochene Strahlen verlaufen parallel $b \rightarrow \infty$
innerhalb der einfachen Brennweite einer Sammellinse $g < f$	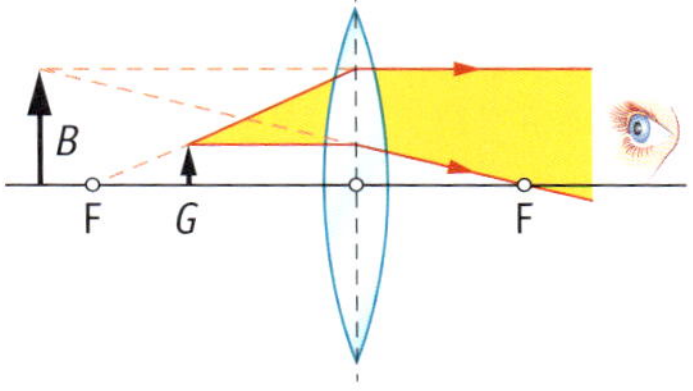 B, F, G, F	• vergrößert • aufrecht • seitenrichtig • virtuell (scheinbar) $0 < b < \infty$ $B > G$

Abb. 1.7 ▶ Strahlenverlauf bei verschiedenen Gegenstandsweiten. Beim Sehvorgang liegt typischerweise der Fall $g > 2f$ vor.

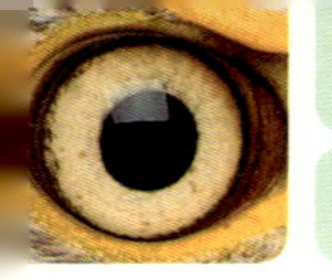

punkt ausgehen, dort treffen. Es entsteht, wenn ein Gegenstand, der weiter als die Brennweite von einer Sammellinse entfernt ist, abgebildet wird. Bei einer einzelnen Linse stehen reelle Bilder stets auf dem Kopf und sind seitenverkehrt.
Im Gegensatz dazu kann ein virtuelles Bild nicht auf einem Schirm aufgefangen werden, da sich hier die von einem Objektpunkt ausgehenden Strahlen nicht treffen. Sie laufen auseinander. Die Strahlen scheinen aber von einem gemeinsamen Punkt her zu kommen. Bei Sammellinsen entsteht ein virtuelles Bild, wenn sich das Objekt zwischen Brennebene und Linse befindet.

1.5.3 Brechkraft einer Linse

Die optische Wirkung einer Linse ist umso stärker, je kleiner ihre Brennweite f ist. Deshalb legt man fest: Die Stärke einer Linse (Brechkraft D) ist der Kehrwert ihrer Brennweite f:

$$D = \frac{1}{f}$$

Die Brechkraft wird in der Einheit Dioptrie angegeben. Es gilt: 1 dpt = 1 m^{-1}. Eine Linse mit einer Brechkraft von 2 dpt hat in Luft eine Brennweite von 0,5 m.
Biologen, Augenärzte und Augenoptiker verwenden bei Brillen und Augen meist die Brechkraft statt der Brennweite, um Linsen zu beschreiben. Dies liegt daran, dass sich damit Berechnungen an Linsensystemen (Auge-Brillenglas oder Hornhaut-Augenlinse) leichter durchführen lassen. So darf man beispielsweise die Brechkraft zweier dünner Linsen, die nahe beieinander stehen, addieren (vgl. Aufg. 4 c):
$D_{gesamt} = D_1 + D_2$
Würde man diesen Zusammenhang durch die Brennweite ausdrücken, wird daraus ein komplizierter Bruch.

1.6 Akkommodation

Soll im Auge ein Gegenstand scharf abgebildet werden, so müssen Gegenstandsweite, Bildweite und die Brennweite so aufeinander abgestimmt sein, dass die Linsengleichung erfüllt ist. Die Anpassung des Auges an unterschiedliche Gegenstandsweiten nennt man Akkommodation.

Es gibt im Wesentlichen zwei Mechanismen, mit denen eine Akkommodation auf unterschiedlich weit entfernte Gegenstände erreicht werden kann:
- Anpassung der Brechkraft der Linse durch Änderung ihres Krümmungsradius
- Veränderung des Abstandes zwischen Linse und Netzhaut bei starrer, nicht formveränderbarer Linse

Bei an Land lebenden Tieren ist die Hornhaut (Cornea) für den Hauptanteil der Brechkraft verantwortlich. Die Brennweite der Cornea ist nicht variabel. Um Gegenstände in verschiedenen Entfernungen zum Auge scharf abbilden zu können, übernimmt die Linse die Aufgabe der Akkommodation. Sie führt dazu, dass ein Objekt, das sich in einer bestimmten Entfernung g vom Auge befindet, scharf auf die Netzhautebene abgebildet wird. Der Nahpunkt gibt hierbei die kleinste und der Fernpunkt die größte Distanz zum Auge an, in der dies möglich ist.
Die maximal mögliche Brechkraftänderung wird als Akkommodationsbreite bezeichnet. Bei Kleinkindern beträgt die Akkommodationsbreite im Mittel ca. 14 dpt. Bezogen auf die Gesamtbrechkraft des Auges von etwa 58 dpt entspricht dies einer Variation von rund 25 %. Im hohen Alter fällt die Akkommodationsbreite auf Werte unter 0,5 dpt bzw. 1 % ab. Dadurch vergrößert sich der geringste Abstand (Akkommodationsnahpunkt), in dem Gegenstände ohne Nahkorrektur noch scharf gesehen werden können, von ca. 7 cm auf mehr als 150 cm (sogenannte Altersweitsichtigkeit).
Die Brechkraft einer Linse kann verändert werden, indem ihr Krümmungsradius verändert wird. Dadurch wird bei den meisten Säugetieren gewährleistet, dass Gegenstände, die sich zwischen Nah- und Fernpunkt befinden, stets scharf auf die Netzhaut abgebildet werden.
Beim Menschen ist das entspannte Auge auf die Ferne ausgerichtet. Bei Entfernungen unter 5 m muss die Brechkraft des Auges aktiv erhöht werden. Dazu wird der Ziliarmuskel im Auge kontrahiert, die Zonulafasern entspannen sich und die Linse nimmt aufgrund ihrer Eigenelastizität eine mehr kugelförmige Gestalt an (Abb. 1.8 a). Die dauerhafte Akkommodation auf nahe Gegenstände (Lesen) ist aufgrund der Dauerbelastung des Ziliarmuskels für das Auge ermüdend.

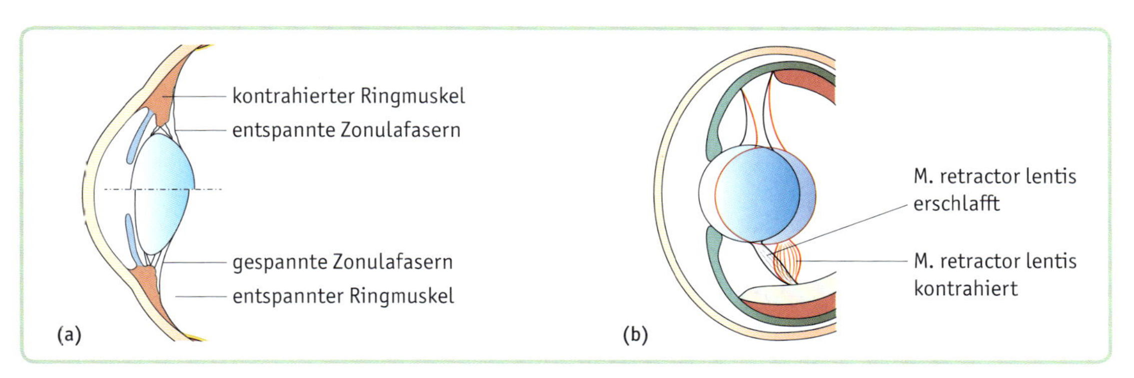

Abb. 1.8 Akkommodationsmechanismen **(a)** beim menschlichen Auge **(b)** beim Knochenfisch

Bei einigen Tierarten (z. B. Fischen und Amphibien) kann die Brechkraft der Linse nicht verändert werden. Die Akkommodation erfolgt durch Veränderung des Abstandes zwischen Linse und Retina (Abb. 1.8 b).

1.7 Fehlsichtigkeiten und ihre Korrektur

Fehlsichtigkeit ist ein Sammelbegriff für eine Reihe von Sehleistungen des Auges, die von der Norm abweichen, z. B. Kurzsichtigkeit, Weitsichtigkeit und Stabsichtigkeit, die Abnahme der Akkommodationsfähigkeit mit dem Lebensalter (Altersweitsichtigkeit), die Verminderung des Sehvermögens bei Dunkelheit (Nachtblindheit) und Farbfehlsichtigkeiten (Rot-Grün-Schwäche, Farbblindheit).
Von einem normalsichtigen Auge im engeren Sinn spricht man, wenn die Augenlänge genau zur Brechkraft von Hornhaut und Linse passt. Im entspannten Zustand des Auges beim Sehen in die Ferne (Abb. 1.9 a) entsteht auf der Netzhaut ein scharfes Bild. Beim Sehen im Nahbereich (Abb. 1.9 b) kann durch Akkommodation die Brechkraft der Augenlinse so angepasst werden, dass ebenfalls ein scharfes Bild auf der Netzhaut entsteht.

1.7.1 Kurzsichtigkeit

Kurzsichtige Menschen haben ein zu lang gebautes Auge. Die Brechung durch Linse und Hornhaut ist zu stark im Verhältnis zur Länge des Auges. Daher entsteht eine scharfe Abbildung vor und nicht auf der Netzhaut. Dieser Effekt ist besonders ausgeprägt bei weit entfernten Gegenständen (Abb. 1.10 a). Je näher ein Gegenstand bei fester Brennweite ans Auge rückt, desto mehr entfernt sich gemäß der Linsengleichung das Bild von der Augenlinse (Abb. 1.10 b). Dies bedeutet, dass das Bild näher an die Netzhaut rückt. Das Bild wird also auch ohne Akkommodation automatisch schärfer. Menschen mit Kurzsichtigkeit können deswegen im entspannten Zustand der Linse auf kurze Entfernung scharf sehen.
Um scharf in die Ferne sehen zu können, brauchen kurzsichtige Menschen eine Korrektur, z. B. eine Brille oder Kontaktlinsen. Da die Brechkraft des Auges im Vergleich zur Augenlänge zu groß ist, muss eine Brille die Brechkraft des Gesamtsystems Brille – Auge reduzieren. Dies wird mit Zerstreuungslinsen (Abb. 1.10 c) erreicht. Im Gegensatz zu Sammellinsen haben Zerstreuungslinsen eine negative Brennweite und damit einen negativen Dioptrienwert.

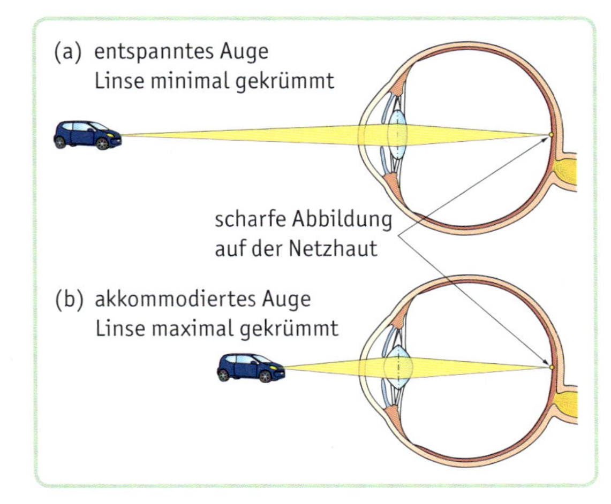

Abb. 1.9 Normalsichtiges Auge im entspannten **(a)** und akkommodierten **(b)** Zustand

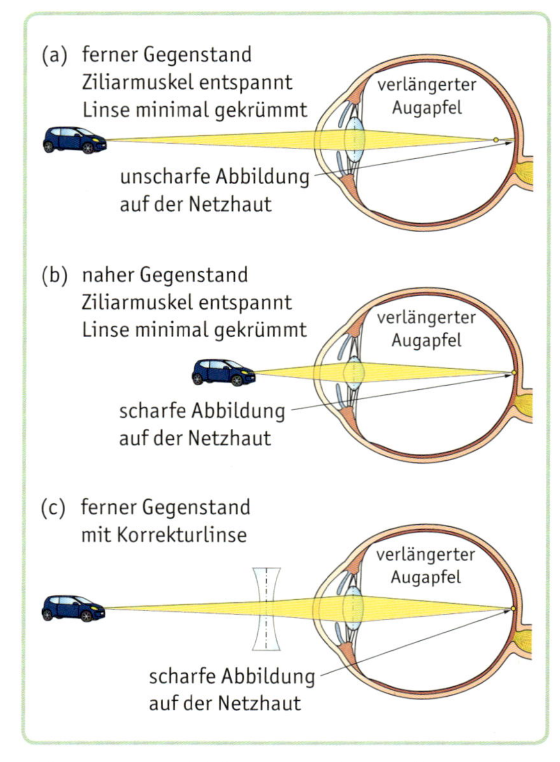

Abb. 1.10 ▶ Kurzsichtiges Auge bei fernem **(a)** und nahem Gegenstand **(b)**; Korrektur durch eine Zerstreuungslinse mit negativer Brennweite **(c)**

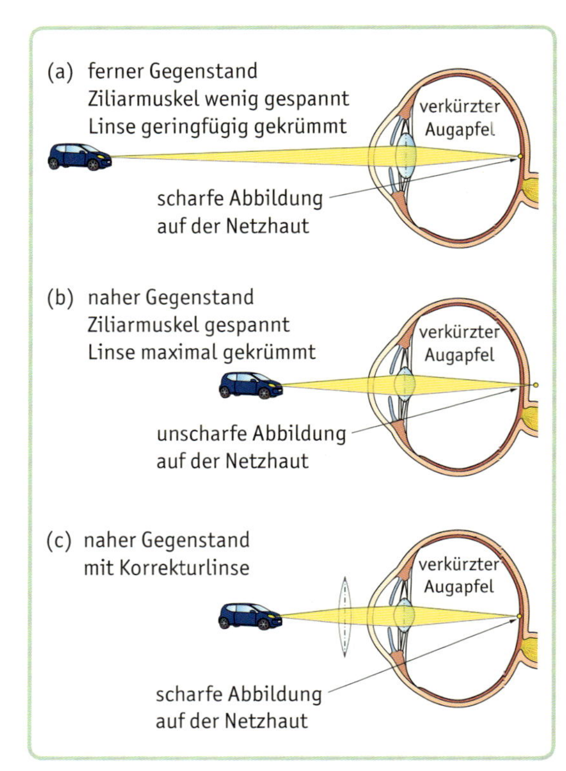

Abb. 1.11 ▶ Akkommodiertes, weitsichtiges Auge bei fernem **(a)** und nahem **(b)** Gegenstand; Korrektur durch eine Sammellinse **(c)**

1.7.2 Weitsichtigkeit

Bei der Geburt ist der Augapfel im Vergleich zur Brechkraft des dioptrischen Apparates zu klein. Daher ist ein Kind in den ersten Lebensjahren weitsichtig. Wächst der Augapfel im Lauf der Kindheit nicht ausreichend, bleibt der Mensch weitsichtig. Im entspannten Zustand entsteht eine scharfe Abbildung hinter der Netzhaut. Dieser Effekt ist besonders ausgeprägt bei nahen Gegenständen (Abb. 1.11 b). Je mehr sich ein Gegenstand bei konstanter Linsenkrümmung vom Auge entfernt, desto mehr nähert sich gemäß der Linsengleichung das Bild der Augenlinse (Abb. 1.11 a). Dies bedeutet, dass es näher an die Netzhaut rückt; das Bild wird also schärfer. Durch Akkommodation (Anspannen des Ziliarmuskels) kann das Bild völlig scharf gestellt werden. Menschen mit Weitsichtigkeit können durch sehr starke Akkommodation unter Umständen auch nahe Gegenstände scharf sehen. Dies funktioniert jedoch nur in begrenztem Maße, weil die Linse selbst bei der stärksten Kontraktion des Ziliarmuskels nicht immer eine ausreichende Krümmung erreicht. Außerdem ist es für das Auge sehr anstrengend. Um ohne Anstrengung in der Nähe sehen zu können, brauchen weitsichtige Menschen deshalb ebenfalls eine Korrektur. Da die Brechkraft des Auges im Vergleich zur Augenlänge zu klein ist, muss eine Brille die Brechkraft des Gesamtsystems Brille – Auge erhöhen. Dies kann mit Sammellinsen (Abb. 1.11 c) erreicht werden.

Etwa ab dem 40. Lebensjahr verliert die Augenlinse an Elastizität. Das Auge kann nicht mehr auf Nahsicht akkommodieren: Es wird altersweitsichtig. So kommt es, dass Lesen immer anstrengender wird und kleine Schriften im Alter nicht mehr entziffert werden können.

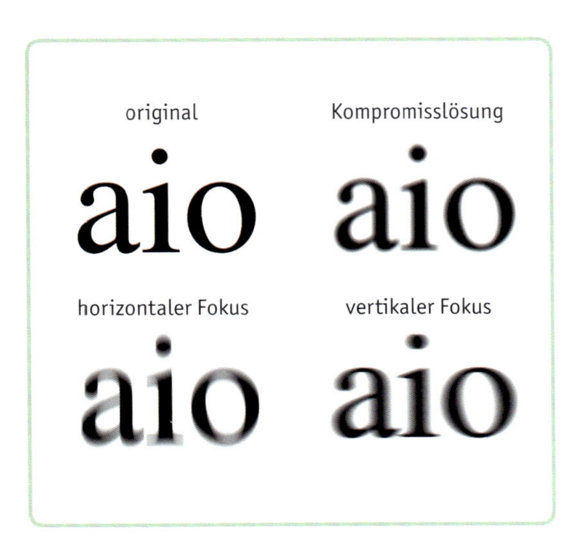

Abb. 1.12 ▶ Seheindruck bei Stabsichtigkeit

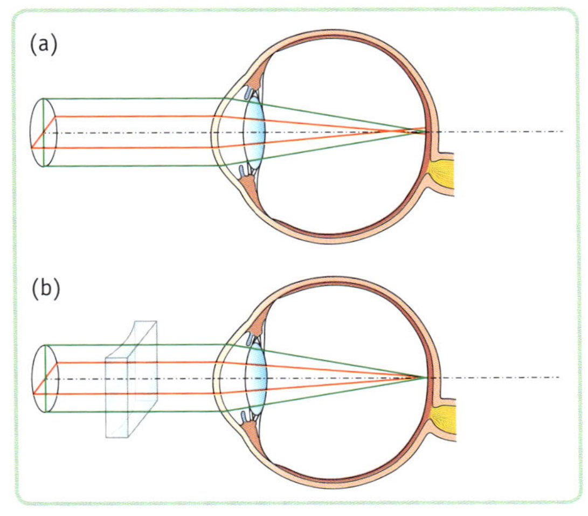

Abb. 1.13 ▶ Stabsichtiges Auge ohne **(a)** und mit **(b)** Korrektur durch eine Zylinderlinse

1.7.3 Stabsichtigkeit (Astigmatismus)

Die normale Hornhaut ist horizontal etwas schwächer gekrümmt als vertikal. Dies führt dazu, dass Lichtstrahlen, die in einer horizontalen Ebene liegen, eine scharfe Abbildung auf der Netzhaut erzeugen, während Lichtstrahlen, die in einer vertikalen Ebene liegen, bereits vor der Netzhaut konvergieren. Der aus der unterschiedlichen Krümmung der Hornhaut resultierende Unterschied der Brechkraft ist aber so klein (ca. 2 %), dass man dies gewöhnlich nicht bemerkt. Bei größeren Unterschieden in der Krümmung der Hornhaut hat das Auge einen beträchtlich anderen Brennpunkt für waagrecht einfallendes Licht als für senkrecht einfallendes Licht. Dies führt dazu, dass man Dinge unscharf und verzerrt sieht. Es liegt eine Stabsichtigkeit vor. Abb. 1.12 zeigt den Seheindruck, der sich ergeben würde, wenn das Auge so akkommodiert, dass die senkrecht einfallenden Lichtstrahlen (vertikaler Brennpunkt) bzw. die waagrecht einfallenden Lichtstrahlen (horizontaler Brennpunkt) scharf abgebildet werden. In der Realität akkommodiert das Auge so, dass sich die vertikalen Strahlen hinter und die horizontalen Strahlen vor der Netzhaut schneiden (Kompromiss). Dies führt zum bestmöglichen Seheindruck. Abhilfe schafft eine zylinderförmig geschliffene Zerstreuungslinse (Abb. 1.13 b).

1.8 Sehen unter Wasser

Fische und Tintenfische akkommodieren durch eine Veränderung der Linsenposition. An Land lebende Wirbeltiere akkommodieren in der Regel durch eine Verformung der Augenlinse (Kap. 1.6). Offenbar spielt der Lebensraum für den Akkommodationsmechanismus des Auges eine Rolle. Wechselt man mit dem Auge vom Medium Luft zum Medium Wasser, ergibt sich an genau einer Stelle eine Änderung: an der Grenzfläche Medium/Hornhaut. Dies merkt man sofort selbst, wenn man unter Wasser ohne Taucherbrille die Augen öffnet. Das menschliche Auge kann unter Wasser nicht scharf sehen. Doch woran liegt das? Zur Beantwortung dieser Frage müssen wir das Verhalten von Licht an Grenzflächen untersuchen.

1.8.1 Brechungsgesetz von Snellius

Die Ausbreitung von Lichtstrahlen wird durch das Prinzip der kleinsten Wirkung bestimmt. Es besagt, dass Licht zwischen zwei Punkten denjenigen Weg nimmt, auf dem es die kürzeste Zeit benötigt. In der Regel ist dies eine Gerade. Kommt es auf diesem Weg zu einem Wechsel des Mediums, muss das nicht mehr stimmen. Dazu betrachten wir das Beispiel eines Rettungsschwimmers, der eine ertrinkende Person retten möchte, die sich in einiger Entfernung vom Ufer befindet (Abb. 1.14). Nimmt der Rettungs-

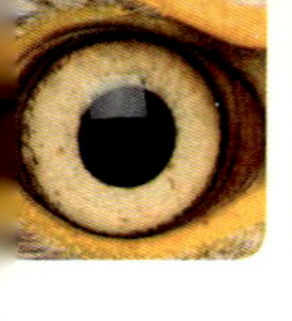

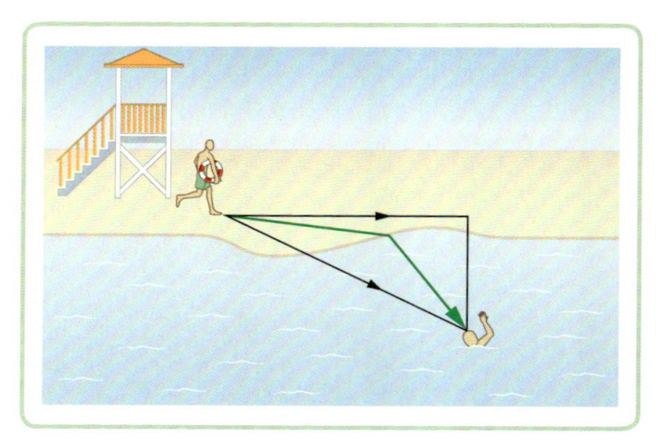

Abb. 1.14 ▶ Optimaler Weg eines Rettungsschwimmers

schwimmer den direkten Weg, so muss er eine relativ große Strecke im Wasser zurücklegen, wo er viel langsamer ist als an Land. Wenn er umgekehrt erst am Strand entlang läuft, bis sein Weg im Wasser am kürzesten ist, spart er Zeit im Wasser, dafür ist sein Weg an Land am längsten. Als optimal erweist sich der grün markierte Weg. Mit Lichtstrahlen verhält es sich ähnlich.

Licht breitet sich im Vakuum mit einer Geschwindigkeit von $c = 3 \cdot 10^8$ m/s aus. In Materie, z. B. Luft, Wasser oder Glas, ist die Ausbreitungsgeschwindigkeit c_M des Lichtes kleiner. Man sagt, das Medium ist optisch dichter als Vakuum. Der Brechungsindex n eines lichtdurchlässigen Materials ergibt sich aus dem Verhältnis der Ausbreitungsgeschwindigkeiten vor und nach der Brechung:

$$n = \frac{c}{c_M}$$

mit c: Lichtgeschwindigkeit in Vakuum und c_M: Lichtgeschwindigkeit in Medium.

Luft	≈ 1
Wasser	1,33
Hornhaut	1,38
Augenlinse (Mensch)	1,42
Augenlinse (Fisch)	1,5
Glas (je nach Zusammensetzung)	1,45 – 2,14

Tab. 1.1 ▶ Brechungsindex einiger Materialien

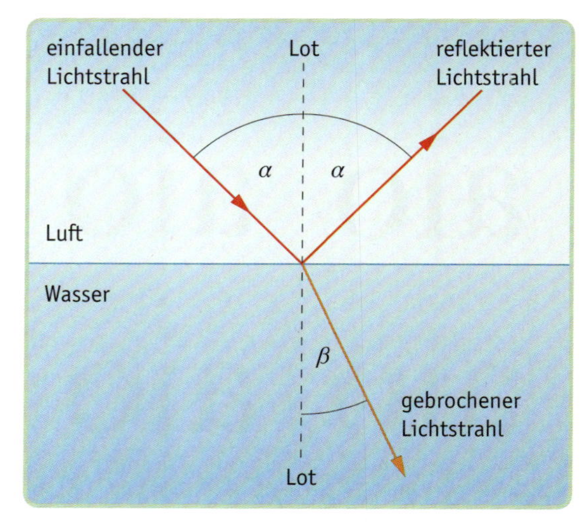

Abb. 1.15 ▶ Brechung an der Grenzfläche Luft/Wasser

Bilden Materialien mit unterschiedlichem Brechungsindex eine Grenzfläche, so ändert das Licht dort seine Richtung (Abb. 1.15), um, ähnlich dem Rettungsschwimmer, seine Laufzeit zu minimieren. Es kommt zur Brechung. Das Brechungsgesetz von SNELLIUS beschreibt den Zusammenhang zwischen der Richtung des einfallenden Lichtstrahls (α) und der Richtung des gebrochenen Lichtstrahls (β) quantitativ:

Brechungsgesetz von SNELLIUS

$$\frac{c_1}{c_2} = \frac{n_2}{n_1} = \frac{\sin \alpha}{\sin \beta}$$

Erfolgt ein Übergang von einem optisch dünneren Medium (z. B. Luft) zu einem optisch dichteren (z. B. Wasser), wird der Lichtstrahl stets zum Einfallslot hin gebrochen. Wie man am Gesetz von SNELLIUS ablesen kann, ist der Effekt der Brechung groß, wenn sich die Brechungsindizes der beteiligten Medien stark unterscheiden. Dieses Phänomen bildet die Grundlage für die Brechkraft von Linsen.

1.8.2 Das Fischauge

Die Brechkraft der Hornhaut in Wasser ist viel geringer als in Luft, da sich die Brechungsindizes von Wasser und Hornhaut kaum unterscheiden (Tab. 1.1). Da die Hornhaut somit in Wasser praktisch nichts zur

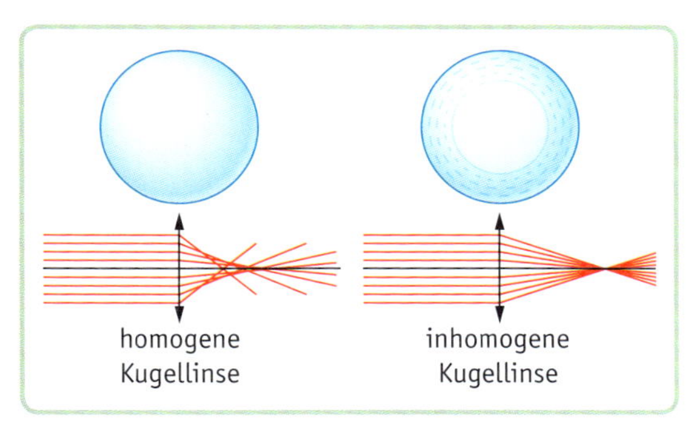

Abb. 1.16 ▸ Verringerung des Abbildungsfehlers bei Kugellinsen durch eine inhomogene Schichtung

Brechkraft beiträgt, ist sie bei Fischen oftmals kaum gewölbt. Weil die Linse alleine für die Brechung der Lichtstrahlen zuständig ist, hat sie sich so entwickelt, dass ihre Brechkraft möglichst groß ist. Dies gelingt durch einen sehr kleinen Krümmungsradius (vgl. Aufg. 2); ihre Form ist daher meist kugelig. Die Linse der Fische ist außerdem optisch dichter als die des Menschen (Tab. 1.1). Dafür ist sie nicht elastisch und hat keine variable Brennweite.
Die Kugelform der Linse würde allerdings eine starke sphärische Aberration nach sich ziehen: Während sich bei einer dünnen Linse alle parallel einfallenden Lichtstrahlen (näherungsweise) in einem Brennpunkt treffen, variiert diese Stelle bei der Kugellinse deutlich (Abb. 1.16 links). Das Fischauge hat sich so angepasst, dass die Linse einen inhomogenen, nach außen hin abnehmenden Brechungsindex besitzt. Dadurch wird die sphärische Aberration deutlich verringert; eine solche Linse nennt man Matthiessenlinse (Abb. 1.16 rechts).
Das menschliche Auge ist dem Sehen an Land angepasst. Es findet bereits ein Großteil der für ein scharfes Sehen erforderlichen Brechung an der Cornea statt. Unter Wasser tritt eine Brechung des Lichtstrahls an der Cornea kaum auf, da Wasser, Cornea und das Kammerwasser hinter der Cornea in etwa die gleiche optische Dichte besitzen. Der Brechungsindex liegt in allen Fällen etwa bei $n \approx 1,3$. Die Brechkraft der Augenlinse alleine ist aber zu gering, um die Lichtstrahlen trotzdem noch auf der Netzhaut bündeln zu können. Der Mensch ist unter Wasser daher weitsichtig.

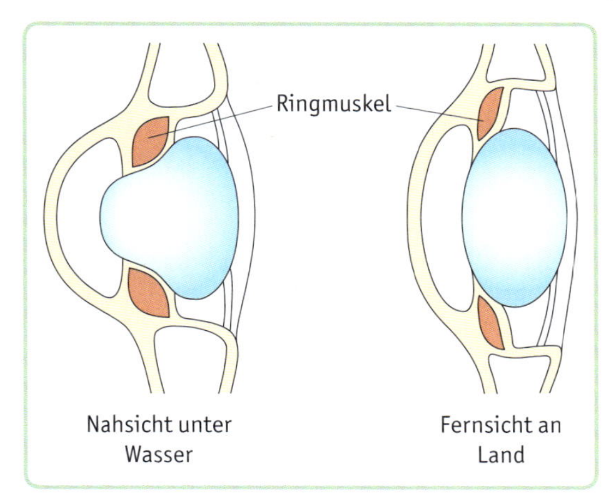

Abb. 1.17 ▸ Kormoranauge unter Wasser und an Land

1.8.3 Oberflächenfische und Tauchvögel

Tiere, die sowohl an Land wie im Wasser leben, müssen die Brechkraft ihrer Linse sehr stark variieren, um in beiden Medien scharf sehen zu können. Wasservögel besitzen daher oft eine weiche, stark verformbare Linse. Beim Kormoran (Abb. 1.17) wird durch den Ringmuskel das Auge so stark gequetscht, dass sowohl Linse als auch Cornea ihre Form verändern.
Das Vierauge (ein Zahnkarpfen, der in den Küstengewässern Mittelamerikas lebt) hat eine ungewöhnliche Lösung entwickelt, um unter und über Wasser scharf sehen zu können (Abb. 1.18). Bei diesem Oberflächenfisch sind die Augen in zwei Hälften geteilt. Die obere dient zum Sehen über, die untere zum Sehen unter Wasser. Beim unteren (aquatischen) Auge ist die Linse deutlich stärker gekrümmt (und die Bildweite größer).

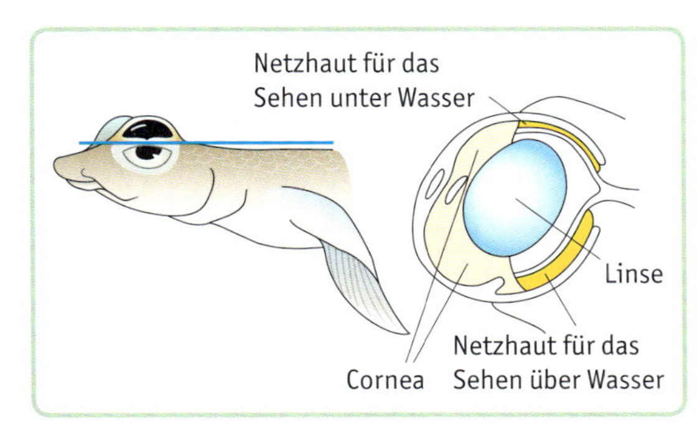

Abb. 1.18 ▸ Zweigeteiltes Auge des Vierauges

▶ Aufgaben

1 Operation für Fehlsichtige

Mit der LASIK-Methode (Laser-In-Situ-Keratomileusis) können durch Laserbearbeitung der Hornhaut Kurz- und Weitsichtigkeit beseitigt oder verringert werden. Dabei wird die Hornhaut durch den Laserstrahl an manchen Stellen abgetragen.

a) Zeichnen Sie den Strahlengang für ein kurzsichtiges und ein weitsichtiges Auge für den Fall, dass der Ziliarmuskel entspannt ist und das Auge auf Fernakkommodation eingestellt ist.

b) Erläutern Sie, warum ein weitsichtiges Auge einen weit entfernten Gegenstand trotzdem scharf abbilden kann, einen nahen aber nicht.

c) Durch LASIK wird der Krümmungsradius der Hornhaut verändert. Erklären Sie, wie sich dies auf die optischen Eigenschaften der Hornhaut auswirkt.

d) Erläutern Sie, an welchen Stellen die Hornhaut bei LASIK abgetragen werden muss um
(i) Kurzsichtigkeit
(ii) Weitsichtigkeit zu verringern.

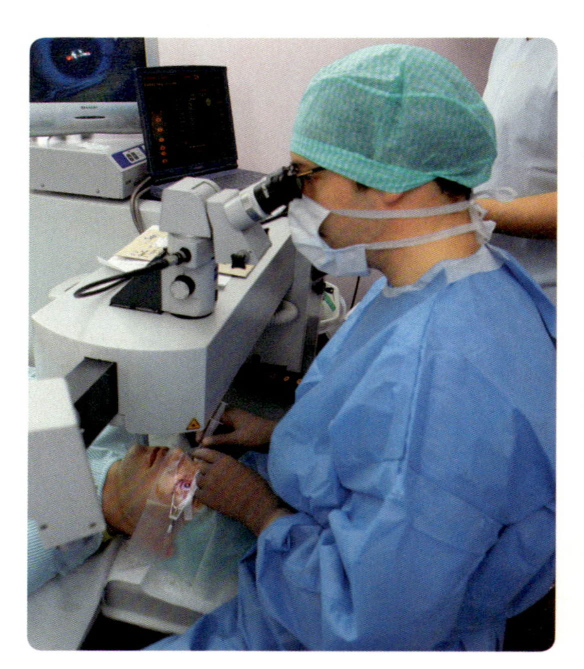

Abb. 1.19 ▶ Augenchirurgie mit der LASIK-Methode

2 Brillengläser

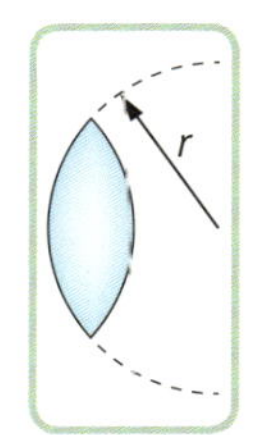

Abb. 1.20

Bei der Materialauswahl für Brillengläser werden verschiedenste Glas- und Kunststoffsorten angeboten. Die Fehlsichtigkeit wird als Brechkraft der für die Korrektur nötigen Linse angegeben.

a) Ein Brillenträger benötigt eine Brille, deren Linsen eine Brechkraft von +6 dpt besitzen. Ist er kurzsichtig oder weitsichtig?

Die Linsen aus Teilaufgabe a) sollen von einem Optiker hergestellt werden. Um zu wissen, welchen Krümmungsradius r die Linsen haben müssen, verwendet er eine vereinfachte Form der Linsenschleiferformel: $D = \pm (n - 1) \cdot \frac{2}{r}$, mit n als Brechungsindex des Linsenmaterials. Für Sammellinsen gilt hierbei das positive, für Zerstreuungslinsen das negative Vorzeichen.

b) Erläutern Sie anhand von Skizzen verschiedener Linsen mit unterschiedlichen Krümmungsradien, wie sich eine Erhöhung des Krümmungsradius r auf die Form der Linse auswirkt.

c) Berechnen Sie, welchen Krümmungsradius r die Linsen bei einem Kunststoff ($n = 1{,}5$) bzw. einem ultrahochbrechenden Kunststoff ($n = 1{,}75$) haben müssen.

d) Erläutern Sie, welchen Vorteil die Verwendung eines ultrahochbrechenden Kunststoffs für den Brillenträger bietet.

Abb. 1.21 ▶ Linsenschleifer bei der Arbeit

3 Das reduzierte Auge

Das „reduzierte Auge“ ist ein einfaches Modell des dioptrischen Apparates des Auges. Das gesamte optische System wird hier auf eine einzige gekrümmte, lichtbrechende Grenzfläche reduziert, die den Luftraum ($n_{Luft} = 1$) vom Kammerwasser ($n_{Kammerwasser} = 1{,}336$) trennt. Der Krümmungsradius r der Grenzfläche beim entspannten Auge ist 5,7 mm.

Da sich vor und hinter der Grenzfläche Medien mit unterschiedlichen Brechungsindizes befinden, sind die Brennweiten vor und hinter der Grenzfläche unterschiedlich.

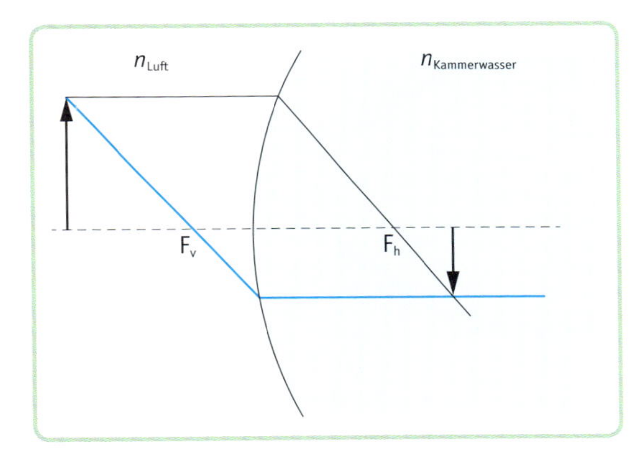

Abb. 1.22 ▶ zu Aufgabe 3: Grenzfläche zweier Medien mit unterschiedlichen Brechungsindizes als Modell für das Auge

Dabei gilt folgender Zusammenhang:

$$f_v = \frac{n_{Luft}}{D_{Auge}} = \frac{n_{Luft} \cdot r}{n_{Kammerwasser} - n_{Luft}}$$

$$f_h = \frac{n_{Kammerwasser}}{D_{Auge}} = \frac{n_{Kammerwasser} \cdot r}{n_{Kammerwasser} - n_{Luft}}$$

Dabei bezeichnet f_v die Brennweite vor der Grenzfläche und f_h die Brennweite hinter der Grenzfläche.

a) Berechnen Sie die Brechkraft des Auges in diesem Modell.
b) Nennen Sie Maßnahmen, um die Brechkraft des Auges zu maximieren.

4 Das Gullstrand-Auge

Das Gullstrand-Auge gibt die anatomischen Verhältnisse im Auge besser wieder als das reduzierte Auge. Die Cornea wird als einzelne lichtbrechende Fläche mit Krümmungsradius $r = 7{,}8$ mm (vgl. Aufgabe 3) modelliert. Zusätzlich wird die Augenlinse als zweite Linse im Abstand $d = 5{,}73$ mm berücksichtigt. Zunächst werden die Brechkräfte von Cornea und Augenlinse (19,11 dpt) getrennt ermittelt und dann mit der sogenannten Gullstrand-Formel zusammengefasst. Es gilt:

$$D_{Auge} = D_{Cornea} + D_{Linse} - \frac{d}{n_{Kammerwasser}} \cdot D_{Cornea} \cdot D_{Linse}$$

a) Berechnen Sie die Brechkraft der Cornea ($n_{Kammerwasser} = 1{,}336$).
b) Berechnen Sie die Brechkraft des Auges in diesem Modell.
c) In Luft wird meist vereinfachend angenommen, dass bei einem System aus zwei Linsen $D_{gesamt} = D_1 + D_2$ gilt. Nennen Sie die Voraussetzungen dafür, dass dies eine gute Näherung ist.

5 Brennweite einer Linsenkombination

In Kap. 1.5.3 war die resultierende Brechkraft für eine Kombination zweier Linsen angegeben worden als $D_{gesamt} = D_1 + D_2$.

Drücken Sie die Gesamtbrennweite f_{gesamt} dieser Linsenkombination durch f_1 und f_2 aus.

Abb. 1.23 ▶ Brillenglas und Auge: Kombination von Linsen

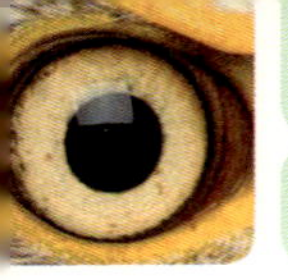

6 Bestimmung des Nahpunktes

Als Nahpunkt bezeichnet man den Abstand des Gegenstandes vom Auge, bei dem er bei maximaler Akkommodation noch scharf gesehen wird. Die Testperson nähert sich mit einem Auge möglichst weit einer Scheibe mit zwei kleinen Löchern (Abstand 1 – 2 mm ≈ Pupillenweite) und schaut durch die Löcher auf eine Nadel. Zur Bestimmung des Nahpunktes wird die Nadel aus der Ferne solange auf das Auge zugeschoben, bis sie trotz maximaler Akkommodation gerade doppelt gesehen wird. Der Nahpunkt ist erreicht, wenn die Nadel gerade noch nicht doppelt gesehen wird.

a) Bestimmen Sie mit dieser Methode den Nahpunkt Ihrer Augen.

b) Erstellen Sie je eine Skizze des Strahlengangs beim maximal akkommodierten Auge für
(i) einen Gegenstand, der sich genau im Nahpunkt befindet und
(ii) einen Gegenstand, der sich näher am Auge befindet als der Nahpunkt.

7 Entstehung von Farbsäumen

a) Führen Sie folgendes Experiment durch: Betrachten Sie mit einem Auge ein Kontrastmuster wie in Abb. 1.24. Nun verdecken Sie mit einem schwarzen Karton die Hälfte der Pupille. Beschreiben Sie, wie sich der Seheindruck verändert.

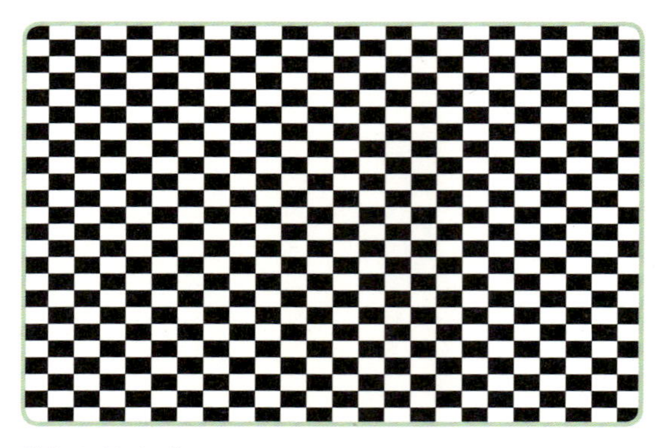

Abb. 1.24: Kontrastmuster

b) Die Farbsäume entstehen durch einen Abbildungsfehler der Augenlinse. Die Augenlinse weist für blaues Licht eine andere Brennweite auf als für grünes und rotes Licht (chromatische Aberration, Abb. 1.25). Normalerweise bemerken wir das nicht, da unser Gehirn die chromatische Aberration automatisch kompensiert. Durch Abdecken der halben Pupille fehlen dafür aber die nötigen Daten. Erklären Sie mithilfe dieser Information den Bildeindruck, der sich bei Abdeckung einer Pupillenhälfte ergibt.

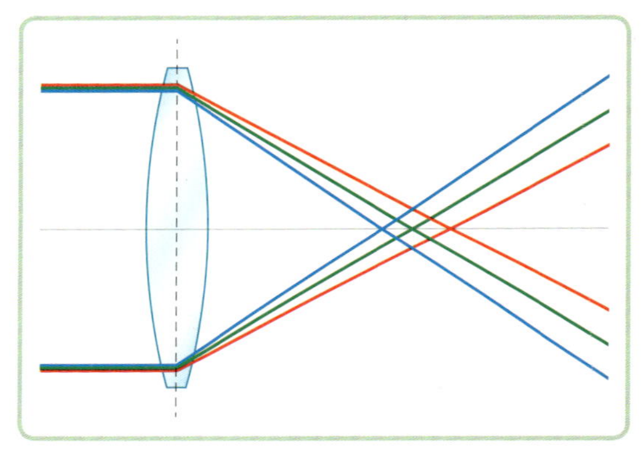

Abb. 1.25 Chromatische Aberration

8 Akkommodation des Auges

Das menschliche Auge passt die Brechkraft der Linse über den Ziliarmuskel an. Doch woher „weiß“ das Auge, dass das Netzhautbild unscharf ist und daher die Brechkraft angepasst werden muss?
Unser Gehirn verwendet mehrere Kriterien, um zu entscheiden, ob das Bild optimal scharf ist: Bildkontrast, Farbsäume, Parallaxe und Augenstellung (zu den beiden letzten Punkten vgl. Kap. 2). Wie diese Kriterien im Einzelnen zusammenspielen, ist allerdings noch nicht völlig verstanden und Gegenstand aktueller Forschung.

a) **Bildkontrast**
Für das Gehirn ist das Bild am schärfsten, wenn der Kontrast (Helligkeitsunterschied benachbarter Bildpunkte) im Netzhautbild maximal ist. Erklären Sie mithilfe der Abb. 1.26 warum dies ein gutes Kriterium für die Bildschärfe ist.

Abb. 1.26 ▸ Welcher Strich wirkt schärfer?

b) **Farbsäume**
Die Augenlinse weist für blaues Licht eine andere Brennweite auf als für grünes und rotes Licht (chromatische Aberration, Abb. 1.25). Dies führt zu Farbsäumen auf dem Sichtschirm. Diskutieren Sie, wie sich das Bild eines weißen Rechtecks auf schwarzem Hintergrund auf dem Sichtschirm verändert, wenn der Sichtschirm sich
(i) in der Brennebene des roten Lichts
(ii) in der Brennebene des grünen Lichts oder
(iii) in der Brennebene des blauen Lichts befindet.
In welchem der drei Fälle ist die Bildschärfe maximal?

9 Astigmatismus – Sonnenrad

Die Abb. 1.27 zeigt ein sogenanntes Astigmatismus-Sonnenrad, mit dem man die Ausprägung der Stabsichtigkeit untersuchen kann.

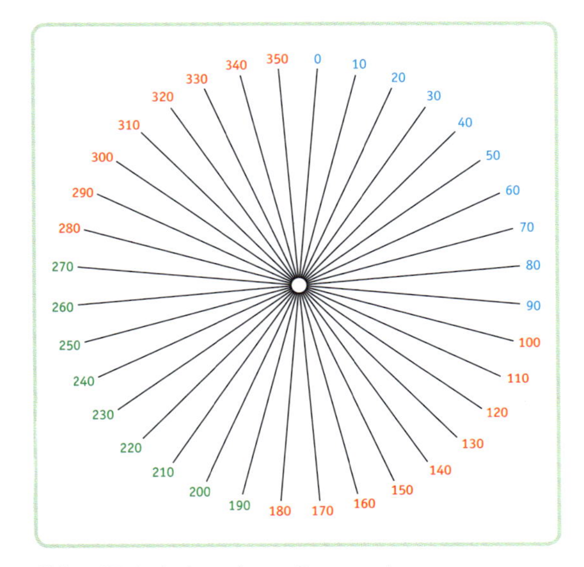

Abb. 1.27: ▸ Astigmatismus-Sonnenrad

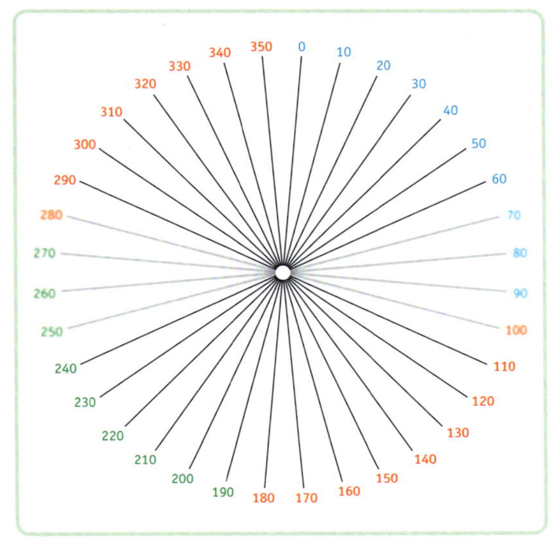

Abb. 1.28: ▸ Astigmatismus-Sonnenrad mit astigmatischer Unschärfe

Wenn eines der Augen astigmatisch veranlagt ist, sieht man bestimmte Strahlen des Astigmatismus-Sonnenrades unscharf (Abb. 1.28). Durch die Strahlen kann man erkennen, auf welcher Achse der Astigmatismus ausgeprägt ist.
Erklären Sie, wie der Seheindruck in Abb. 1.28 entsteht.

10 James Bond und die Taucherbrille

Im Film „Feuerball" wird James Bond in einen Unterwasserkampf verwickelt. In dieser bekannten Szene hat sich beim Filmen ein Fehler eingeschlichen. Beim Unterwasserkampf wird Bonds blaue Taucherbrille von einem seiner Gegner heruntergerissen. Bond nimmt nun seinerseits die schwarze Taucherbrille eines toten Gegners und setzt sich diese unter Wasser ohne große Umstände auf. Dabei verbleibt Wasser in der Taucherbrille. In der nächsten Szene ist die Brille wieder blau.
Diese Szene enthält aber noch eine weit gravierendere Ungereimtheit mit physikalischen Auswirkungen.

Abb. 1.29: James Bond 007 im Film „Feuerball“

a) Erklären Sie, warum eine Taucherbrille unter Wasser scharfes Sehen ermöglicht. Erläutern Sie die physikalischen Grundlagen hierzu.
b) Nennen Sie die Sehbeeinträchtigung, der „007“ unterliegt, nachdem ihm seine Taucherbrille abhanden gekommen ist.
c) Beim Aufsetzen der schwarzen Taucherbrille beachtet Bond die Regeln der Physik kaum. Erklären Sie, warum die schwarze Taucherbrille nicht von besonders großem Nutzen ist.

11 Pinguine 1

Abb. 1.30 Kaiserpinguine

Pinguine müssen sowohl an Land wie im Meer weitgehend scharf sehen. Für Felsenpinguine ist es beispielsweise sehr wichtig, Entfernungen abzuschätzen, damit ihre Sprünge von Felsvorsprung zu Felsvorsprung und über Spalten möglich sind. Außerdem müssen sie an Land Feinde rechtzeitig erkennen oder Hindernisse umgehen. Pinguine müssen auch ein wachsames Auge für Gefahren unter Wasser haben. Nicht zuletzt findet die Nahrungssuche der Pinguine unter Wasser statt. Diese Anforderungen an den Sehsinn der Pinguine brachten im Lauf der Evolution eine ganze Reihe Anpassungen mit sich, die hier untersucht werden sollen.

a) Pinguinaugen besitzen eine große Akkommodationsbreite von ca. 80 dpt (zum Vergleich: 10 dpt beim erwachsenen Menschen). Erklären Sie anhand der Abb. 1.31, warum das Pinguinauge eine wesentlich höhere Akkommodationsbreite aufweist als das menschliche Auge.

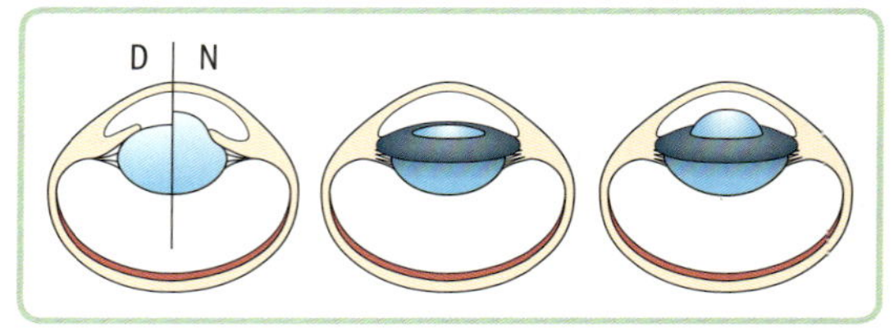

Abb. 1.31 Schematischer Aufbau eines Pinguinauges

b) Einige Pinguinarten haben eine nahezu ebene Cornea. Welchen Effekt hat dies beim Übergang vom Sehen unter Wasser zum Sehen an Land? Erklären Sie die physikalischen Grundlagen.
c) Viele Arten, wie z. B. Humboldt- und Felsenpinguine, weisen durchaus eine nicht zu vernachlässigende Corneakrümmung auf. Humboldtpinguine sehen unter Wasser optimal, während Felsenpinguine an Land optimal sehen. Im jeweils anderen Medium treten dann Beeinträchtigungen des Sehvermögens auf. Erklären Sie kurz, aber genau, welche Beeinträchtigungen bei Humboldtpinguinen und Felsenpinguinen jeweils auftreten und worauf sie beruhen.
d) Die Pupille kann sich bei Kaiserpinguinen stark vergrößern bzw. verengen, um mehr bzw. weniger Licht ins Auge fallen zu lassen. Dies ermöglicht eine Anpassung an stark unterschiedliche Beleuchtungsstärken. Welchen nachteiligen Effekt hat dies bei geringer Beleuchtungsstärke? Erläutern Sie dies anhand einer Skizze.

12 Funktion der Pupille 1

Die Pupille hat die gleiche Funktion wie die Blende einer guten Kamera. Sie regelt, wie viel Licht ins Auge fällt. Andererseits wirkt sich die Pupille auch auf die sogenannte Schärfentiefe (Abb. 1.32) aus.

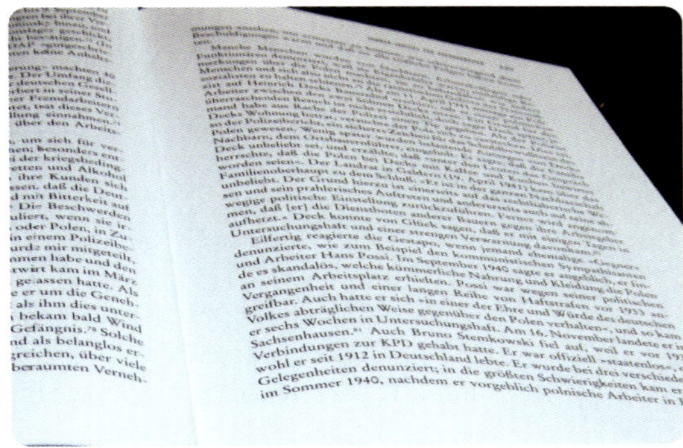

Abb. 1.32 ▶ Fotos, die mit unterschiedlichen Blendeneinstellungen gemacht wurden. Oben: große Blendenöffnung, geringe Schärfentiefe. Unten: kleine Blendenöffnung, große Schärfentiefe

a) Beschreiben Sie anhand der Fotos, was man unter dem Begriff Schärfentiefe versteht.
b) Erklären Sie anhand der Skizzen in Abb. 1.33,
(i) warum die Schärfentiefe begrenzt ist und
(ii) wie sich die Blendengröße (Größe der Pupille) auf die Schärfentiefe auswirkt.

13 Funktion der Pupille 2

a) Führen Sie ein Experiment durch: Nähern Sie einen Text so Ihrem Auge, dass Sie ihn nicht mehr scharf sehen können. Nun halten Sie einen Karton mit einer kleinen Lochblende (Stecknadelloch) vor das Auge. Beschreiben Sie, wie sich Ihr Seheindruck durch die Lochblende verändert.
b) Erklären Sie anhand einer Skizze ähnlich der in Abb. 1.33 die Beobachtungen aus a).
c) Beim Lochkamera-Auge ist es nicht möglich, gleichzeitig ein scharfes und lichtstarkes Bild zu erhalten. Übertragen Sie Ihre Überlegungen zur Funktion der Pupille beim Linsenauge auf die Öffnung des Lochkameraauges. Stellen Sie Unterschiede und Gemeinsamkeiten gegenüber. Gehen Sie dabei insbesondere auf den Zusammenhang lichtstarkes Bild/scharfes Bild ein.

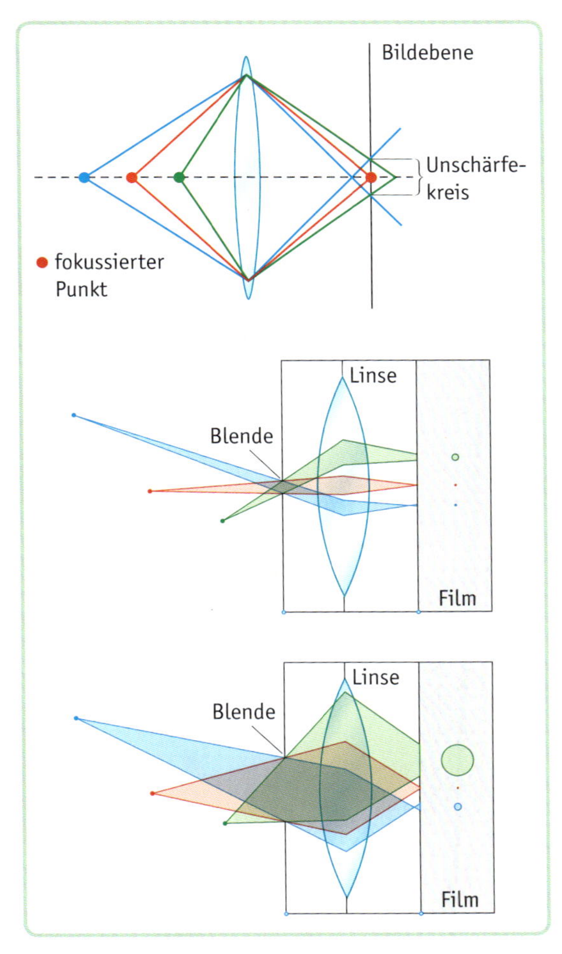

Abb. 1.33 ▶ Strahlengang bei verschieden weit entfernten Objekten

2 Aufbau des menschlichen Auges

2.1 Aufbau der Netzhaut

Die zentrale Rolle bei der Umsetzung des ins Auge einfallenden Lichts in für das Gehirn verarbeitbare Information spielt die Netzhaut (Retina). Sie besteht im Wesentlichen aus drei verschiedenen Schichten von Zellen (Abb. 2.1):

- Die hinterste Schicht (Schicht 1) enthält lichtabsorbierende Sehzellen (Photorezeptoren), die sogenannten Stäbchen und Zapfen.
- In der mittleren Schicht (Schicht 2) befinden sich Bipolarzellen, horizontale Zellen und amakrine Zellen.
- Die vorderste Schicht (Schicht 3) besteht aus Ganglienzellen.

Das einfallende Licht muss zuerst die verschiedenen Zellschichten durchdringen, bevor es in den Photorezeptoren der hintersten Schicht eine Reaktion auslöst. Die in den Photorezeptoren entstehende Information geht über die Bipolarzellen zu den Ganglienzellen. Der Sehnerv leitet die Information anschließend an die Sehrinde im Gehirn weiter.
Nach diesem Grobüberblick folgt nun eine detaillierte Beschreibung der einzelnen Schichten, um deren Funktionsweise genauer zu verstehen.

Schicht 1: Die Stäbchen und die Zapfen liegen an der lichtabsorbierenden Pigmentschicht an und wandeln Lichtenergie in elektrische Signale um.

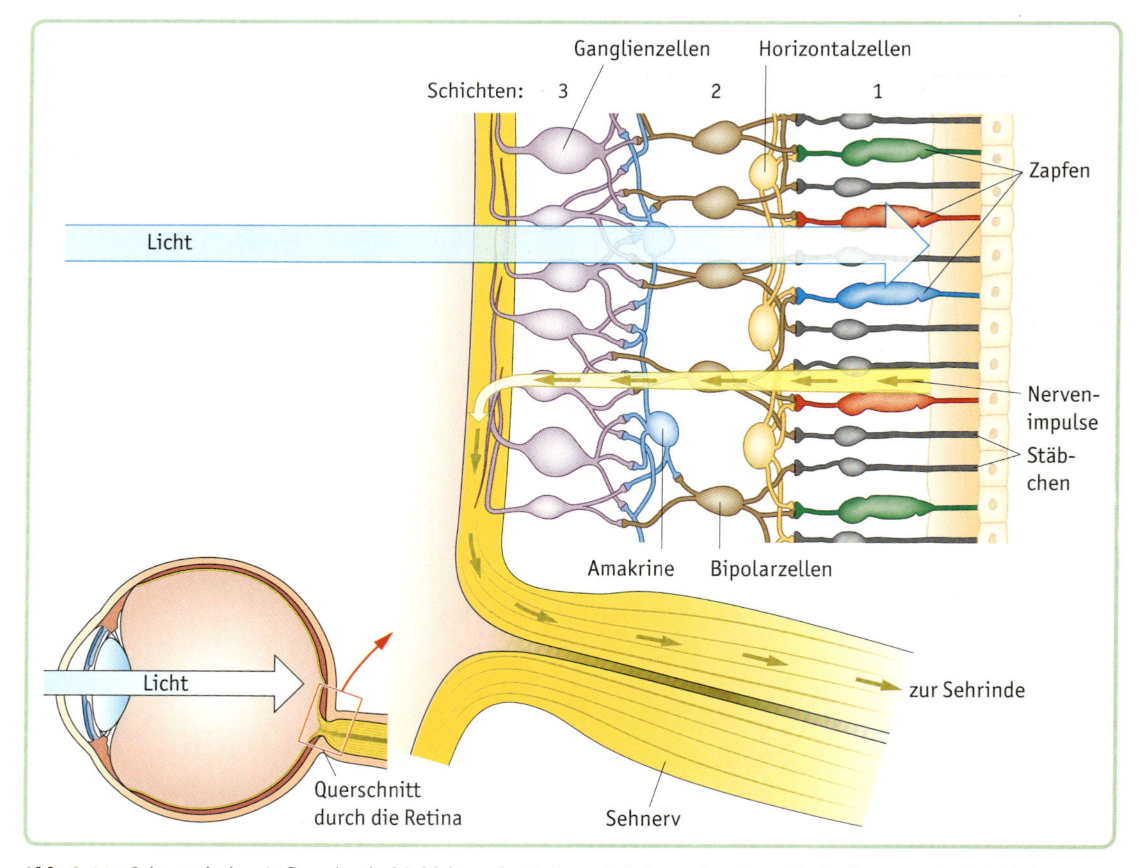

Abb. 2.1 ▶ Schematischer Aufbau der drei Schichten der Retina mit Informationsfluss (in der Fovea centralis ist keine Verschaltung von Schicht 2 und 3 vorhanden)

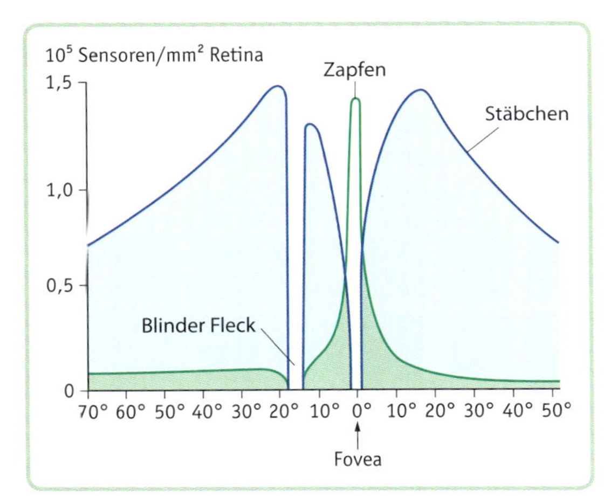

Abb 2.2 ▶ Räumliche Verteilung der Stäbchen und Zapfen in der Retina

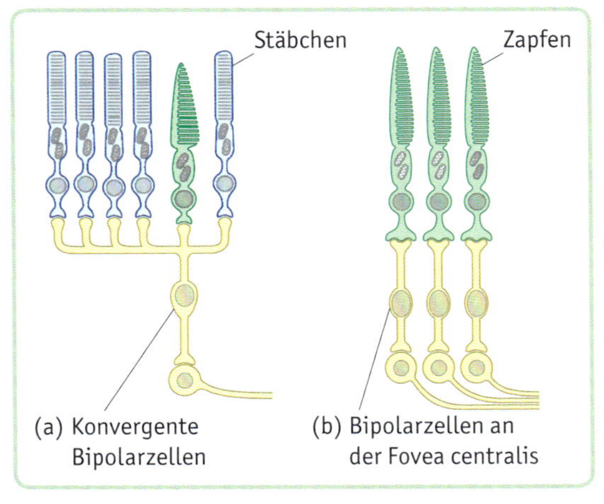

Abb. 2.3 ▶ Verschiedene Verschaltungen der Bipolarzellen

Sie arbeiten bei unterschiedlicher Helligkeit (vgl. Kap. 2.3) und zeigen mit ihren lichtempfindlichen Bestandteilen vom Licht weg. Dieser Aufbau entstand im Laufe der Evolution; die Zellen grenzen so direkt an ein Netz aus Blutgefäßen an, das sie ausreichend mit Nährstoffen versorgt. Die Photorezeptoren unterscheiden sich zudem in ihrer Anzahl (5 – 6 Mio. Zapfen, 100 Mio. Stäbchen) und sind mit unterschiedlicher Verteilung in der Retina vorhanden (Abb. 2.2).
In der Fovea centralis (Sehgrube; gelber Fleck), dem Ort schärfsten Sehens, befinden sich nur Zapfen in einer sehr großen Dichte (ca. 100 000 pro mm^2). Diese stehen dort auf einem kreisrunden Areal (3 – 4 mm^2) und sind meist einzeln über die Bipolarzellen mit den Ganglienzellen verbunden. Während überall auf der Netzhaut das Licht erst das verschachtelte System der Schichten 2 und 3 passieren muss, bevor es die Photorezeptoren erreicht, stellt sich die Fovea als kleine Eindellung dar. Hier kann das Licht auf direkterem Weg die Zapfen erreichen, da die darüber liegenden Bipolar- und Ganglienzellen zur Seite geschoben sind.
Am blinden Fleck, an dem der Sehnerv das Auge verlässt, gibt es überhaupt keine Rezeptoren.

Schicht 2: Diese Schicht ist im Wesentlichen für Querverbindungen, Informationsbündelung und -verknüpfung zuständig.

- Bipolarzellen: Die Bipolarzellen bilden in der mittleren Schicht einen wichtigen vertikalen Verarbeitungsweg und vermitteln die Informationen zwischen den beiden anderen Schichten.
  Ein Typ von Bipolarzellen bündelt die Aktivität mehrerer Stäbchen und gibt sie an eine Ganglienzelle weiter (Abb. 2.3 a). Diese Art der Verschaltung nennt man konvergent, d. h. eine Bipolarzelle bündelt die Information aus einem ganzen Ausschnitt des Sehfeldes. Dies führt zu einer erhöhten Helligkeitsempfindlichkeit, vermindert aber das räumliche Auflösungsvermögen und verringert die Kontraste. Bei nachtaktiven Tieren beispielsweise konvergieren sehr viele Stäbchen zu einer Bipolarzelle, was sie besonders empfindlich für schwaches Licht macht.
  Eine zweite Art Bipolarzellen ist hauptsächlich vor der Fovea centralis mit nur einem Zapfen und einer Ganglienzelle verbunden (Abb. 2.3 b). Dies dient einer sehr guten räumlichen Auflösung, ergibt aber eine geringe Helligkeitsempfindlichkeit, da benachbarte Lichtinformationen nicht zusammengefasst werden.
  Zum Rande der Retina hin sind Bipolarzellen auch mit mehreren Zapfen verbunden. Diese Konvergenz ist aber im Vergleich zu den Stäbchen wesentlich geringer, d. h. der Ausschnitt des Sehfeldes ist in der Regel kleiner. Informationen werden hierbei weniger miteinander verschaltet, was zur

Kontrastverstärkung führt und die Adaptation an unterschiedliche Helligkeiten unterstützt.
Durch die Kombination der verschiedenen Bipolarzellen kann ein detailliertes, hoch aufgelöstes Bild entstehen.

- Horizontale Zellen: Diese sorgen auf dem Übergang von Photorezeptoren zu den Bipolarzellen für Querverbindungen (Abb. 2.1). Benachbarte Sehzellen können dadurch miteinander agieren, wodurch Informationen kombiniert und die Qualität des Sehfeldes verbessert wird.
- Amakrine Zellen: Diese Schicht am Übergang der Bipolarzellen zu den Ganglienzellen stellt ebenfalls horizontal verknüpfende Nervenzellen dar (Abb. 2.1). Amakrine wirken verstärkend, aber auch hemmend auf die Nervenzellen, so dass nur wesentliche Informationen weitergeleitet werden. Diese Vorverarbeitung beeinflusst die Kontrastwahrnehmung bei Belichtungsänderung und unterstützt das Bewegungssehen.

Schicht 3: Jede Ganglienzelle ist eine Nervenzelle, welche die Informationen aus verschiedenen Bipolarzellen mit den Signalen der Amakrinen zusammenfasst. Die Axone (lange faserartige Fortsätze; vgl. Kap. 12.1) aller Ganglienzellen werden zum Sehnerv gebündelt und verlassen gemeinsam am blinden Fleck das Auge (Abb. 2.1).
Es gibt deutlich weniger Ganglienzellen (ca. 1,2 Mio.) als Photorezeptoren. An jeder Ganglienzelle laufen die vorverarbeiteten Informationen aus den Sehzellen zusammen, ihr wird also ein bestimmtes Sehfeld zugeordnet. Die Ganglienzellen erzeugen elektrische Signale, die sogenannten Aktionspotentiale (vgl. Kap. 12.4), die mittels des Sehnervs zum Gehirn geleitet werden.
Die Signalweiterleitung an den Ganglienzellen ist ein sehr komplexer Vorgang, da durch die amakrinen Zellen Nachbarzellen miteinander verschaltet sind und sich gegenseitig auch hemmen können. Bestimmte Ganglienzellen verrechnen die Reize einer Rezeptorengruppe so, dass Licht im Zentrum der Gruppe aktivierend wirkt, in der Umgebung jedoch hemmend. Eine weiße Fläche, deren Umgebung ebenfalls viel Weiß enthält, wirkt deshalb dunkler als eine, in deren Umgebung mehr dunkle Flächen auftreten. Auf diese Weise lässt sich die bekannte optische Täuschung des sogenannten Hermann-Gitters (Abb. 2.4) erklären. Die Verschaltung im gelben Fleck ist anders, deshalb verschwindet der Effekt beim direkten Fokussieren. Weitere Details zur Signalverarbeitung in der Netzhaut finden sich in Kapitel 15.3.

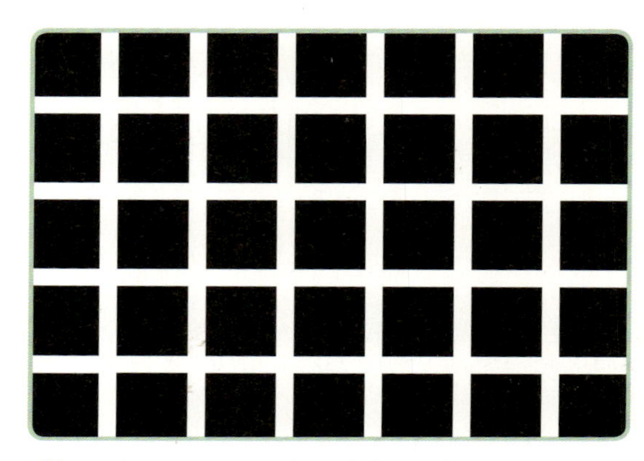

Abb. 2.4 ▶ Kontrasttäuschung beim Hermann-Gitter

Dieses komplexe Netzwerk aus Nervenzellen in den drei Netzhautschichten reduziert die riesige Informationsflut, die auf das Auge trifft, auf das Wesentliche. Es ermöglicht, gebündelte und vorverarbeitete Informationen über Bewegungen, Kontraste und Farbnuancen an das Gehirn zu übermitteln.
Da das Wirbeltierauge entwicklungsphysiologisch eine Ausstülpung des Gehirns, also einen Teil desselben darstellt, sind der komplexe Aufbau der Netzhaut und die erste Verarbeitung rezeptierter Signale nicht weiter verwunderlich.

2.2 Räumliches Sehen*

Dadurch, dass wir zwei Augen besitzen, können Gegenstände dreidimensional wahrgenommen werden. Durch den Abstand der beiden Augen voneinander wird ein nahes Objekt von jedem Auge aus unter einem leicht anderen Blickwinkel auf der Netzhaut abgebildet – das Gesichtsfeld beider Augen unterscheidet sich geringfügig. Aus diesen beiden unterschiedlichen Bildern errechnet das Gehirn den Tiefeneindruck, schätzt Entfernungen ab und fasst beide Bilder zu einem räumlichen Seheindruck zusammen (Abb. 2.5).
Damit dies funktioniert, werden vom Gehirn die Augenmuskeln so präzise angesteuert, dass die Seh-

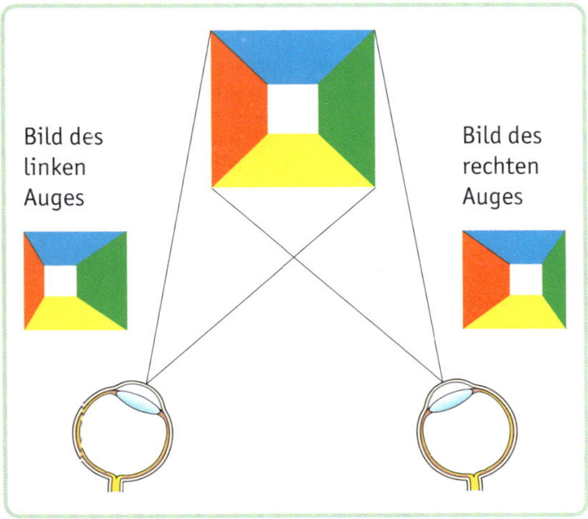

Bild des linken Auges

Bild des rechten Auges

Abb. 2.5 ▶ Erst die Überlappung beider Gesichtsfelder ermöglicht das räumliche Sehen.

achsen (Gerade zwischen Fovea centralis und dem Fixierobjekt) beider Augen dauerhaft auf dasselbe Objekt ausgerichtet sind. Das Gehirn modelliert die beiden gewonnenen Bilder zu einem Gesamtbild. Dieses komplexe Zusammenspiel von Augen, Augenmuskulatur und Gehirn entwickelt sich in der frühen Kindheit und basiert auf Erfahrungen und Gewohnheit. Wird diese Phase durch Sehfehler oder Schielen beeinträchtigt, kann es dazu führen, dass sich das räumliche Sehen gar nicht erst entwickelt oder dass schon gewonnene Fähigkeiten wieder verloren gehen. Um das räumliche Sehen zu unterstützen, gibt es weitere Mechanismen, die wir aus der Erfahrung nutzen:

- Wenn sich die Konturen zweier Gegenstände überlappen, können wir aus der Verdeckung schließen, welcher Gegenstand näher ist (Abb. 2.6).
- Gleich große Gegenstände erscheinen in weiterer Entfernung kleiner. Aus bekannten Gegenstandsgrößen können wir Entfernungen abschätzen. Dieser Gesetzmäßigkeit bedient sich auch die Malerei mit der Zentralperspektive (Abb. 2.6), bei der parallele Konturen perspektivisch im Raum zusammenlaufen.
- Die Verteilung von Licht und Schatten erzeugt dreidimensionale Bilder. Hierbei können auch Farben eine Rolle spielen. Nähere Objekte haben gesättigtere Farben und stärkere Konturen, weiter entfernte Objekte erscheinen weniger intensiv und verschwommen (Abb. 2.7).

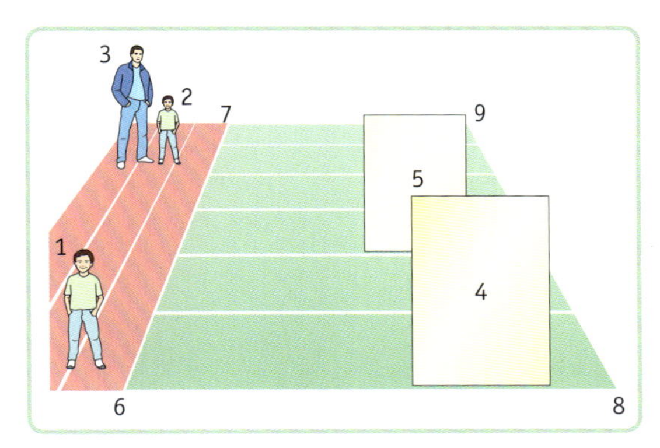

Abb. 2.6 ▶ Überlappende Gegenstände täuschen Entfernungen vor (4, 5), Personen erscheinen kleiner in größerer Entfernung (1, 2, 3), parallele Konturen verlaufen perspektivisch (6, 7, 8, 9).

2.3 Tageslicht- und Nachtsehen

Auf der Netzhaut befinden sich zwei Arten von Photorezeptoren. Die Starklichtrezeptoren, die Zapfen, sind dabei für das Sehen bei Tageslicht und das Farbsehen zuständig, die Schwachlichtrezeptoren, die Stäbchen, kommen beim Dämmerungssehen und Schwarz-Weiß-Sehen ins Spiel.
Der Aufbau der Zapfen und Stäbchen ist ähnlich, sie bestehen aus einem dauerhaften Innensegment, ei-

Abb. 2.7 ▶ Sattere Farben lassen die Berge näher erscheinen, verschwommene helle Farben lassen Berge in den Hintergrund rücken.
(Caspar David Friedrich: Morgen in den Bergen)

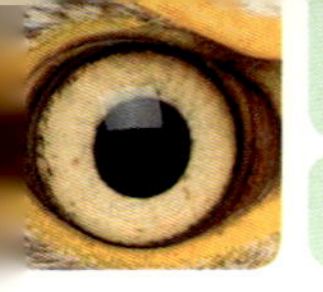

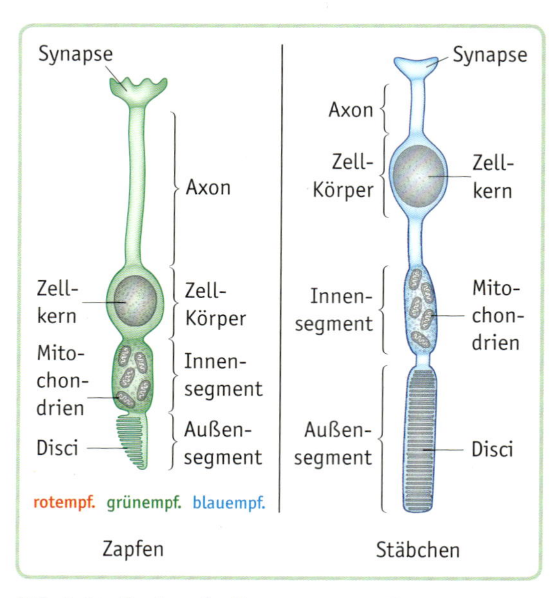

Abb. 2.8 ▶ Struktur der Photorezeptoren: Innensegment als Stoffwechselapparat, Außensegment als Wandler von Lichtenergie in elektrische Signale

nem erneuerbaren Außensegment und dem Zellkern (Abb. 2.8).

Das Innensegment enthält zum einen Mitochondrien, die den hohen Energiebedarf der Zelle decken und zum anderen das endoplasmatische Retikulum, das für die Herstellung der zum Funktionieren notwendigen Proteine zuständig ist.

Im Außensegment findet die eigentliche Umwandlung von Lichtenergie in elektrische Signale statt. Dies ist ein komplizierter chemischer Prozess an Kanälen in der Zellmembran. Diese Zellmembran ist scheibchenartig gefaltet und eng mit den jeweiligen Sehfarbstoffmolekülen besetzt. Durch die Stapelung der Scheibchen (Disci) erhöht sich die Lichtempfindlichkeit. Ist die Lichtintensität höher, nimmt die Konzentration der Sehfarbstoffe ab, da diese zerfallen. Der Zerfall des Sehfarbstoffes setzt dann einen chemischen Prozess in Gang, welcher letztendlich dazu führt, dass ein elektrisches Signal erzeugt wird. Bei schwächeren Lichtverhältnissen können sich die Sehfarbstoffe regenerieren und stehen in größerer Menge zur Verfügung. Die Scheibchen im Außensegment werden ständig erneuert.

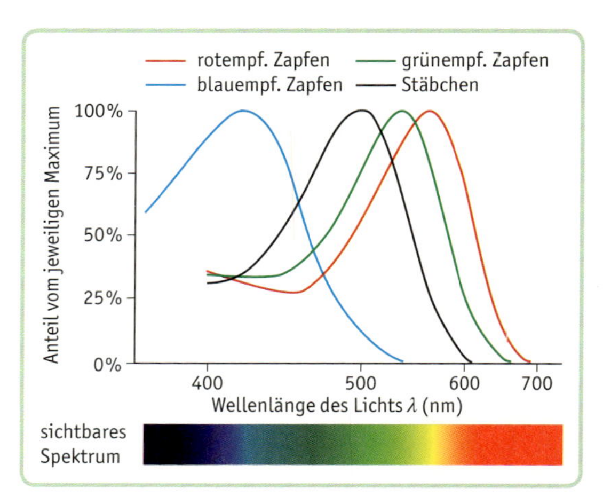

Abb. 2.9 ▶ Absorptionsspektren der Photorezeptoren

Die Zapfen enthalten jeweils einen von drei möglichen Sehfarbstoffen. Licht, das auf diese Sehfarbstoffe trifft, wird dabei in Abhängigkeit von der Wellenlänge von den einzelnen Zapfen unterschiedlich absorbiert und damit in verschieden starke elektrische Impulse umgewandelt. Diejenige Wellenlänge, bei der das meiste Licht absorbiert wird, wird durch den Zapfen am intensivsten wahrgenommen. Für die rotempfindlichen Zapfen ist das z. B. das Licht der Wellenlänge 560 nm. Diese Wellenlänge wird als Absorptionsmaximum bezeichnet, die anderen Wellenlängen werden an diesem Zapfen weniger stark absorbiert und lösen damit geringere elektrische Impulse aus (Abb. 2.9).

Die Stäbchen hingegen enthalten den Sehfarbstoff Rhodopsin, dessen Absorptionsmaximum bei 500 nm im sichtbaren Wellenlängenbereich liegt (Abb. 2.9). Licht unterschiedlicher Wellenlänge wird bei den Stäbchen in unterschiedliche Helligkeitsempfindungen übersetzt. Man sieht daher Graustufen und verliert bei schwachem Licht die Fähigkeit, Farben zu unterscheiden.

Wegen des Absorptionsmaximums bei 500 nm bedeutet dies, dass grünes Licht nachts eher heller, also hellgrau, wahrgenommen wird. Licht anderer Wellenbereiche wird nicht so stark absorbiert, erscheint daher eher dunkelgrau bis schwarz.

Das Auge besitzt die Fähigkeit, sich unterschiedlichen Lichtverhältnissen anzupassen (Adaptation). Bei diesem Prozess spielt die Zeit eine entscheiden-

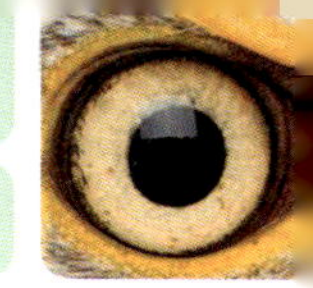

de Rolle. Je länger das Auge der Dunkelheit ausgesetzt ist, desto niedrigere Lichtintensitäten können wahrgenommen werden. Dabei zeigen Zapfen und Stäbchen ein unterschiedliches Adaptationsverhalten. Während beim Sehen mit den Zapfen unterhalb einer gewissen Schwelle nichts mehr wahrgenommen werden kann, sieht man mit den lichtempfindlicheren Stäbchen auch bei schwachen Lichtverhältnissen. Die Kurve der Stäbchenadaptation zeigt Abb. 2.10: Je länger man sich in der Dämmerung befindet, desto weniger Lichtintensität ist nötig, um eine Empfindung auszulösen. Den Übergang vom Zapfen- zum Stäbchensehen nennt man Kohlrauschknick.

Auf Höhe des Knicks ist eine Schwelle erreicht, an der schwächere Lichtintensitäten keine Erregung der Zapfen mehr auslösen und diese nur noch von den Stäbchen registriert werden. Da im gelben Fleck, dem Ort schärfsten Sehens auf der Netzhaut, keine Stäbchen angeordnet sind, hat dies zur Folge, dass beim Dämmerungssehen nicht richtig fixiert werden kann. Versucht man ein Objekt zu fixieren, kann man es nicht sehen. Schaut man dagegen etwas am Objekt vorbei, fällt das Bild auf weiter außen gelegene Bereiche der Netzhaut und wird von den Stäbchen wahrgenommen. Schwache Sterne sieht man daher am besten, wenn man leicht an ihnen vorbei schaut („indirektes Sehen").

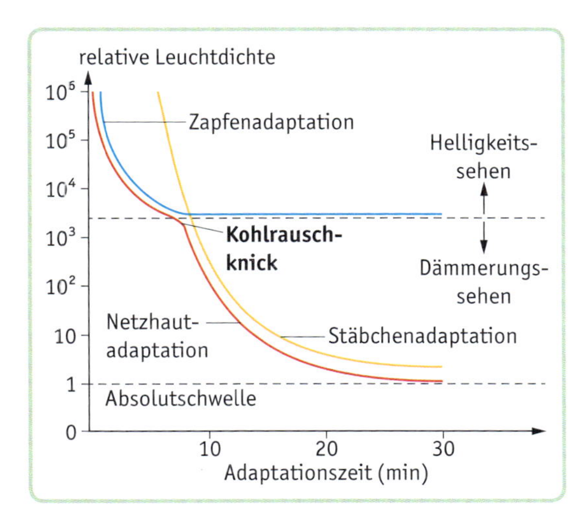

Abb. 2.10 ▶ Adaptation von Zapfen und Stäbchen bei unterschiedlichen Lichtverhältnissen

Zusätzlich wird die Adaptation unterstützt durch eine Erweiterung der Pupille (damit mehr Licht ins Auge einfällt), durch die Zusammenschaltung größerer Stäbchenbereiche (um schwächeres Licht wahrzunehmen) und durch die höhere Konzentration der Sehfarbstoffe bei schwächeren Lichtverhältnissen.

Blickt man ins Tierreich, so findet man eine Reihe von Unterschieden zur menschlichen Retina:

Nachttiere haben in der Regel fast nur Stäbchen (z. B. Eulen, Fledermäuse), bei tagaktiven Tieren (z. B. Raubvögel) überwiegt die Anzahl der Zapfen. Tiere, die tag- und nachtaktiv sind (ebenso wie der Mensch) haben ca. 95 % Stäbchen und 5 % Zapfen. Bei den nachtaktiven Tieren gibt es eine große Konvergenz von bis zu 2500 Stäbchen auf eine Ganglienzelle, was eine große Empfindlichkeit für sehr schwaches Licht bedeutet. Außerdem gibt es bei vielen Nachtaktiven neben der großen Stäbchenanzahl auch lichtreflektierende Kristalle im Auge zur Intensitätsverdoppelung (Tapetum, Abb. 2.11). Lichtquanten, welche noch nicht absorbiert wurden, werden so erneut zu den Sehfarbstoffmolekülen der Außensegmente reflektiert.

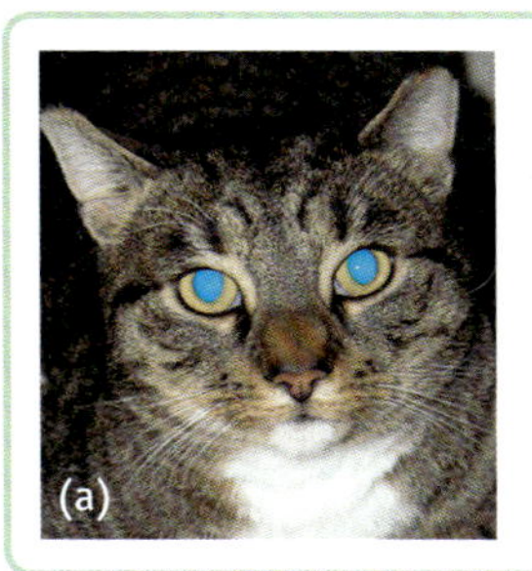

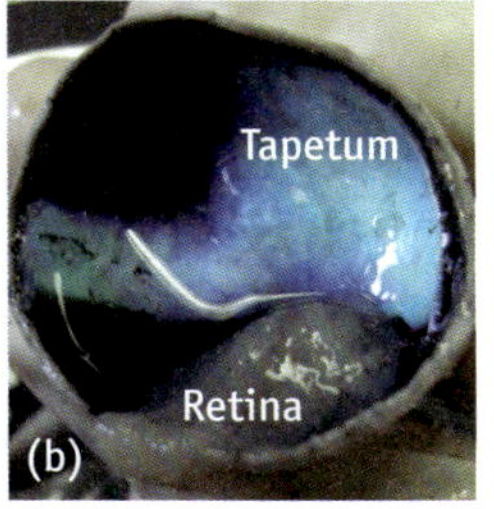

Abb 2.11 ▶ Steigerung der Lichtausbeute durch lichtreflektierende Kristalle (Tapetum)
(a) Daher leuchten Katzenaugen.
(b) Freigelegtes Tapetum beim Kalbsauge

Viele tagaktive Tiere erreichen eine Zapfendichte von bis zu 500 000 pro mm^2. Zusätzlich ist die Fovea centralis häufig ziemlich eng und trichterförmig (Abb. 2.12). Das dient der Vergrößerung des Bildes und der Verbesserung der Auflösung, da so nochmals mehr Sehzellen auf diesem Teil der Netzhaut untergebracht werden können.

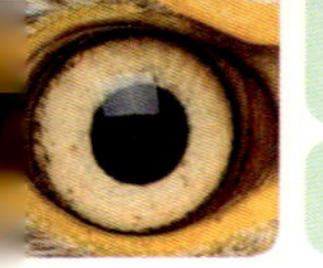

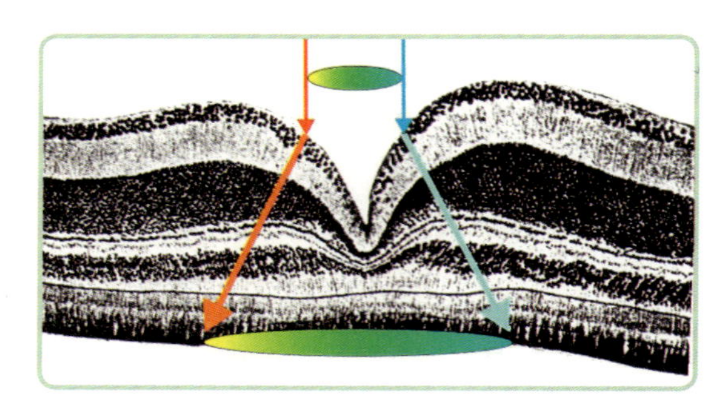

Abb. 2.12 ▶ Adlerretina mit trichterförmiger Fovea centralis

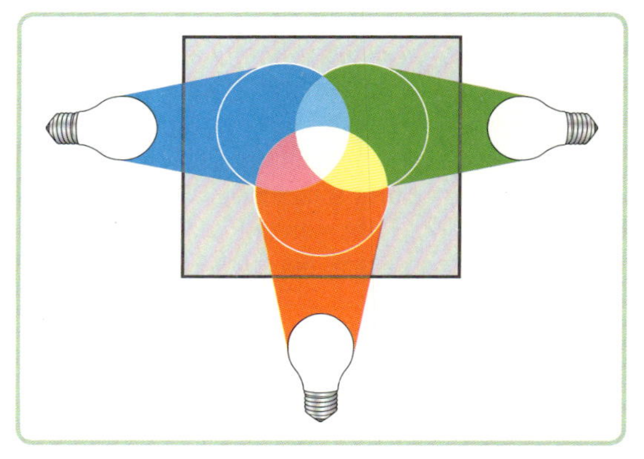

Abb. 2.13 ▶ Überlappen jeweils zwei Primärfarben so entstehen Gelb, Magenta (purpur) und Cyan (blaugrün). In der Mitte erscheint die Tertiärfarbe Weiß.

2.4 Farbsehen

Der überwiegende Teil dessen, was wir sehen, wird von den Zapfen wahrgenommen. Die Wahrnehmung der Farben wird möglich, da wir drei unterschiedlich empfindliche Zapfen haben, die mit verschiedenen Zapfen-Opsinen besetzt sind und sich dadurch in ihren Absorptionsspektren unterscheiden (Abb. 2.9). Kurzwelliges Licht (blau-violett) wird hauptsächlich von den blauempfindlichen Zapfen (Maximum bei ca. 420 nm) absorbiert, langwelliges Licht (dunkelrot) fast ausschließlich von den rotempfindlichen Zapfen (Maximum bei 560 nm).

Bei Farblicht im dazwischen liegenden Wellenlängenbereich werden meistens alle drei Zapfentypen aktiviert, auch die grünempfindlichen Zapfen (Maximum bei 540 nm). Der entstehende Farbeindruck hängt davon ab, in welchem Verhältnis zueinander die drei Zapfen erregt worden sind (trichromatisches Farbsehen).

Erst die neuronale Verarbeitung führt also zum Farbsehen. Der Mensch kann mit diesem trichromatischen System ca. 200 verschiedene Farben sehen. Dies sind die in jedem Farbton intensivsten Farben. Berücksichtigt man die ca. 20 Sättigungsstufen (Beimischung von Graustufen, „verdünnen") und die rund 500 Helligkeitsstufen, so kommt man zu rund 2 Millionen unterscheidbaren Farben.

Bevor man erklären kann, wie das Farbsehen im Auge genauer funktioniert, müssen zunächst einige Grundlagen zum Farbmischen erläutert werden. Werden bei der Mischung von Licht unterschiedlicher Wellenlänge (additive Farbmischung, Abb. 2.13) die drei Primärfarben Rot, Grün und Blau mit gleicher Helligkeit gemischt, so entsteht im Gehirn der Farbeindruck Weiß. Durch Intensitätsregelung der Primärfarben lässt sich jede Farbnuance darstellen.

Mischt man dagegen Farben z. B. in der Malerei, entsteht ebenfalls ein neuer Farbton. Hier spricht man aber von subtraktiver Farbmischung. Sie entsteht, wenn z. B. ein Farbpigment aus dem auftreffenden Licht einen Farbanteil absorbiert und das restliche „subtrahierte" Licht ins Auge trifft.

Alle Farben der additiven Farbmischung können als Ortsvektoren (Vektor mit Fußpunkt im Ursprung) in einem dreidimensionalen Raum mit den Achsen Rot, Grün und Blau dargestellt werden. Da die Intensität durch die Länge des Ortsvektors gegeben ist, liegen alle Farben gleicher Intensität auf einem kugelig gewölbten Farbdreieck (Abb. 2.14). An den Ecken liegen die Primärfarben, auf den Dreiecksseiten findet man die aus jeweils zwei Primärfarben gemischten Sekundärfarben. Am Weißpunkt haben die drei Primärfarben die gleichen Anteile. Interessiert man sich für das Farbsehen im Auge, so kann das Farbdreieck aus Abb. 2.14 jedoch nicht ohne weiteres übernommen werden.

In Abhängigkeit von der jeweiligen Wellenlänge wird farbiges Licht beim Farbsehen von den drei verschiedenen Zapfen unterschiedlich stark absorbiert und im Gehirn zum jeweiligen Farbeindruck verrechnet. Der Unterschied zu der oben beschriebenen additiven Farbmischung besteht darin, dass einzelne Zapfen nicht alleine arbeiten, sondern dass meist zwei oder alle drei aktiv sind. In Abb. 2.9 erkennt

man z. B., dass bei einer Wellenlänge von 540 nm (Maximum grünempfindlicher Zapfen) auch stark die rot- und leicht die blauempfindlichen Zapfen aktiviert sind.
Den Eckpunkt mit der reinen grünen Farbe aus dem additiven Farbdreieck kann es somit für unser Farbsehen nicht geben. Daher muss das Farbdreieck für das Farbsehen angepasst werden (Abb. 2.15).
Farbe ist zusammengefasst eine Empfindungsgröße, die sich aus den Lichtreizen der drei verschiedenen Messsysteme zusammensetzt und somit ein Produkt unserer Wahrnehmung.
Ist der Sehfarbstoff einer Zapfenart verändert, oder fällt eine Zapfenart komplett aus, so spricht man von einer Störung der Farbwahrnehmung (dichromatisches Farbsehen Abb. 2.16 a, b). Hierbei unterscheidet man die Farbschwäche (Farbanomalie) und die Farbblindheit. Farbanomalie ist die häufigste Störung des Farbsehens und kann mit Farbsehtesttafeln untersucht werden (Abb. 2.16 c).
Bei Menschen mit dieser angeborenen Anomalie ist das Farbunterscheidungsvermögen in charakteristischen Spektralbereichen schlechter als bei voll farbtüchtigen Menschen und es kommt häufig zu Verwechslungen von Farben.
Die Gene für die Zapfen mit mittleren und langwelligen Absorptionsmaxima („rote" und „grüne" Zapfen) sind rezessiv und liegen auf dem X-Chromosom. Da Männer im Gegensatz zu Frauen nur ein X-Chromosom besitzen, kann bei ihnen ein Gendefekt nicht ausgeglichen werden und macht sich als eine Störung im Rot-Grün-Sehen bemerkbar. Die Rot-Grün-Schwäche (ca. 9 % der Männer, 0,5 % der Frauen) ist eine harmlose Sehschwäche und wird von den Betroffenen als wenig hinderlich beschrieben, verhindert aber das Ergreifen einiger Berufe.
Sehr selten tritt die totale Farbenblindheit auf. Diese Personen (Stäbchen-Monochromaten) haben nur eine Art von Lichtsinneszellen, die Stäbchen. Ein kompletter Ausfall aller Zapfen führt aber nicht nur zum Verlust des Farbsehens, sondern setzt auch die Sehschärfe herab und erhöht die Blendungsempfindlichkeit. Daher tragen diese Personen in der Regel eine dunkle Brille.
Zum Abschluss betrachten wir noch Aspekte des Sehens, die es beim Menschen nicht gibt, sondern die ausschließlich im Tierreich zu finden sind.

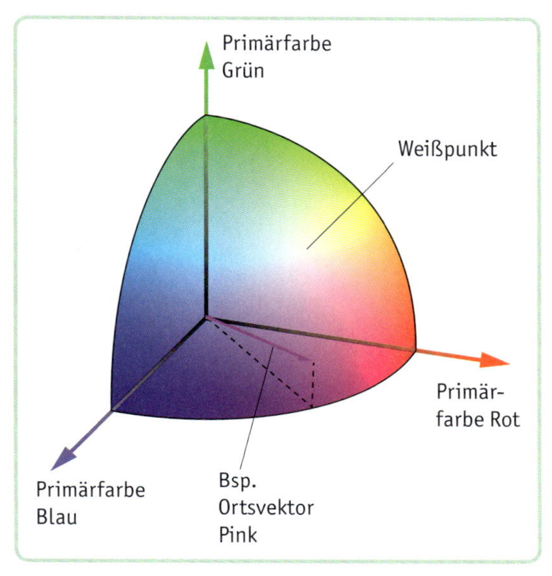

Abb. 2.14 ▶ Farbdreieck: Alle Farben auf dem gewölbten Dreieck haben gleiche Intensität. Bsp.: Ortsvektor Pink.

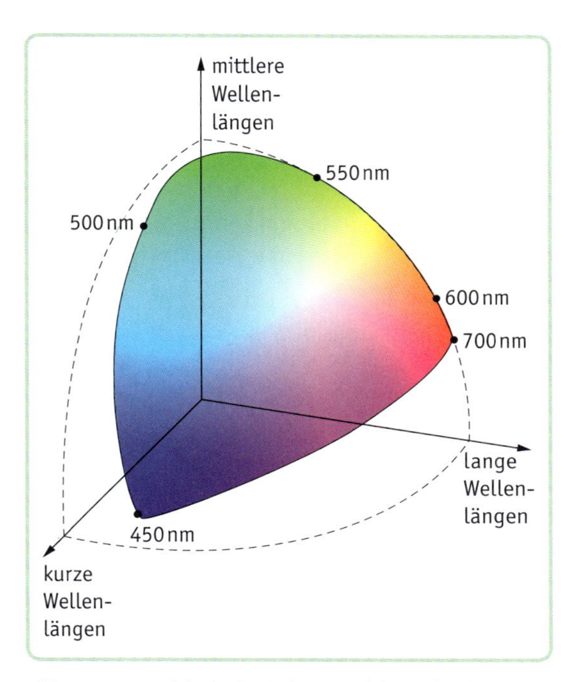

Abb. 2.15 ▶ Farbdreieck mit dem Bereich der für den Menschen wahrnehmbaren Farben. Auf der oberen Begrenzungslinie liegen die reinen Spektralfarben; sie heißt deshalb Spektralzug.

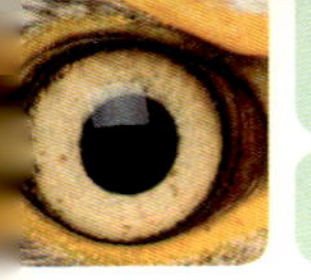

Abb. 2.16 ▶ Trichromatisches (**a**) und dichromatisches (**b**) Farbensehen im Vergleich. Mangel eines Zapfenpigmentes (b) macht die visuelle Unterscheidung zwischen reifen und unreifen Früchten unmöglich. (**c**) Farbsehtesttafel (wenn die Ziffer „6" nicht erkannt wird, liegt eine Farbsehstörung vor).

2.5 Ultraviolett-Sehen*

Unter allen Wirbeltieren verfügen Vögel über die Farbwahrnehmung mit den meisten Nuancen. Dazu besitzen die meisten Vögel, aber auch Reptilien, eine vierte Art von Zapfen, welche ihr Absorptionsmaximum (370 nm) im UV-Bereich haben (Abb. 2.17). Man spricht hier auch von einem tetrachromatischen Sehsystem. Dadurch können diese Tiere im Gegensatz zum Menschen UV-Licht wahrnehmen.

Vögel haben eine sehr hohe Farbempfindlichkeit und ein gutes Unterscheidungsvermögen im UV-Bereich entwickelt, um z. B. Früchte sowie bunte und weiße Federn zu erkennen. Diese reflektieren nämlich mit einer Wachsschicht häufig einen sehr großen UV-Anteil des Sonnenlichts. Bei Vogelarten, bei denen beide Geschlechter für den Menschen gleich aussehen, können im UV-Bereich oft Unterschiede festgestellt werden. Je höher die UV-Reflexion am Gefieder der männlichen Vögel ist, desto gesünder und daher attraktiver sind sie für die Weibchen. Eine weitere Bedeutung hat UV-Strahlung für Turmfalken: Diese können aufgrund von UV-Reflexionen an Kot und Urin markierte Wegspuren von Nagetieren erkennen.

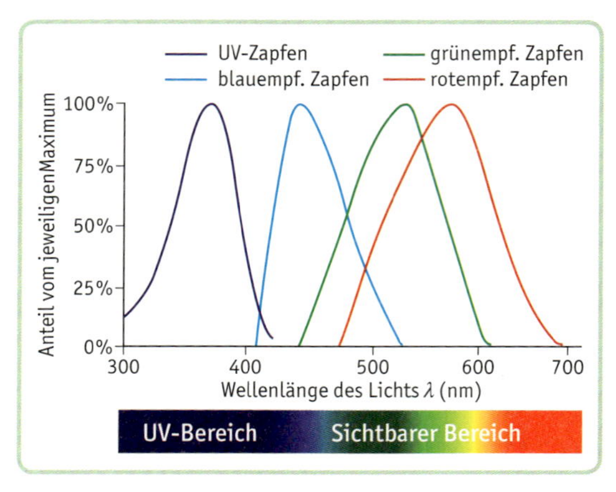

Abb. 2.17 ▶ Spektrale Empfindlichkeitskurve der vier Zapfentypen bei Vögeln

Neben den Vögeln sind die meisten Insekten empfindlich für UV-Licht. Dennoch sind sie Trichromaten, ihnen fehlen stattdessen die rotempfindlichen Zapfen. Da in unserer heimischen Flora die Insekten für die Bestäubung der Blüten zuständig sind, fehlen rein rote Blüten fast vollständig. Der Klatschmohn, eine der wenigen roten Blüten, reflektiert aber neben dem für uns sichtbaren Rot einen hohen UV-Anteil, weshalb er den Bienen eher violett erscheint. Eine weitere „UV-Färbung" zeigt Abb. 2.18. In den Tropen und Subtropen findet man dagegen viele leuchtend rote Blüten. Diese Blüten sind evolutionstechnisch darauf ausgerichtet, von Kleinvögeln (z. B. Kolibris) bestäubt zu werden, die diese sehr gut erkennen können.

Abb. 2.18 ▶ Sonnenhut, links aus unserer Sicht; rechts die Abbildung im UV-Licht

2.6 Infrarot-Wahrnehmung*

Einige Schlangenarten besitzen beiderseits zwischen Auge und Nase ein thermosensibles Grubenorgan, mit dem sie Wärmestrahlung, d. h. Licht im Infrarotbereich (Wellenlänge > 700 nm) wahrnehmen können (Abb. 2.19). Im Gehirn wird diese Information zusammen mit dem visuellen Bild der Augen verarbeitet und beide Bilder „übereinander gelegt“.

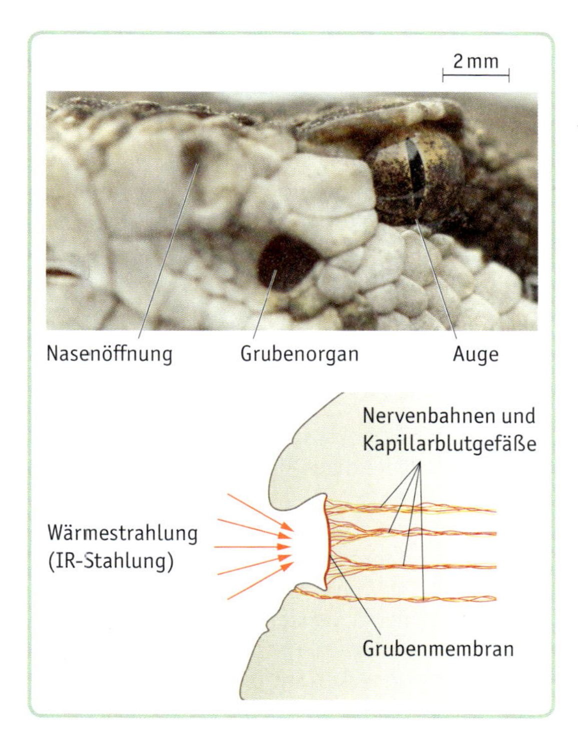

Abb. 2.19 ▶ Das Profil einer Klapperschlange zeigt die Öffnung des linken Grubenorgans. Es ist zwischen Auge und Nasenöffnung angeordnet.

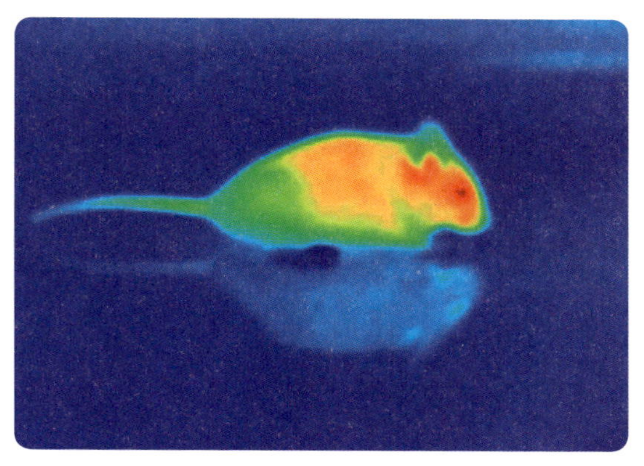

Abb. 2.20 ▶ Wärmebild einer Maus, welche auch bei völliger Dunkelheit aufgespürt werden kann

In der Vertiefung des Grubenorgans befindet sich die sogenannte freihängende Grubenmembran. Sie ist sehr dünn (15 µm) und beinhaltet wärmeempfindliche Nervenzellen, welche schon geringe Temperaturänderungen von 0,003 °C wahrnehmen können. Die in den Zellen befindlichen Mitochondrien (Energiezentren der Zellen) dienen dazu, die Wärmestrahlung zu absorbieren, an Volumen zuzunehmen und dadurch die Membran der Nervenzellen zu verändern. Dies führt dazu, dass die Wärmestrahlung in elektrische Impulse umgewandelt und diese dann über die Nerven an das Gehirn weitergeleitet werden.

Dass Schlangen besonders schnell auf Temperaturänderungen reagieren, ist sinnvoll, da sie sich auf die Jagd nach bewegten und warmen Objekten spezialisiert haben. Schlangen erhalten durch das Grubenorgan ein sehr genaues Bild ihrer Umwelt. Deswegen können sie ihre Beute gut aufspüren, Feinde abwehren, sich in der Dunkelheit orientieren oder geeignete Wärmeplätze finden.

Nachts ist es ihnen möglich, auch bei völliger Dunkelheit zielsicher ihre Beute aufzuspüren und zu jagen (Abb. 2.20). Im Gegensatz dazu kann es in heißen Gebieten passieren, dass tagsüber der Wärmekontrast zwischen der Umgebung und der Beute bzw. den Feinden nicht stark genug für die Ortung durch das Grubenorgan ist, so dass die Schlange sich auf ihre visuelle Wahrnehmung verlassen muss.

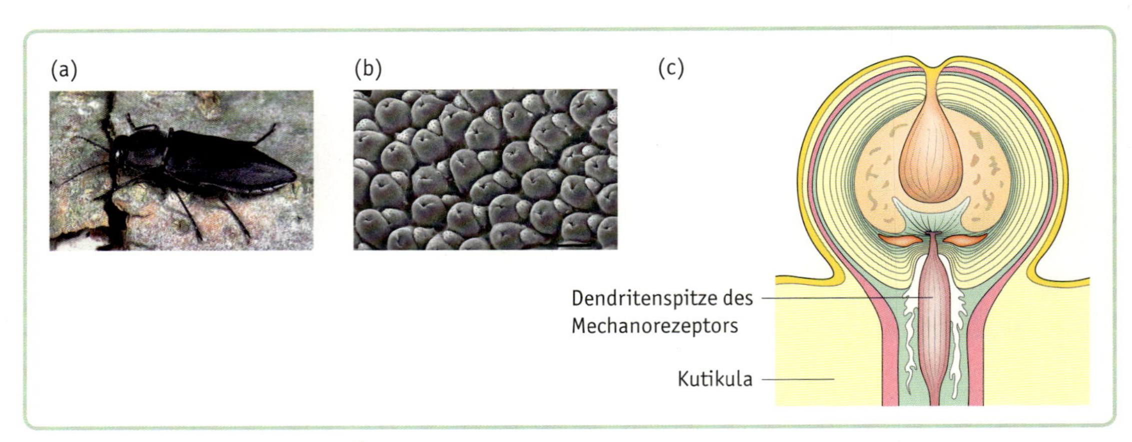

Abb. 2.21 ▶ **(a)** Schwarzer Kiefernprachtkäfer **(b)** Rasterelektronenmikroskopische Darstellung des Infrarotsinnesorgans Am Boden der ca. 100 µm tiefen Grube befinden sich ungefähr 70 IR-Rezeptoren. **(c)** Querschnitt des IR-Rezeptors

Ein weiterer Vertreter mit einem Infrarotsensor im Tierreich ist der Schwarze Kiefernprachtkäfer (Melanophila acuminata) (Abb. 2.21). Dieser legt bevorzugt seine Eier auf die Rinde von brandgeschädigten Bäumen ab, da das verbrannte Holz die Nahrung für die Larven ist und sich dort natürlicherweise wenige Fressfeinde befinden. Diese Käfer können mithilfe von zwei Infrarot-Sinnesgruben an der Hüfte Brände aus großer Entfernung orten.

Die Infrarotstrahlung wird durch ein photomechanisches Prinzip aufgespürt: Die Sinneszelle besteht aus einem mit Wasser gefüllten runden Druckbehälter, dessen Hülle durch eine mehrlagige Hautschicht, die sogenannte Kutikula, gebildet wird. Dieser Druckbehälter dehnt sich schon bei geringster Erwärmung aus und verformt die weiche Spitze der Sinneszelle (Mechanorezeptor). Dadurch werden elektrische Impulse freigesetzt, die der Käfer wahrnimmt. Nachdem der Käfer Rauchmoleküle wahrgenommen hat, reicht eine Temperaturerhöhung von 0,01 °C und eine Einwirkzeit von 2 ms aus, um eine Reaktion der Sinneszelle auszulösen. Der Brandherd kann so geortet werden. Der Käfer hat somit ein schnell reagierendes Messsystem für den infraroten Bereich, er kann Wärme wahrnehmen.

▶ Aufgaben

1 Aufbau der Netzhaut

Die Retina besteht aus verschiedenen Zellen. Teilen Sie die Netzhaut in Lichtsinneszellen und Nervenzellen ein und beschreiben Sie kurz deren Aufgabe.

2 Räumliches Sehen*

a) Recherchieren Sie, was man unter Größenkonstanz und unter Formkonstanz beim dreidimensionalen Sehen versteht.
b) Warum ist es kaum möglich, die Spitze eines senkrecht vor Ihnen aufgestellten Bleistiftes von der Seite her mit dem Finger zu treffen, wenn ein Auge geschlossen ist?
c) Welche Hinweisreize auf räumliche Tiefe kann man beim Malen zweidimensionaler Bilder einsetzen?

3 Parallaxe*

Durch die sogenannte Parallaxe erhält das Gehirn Informationen über die Entfernung eines Gegenstandes, da die beiden Augen unterschiedliche Bilder an das Gehirn übermitteln. Führen Sie dazu folgenden Versuch durch: Strecken Sie den Arm und stellen Sie den Daumen auf. Betrachten Sie Ihren Daumen und schließen Sie dabei abwechselnd das rechte und das linke Auge. Nun wiederholen Sie den Versuch mit angewinkeltem Arm, so dass sich der Daumen rela-

tiv nah vor den Augen befindet. Beschreiben Sie den Unterschied bei den beiden Versuchen. Erstellen Sie hierzu eine aussagekräftige Skizze.

4 Schielen*

a) Fertigen Sie zwei Skizzen an, in denen einmal ein naher und einmal ein weit entfernter Gegenstand fixiert wird. Beschreiben Sie, wie sich dabei die Augenstellung verändert.
b) Von Schielen, oder medizinisch ausgedrückt Strabismus, spricht man, wenn die Sehachse eines Auges einen Stellungsfehler hat. Erklären Sie, warum es bei schielenden Kindern dazu kommen kann, dass sie das räumliche Sehen nicht ausbilden.

5 Gelber Fleck

Im gelben Fleck befinden sich keine Stäbchen, sondern nur Zapfen im Abstand von ca. 2 µm. Erläutern Sie, was man unter dem gelben Fleck versteht und wie groß der Abstand zweier heller Lichtpunkte auf der Netzhaut sein darf, um sie mit der angegebenen Zapfendichte gerade noch unterscheiden zu können.

6 Sehen im Dunkeln

a) Warum erkennt man nachts lichtschwache Objekte (z. B. manche Sterne) nicht, wenn man sie fixiert, sondern nur, wenn man an ihnen vorbeischaut?
b) Wenn Sie plötzlich einen dunklen Raum betreten, brauchen Sie einige Zeit, bis Sie Ihre Umgebung erkennen können. Zählen Sie alle Vorgänge auf, die zur Adaptation beitragen.

7 Farben

a) Erkennt man einen schwarz-weißen Gegenstand in hellem Licht mit dem Zapfensystem oder mit dem Stäbchensystem? Begründen Sie Ihre Entscheidung.
b) Erklären Sie, warum rote Gegenstände im dämmrigen Licht dunkler erscheinen als bei hellem Licht.
c) Erklären Sie die Funktion der Rot-Grün-Brillen beim Betrachten dreidimensionaler Bilder.

8 Subtraktive Farbmischung

Wenn ein Maler Farben auf seiner Palette mischt, entstehen andere Mischfarben als bei der additiven Farbmischung. Begründen Sie, warum durch subtraktives Mischen von Blau und Gelb die Farbe Grün entsteht.

9 Sehen bei Tieren*

Geben Sie zwei Beispiele für Tiere an, deren Sehsinn gegenüber dem des Menschen erweitert ist. Beschreiben Sie, wie und wodurch sich das Sehen dieser Tiere vom menschlichen unterscheidet und welchen Vorteil diese Tiere davon haben.

10 Pinguine 2

Den Augen der Pinguine fehlen Sinneszellen für die Farbe Rot, dafür sind die blauen und grünen Sinneszellen noch häufiger und noch empfindlicher als die des Menschen. Außerdem können Pinguine noch Licht wahrnehmen, das bereits im ultravioletten Bereich liegt. Erklären Sie mithilfe der folgenden Grafik (Abb. 2.22), welchen Vorteil dies beim Sehen unter Wasser hat.

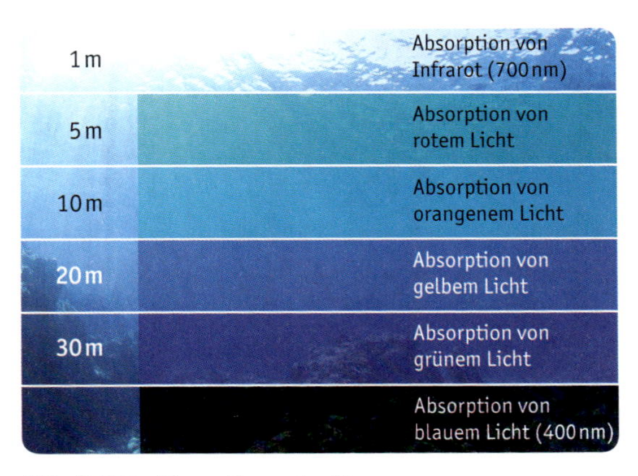

Abb. 2.22 ▶ Absorption unter Wasser

11 Bionik*

Informieren Sie sich über die Forschung und Entwicklung hochsensibler Brandmelder nach dem Vorbild des Schwarzen Kiefernprachtkäfers.

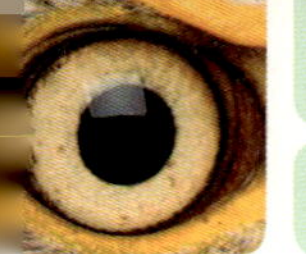

3 Grenzen unserer Sehleistung

Den größten Teil der Information über unsere Umwelt erhalten wir über optische Sinneswahrnehmungen, durch Bilder auf der Netzhaut unserer Augen. Die strahlengeometrischen Betrachtungen, wie sie in Kap. 1 durchgeführt worden sind, lassen im Prinzip beliebig scharfe Abbildungen zu. Fehlsichtigkeiten sind in diesem Rahmen weitgehend korrigierbar. In diesem Kapitel werden Einschränkungen des Auflösungsvermögens des menschlichen Auges behandelt, die sich aus dem Aufbau der Netzhaut, der Informationsverarbeitung, aber auch aus rein physikalischen Gründen ergeben. Eine wesentliche Rolle spielt dabei der Wellencharakter des Lichts.

3.1 Sehschärfe und Sehzellendichte

Unter der Sehschärfe versteht man das Auflösungsvermögen des Auges, zwei punktförmige Objekte in einer bestimmten Entfernung gerade noch getrennt voneinander wahrnehmen können. Zu dieser Entfernung gehört ein minimaler Sehwinkel α, unter dem man die beiden Punkte noch unterscheiden kann (Abb. 3.1). Mit diesem minimalen Sehwinkel α kann man die Sehschärfe oder den Visus definieren:

$$\text{Visus} = \frac{1'}{\alpha}$$

Aufgrund der üblicherweise sehr kleinen Werte wird der Sehwinkel α in Bogenminuten $(1' = \frac{1°}{60})$ angegeben. Der Visus ist damit eine reine Zahl ohne physikalische Dimension.

Ein normalsichtiges Auge kann bei guten Sehverhältnissen zwei Punkte unter dem Winkel einer Bogenminute noch unterscheiden, was einen Visus von 1 bedeutet. Ein Visus von ≤ 0,8 bedeutet Schwächen in der Sehschärfe, die durch eine Sehhilfe ausgeglichen werden sollten. Bei Jugendlichen liegt der Visus hingegen häufig sogar über 1.

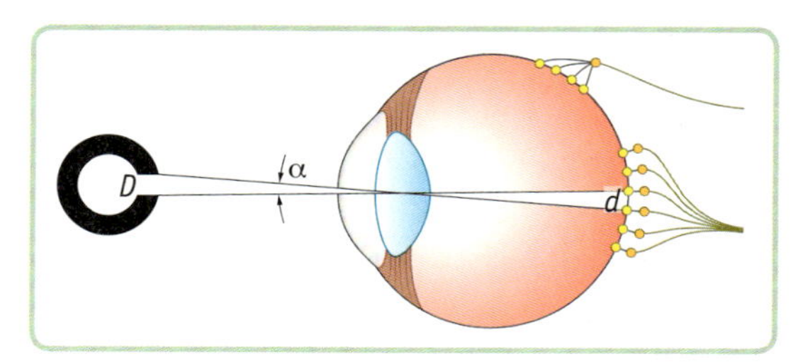

Abb 3.1 ▶ Landoltring zur Sehrschärfenbestimmung. Die Spaltbreite D wird als kleine Strecke d auf der Retina abgebildet.

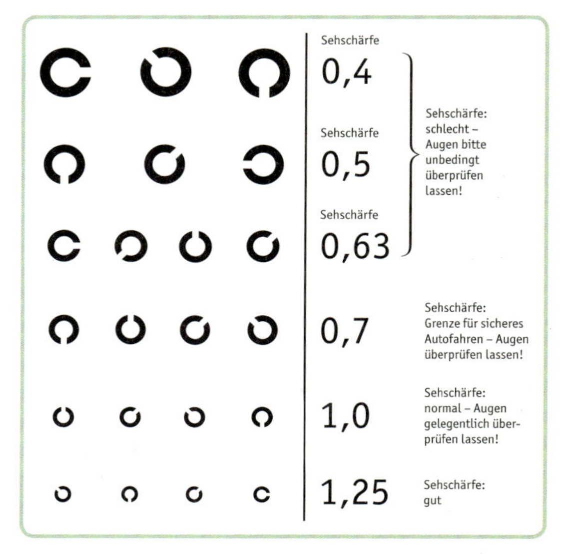

Abb. 3.2 ▶ Sehschärfentafel (auf 200 % vergrößert in einem Abstand von 3,6 m aufgehängt)

Die Sehschärfe kann man mit einer Sehschärfentafel (Abb. 3.2) überprüfen, wie sie von Optikern eingesetzt wird. Hier haben sich die sogenannten Landoltringe durchgesetzt, bei denen die Ringöffnung in einem bestimmten Abstand erkannt werden muss. Die Sehschärfe hängt in starkem Maße von der Größe und von der Beschaffenheit der Netzhaut ab.

Die Sehschärfe wird z. B. von den folgenden Faktoren positiv beeinflusst:

- große Sehzellendichte auf der Netzhaut (Abbildung am „Ort schärfsten Sehens").
- große Bildweite, d. h. einem großen Augendurchmesser (viele Sehzellen werden angeregt).
- gute Abbildungsqualität (wenige Verluste durch die verschiedenen brechenden Medien).
- geringe Informationsverluste durch Zusammenschaltung der Informationen an Ganglienzellen.

Da die Sehzellendichte ein entscheidender Faktor beim Sehen ist, wollen wir für ein normalsichtiges

Auge durch einen einfachen Versuch selbst die Sehzellendichte auf unserer Netzhaut angenähert bestimmen:

Die beiden Linien haben einen Abstand von 1 mm (Abb. 3.3). Durch mathematische Überlegungen (Strahlensatz) lässt sich der Abstand zweier Sehzellen abschätzen. Es muss nur der minimale Abstand vom Linienpaar gemessen werden, in welchem die beiden nicht mehr getrennt voneinander wahrgenommen werden können. In diesem Fall wird die Bildinformation der beiden Linien nicht mehr erfasst, da dann die zwei angeregten Sehzellen nicht mehr durch eine dazwischenliegende, nicht angeregte Sehzelle getrennt sind.

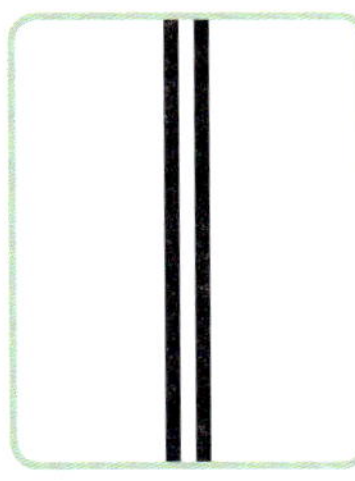

Abb 3.3 ▶ Linien (Abstand 1 mm) für die Bestimmung der Sehzellenanzahl

Im menschlichen Auge variiert der Abstand zweier Sehzellen je nach Ort außerhalb der Fovea centralis von 3 bis 7 µm. In der Fovea centralis sind die meisten Ganglienzellen nur für eine Sehzelle zuständig und die Sehzellendichte ist mit bis zu 100 000 pro mm^2 am größten, was den Abstand zweier Sehzellen auf 2 µm verringert.

▶ Beispiel

Ausgehend vom Strahlensatz (Abb. 3.4)

$$\frac{d}{2{,}5\ \text{cm}} = \frac{1\ \text{mm}}{5\ \text{m}}$$

berechnet sich der Abstand zweier Sehzellen (wenn keine weiteren Effekte berücksichtigt werden):

$$d = \frac{1\ \text{mm} \cdot 2{,}5\ \text{cm}}{5\ \text{m}} = 5{,}0 \cdot 10^{-6}\ \text{m} = 5\ \mu\text{m}$$

D. h. auf einer Länge von 1 mm befinden sich ca. $\frac{1\ \text{mm}}{5\ \mu\text{m}} = 200$ Sehzellen und damit auf 1 mm^2 Netzhaut ca. 40 000 Sehzellen.

Bei Fehlsichtigkeiten wie Kurzsichtigkeit ist der minimale Abstand zum Linienpaar kleiner als 5 m und man erhält aus der Rechnung einen zu großen Abstand der Sehzellen.

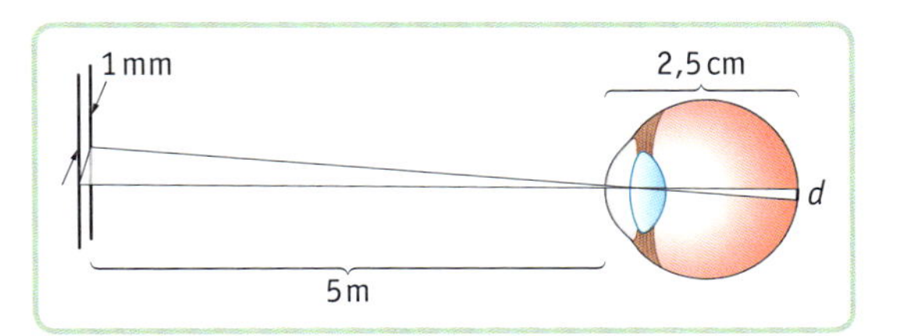

Abb. 3.4 ▶ Eine erwachsene Person (Durchmesser des Auges ca. 2,5 cm) kann im Abstand von 5 m die beiden Linien nicht mehr getrennt voneinander wahrnehmen.

Bei uns Menschen ist das Feld, in dem wir scharf sehen, beschränkt. Wir können kein Bild im Ganzen betrachten und beschränken uns auf Ausschnitte. Dies veranschaulicht Abb. 3.5.

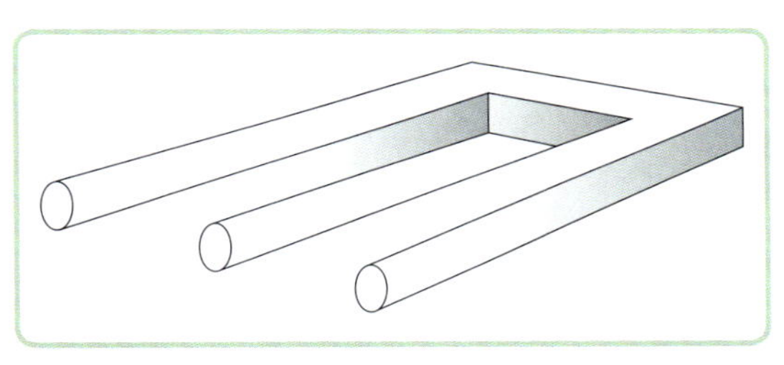

Abb. 3.5 ▶ Sinnvolle Ausschnitte ergeben im Gesamten kein sinnvolles Bild.

Die bisher aufgefundenen Einschränkungen des Auflösungsvermögens ergaben sich aus der Größe der Sehzellen, insbesondere aber durch deren Dichte in der Netzhaut. Es drängt sich die Frage auf, warum im Laufe der Evolution die Dichte der Sehzellen im Bereich der Fovea nicht zugenommen und dadurch der mittlere Abstand abgenommen hat. Im Folgenden wird klar werden, dass dies aus dem physikalischen Verhalten von Licht folgt, nämlich aus dem Wellencharakter des Lichts.

3.2 Interferenz von Licht am Doppelspalt

Eine Blende mit zwei schmalen, dicht nebeneinander liegenden Spalten wird von einer Seite mit einem Laser beleuchtet (Abb. 3.6). Die Strahlenoptik würde zwei nebeneinander liegende, schmale Streifen auf dem Schirm erwarten lassen. Auf dem Schirm zeigt sich aber eine sogenannte Interferenzfigur: eine Reihe von ausgedehnten Lichtflecken mit nach außen abnehmender Intensität.

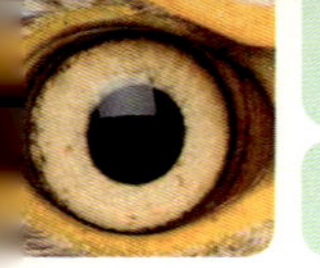

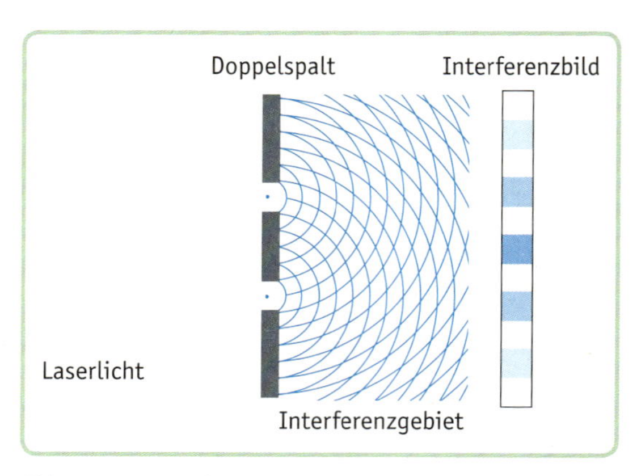

Abb. 3.6 ▶ Doppelspaltversuch: Auf dem Schirm entsteht das typische Interferenzmuster mit nach außen abnehmender Intensität.

Dieses Bild entspricht in seiner Struktur der Überlagerung zweier Wasserwellen (Abb. 3.7), die sich an bestimmten Stellen verstärken (zwei Wellenberge treffen zusammen) und an anderen Stellen auslöschen (Wellenberg trifft auf Wellental).

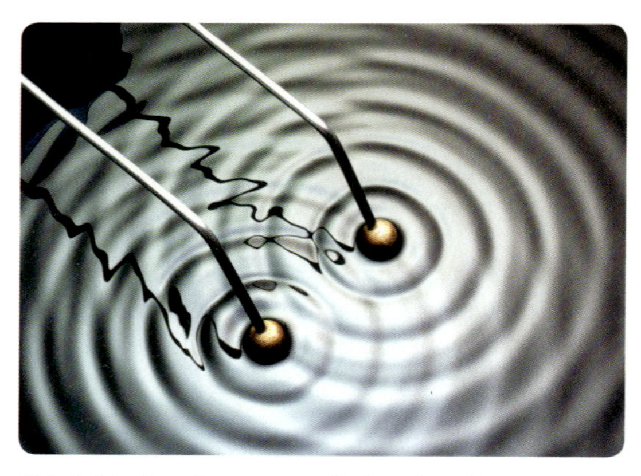

Abb. 3.7 ▶ Interferenz zweier Kreiswellen mit charakteristischem strahlenförmigem Interferenzmuster

Interferenzbilder sind typisch für Wellen und haben dazu geführt – neben anderen Phänomenen – Licht auch Welleneigenschaften zuzuschreiben.

3.3 Die Entstehung des Interferenzmusters am Doppelspalt

Um ein vertieftes Verständnis der Interferenz zu erreichen, müssen zunächst einige grundlegende Eigenschaften von Wellen besprochen werden. Bei Wellen, die sich in einer Ebene ausbreiten (wie Wellen auf der Wasseroberfläche) können wir zwei Grundformen unterscheiden: die Kreiswelle und die gerade Welle (Abb. 3.8). Bei der ersten Form kann man an die Wellen denken, die sich kreisförmig im Wasser ausbreiten, wenn ein Stein ins Wasser geworfen wurde. Bei einer geraden (ebenen) Welle denken wir an eine weit ausgedehnte Welle, die vom Meer gegen das Ufer läuft und deren Wellenberg näherungsweise in einer Ebene senkrecht zur Wasseroberfläche verläuft. Das Licht eines Lasers entspricht einer ebenen Welle, bei der Wellenberge und Wellentäler parallel zueinander verlaufen und periodisch erzeugt werden.

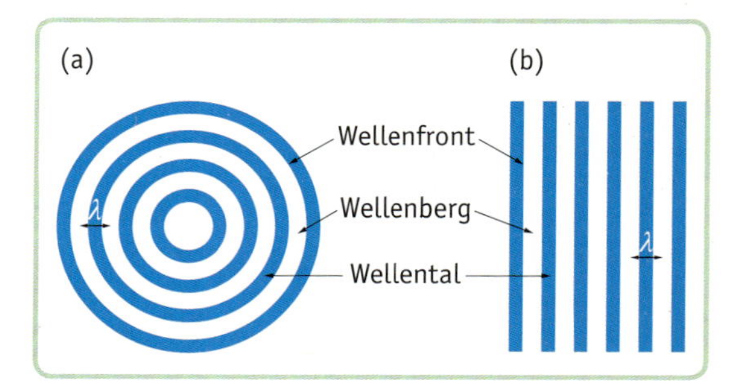

Abb. 3.8 ▶ Grundformen ebener Wellen: **(a)** Kreiswelle und **(b)** gerade Welle

Für die Erklärung von Ausbereitungs- und Interferenzerscheinungen ist das **Huygens'sche Prinzip** sehr nützlich. Danach ist jeder Punkt einer Wellenfront als Ausgangspunkt einer kreisförmigen Elementarwelle anzusehen, die sich mit der gleichen Geschwindigkeit wie die Wellenfront ausbreitet. Die äußere Einhüllende aller dieser Elementarwellen ergibt die neue Wellenfront.

Ein wichtiger Spezialfall liegt vor, wenn die Wellen periodisch erzeugt werden, z. B. durch periodisches Eintauchen eines Stabes in Wasser, so dass kontinuierlich Wellen von der Eintauchstelle ausgehen (Abb. 3.8 links).

Den Abstand zweier Wellenberge bezeichnet man als Wellenlänge λ. Wenn man sich – gedanklich – auf einen bestimmten Ort im Feld der Wellen fixiert, dann laufen kontinuierlich Wellenberge und Wellentäler vorbei. Der zeitliche Abstand zwischen zwei benach-

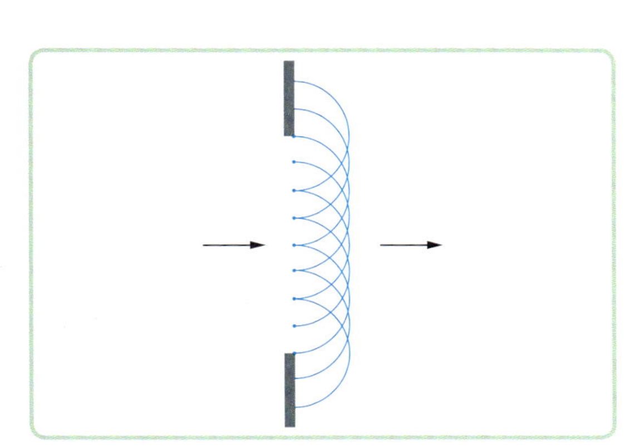

Abb. 3.9 ▶ Veranschaulichung des Huygens'schen Prinzips am Beispiel einer ebenen Welle: Jeder Punkt auf der Wellenfront der ebenen Welle wird als Zentrum einer Elementarwelle gedeutet. Wegen der Überlagerung der Elementarwellen entsteht eine neue Wellenfront.

barten Wellenbergen heißt Schwingungs- oder Periodendauer T. Daraus folgt für die Ausbreitungsgeschwindigkeit c die Beziehung

$$c = \frac{\lambda}{T}$$

Mit diesen Kenntnissen ist man nun in der Lage, den Doppelspaltversuch genauer zu verstehen und sogar exakte Voraussagen über die Lage der Interferenzmaxima und -minima auf dem Schirm zu machen, wenn man die Maße der Anordnung und die Wellenlänge des Laserlichtes kennt.

Wählt man auf dem Schirm einen beliebigen Punkt, so haben die beiden Wellen von ihrem jeweiligen Zentrum, den Spaltöffnungen, die Wege s_1 und s_2 zurückgelegt (Abb. 3.10). Die Differenz zwischen beiden Wegen nennt man Gangunterschied Δs; von ihm hängt das sich ergebende Interferenzbild ab:

Ist der Gangunterschied ein ganzzahliges Vielfaches von λ, so treffen zwei gleichartige Zustände aufeinander und es kommt zur Verstärkung. Ist dagegen der Gangunterschied ein ungeradzahliges Vielfaches von $\frac{1}{2}\lambda$, also $\frac{1}{2}\lambda$, $\frac{3}{2}\lambda$, $\frac{5}{2}\lambda$, …, so treffen zwei entgegengesetzte Wellenzustände aufeinander und löschen sich aus.

Ist die Entfernung a zwischen Doppeltspalt und Schirm sehr groß im Vergleich zum Spaltabstand b,

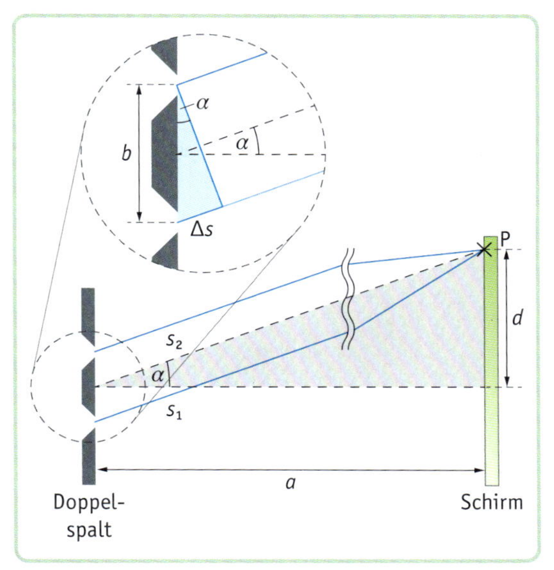

Abb. 3.10 ▶ Skizze zur Berechnung am Doppelspalt

so verlaufen die beiden Wellenstrahlen s_1 und s_2 nahezu parallel. Das markierte Dreieck mit dem Winkel α an den Spalten kann dann als rechtwinklig angesehen werden. α ist dabei der zum entsprechenden Gangunterschied Δs gehörige Winkel.

Es gilt dort für ein Interferenzmaximum:

$$\sin \alpha_k = \frac{\Delta s}{b} = \frac{k \cdot \lambda}{b} \qquad (1)$$

Betrachtet man das große rechtwinklige Dreieck zwischen Doppelspalt und Schirm, das, wie man geometrisch herleiten kann, ebenso den Winkel α besitzt, so gilt:

$$\tan \alpha = \frac{d}{a} \qquad (2)$$

Da üblicherweise $a >> d$ ist, wird der Winkel α sehr klein und man kann nähern: $\sin \alpha \approx \tan \alpha$.

Gleichsetzen von (1) und (2) liefert damit:

$$\frac{k \cdot \lambda}{b} \approx \frac{d}{a}$$

Analog lässt sich die Gleichung für die Interferenzmimina ermitteln.

Allgemein gilt:

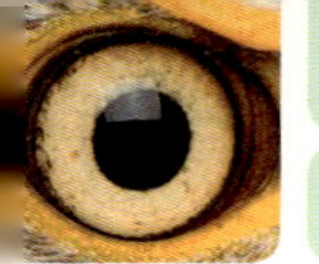

Interferenzmaxima k-ter Ordnung:

$$\sin \alpha_k = \frac{k \cdot \lambda}{b} = \frac{d_k}{a} \qquad (k = 0, 1, 2, \ldots)$$

Interferenzminima k-ter Ordnung:

$$\sin \alpha_k = \frac{(2k - 1) \cdot \lambda}{2 \cdot b} \approx \frac{d_k}{a} \qquad (k = 1, 2, \ldots)$$

Durch Messen der Winkel α_k und der Abstände d_k und a können die abgeleiteten Beziehungen überprüft werden. Umgekehrt kann durch Messen von α_k und b die Wellenlänge des verwendeten Lichtes bestimmt werden. So ergibt sich z. B., dass sichtbares Licht Wellenlängen von etwa 380 nm (violett) bis 780 nm (rot) besitzt (Tab. 3.1).

Farbton	Wellenlänge in nm
Violett	380 – 420
Blau	420 – 480
Grün	480 – 560
Gelb	560 – 580
Orange	580 – 630
Rot	630 – 780

Tab. 3.1: Wellenlängen verschiedener Farbtöne

3.4 Beugung und Interferenz am Einfachspalt

Die Iris beim menschlichen Auge stellt aus physikalischer Sicht eine Lochblende dar. Gibt es auch bei einem Einfachspalt bzw. der Lochblende Interferenzerscheinungen?

Zur Beantwortung dieser Frage beleuchten wir einen Einfachspalt mit einem Laserstrahl. Auf dem Schirm sehen wir neben einem Hauptmaximum (Maximum 0. Ordnung) zu beiden Seiten Nebenmaxima mit wesentlich geringerer Intensität und Breite (Abb. 3.11). Verengt man den Spalt, so werden die Streifen breiter und bewegen sich nach außen.

Trifft eine ebene Wellenfront auf einen Einfachspalt der Breite B, so kann man das entstehende Interferenzbild hinter dem Spalt ebenfalls dadurch erklären, dass von vielen Punkten im Spalt Elementarwellen ausgehen, die sich auf dem Schirm teilweise konstruktiv, teilweise destruktiv überlagern.

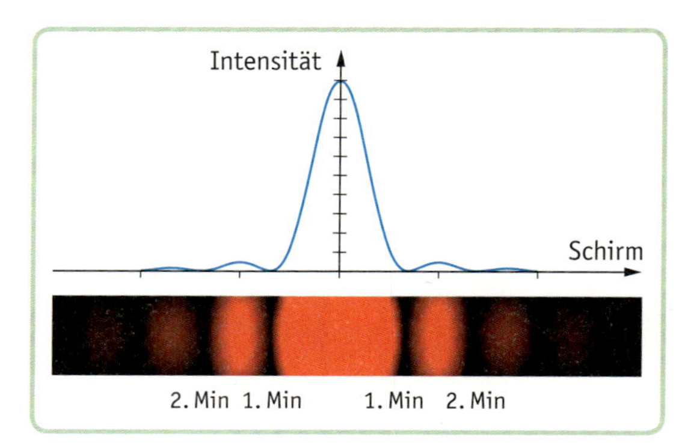

Abb. 3.11: Intensitätsverteilung beim Einfachspalt

Zur Erklärung der Intensitätsmaxima und -minima nehmen wir zur Vereinfachung an, dass vom Spalt 12 Elementarwellen ausgehen und dass die Entfernung zum Schirm im Vergleich zur Spaltbreite sehr groß ist. Damit können die Wege der Wellen von den Wellenzentren zu einem bestimmten Punkt P auf dem Schirm näherungsweise als parallel verlaufend angesehen werden.

Beim Hauptmaximum mit dem Winkel $\alpha = 0°$ haben die 12 Wellen keinen Gangunterschied, sie verstärken sich maximal. Mit zunehmendem Winkel steigt der Anteil an destruktiver Interferenz, weil es nun Gangunterschiede gibt. Ist der Winkel α so groß geworden, dass der Gangunterschied zwischen dem 1. und dem 7. Wellenzug, dem 2. und dem 8. usw. gerade $\frac{\lambda}{2}$ beträgt, löschen sie sich paarweise aus. Bei diesem Winkel finden wir bei P das 1. Minimum (Abb. 3.12).

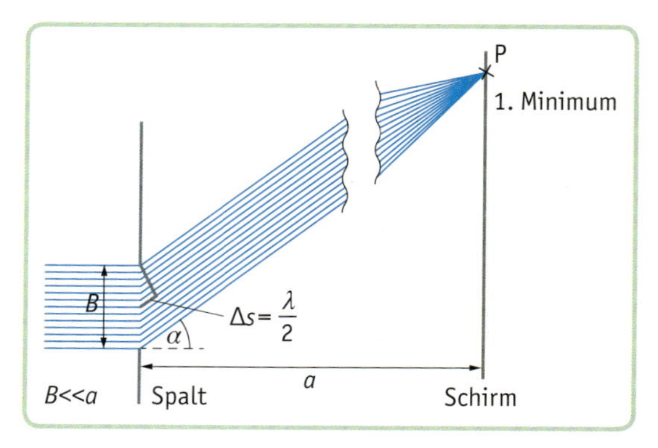

Abb. 3.12: Zur Minimumsbedingung am Einfachspalt

Mit dieser Überlegung erhält man (analog zu Kap. 3.3) im genäherten rechtwinkligen Dreieck am Spalt die Bedingung für das Minimum erster Ordnung:

$$\sin\alpha = \frac{\Delta s_{1-7}}{\frac{B}{2}} = \frac{\frac{\lambda}{2}}{\frac{B}{2}} = \frac{\lambda}{B} \Leftrightarrow \lambda = B \cdot \sin\alpha$$

Für die Minima höherer Ordnung gilt analog
$k \cdot \lambda = B \cdot \sin\alpha_k$ mit $k = 2, 3, \ldots$
Zusammengefasst ergibt sich für die

Minima beim Einfachspalt
$$k \cdot \lambda = B \cdot \sin\alpha_k \text{ mit } k = 1, 2, 3, \ldots$$

Das erste Nebenmaximum (Abb. 3.13) entsteht dann, wenn zwischen dem 1. und 5., dem 2. und 6., dem 3. und 7. und 4. und 8. Wellenzug der Gangunterschied jeweils $\frac{\lambda}{2}$ beträgt: Sie löschen sich paarweise aus. Die Wellenzüge vom 9. bis 12. Spaltbereich bleiben übrig. Der Winkel α_{1max}, unter dem das erste Nebenmaximum zu finden ist, ergibt sich aus der Bedingung:

$$B \cdot \sin(\alpha_{1max}) = \frac{3\lambda}{2}$$

Wegen der teilweisen Auslöschung muss die Intensität erheblich kleiner als im Hauptmaximum sein. Allgemein gilt für die

Nebenmaxima beim Einfachspalt
$$(2k + 1) \cdot \frac{\lambda}{2} = B \cdot \sin\alpha_k \text{ mit } k = 1, 2, 3, \ldots$$

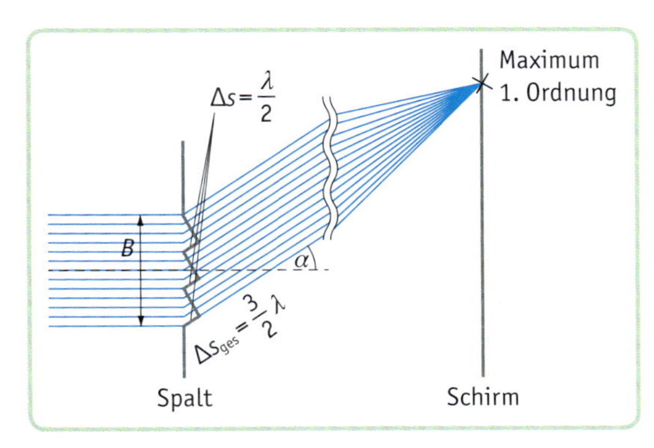

Abb. 3.13: Entstehung des Maximums 1. Ordnung am Einfachspalt

▶ Beispiel

Breite des Hauptmaximums

Laserlicht (λ = 700 nm) trifft auf einen Spalt der Breite B = 0,2 mm, der a = 6 m vom Schirm entfernt steht. Berechnen Sie die Breite des zentralen Hauptmaximums auf dem Schirm (Abb. 3.14).

Das Hauptmaximum wird von den Minima 1. Ordnung begrenzt, so dass wir uns auf eine Hälfte konzentrieren.

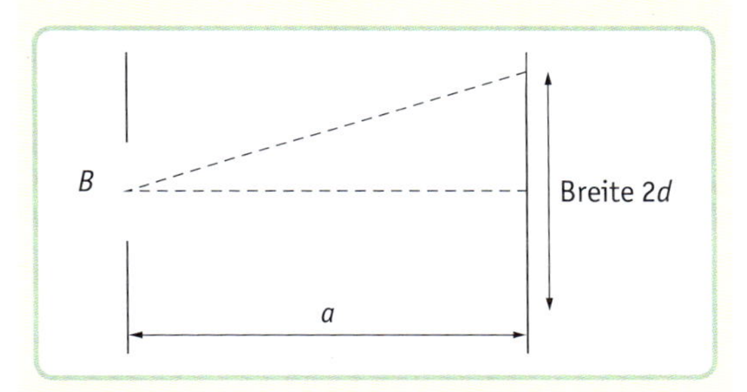

Abb. 3.14: Abmessungen zur Beispielaufgabe

Mit der Bedingung für Minima und der Kleinwinkelnäherung ($\sin\alpha \approx \tan\alpha$) gilt:

$$\sin\alpha = \frac{1 \cdot \lambda}{B} \approx \tan\alpha = \frac{d}{a} \Leftrightarrow d \approx \frac{\lambda \cdot a}{B} \approx 21 \text{ mm}$$

Die Breite des Hauptmaximums beträgt demnach rund 42 mm.

Bei Interferenzerscheinungen, die an Kanten oder Öffnungen wie beim Einfachspalt auftreten, spricht man oft von Beugung, weil das Licht entgegen der geradlinigen Ausbreitung der Strahlenoptik auch in den Schattenraum gelangt. Diesem Sprachgebrauch folgend werden wir im Folgenden von Beugung sprechen.
Beugung tritt nicht nur am Spalt auf, sondern auch an kreisförmigen Blenden wie z. B. an der menschlichen Iris oder bei optischen Instrumenten. Das Bild besteht aus einem zentralen Scheibchen als Hauptmaximum mit umgebenden konzentrischen Kreisen als Nebenmaxima (Abb. 3.15).
Der Winkel α, bei dem das erste Minimum auftritt, hängt, ähnlich wie beim Spalt, von der Wellenlän-

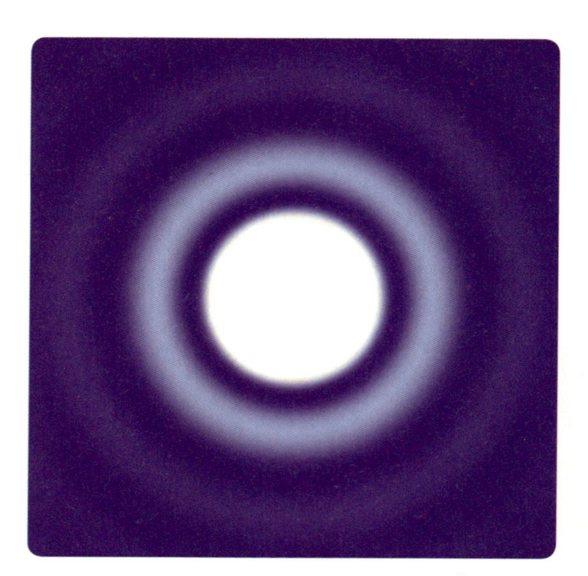

Abb. 3.15: Beugungsbild einer kreisförmigen Öffnung

ge und dem Durchmesser des Kreises ab. Zusätzlich muss aber ein Korrekturfaktor berücksichtigt werden. Dieser rührt von der kreisförmigen Öffnung her und wird wegen der komplexen Herleitung hier nur angegeben:

Minima an der Lochblende:
1. Ordnung: $\Delta s = B \cdot \sin \alpha = 1{,}22 \cdot \lambda$
2. Ordnung: $\Delta s = B \cdot \sin \alpha = 2{,}23 \cdot \lambda$
3. Ordnung: $\Delta s = B \cdot \sin \alpha = 3{,}24 \cdot \lambda$

Eine wichtige Konsequenz ist, dass bei allen optischen Instrumenten, und damit auch beim menschlichen Auge, das Auflösungsvermögen und die Bildentstehung durch die Beugung an Blenden und Linsenfassungen begrenzt sind. Gegenstandspunkte werden nicht in Bildpunkte, sondern in Beugungsfiguren mit einer gewissen räumlichen Ausdehnung abgebildet. Man kann Bilder zweier Gegenstandspunkte nur dann räumlich getrennt wahrnehmen, wenn die Beugungsfiguren (Beugungsscheibchen) ausreichend getrennt voneinander sind. Als Kriterium dafür, dass zwei Bildpunkte noch räumlich getrennt wahrgenommen werden können, wird meist die folgende Festsetzung verwendet:

Zwei Bildpunkte sind nur dann getrennt voneinander wahrnehmbar, wenn das Hauptmaximum des einen Beugungsscheibchens mindestens in das 1. Minimum des zweiten Scheibchens fällt.
Dies lässt sich auch so formulieren: Zwei Beugungsscheibchen sind nur dann noch zu unterscheiden, wenn ihre Hauptmaxima mindestens um ihren Radius *R* voneinander entfernt sind (Abb. 3.16).

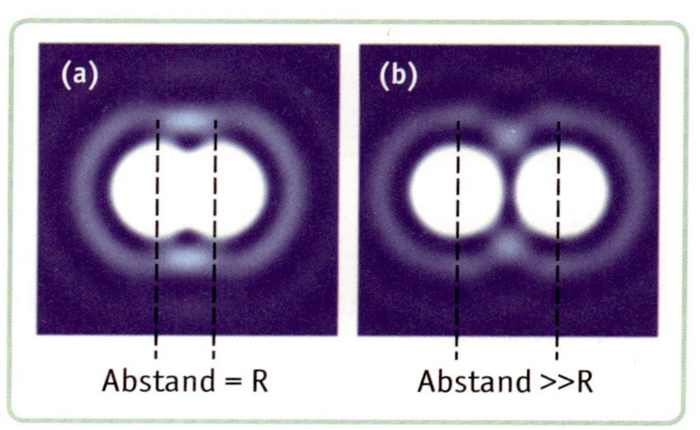

Abb. 3.16: Interferenzbild und Intensitätsverlauf zweier Beugungsfiguren, die **(a)** gerade getrennt wahrnehmbar **(b)** deutlich zu unterscheiden sind.

3.5 Auflösungsvermögen des menschlichen Auges

Für das menschliche Auge ergeben sich daraus Einschränkungen, die nun genauer betrachtet werden sollen.
Für das Minimum der Beugungsfigur auf der Netzhaut gilt:

$$\Delta s = B \cdot \sin \alpha = 1{,}22 \cdot \lambda$$

Wegen des sehr kleinen Winkels α folgt (Abb. 3.17):

$$\sin \alpha = \frac{1{,}22 \cdot \lambda}{B} = \frac{R}{b} = \frac{D}{g}$$

Mit dieser Gleichung lassen sich für das menschliche Auge einfache Überlegungen anstellen. Wir nehmen für den Pupillendurchmesser $B = 5{,}0$ mm und für den Augendurchmesser $b = 2{,}5$ cm an. Verwendet man z. B. gelbes Licht ($\lambda = 550$ nm), so erhält man folgende Ergebnisse:

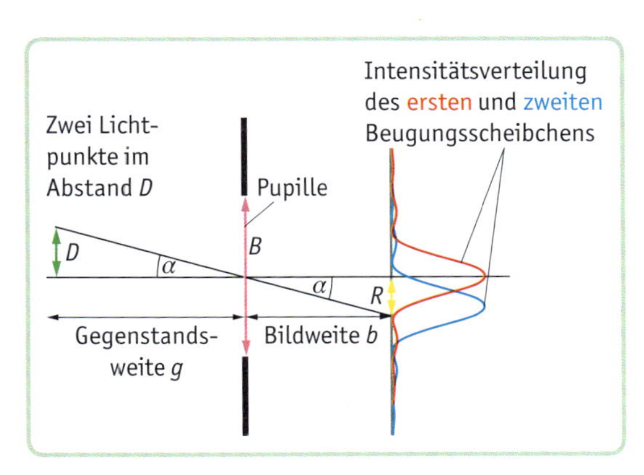

Abb. 3.17: Auflösung zweier unterscheidbarer Punkte

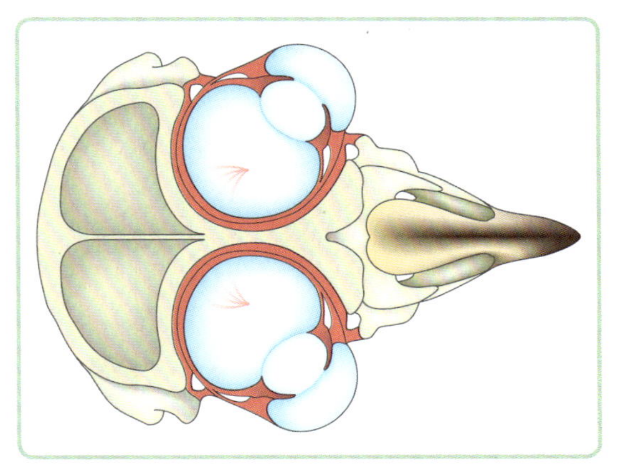

Abb. 3.18: Adlerschädel mit Lage und Form der Augen

Radius des Beugungsscheibchens:

$$R = \frac{1{,}22 \cdot \lambda \cdot b}{B} = \frac{1{,}22 \cdot 550\text{ nm} \cdot 2{,}5\text{ cm}}{5\text{ mm}}$$

$\approx 3{,}4\ \mu\text{m}$
kleinster auflösbarer Winkel aus $\sin \alpha = \frac{R}{B}$:
$\alpha \approx 0{,}008° \approx 0{,}5'$
D. h. zwei Punkte im Abstand $g = 5$ m müssen $D = g \cdot \sin \alpha = 0{,}67$ mm auseinander liegen, um getrennt wahrgenommen zu werden.
Tatsächlich befinden wir uns mit dem Beugungsscheibchen hier in der Größenordnung der Zapfen und Stäbchen des menschlichen Auges. Diese sind 1 µm dick und haben einen minimalen gegenseitigen Abstand von ca. 2 µm (in der Fovea).

Zusammenfassung:

Insgesamt kommt es beim Auflösungsvermögen des menschlichen Auges darauf an zu verstehen, dass zwei Mechanismen dieses begrenzen und gegeneinander abgestimmt werden müssen. Nach dem Prinzip des schwächsten Gliedes der Kette ist ein noch näheres Zusammenrücken der Sehzellen sinnlos (Kap. 3.1), da das Phänomen Beugung das Bild unscharf macht (Kap. 3.4). Beim menschlichen Auge ist die Grenze der Sehleistung aufgrund der Sehzellendichte und aufgrund von Beugungseffekten gut aufeinander abgestimmt. Die Größe der Beugungsscheibchen hängt vom Verhältnis des Augendurchmessers b und des Pupillendurchmessers B ab, es ist umso kleiner, je kleiner das Verhältnis $\frac{b}{B}$ ist.

Beugungseffekte werden also am besten durch eine Vergrößerung der Augenöffnung verringert. Dieses Phänomen kann man bei Greifvögeln beobachten, die ein wesentlich größeres Verhältnis von Augendurchmesser zu Pupillengröße haben. Ihr Auge ist im Vergleich zum menschlichen Auge langgezogener und der Pupillendurchmesser ist größer (Abb. 3.18). Dies führt zu kleineren Beugungsscheibchen.
Daneben haben Greifvögel in der Fovea centralis eine höhere Sehzellendichte (Abb. 2.12) und eine homogenere Verteilung der Sehzellen auf der gesamten Netzhaut als der Mensch. Dies alles bewirkt, dass z. B. der Buntfalke (amerikanischer Turmfalke) bzw. der Mäusebussard ein zwei- bis sechsfach größeres Auflösungsvermögen besitzen, was ihnen das Erkennen kleiner Beutetiere aus großer Höhe (bis zu 2000 m) ermöglicht.

3.6 Insektenaugen*

Überträgt man die Überlegungen zum Auflösungsvermögen aus Kap. 3.5 auf ein Linsenauge bei kleinen Tieren, würde statt eines Bildpunktes auf der Netzhaut überall ein verschwommenes Bild auftauchen, da die Beugungsscheibchen im Vergleich zur Augengröße immens wären.
Neben dem Linsenauge hat sich daher im Tierreich bei den Gliederfüßern (z. B. Insekten, Krebstieren, Spinnentieren) eine zweite Art von Auge, das Facetten- oder Komplexauge entwickelt (Abb. 3.19).
Dieses befindet sich an beiden Seiten des Kopfes und ist unbeweglich mit dem Kopf verbunden. Ab-

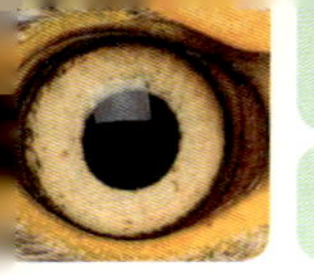

Abb. 3.19 ▶ Kopf einer Stubenfliege mit zwei Facettenaugen

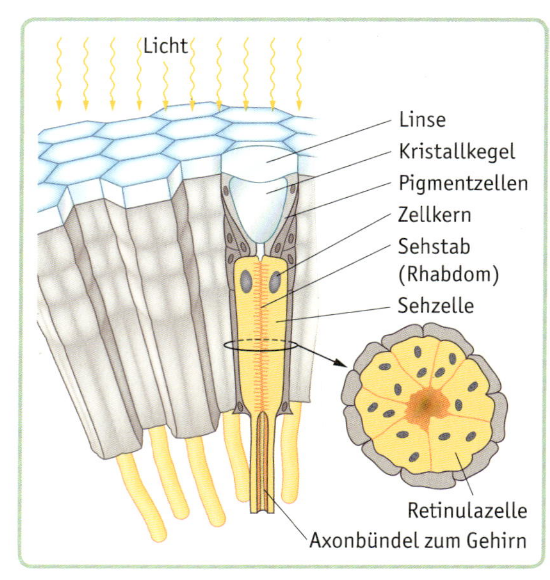

Abb. 3.20 ▶ Aufbau eines Ommatidiums

hängig von der Lebensweise haben die Facettenaugen verschiedene Größen, sie können bis zu 90% der Kopffläche z. B. bei fliegenden Insektenarten ausmachen.

Die Oberfläche des Facettenauges ist stark gewölbt und besitzt ein regelmäßiges Sechseckmuster. Das sichtbare Sechseck, auch als Facette bezeichnet, gehört zu einem Einzelauge (Ommatidium) und stellt die Chitinlinse dar. Jedes Ommatidium besitzt einen eigenen optischen Apparat und nimmt nur einen einzigen Bildpunkt der Umwelt wahr, ein Beugungsscheibchen gibt es nicht, es wird auf einen Punkt reduziert. Die vielen gleichartigen Ommatidien sind miteinander verschaltet, so dass sämtliche wahrgenommenen Bildpunkte dann im Gehirn zu einem Mosaikbild zusammengesetzt werden.

Die Anzahl der Ommatidien hängt von der Größe und den Anforderungen an das Sehen ab. Sie variiert zwischen einer einstelligen Anzahl und mehreren zehntausend Einzelaugen. Bienen orientieren sich optisch und benötigen 4000 bis 5000 Ommatidien, kleine Ameisen im „Innendienst“ des Staates kommen mit 600 aus, während die zur Futtersuche ausschwärmenden Ameisen bis zu 1200 haben. Große Libellen haben sogar bis zu 30 000 Einzelaugen.

Das Ommatidium an sich besteht im Wesentlichen aus drei Teilen (Abb. 3.20): dem Lichtbrechungsapparat, den Pigmentzellen und der Sehzelle.

Der **Lichtbrechungsapparat** besteht aus der sechseckigen Chitinlinse, welche sich immer wieder erneuern kann. Sie vermindert Lichtreflexionen und bündelt das ankommende Licht auf den anschließenden Kristallkegel. Dieser modifiziert das Lichtbündel und fokussiert den Strahlengang auf die Sehzelle.

Die **Pigmentzellen** haben die Funktion, das durch den Lichtbrechungsapparat ankommende Licht abzuschirmen. Das Licht kann somit das Einzelauge nicht oder nur gering verlassen und wird nicht oder nur wenig zu den anderen Ommatidien gestreut.

Die sich anschließende **Sehzelle** besteht aus 7 bis 9 kreisförmig angeordneten Retinulazellen (Photorezeptoren) mit Zellkern, die in ihrer Mitte gemeinsam den Sehstab (Rhabdom) ausbilden. In den Ausstülpungen des Sehstabs befindet sich das lichtempfindliche Sehpigment Rhodopsin.

Genau wie beim Linsenauge müssen beim Facettenauge zwei sich widersprechende Leistungsanforderungen, die Empfindlichkeit und das räumliche Auflösungsvermögen, gegeneinander abgewogen werden:

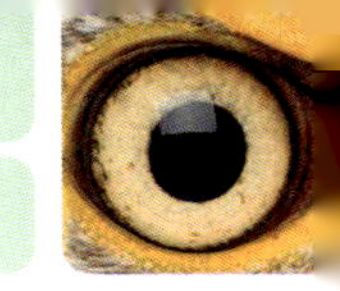

- Ein großer Öffnungswinkel bewirkt eine hohe Lichtausbeute und erhöht die Sehkraft, bringt aber ein schlechtes räumliches Auflösungsvermögen mit sich.
- Eine hohe Auflösung verlangt nach einem langen schmalen Ommatidium, das aber die Lichtempfindlichkeit schmälert. Hier setzt die Beugung, aber auch die Lichtbrechung an den Rändern der Ommatidien Grenzen.

Die Natur löst durch das Abwägen beider entgegengesetzter Anforderungen ein Optimierungsproblem. Im Durchschnitt haben sich Größenordnungen von 20 µm im Durchmesser und 100 µm in der Länge als ausgewogen erwiesen.
Je nach der Lebenssituation der Insekten kann die Evolution aber auch zu anderen Lösungen kommen. Für spezifische Lebensräume haben sich so drei unterschiedliche Typen des Facettenauges entwickelt (Abb. 3.21).
Tagaktive Insekten besitzen ein Appositionsauge. Bei diesem Typ arbeiten die Einzelaugen völlig unabhängig voneinander, die Pigmentzellen isolieren die ganze Länge am Kristallkegel und schirmen benachbarte Ommatidien vollständig ab. Nur das Licht, das senkrecht auf die Chitinlinse einfällt, kann zur Sehzelle gelangen. Durch das Appositionsauge ist eine gute Sehschärfe garantiert. Jedoch bedeutet es eine niedrigere Lichtempfindlichkeit, da durch den kleinen Linsendurchmesser eines Einzelauges nur wenig Licht einfallen kann.
Dämmerungs- und nachtaktive Insekten haben hingegen ein Superpositionsauge. Hier unterscheidet man zwei verschiedene Typen:
Beim optischen Superpositionsauge sind die Pigmentzellen um den Kristallkegel der einzelnen Ommatidien verkürzbar und der Kristallkegel nicht mehr aus optisch homogenem Material. Schräg einfallendes Licht gelangt somit auch zu den Sehzellen, da es im Kristallkegel gebrochen und zu den benachbarten Einzelaugen gelenkt wird. Die so erhöhte Empfindlichkeit geht jedoch mit einer Verminderung der Auflösung einher, da die Richtung des ankommenden Lichtes nicht mehr genau ausgemacht werden kann. Bei starker Beleuchtung können sich die Pigmentzellen vergrößern und das Ommatidium von den Nachbaraugen isolieren.

Beim neuronalen Superpositionsauge, das auch bei schnell fliegenden Insekten vorkommt, sind die Sehstäbe verschiedener benachbarter Ommatidien miteinander verschaltet. Licht unterschiedlicher Blickrichtung wird hierbei zusammengeführt. Ein geringer Lichteinfall auf eine Retinulazelle eines Einzelauges reicht schon aus, um mit Lichteinfällen in andere Ommatidien ein Bild zu erzeugen. Die Lichtempfindlichkeit ist auf Kosten der Sehschärfe um ein Vielfaches erhöht.

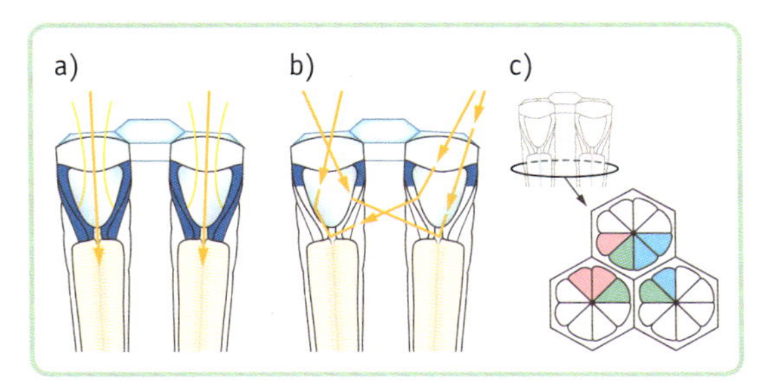

Abb. 3.21 ▸ **(a)** Appositionsauge mit Pigmentzelle als Isolation **(b)** Optisches Superpositionsauge mit kleinen Pigmentzellen **(c)** Neuronales Superpositionsauge: verschaltete Retinulazellen (hier gleiche Farbe) benachbarter Ommatidien

Vergleicht man das Facettenauge mit dem Linsenauge, z. B. beim Menschen, so ergeben sich zusätzlich folgende Unterschiede:

- Das Facettenauge hat ein sehr viel größeres zeitliches Auflösungsvermögen als das Linsenauge. Für das menschliche Auge genügen bereits etwa 20 Bilder pro Sekunde, um eine scheinbar fließende Bewegung zu erzeugen. Das Facettenauge hingegen kann bis zu 250 Bilder pro Sekunde als Einzelbilder wahrnehmen, weil sich die Photorezeptoren von Insekten nach einem Lichtreiz viel schneller erholen als die von Linsenaugen.
- Facettenaugen haben im Vergleich zum Linsenauge ein schlechteres räumliches Auflösungsvermögen. Das Bild wird beim Lichteintritt ins Auge aufgerastert, und es entsteht ein mosaikartiges Bild, da jedes Ommatidium nur einen Lichtpunkt wahrnimmt. Erst eine große Anzahl an Einzelaugen macht das Bild schärfer, ein Facettenauge erreicht aber nicht das Auflösungsvermögen eines Linsenauges.

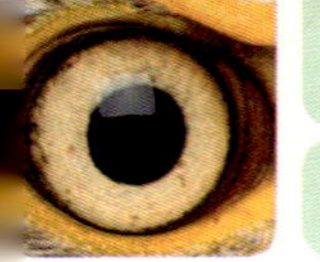

Ähnlich wie beim menschlichen Auge besitzen die Photorezeptoren der Facettenaugen unterschiedliche Farbempfindlichkeiten. Bienen beispielsweise haben drei Rezeptortypen (UV-, Blau-, Grünrezeptor), wodurch sich der wahrnehmbare Bereich von 300 nm bis 600 nm erstreckt. Bienen können UV-Strahlung wahrnehmen, erkennen aber keine roten Farben (vgl. Kapitel 2.5).

3.7 Optisches Gitter

3.7.1 Prinzip*

Hinter einem Doppelspalt entsteht auf einem Schirm genau dann ein Maximum, wenn die sich überlagernden Wellen einen Gangunterschied von einem Vielfachen der Wellenlänge besitzen. Nimmt man nun mehrere Spalte im konstanten Abstand hinzu, erscheinen die Maxima nach wie vor an gleicher Stelle. Die Welle, die durch den dritten Spalt erzeugt wird, hat genau den gleichen Gangunterschied zur Welle des zweiten Spaltes wie beim ursprünglichen Doppelspalt (Abb. 3.22). Genauso hat der vierte zum dritten (fünfte zum vierten, ...) Wellenzug einen Gangunterschied von einem ganzzahligen Vielfachen der Wellenlänge. Alle Wellen interferieren demnach konstruktiv.

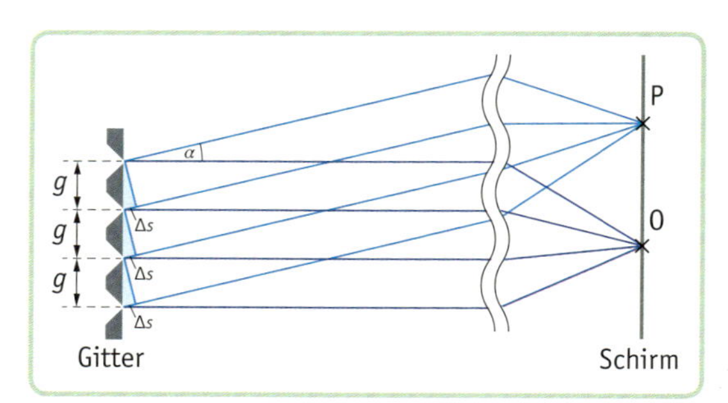

Abb. 3.22 ▶ Mehrfachspalt: Der Gangunterschied Δs zwischen benachbarten Wellenzügen ist jeweils gleich.

Die Anzahl der Spalte hat keinen Einfluss auf den Abstand der Maxima. Da aber durch jeden weiteren Spalt mehr Licht zu jedem Maximum kommt, erscheinen diese heller und sind umso schärfer, je größer die Anzahl der Spalte ist.

Eine Spaltblende mit sehr vielen Öffnungen bezeichnet man auch als Gitter, den immer gleichen Abstand der benachbarten Spaltmitten als Gitterkonstante g. Beträgt die Anzahl z. B. 200 Öffnungen pro mm, so ist

$$g = \frac{1}{200}\ \text{mm} = 5\ \mu\text{m}$$

Für die Maxima k-ter Ordnung gilt, genau wie beim Doppelspalt, die Gleichung

$$\sin \alpha_k = \frac{k \cdot \lambda}{g} \quad (k = 0, 1, 2, \ldots)$$

Um ein optisches Gitter technisch herzustellen, werden in regelmäßigen Abständen Striche auf eine durchsichtige Platte geprägt. Mit diesem Verfahren kann man Gitter mit 4 bis 3000 Linien pro mm herstellen. Bringt man mit einer Fotolackschicht feine Laser-Interferenzfelder auf die Platte, so erhält man Gitter mit 40 bis 6400 Linien pro mm.

3.7.2 Optische Spektroskopie

Bei einem Doppelspalt mit festem Spaltabstand hängt der Winkel, unter dem ein Intensitätsmaximum erscheint, von der Wellenlänge λ ab (Kap. 3.3). Verwendet man beim Versuch in Kap. 3.2 statt des Lasers eine Glühlampe, so erscheinen die Maxima unterschiedlicher Farben deshalb gegeneinander leicht verschoben: Man erhält ein Spektrum. Zur genaueren Auswertung erhöht man die Anzahl der Spalte, d. h. man ersetzt den Doppelspalt durch ein optisches Gitter. Außerdem registriert man das Licht auf einem CCD-Chip und kann so die relative Intensität der verschiedenfarbigen Maxima bestimmen (Abb. 3.23).

Die Analyse von Lichtspektren ist häufig die einzige Möglichkeit, um herauszufinden, aus welchem

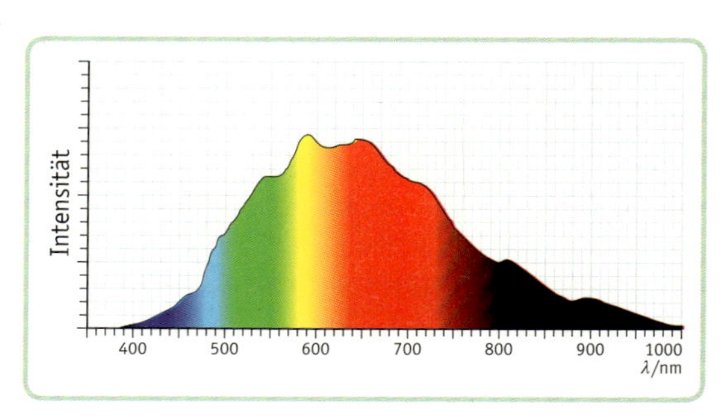

Abb. 3.23: ▶ Emissionsspektrum einer Glühlampe

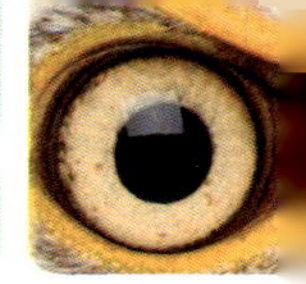

Material ein strahlender Körper besteht (z. B. in der Astrophysik). Im Gegensatz zu solchen Emissionsspektren arbeitet man bei biologischen Untersuchungen häufig mit Transmissionsspektren (Abb. 3.24). Dabei durchquert das Licht einer bekannten Lichtquelle eine (meist in Wasser gelöste) Substanz. Lichtquanten mit bestimmten Wellenlängen werden absorbiert und regen die zu untersuchenden Moleküle z. B. zu Schwingungen an. Im nachfolgend erzeugten Spektrum fehlt deshalb das Licht genau dieser Wellenlänge.

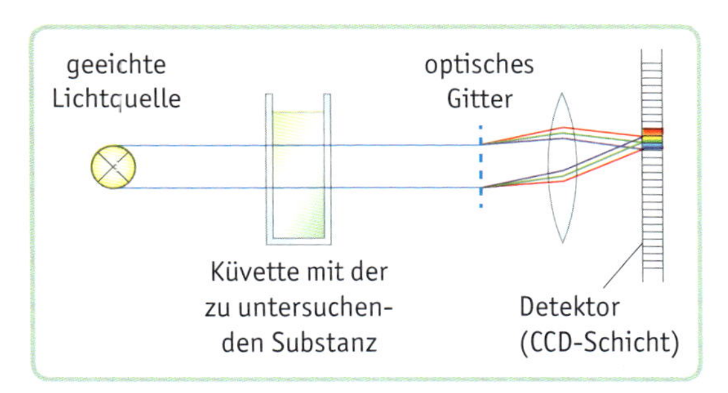

Abb. 3.24 ▶ Prinzip eines Spektrometers zur Transmissionsmessung

Für quantitative Aussagen berechnet man für jede Wellenlänge die Transmission

$$\tau = \frac{\text{registrierte Intensität am Detektor}}{\text{einfallende Intensität von der Lichtquelle}}$$

und trägt diese als Funktion von λ auf (Abb. 3.25). Das so entstehende Absorptionsspektrum ist charakteristisch für die untersuchte Substanz. Je nach den darin enthaltenen Molekülen unterscheiden sich die Wellenlängen der geringsten Transmission.

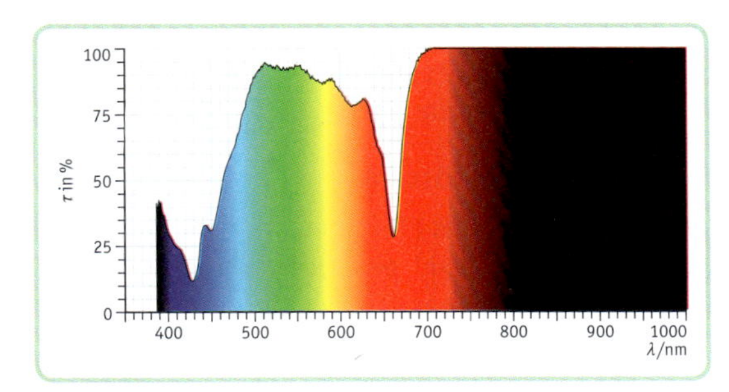

Abb. 3.25 ▶ Transmissionsspektrum von Chlorophyll

Chlorophyll z. B. absorbiert hauptsächlich im blauen und roten Bereich. Grünes Licht hingegen durchquert die Lösung fast ohne Abschwächung; dies ist der Grund für die grüne Farbe von Blättern.

3.7.3 Gitter in der Natur*

Die Interferenzphänomene am Gitter treten nicht nur beim Durchleuchten, sondern auch bei der Reflexion am Gitter auf. Gitterartige Oberflächenstrukturen haben z. B. manche Federn von Vögeln, aber auch Schmetterlingsflügel.

Schmetterlinge erzeugen einige der brillantesten Farben in der Natur, welche oft nicht auf Farbpigmenten beruhen, sondern durch winzige Strukturen in der Beschaffenheit der Flügel erzeugt werden.

Die Flügel der Schmetterlinge sind mit wachsartigen Chitinschuppen dachziegelartig bedeckt (Abb. 3.26). Vergrößert man eine einzelne Schuppe, so wird auf dieser eine regelmäßige Rillenstruktur sichtbar.

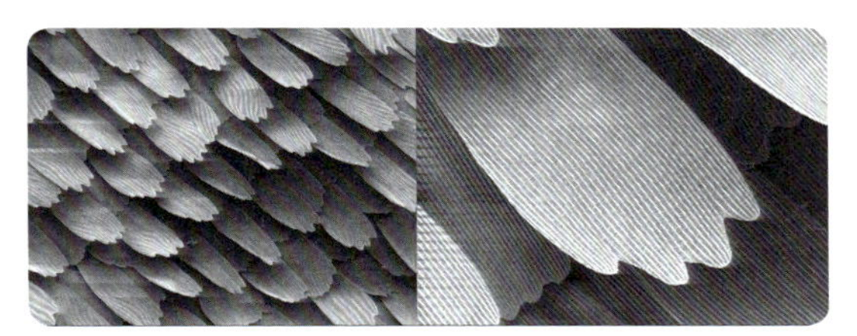

Abb. 3.26 ▶ Schuppen auf einem Schmetterlingsflügel bei 40-facher Vergrößerung und einzelne Schuppe

Betrachtet man eine einzelne dieser Rillen, so erkennt man eine Reihe von Kammlinien, die wie ein Tannenbaum angeordnet sind (Abb. 3.27 a). Diese Anordnung entspricht einem Reflexionsgitter, bei dem die einzelnen Stufen immer die gleiche Höhe t haben. Der Gangunterschied Δs des reflektierten Lichts zwischen zwei benachbarten Stufen beträgt also $\Delta s = 2t$ (Abb. 3.27 b).

An den zahlreichen Schichten wird das Licht mehrfach reflektiert, wobei der Effekt der konstruktiven Interferenz dazu führt, dass einige Farben mehrfach verstärkt werden und dadurch zu leuchten scheinen, andere dagegen ausgelöscht werden.

Der Schmetterling Morpho cypris (Abb. 3.28) hat beispielsweise schillernd blaue Flügel; hier beträgt die Stufenhöhe ca. 220 nm, der Gangunterschied

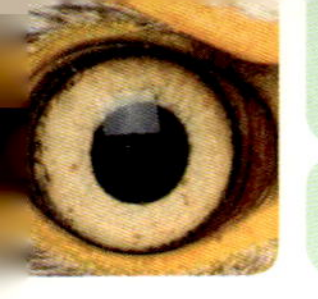

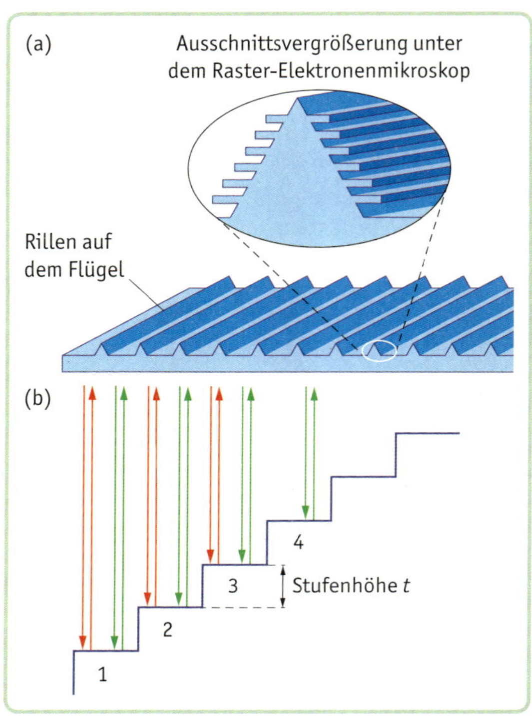

Abb. 3.27 ▶ **(a)** Tannenbaumstruktur der Rillen mit **(b)** fester Stufenhöhe *t*

Abb. 3.28 ▶ Schmetterling Morpho cypris mit blauen Flügeln

benachbarter Stufen ist also $\Delta s = 440$ nm. Trifft nun blaues Licht mit $\lambda = 440$ nm auf diesen Schmetterlingsflügel, so beträgt $\Delta s = 1 \cdot \lambda$. Es kommt zur konstruktiven Interferenz und dadurch erscheint der Schmetterling blau.

In der Größenordnung von 880 nm $= \Delta s = 2 \cdot \lambda$ würde wieder konstruktive Interferenz auftreten, dies liegt jedoch außerhalb des sichtbaren Bereichs. Im grüngelben (z. B. $\lambda = 550$ nm) oder im roten Bereich (z. B. $\lambda = 620$ nm) dazwischen kann es nicht zur Verstärkung kommen, weshalb diese Farben nicht oder nur sehr schwach wahrgenommen werden können. Hat ein Schmetterling eine andere Farbe, so ist die Stufenhöhe auf den Schuppen variiert. Die Farben hängen aber auch vom jeweiligen Blickwinkel ab. Die Flügel von Morpho cypris wirken von oben leuchtend blau, mehr von der Seite betrachtet eher violett.

▶ Aufgaben

1 Auflösungsvermögen

a) Erklären Sie kurz den Begriff „Auflösungsvermögen" und stellen Sie einen physikalischen und biologischen Grund dar, warum dieses beschränkt ist.

b) Bei einem guten, gesunden Auge beträgt der Abstand zweier Sehzellen auf der Netzhaut ca. 5 µm. In welcher Entfernung können zwei voneinander 0,2 mm entfernte Punkte gerade noch getrennt wahrgenommen werden? Bestimmen Sie den Visus.

c) Die Länge eines durchschnittlichen Augapfels beträgt 2,5 cm. Fertigen Sie eine Skizze an, die Ihren Ansatz erklärt.

2 Bildschirmauflösung

a) Das Display eines PC-Tablets hat eine Auflösung von 264 ppi (pixel per inch = 2,54 cm). Überprüfen Sie rechnerisch, ob ein normalsichtiges Auge (Visus von 1, d. h. Sehwinkel $\alpha = \frac{1}{60}°$) im Abstand von 30 cm noch zwei Pixel des Displays

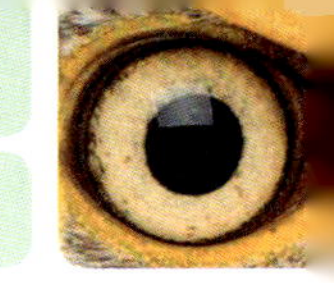

unterscheiden kann. Gehen Sie davon aus, dass die Pixel quadratisch eng nebeneinander angeordnet sind.

b) Ein HD-Fernsehgerät (1920 × 1080 Pixel) hat eine Bildschirmdiagonale von 40 Zoll (ca. 102 cm) und eine Auflösung von 55 ppi. Welcher Bildschirmabstand sollte mindestens gewählt werden, damit für eine normalsichtige Person das Fernsehbild „pixelfrei" erscheint?

Abb. 3.29 ▶ Unterschiedliche Bildschirmabstände bei PC-Tablet und Fernsehgerät

3 Doppelspalt 1

Mit einem Doppelspalt werden im Abstand von 5,4 m auf einem Schirm Interferenzmaxima erzeugt, deren Abstand voneinander 6,8 mm beträgt.

a) Welchen Abstand haben beide Spalte, wenn Na-Licht (λ = 590 nm) benutzt wird?

b) Wie viele Maxima können höchstens auftreten?

4 Doppelspalt 2

Bei einem Doppelspaltversuch ist der Abstand des Schirmes von den beiden Spalten 3,6 m, der Abstand der Spalte 0,25 mm und jener der beiden ersten Minima 7,6 mm.

a) Berechnen Sie die Wellenlänge des verwendeten Lichtes.

b) Welchen Abstand haben die beiden Maxima erster Ordnung und die beiden Minima zweiter Ordnung?

5 Einfachspalt

a) Erläutern Sie anhand einer Skizze, wie bei einem geeigneten Einfachspalt, der mit Laserlicht beleuchtet wird, das Minimum erster Ordnung entsteht.

b) Bei obigem Versuch mit einem Einfachspalt beträgt die Breite des Hauptmaximums 50 mm. Das verwendete rote Laserlicht hat eine Wellenlänge von 670 nm und der Schirm ist 4 m von der Spaltblende entfernt. Berechnen Sie die Spaltbreite des Einfachspaltes und begründen Sie gemachte Näherungen.

c) Nun wird bei gleichem Aufbau der rote gegen einen grünen, kurzwelligeren Laser ausgetauscht. Erläutern und begründen Sie ohne erneute Rechnung, welche Spaltbreite nun verwendet werden muss, damit das Hauptmaximum die gleiche Breite hat.

6 Gitter 1*

Monofrequentes Licht fällt senkrecht auf ein optisches Gitter mit 1000 Spalten pro cm. Das erste Hauptmaximum erscheint gegenüber dem nullten unter einem Winkel von 3,3°. Welche Wellenlänge hat das benutzte Licht?

7 Gitter 2*

Mit einem optischen Gitter erhält man auf einem 2,4 m entfernten Schirm bei Na-Licht (λ = 590 nm) die beiden ersten Hauptmaxima in einem Abstand von 14 cm. Berechnen Sie die Gitterkonstante.

8 Facettenauge*

a) Definieren Sie die Begriffe Ommatidium und Rhabdom.

b) Warum sind Akkommodationseinrichtungen für ein normales Facettenauge unnötig?

c) Warum dürfen sich die Gesichtsfelder benachbarter Ommatidien nicht oder nur unwesentlich überschneiden, um mit einem Facettenauge ein einigermaßen scharfes Bild zu erzeugen?

d) Beim Superpositionsauge beginnt das Rhabdom nicht wie beim Appositionsauge unmittelbar unter dem Kristallkegel, sondern erst wesentlich weiter unten. Gibt es funktionelle Gründe für diese Tatsache?

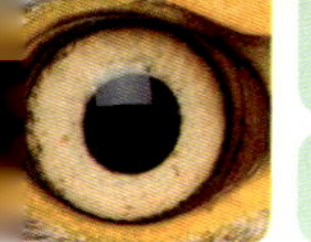

4 Grundlagen der Akustik

Neben dem Sehen ist auch das Hören einer der wichtigsten Sinne des Menschen. Die Stimme als lautbildendes Organ dient Tieren schon seit Jahrmillionen zur lautlichen Verständigung innerhalb einer Horde. Vor rund zwei bis drei Millionen Jahren entwickelte sich aus dieser Tierlautsprache, die vorwiegend aus gelallten und geheulten Lauten besteht, die menschliche Sprache.

Um zu verstehen, wie Sprache über größere Entfernungen hin in der Luft übertragen wird, ist es nötig, die physikalischen Grundlagen des Schalls zu verstehen. Hierzu werden im Folgenden ausgewählte Bereiche der Akustik betrachtet, die sich als Teil der Physik mit der Entstehung und Erzeugung, der Ausbreitung und Messung sowie der Wahrnehmung und Wirkung des Schalls beschäftigt.

4.1 Was ist Schall?

Feste Körper, aber auch Gase und Flüssigkeiten, können durch Anregung zum Schwingen gebracht werden. Beim Singen und Sprechen ist das Vibrieren des Kehlkopfes deutlich tastbar. Durch Zupfen lässt sich eine eingespannte Gitarrensaite in Schwingungen versetzen. Die periodische Bewegung der Saite erfolgt dabei so schnell, dass das Auge die Schwingung nicht auflösen kann (Abb. 4.1).

Befindet sich die Saite in einem elastischen Medium wie Luft, so überträgt der schwingende Körper seine Bewegung auf die ihn umgebenden Luftmoleküle. Wenn sich die Saite auf die Luftmoleküle zubewegt, so verringert sich in der Nähe der Saite der mittlere Abstand zwischen den Molekülen. Es entsteht eine Zone, in der der Luftdruck gegenüber dem schon vorhandenen atmosphärischen Luftdruck ansteigt. Beim Zurückschwingen der Saite entsteht wiederum ein Bereich, in dem der Abstand der Luftmoleküle zunimmt. Dies verursacht eine Erniedrigung des Luftdrucks in dieser Zone.

Beim Schwingen der Saite entstehen nun periodisch Zonen erhöhten bzw. verminderten Drucks, die sich von der Oberfläche des Körpers ablösen und als Wellenbewegung nach allen Seiten in der Umgebung ausbreiten (Abb. 4.2). Die einzelnen Luftmoleküle führen dabei eine gedämpfte Schwingung parallel zur Ausbreitungsrichtung der Schallwellen aus. In Luft breitet sich der Schall demzufolge als Längswelle (Longitudinalwelle) aus.

Abb. 4.1 ▶ Schwingende Saiten einer Gitarre

4.2 Welleneigenschaften des Schalls

Der Wellencharakter des Schalls zeigt sich an einer ganzen Reihe von Phänomenen, die bereits aus dem früheren Unterricht bekannt sind oder im Zusammenhang mit den Lichtwellen (Kap. 3) aufgetreten sind.

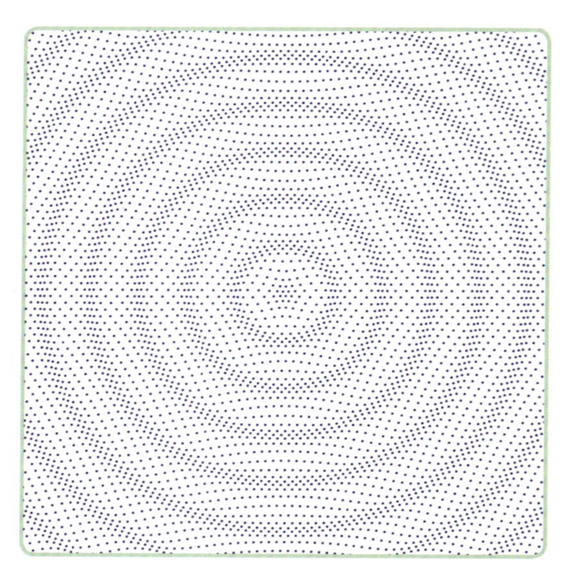

Abb. 4.2 ▶ Querschnitt durch eine sich ausbreitende Schallwelle mit Bereichen verdichteter bzw. verminderter Luftteilchenkonzentration

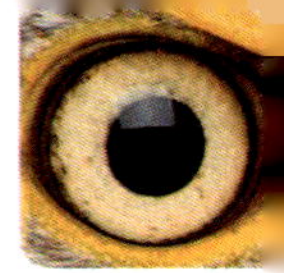

4.2.1 Reflexion

Trifft eine Schallwelle auf eine Wand, so wird sie von dieser in den Raum zurückgeworfen. Bei glatten Oberflächen gilt das bekannte Reflexionsgesetz: Einfallswinkel und Ausfallswinkel der Welle sind gleich groß (Abb. 4.3).

4.2.2 Beugung

Schallwellen werden von einem begrenzten Hindernis nicht vollständig abgeschattet. Beispielsweise kann man hinter einem Gebäude stehend den Lärm einer Straße, die vor dem Gebäude verläuft, noch gedämpft hören (Abb. 4.4).

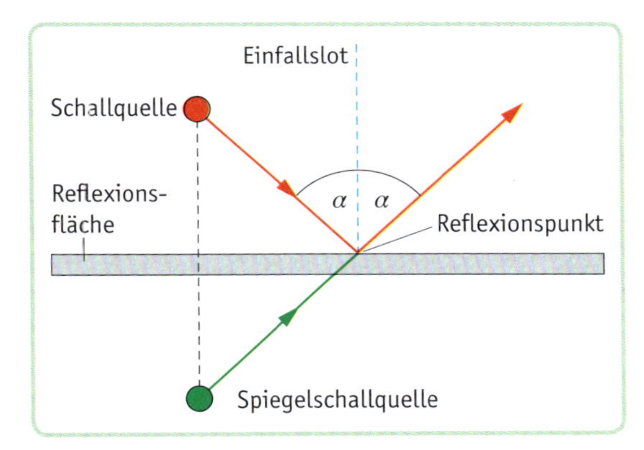

Abb. 4.3 ▶ Reflexion einer Schallwelle

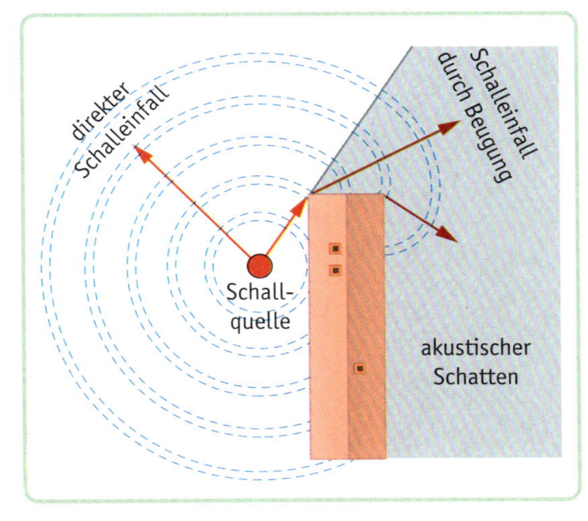

Abb. 4.4 ▶ Beugung einer Schallwelle hinter einem Gebäude

Die Erklärung dafür liefert wieder das Huygens'sche Prinzip (vgl. Kap. 3.3): Die neue Wellenfront ergibt sich als Überlagerung der einzelnen Elementarwellen. Dadurch wird der Schall um Kanten und Hindernisse herumgelenkt.

Allgemein führt die Beugung dazu, dass sich eine Schallwelle hinter Öffnungen und Hindernissen auch in Richtungen ausbreitet, die im „akustischen Schatten" liegen. Wie stark die Welle in diesen Schattenbereich eindringt, hängt allerdings von den Größenverhältnissen ab: Nur wenn die Wellenlänge des Schalls mindestens in der Größenordnung des Hindernisses liegt, werden Beugungseffekte deutlich. Deshalb können wir zwar um die Ecke hören, aber nicht sehen.

4.2.3 Brechung

Trifft eine Schallwelle auf die Grenzfläche zweier Medien (z. B. Luft und Wasser), in denen sich der Schall unterschiedlich schnell ausbreiten kann, so wird ein Teil der Welle an der Übergangsstelle reflektiert (Kap. 4.2.1). Der andere Teil der Welle wird beim Übergang gebrochen.

Die Ablenkung der Schallwelle erfolgt dabei zum Einfallslot hin, wenn die Ausbreitungsgeschwindigkeit des Schalls sich im neuen Medium verringert. Im umgekehrten Fall wird der Schall vom Einfallslot weg gelenkt. Wie in der Optik gilt auch für die Brechung von Schallwellen das Snellius'sche Brechungsgesetz (Kap. 1.8.1).

Der Zusammenhang zwischen Wellenlänge λ, Ausbreitungsgeschwindigkeit c und Frequenz f einer Schallwelle wird durch folgende, für alle Wellen gültige Beziehung beschrieben:

$$c = \lambda \cdot f$$

Die Schallgeschwindigkeit c in Luft beträgt dabei für Normaldruck (1013 hPa) und für eine Temperatur von 20 °C genau 343 m/s. Die Schallgeschwindigkeit hängt neben der Temperatur des Stoffes, in dem sich die Schallwelle ausbreitet, vor allem von den elastischen Eigenschaften des jeweiligen Ausbreitungsmediums ab. In destilliertem Wasser beträgt sie (bei einer Wassertemperatur von 20 °C) etwa 1484 m/s. In Diamant erreicht der Schall dagegen eine Geschwindigkeit von bis zu 18 000 m/s.

Mit der Änderung der Ausbreitungsgeschwindigkeit c des Schalls geht auch eine Änderung der Wellenlänge λ des Schalls einher. Die Frequenz f der Schallwelle verändert sich hierbei jedoch nicht. Für den Übergang der Schallwelle von Medium 1 zu Medium 2 gilt somit:

$$\frac{c_1}{c_2} = \frac{\lambda_1}{\lambda_2}$$

4.2.4 Interferenz

Im Kapitel zum Doppelspaltexperiment mit Licht (Kap. 3.3) wurde bereits erläutert, dass Wellen sich gegenseitig auslöschen oder verstärken können (destruktive bzw. konstruktive Interferenz). Interferenz tritt bei allen Wellenarten auf; der folgende Versuch (Abb. 4.5) demonstriert, dass Schall aus zwei Quellen ebenfalls miteinander interferieren kann. Er liefert damit einen weiteren Beleg für die Wellennatur des Schalls.

Zwei Lautsprecher werden an demselben Sinusgenerator angeschlossen und senden in die gleiche Richtung Schallwellen identischer Frequenz aus. Verschiebt man nun parallel zu der Anordnung der Lautsprecher ein Mikrophon und registriert damit den resultierenden Gesamtschall, so durchläuft der periodisch Maxima und Minima. Die von den Lautsprechern ausgestrahlten Schallwellen interferieren also genauso wie Lichtwellen, die einen Doppelspalt durchlaufen.

Wie bei der Beugung, so muss man auch bei diesem Versuch auf die richtigen Größenordnungen achten: Der Abstand der Lautsprecher muss größer als die Hälfte der Wellenlänge der ausgestrahlten Schallwellen sein. Andernfalls erhält man nur ein einziges Maximum des Gesamtschalls in der Symmetrieebene der beiden Lautsprecher. Bei entsprechend großem Abstand der Lautsprecher lassen sich die Bereiche geringeren bzw. erhöhten Schalls auch gut mit dem eigenen Ohr wahrnehmen.

4.3 Mathematische Beschreibung von Schallwellen

4.3.1 Die physikalische Größe „Druck"

Mit der Größe Druck beschreibt man in der Physik den Zustand einer Flüssigkeit oder eines Gases. Anschaulich kann man sich den Druck als Maß für das Gepresstsein eines Stoffes vorstellen. Drückt man z. B. die Luft in einer Fahrradpumpe bei geschlossenem Auslassventil zusammen, so erhöht sich der Luftdruck im Inneren der Pumpe.

Einen Zahlenwert für den Druck p (engl. *pressure*) erhält man, indem man den Betrag der Kraft F pro Flächeneinheit A bestimmt, die das Gas auf eine Begrenzungsfläche ausübt.

$$p = \frac{F}{A}$$

Die Einheit des Drucks ist ein Pascal: [p] = 1 Pa.
Hierbei gilt:

$$1\ \text{Pa} = 1\ \frac{\text{N}}{\text{m}^2}$$

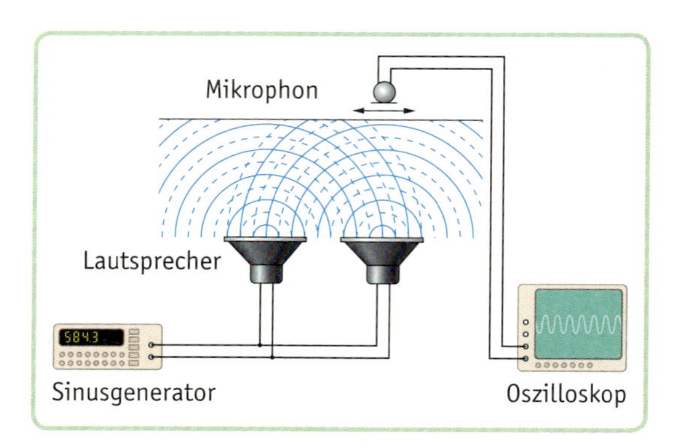

Abb. 4.5 ▶ Versuch zum Nachweis der Interferenz von Schallwellen

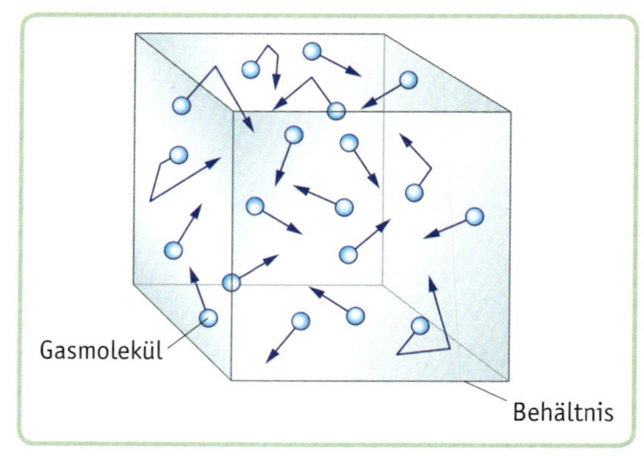

Abb. 4.6 ▶ Bewegung der Gasteilchen in einem Behältnis

Die Ursache der Kraft F erklärt sich aus der Gastheorie: Gase bestehen aus freien Teilchen (Atome, Moleküle), die sich ständig in ungeordneter Bewegung befinden (Abb. 4.6). Prallen diese Teilchen gegen eine Begrenzungsfläche (z. B. die Gefäßwand), so üben sie beim Stoß eine Kraft auf die Wand aus. Die Summe aller Teilchenstöße auf ein Flächenstück A verursacht dann die Gesamtkraft F auf diese Fläche. Schallereignisse verursachen zeitliche Änderungen des Luftdrucks. Schallwellen können daher durch die Beschreibung der Änderung des Drucks um den atmosphärischen Luftdruck herum mathematisch erfasst werden. Für den Luftdruck p_N der Atmosphäre auf Meereshöhe hat man den empirisch ermittelten Normwert von 1013 hPa festgelegt; je nach Wetterlage schwankt der aktuell gemessene Luftdruck um diesen Wert.

4.3.2 Physikalische Beschreibung reiner Töne

Zum einfacheren Verständnis der Physik der Töne und Klänge betrachten wir zunächst die einfachste Schwingungsform, den reinen Sinuston (Abb. 4.7). Er lässt sich (in guter Näherung) mit einer Stimmgabel erzeugen und mathematisch folgendermaßen beschreiben:

$$p_{ges}(t) = p_N + p_W(t) = p_N + \hat{p} \cdot \sin(\omega t)$$

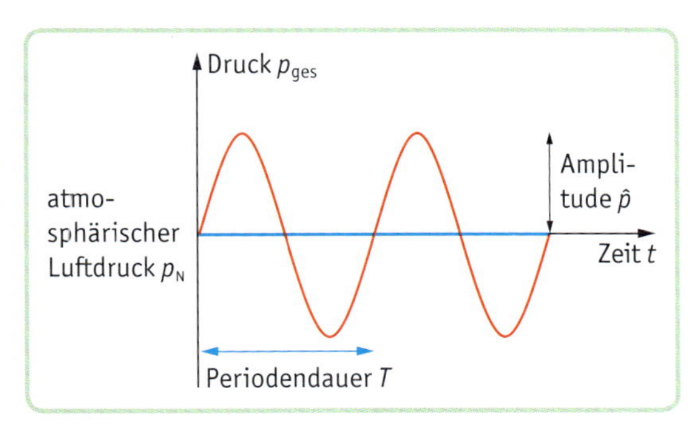

Abb. 4.7 ▶ Verlauf einer sinusförmigen Schwingung

Der Gesamtdruck p_{ges} zu einer bestimmten Zeit t setzt sich also aus dem zeitlich konstanten, statischen Luftdruck p_N und dem überlagerten, sinusförmigen Schallwechseldruck $p_W(t) = \hat{p} \sin(\omega t)$ zusammen. Der Schallwechseldruck ist dabei für übliche Töne und Geräusche um etliche Größenordnungen kleiner als der statische Luftdruck (vgl. Kap. 4.4 zum Schalldruckpegel).

Für die verwendete Kreisfrequenz ω gilt der bekannte Zusammenhang mit der Periodendauer T einer Schwingung:

$$\omega = \frac{2\pi}{T}$$

Zur Beschreibung der Tonhöhe eines Sinustons gibt man seine Frequenz f an, die der Anzahl der Schwingungen pro Sekunde entspricht. Die Frequenz einer Schwingung ist also der Kehrwert der Periodendauer:

$$f = \frac{1}{T}$$

Die Einheit der Frequenz ist ein Hertz: $[f] = 1$ Hz. Töne mit einer großen Frequenz empfinden wir als hoch, solche mit einer geringen Frequenz als tief. Unser Gehör kann Töne in einem Frequenzbereich von 16 Hz bis etwa 20 kHz wahrnehmen. Im Alter nimmt der Hörbereich des Menschen jedoch ab. Frequenzen unterhalb des Hörbereichs liegen im Infraschallbereich, Töne oberhalb im Ultraschallbereich. Das Hörvermögen vieler Tiere ist bezüglich der Wahrnehmung sehr hoher oder sehr tiefer Töne dem des Menschen überlegen (Abb. 4.8).

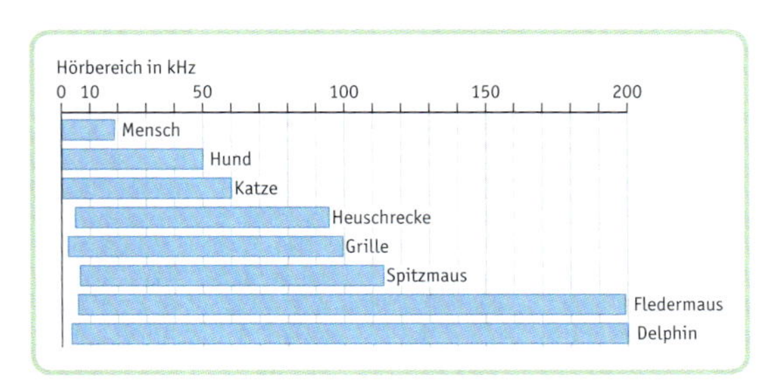

Abb. 4.8 ▶ Hörbereiche des Menschen und verschiedener Tiere

Reine Töne in Form einer Sinusschwingung kommen in der Natur nicht vor. Selbst in der Musik gibt es reine Töne erst, seitdem sie elektronisch hergestellt werden können (z. B. mit einem Synthesizer).

4.3.3 Die Physik des Klangs

Musikinstrumente (Klarinetten, Geigen, Gitarren, ...) erzeugen Schall, der aus einer Überlagerung von mehreren reinen Tönen besteht. Diese Überlagerung wird Klang genannt. Um die Zusammensetzung eines Klanges genauer zu analysieren, trägt man die Amplituden der darin enthaltenen Sinusschwingungen in einem Diagramm auf. Man erhält auf diese Weise das sogenannte Frequenzspektrum des untersuchten Klanges. Das mathematische Verfahren, das den zeitlichen Verlauf der Druckschwankung auf die Stärke der einzelnen Frequenzen abbildet, heißt Fourieranalyse.

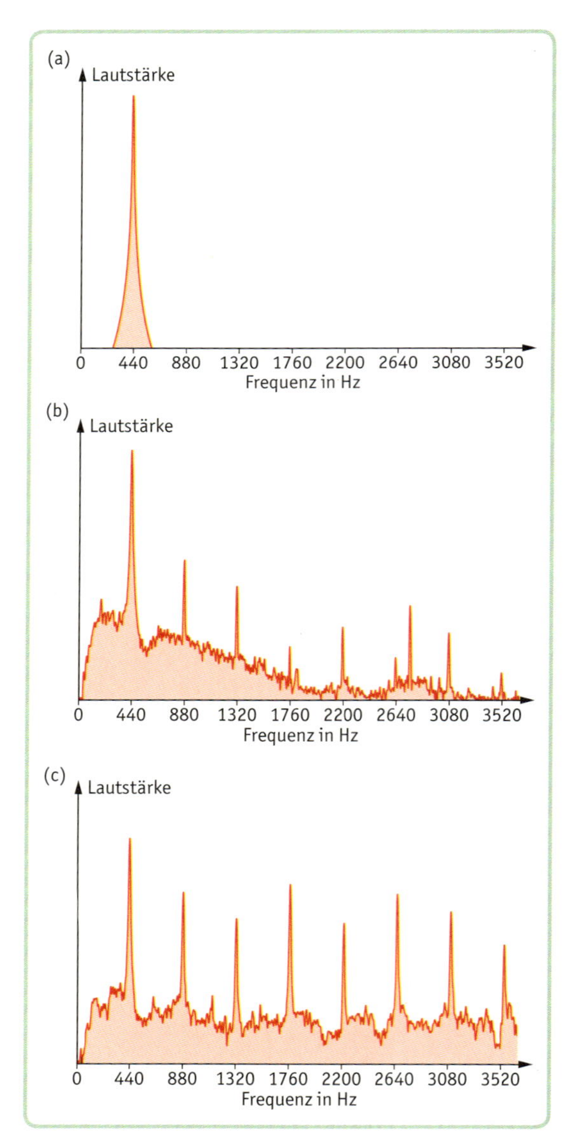

Abb. 4.9 ▶ Frequenzspektren eines reinen Sinustons, einer Stimmgabel und einer Geige

Betrachtet man Frequenzspektren, die von unterschiedlichen Quellen aufgenommen wurden, dann lassen sich charakteristische Unterschiede feststellen (Abb. 4.9).

Reine Töne sind in der Darstellung im Frequenzbereich senkrechte Linien, deren Länge ihre Amplitude angibt. Klänge dagegen zeigen im Frequenzspektrum eine mehr oder weniger große Anzahl von abgesetzten Linien; man spricht von einem diskreten Spektrum. Auffällig ist, dass die einzelnen Linien jeweils den gleichen Frequenzabstand zueinander haben und Vielfache einer Grundfrequenz sind.

Dies lässt sich verstehen, wenn man betrachtet, wie der Klang bei einer Geigensaite erzeugt wird. Als Modell kann man ein Gummiband oder eine lange Schraubenfeder einsetzen und periodisch auslenken. Weil die Saite an zwei Stellen befestigt ist und sich dort nicht bewegen kann, gibt es für ihre Schwingungen nur ganz bestimmte Muster (Abb. 4.10). Die zugehörigen Anregungsfrequenzen sind direkt proportional zur Anzahl n der „Schwingungsbäuche" und indirekt proportional zur Saitenlänge l: $f \sim \frac{n}{l}$.

Die Proportionalitätskonstante hängt vom Material der Saite und von ihrer Spannung ab. Bei $n = 1$ spricht man von der Grundschwingung, in den anderen Fällen von Oberschwingungen oder Harmonischen, in der Musik auch von Obertönen.

Je nach Art der Anregung schwingt die Geigensaite in verschiedenen dieser Muster gleichzeitig. Der zeitliche Verlauf eines solchen Klanges ist im Vergleich zur einfachen Sinusschwingung deutlich komplizierter (Abb. 4.11). Die Periodendauer der Grundschwingung bleibt jedoch erhalten. Man hört im gezeigten Beispiel immer noch den Grundton a^1, allerdings in einer Klangfarbe, die für das Instrument charakteristisch ist.

Auch die menschliche Stimme kann mithilfe der Fourieranalyse eingehend untersucht werden. In der Biometrik können damit einzelne Personen un-

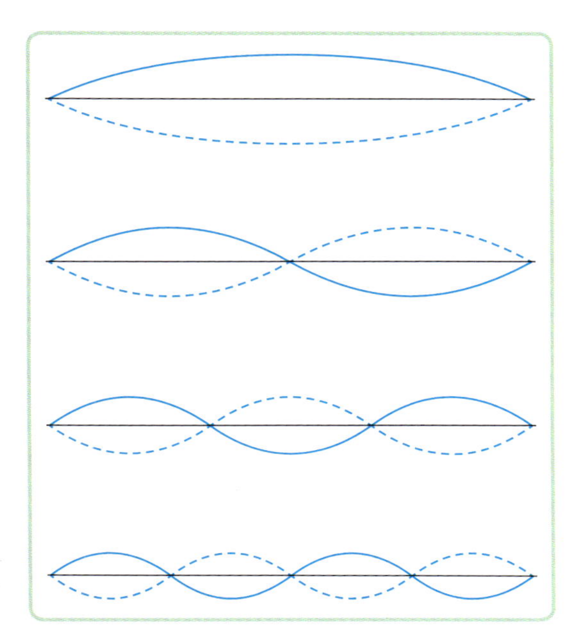

Abb. 4.10 ▶ Schwingungsmuster einer Geigensaite

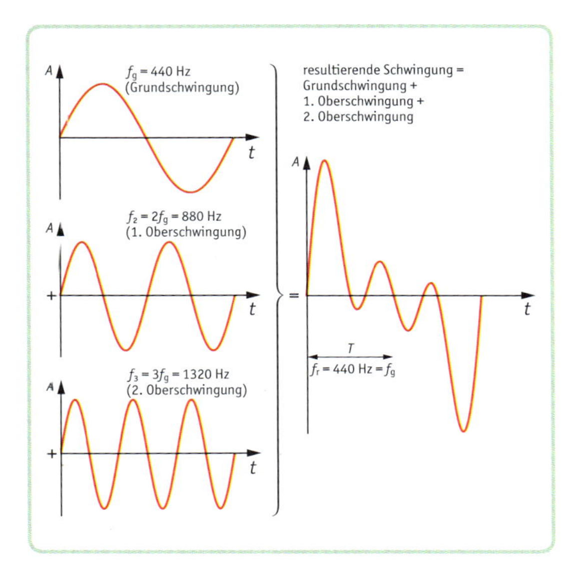

Abb. 4.11 ▶ Aufbau eines einfachen Klangs aus Grundschwingung und zwei Oberschwingungen

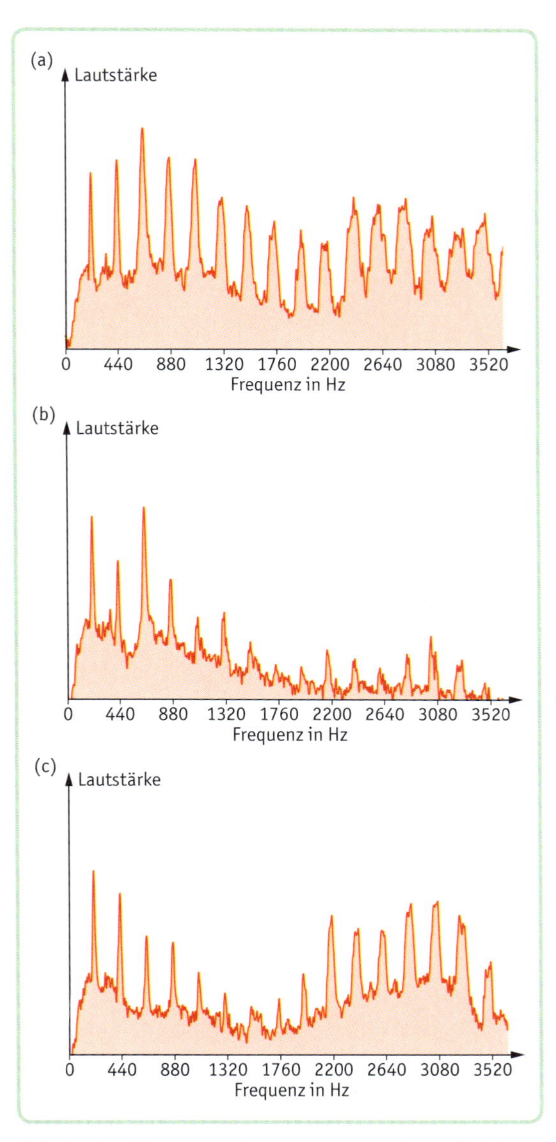

Abb. 4.12 ▶ Frequenzspektren der gesprochenen Vokale A, I und U

terschieden werden; so lässt sich beispielsweise der Zugang zu bestimmten Räumen kontrollieren.
Bei der Analyse unserer Sprache zeigt sich, dass Vokale genauso wie Klänge aufgebaut sind: Sie besitzen eine Grundschwingung und eine charakteristische Obertonreihe (Abb. 4.12).
Die hier aufgezeichneten Vokale haben alle die gleiche Grundschwingung (bei 220 Hz), die in allen Fällen gleich stark ausgeprägt ist. Deutlich unterscheiden sich die einzelnen Vokale jedoch in der Stärke ihrer Obertöne. Daraus kann man schließen, dass

wir Vokale nur aufgrund der verschiedenen Lautstärke ihrer Obertöne unterscheiden können.

4.3.4 Geräusche

Im Gegensatz zu einem Ton oder Klang ist die Wellenform eines Geräusches nicht periodisch (Abb. 4.13 oben). Einem Geräusch kann daher auch keine eindeutige Tonhöhe zugeordnet werden.

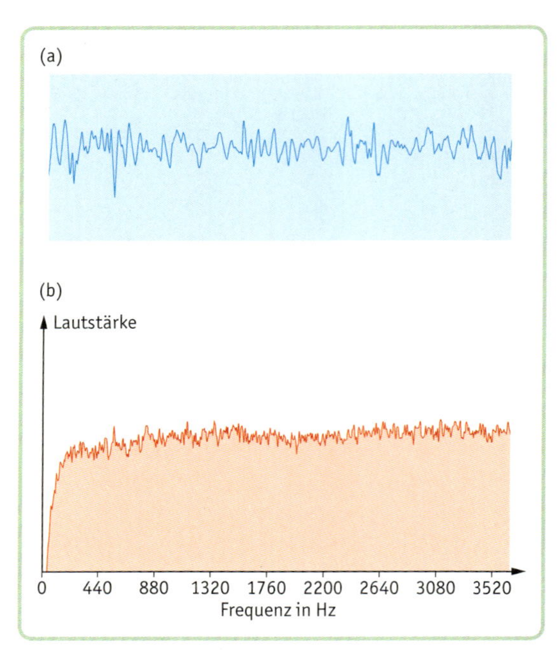

Abb. 4.13 Wellenform eines Geräusches (zerknülltes Papier) und das zugehörige Frequenzspektrum

Geräusche setzen sich aus sehr vielen Einzelschwingungen zusammen, die aber anders als bei harmonischen Klängen keine Vielfachen einer Grundfrequenz sind; die Frequenzabstände der einzelnen Schwingungen können dabei unendlich klein werden. Man spricht hier von einem „kontinuierlichen Spektrum" des analysierten Geräusches (Abb. 4.13 unten).
Zischlaute wie S und F sind ebenfalls keine Klänge, sondern akustisches Rauschen. Wie diese komplexen Signale von unserem Gehör aufbereitet werden, ist von der Wissenschaft noch nicht vollständig aufgeklärt.

4.4 Lautstärkemessung

4.4.1 Schallintensität

Neben der Frequenz eines Tones ist die Lautstärke von besonderem biologischem Interesse. Eine geeignete physikalische Größe, die die „Schallstärke" beschreibt, ist die Schallintensität I. Sie ist definiert als Leistung P pro aufnehmender Fläche A:

Schallintensität

$$I = \frac{P}{A}$$

mit der Einheit W/m^2. Da Leistung die aufgenommene Energiemenge ΔE pro Zeit Δt angibt, kann die Schallintensität auch als aufgenommene Energiemenge ΔE pro Zeit Δt und Fläche A geschrieben werden:

$$I = \frac{\Delta E}{\Delta t \cdot A}$$

Die anschauliche Bedeutung der Schallintensität I kann man sich an folgender Analogiebetrachtung klar machen: Bei einem Regenschauer ist für den Meteorologen neben der Regenmenge auch die Regendauer und die Fläche, auf die der Niederschlag fällt, entscheidend. Für die Stärke des Niederschlags ist also die Regenmenge pro Zeit und Fläche maßgebend. So können 3 Liter je nach Zeit und Fläche Starkregen oder Nieselregen bedeuten. Analog dazu gibt die Schallintensität die z. B. von der Fläche des Trommelfells aufgenommene Schallenergie pro Zeiteinheit an.
Da eine Schallwelle die räumliche Ausbreitung einer Schwingung des Mediums (in der Regel Luft) ist, wechselt die von der Welle mit der Schallgeschwindigkeit c transportierte Energiemenge ΔE zwischen der kinetischen Energie des schwingenden Mediums und der potentiellen Energie des durch die Druckamplitude $\hat{p}$ komprimierten Mediums (Abb. 4.14).

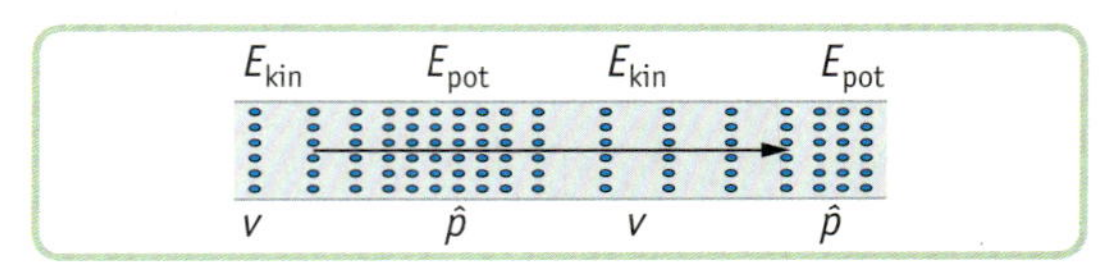

Abb. 4.14 Wechsel der Form der transportierten Schallenergie

Nimmt man vereinfachend an, dass zu einem bestimmten Zeitpunkt die transportierte Energiemenge ΔE in einem bestimmten Volumen $V = A \cdot \Delta x$ nur in Form von kinetischer Energie der schwingenden Teilchen vorliegt, so gilt: $\Delta E = \frac{1}{2} m v^2$. Hierbei steht m für die Gesamtmasse aller in dem Volumen V befindlichen Teilchen und v für deren Maximalgeschwindigkeit bei ihrer Schwingungsbewegung – nicht zu verwechseln mit der Schallgeschwindigkeit c. Diese Energiemenge ΔE legt im Zeitintervall Δt die Strecke Δx mit der Schallgeschwindigkeit c zurück (Abb. 4.15). Unter Verwendung von $m = \rho \cdot V$ und $V = A \cdot \Delta x$, sowie $c = \frac{\Delta x}{\Delta t}$ ergibt sich damit für die Schallintensität:

$$I = \frac{m \cdot v^2}{2 \cdot A \cdot \Delta t} = \frac{\rho \cdot A \cdot \Delta x \cdot v^2}{2 \cdot A \cdot \Delta t} = \frac{1}{2} \cdot \rho \cdot c \cdot v^2$$

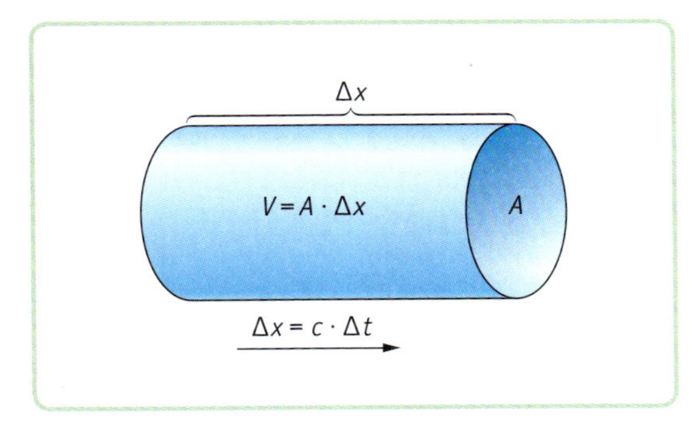

Abb. 4.15 ▶ Ausbreitung der in dem Volumen V befindlichen Schallenergie

Die oben beschriebene kinetische Energie ΔE wird bei der weiteren Ausbreitung der Schallwelle in potentielle Energie umgewandelt, die dann im komprimierten Medium gespeichert ist (Abb. 4.14). Ähnliche Überlegungen zur potentiellen Energie (vgl. Aufgabe 7) führen damit zu einer alternativen Darstellung der Schallintensität:

$$I = \frac{1}{2} \cdot \hat{p} \cdot v$$

mit der Amplitude $\hat{p}$ des Schallwechseldrucks (Kap. 4.3.2).

Setzt man nun die zwei erhaltenen Darstellungen für die Schallintensitäten gleich, erhält man: $\rho c = \frac{\hat{p}}{v}$.

Die oben angegebene Schallintensität lässt sich auf diese Weise auch mit $\hat{p}$ beschreiben:

$$I = \frac{1}{2 \cdot \rho \cdot c} \cdot \hat{p}^2$$

4.4.2 Schallpegel

Obwohl die Lautstärke physikalisch sinnvoll durch die Schallintensität beschrieben werden kann, bringt dies doch zwei Nachteile mit sich:

Unser Ohr kann Druckschwankungen in einem Bereich von 10^{-5} Pa (Hörschwelle) bis etwa 10^2 Pa (Schmerzgrenze) wahrnehmen; dies entspricht Schallintensitäten von 10^{-12} W/m² bis 10^2 W/m². Eine erstaunliche Wahrnehmungsleistung unseres Gehörs – kein technisches Messgerät kann ohne entsprechende Umschaltvorrichtung einen so weiten Messbereich abdecken. Eine lineare Lautstärkeskala über diesen ganzen Bereich erweist sich aber als sehr unpraktisch.

Zudem ist die menschliche Hörempfindung weder direkt proportional zu I noch zu $\hat{p}$. Eine Verdoppelung der Schallintensität eines Sinustons empfinden wir nicht als Verdoppelung seiner Lautstärke. Dies hängt damit zusammen, dass für unsere Empfindung nicht der absolute Wert einer Reizänderung entscheidend ist, sondern der relative: Eine Reizerhöhung wird schwächer empfunden, wenn der Reiz vorher schon hoch war (Weber-Fechner'sches Gesetz).

Aus diesen Gründen führt man den Schallpegel L als logarithmischen Maßstab für die Beschreibung der Stärke des Schalls ein. Er berechnet sich aus dem Verhältnis von vorliegender Schallintensität I zur Hörschwelle $I_0 = 10^{-12} \frac{\text{W}}{\text{m}^2}$:

Schallpegel

$$L = 10 \cdot \log_{10} \frac{I}{I_0} = 10 \cdot \lg \frac{I}{I_0}$$

Der Schallpegel wird in Dezibel (dB) angegeben; dabei ist ein Dezibel der zehnte Teil eines Bels (B). Diese nach dem amerikanischen Ingenieur ALEXANDER GRAHAM BELL benannte Maßeinheit ist aber keine physikalische Größe wie Meter oder Kilogramm. Die „Hilfseinheit" Bel bzw. Dezibel weist nur darauf hin, dass es sich bei dem errechneten Zahlenwert für L um den Logarithmus eines Verhältnisses handelt. Statt Intensitäten kann man auch Schallwechseldrücke vergleichen. Weil die Schallintensität quadratisch von $\hat{p}$ abhängt, findet man:

$$L = 10 \cdot \lg \frac{\hat{p}^2}{\hat{p}_0{}^2} = 10 \cdot \lg \left(\frac{\hat{p}}{\hat{p}_0}\right)^2 = 20 \cdot \lg \frac{\hat{p}}{\hat{p}_0}$$

und spricht vom Schalldruckpegel. Der Bezugswert ist hier $\hat{p}_0 = 28{,}3\ \mu\text{Pa}$.

Die Verwendung der Dezibel-Skala für den Schallpegel führt zu zahlenmäßig gut handhabbaren Werten und entspricht unserem nichtlinearen Hörempfinden. In Tab. 4.1 sind einige Schallquellen und die Größenordnungen ihrer jeweiligen Schallintensitäten bzw. Schallpegel aufgelistet. Die Schallintensität steigt jeweils um den Faktor 100, wenn der Schallpegel um 20 dB zunimmt.

Am oberen Ende liegt die Schmerzgrenze bei einem Schallpegelwert von rund 130 dB. In unmittelbarer Nähe des Ohrs abgefeuerte Schusswaffen, aber auch Spielzeugpistolen oder Knallkörper erreichen Spitzenwerte von mehr als 150 dB. Die Intensität des Schalls ist hier so groß, dass es zu einem Knalltrauma kommen kann, bei dem das Ohr dauerhaft geschädigt wird.

Relative Intensitäten und Lautstärken einiger bekannter Schallquellen ($I_0 = 10^{-12} \frac{\text{W}}{\text{m}^2}$)

Schallquelle	$\frac{I}{I_0}$	dB	Bemerkung
	10^0	0	Hörschwelle
normales Atmen	10^1	10	kaum hörbar
raschelnde Blätter	10^2	20	
leises Flüstern (5 m entfernt)	10^3	30	sehr leise
Bibliothek	10^4	40	
ruhiges Büro	10^5	50	leise
normale Unterhaltung (1 m entfernt)	10^6	60	
betriebsamer Verkehr	10^7	70	
Fabrikdurchschnittswert	10^8	80	
Schwertransporter (15 m entfernt); Wasserfall	10^9	90	Dauerbelastung führt zu Hörschäden
alte Untergrundbahn	10^{10}	100	
Baulärm (3 m entfernt)	10^{11}	110	
Rockkonzert (2 m entfernt); Abheben eines Düsenflugzeugs	10^{12}	120	Schmerzgrenze
Presslufthammer; Maschinengewehrfeuer	10^{13}	130	
Abheben eines Düsenflugzeugs (in unmittelbarer Nähe)	10^{15}	150	
großes Raketentriebwerk (in unmittelbarer Nähe)	10^{18}	180	

Tab. 4.1 ▶ Relative Intensitäten und Lautstärken einiger Schallquellen

4.5 Die Hörkurve des Menschen*

Bei einem Hörtest (Abb. 4.16) spielt man einem Probanden Messtöne unterschiedlicher Frequenz mit variabler Lautstärke vor. Bei der Bestimmung des Schallpegels, bei dem die Testperson den Ton einer bestimmten Frequenz gerade noch hört, stellt man erhebliche Unterschiede für die Hörschwelle bei hohen und tiefen Tönen fest. Die empfundene Lautstärke eines Schallereignisses hängt nicht nur von der Größe des Schalldrucks, sondern auch stark von der Frequenz des jeweiligen Tons ab.

Abb. 4.16 ▶ Hörtest

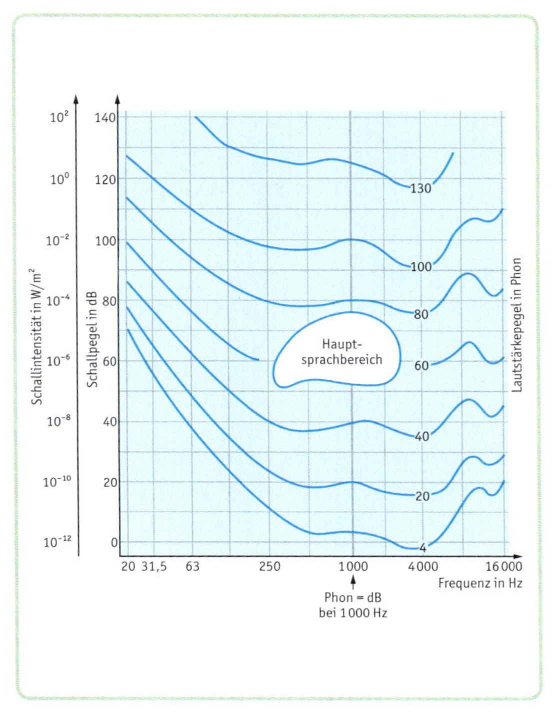

Abb. 4.17 ▶ Hörfläche mit Kurven gleicher Lautstärkeempfindung

Das Ergebnis eines Hörtests wird in der Hörkurve festgehalten. Die untere Kurve in Abb. 4.17 zeigt für jede Frequenz, wie groß der Schallpegel eines Messtons sein muss, damit eine durchschnittliche Testperson den Ton gerade noch wahrnehmen kann. Ein junger Mensch mit gesundem Gehör kann aber durchaus auch Töne der Frequenz 1 kHz hören, deren Schalldruck kleiner als 28,3 µPa ist. In diesem Fall erhält man für den Schalldruckpegel L einen negativen Wert.

Am empfindlichsten ist unser Ohr für Töne im Frequenzbereich von 200 Hz bis 4 kHz. Dies ist gerade der Bereich, der für unsere sprachliche Kommunikation am wichtigsten ist. Er umfasst die Hauptfrequenzen der Konsonanten und der Obertöne der Vokale (vgl. Abb. 4.12).

Im Gegensatz dazu muss der Schallpegel sehr tiefer und sehr hohe Töne um bis zu 60 dB größer sein, damit sie überhaupt wahrgenommen werden.

Soll bei einem Hörtest der Proband alle Töne gleichlaut, d. h. „isophon", empfinden, so muss der Schallpegel frequenzabhängig angepasst werden. Durch Befragung vieler Testpersonen kann man Linien gleicher Lautstärkeempfindung (Isophone) statistisch ermitteln. Der aus vielen Versuchen ermittelte Durchschnittswert solcher Isophonen ist in Abb. 4.17 ebenfalls dargestellt.

In dem Koordinatensystem von Abb. 4.17 lassen sich jedem Ton die physikalischen Größen Frequenz und Schallpegel zuordnen. Je nachdem, auf welcher Isophone der Ton liegt, lässt sich jetzt auch die Hörempfindung als physiologische (d. h. an unsere Sinneswahrnehmung angepasste) Größe beschreiben. Dazu misst man die Lautstärke in der Einheit „Phon" und legt fest: Für einen Sinuston der Frequenz 1000 Hz stimmen die Einheiten Phon und Dezibel überein.

Abschließend sei aber noch einmal darauf hingewiesen, dass sich ein natürlicher Ton bzw. ein Klang aus einer großen Anzahl einzelner Sinusschwingungen zusammensetzt. Eine Quantifizierung der empfundenen Lautstärke eines natürlichen Schallereignisses in Phon ist daher nicht sinnvoll.

▶ Aufgaben

1 Schall als Wellenerscheinung

Schall breitet sich im Raum als Welle aus. Belegen Sie dies anhand der typischen Eigenschaften einer Welle.

2 Stimmgabel

Eine Stimmgabel mit dem Kammerton a hat die Frequenz 440 Hz.

a) Berechnen Sie Schwingungsdauer und Wellenlänge der von ihr in die Luft abgestrahlten Schallwelle (c_{Luft} = 343 m/s).

b) Wie ändert sich die Wellenlänge dieser Schallwelle, wenn sie sich in Helium (c_{Helium} = 981 m/s) ausbreitet?

3 Summ, summ, …

Fliegen, Mücken und Bienen können wir anhand ihrer verschiedenen Summtöne unterscheiden.

a) Erklären Sie die Entstehung dieser Töne.

b) Zur Bestimmung des Tons einer Stechmücke wurde in einem Experiment ihr Flügelausschlag $y(t)$ aufgezeichnet (Abb. 4.18).
Bestimmen Sie aus dem Messergebnis die Frequenz des Tons dieser Mücke.

c) Begründen Sie, warum wir den Flügelschlag eines Schmetterlings nicht hören können.

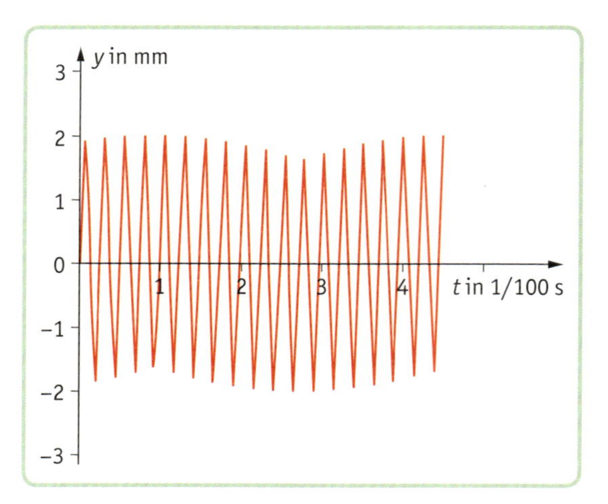

Abb. 4.18 ▶ Flügelschlag einer Mücke

4 Fledermaus

Hufeisennasen-Fledermäuse (Abb. 4.19) stoßen zur Orientierung und zum Beutefang Ultraschallwellen der Frequenz f = 86 kHz aus, die von Objekten als Reflexionen zurückgeworfen werden. Sie emittieren die Schallwellen dabei nicht aus dem Maul, sondern aus ihrer hufeisenförmigen Nase. Schätzen Sie den Abstand ab, den die beiden Nasenlöcher voneinander haben müssen, damit die Ultraschallsignale kaum zur Seite, dafür aber sehr effektiv nach vorne abgestrahlt werden. (c_{Schall} = 343 m/s)
Zur Lösung dieser Aufgabe sollte bedacht werden, unter welcher Bedingung Wellen sich konstruktiv verstärken bzw. auslöschen.

Abb. 4.19 ▶ Hufeisennasen-Fledermaus

5 Analogie zur Schallintensität

Stellen Sie die Größen der Analogiebetrachtung zur Schallintensität und Niederschlagsintensität tabellarisch gegenüber und erläutern Sie die Bedeutung der meteorologischen Angabe: „8 mm Niederschlag pro Stunde".

6 Geschwindigkeiten

Erläutern Sie den Unterschied der beiden Geschwindigkeiten v und c, die in der Formel $I = \frac{1}{2} \cdot \rho \cdot c \cdot v^2$ für die Schallintensität vorkommen.

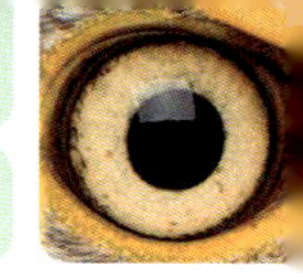

7 Herleitung der Formel $I = \frac{1}{2} \cdot \hat{p} \cdot v$

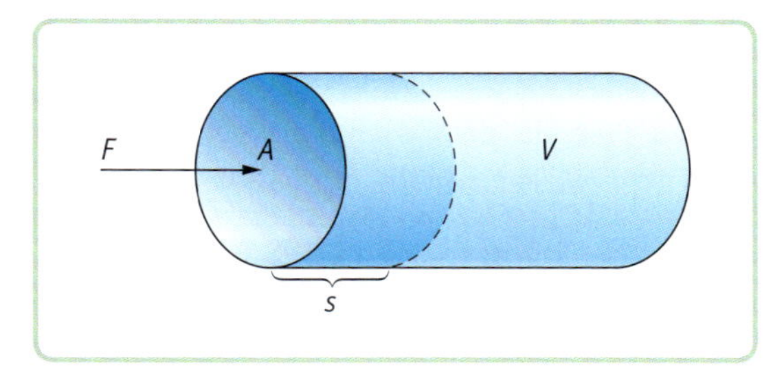

Abb. 4.20 ▶ Änderung der potentiellen Energie im Volumen V

Bei einer – von links nach rechts laufenden – Schallwelle wechseln sich Luftbereiche hoher Dichte (hier ist die mittlere Teilchengeschwindigkeit in Ausbreitungsrichtung gering) mit Bereichen geringer Dichte (mittlere Teilchengeschwindigkeit groß, vgl. Abb. 4.14) ab. Die Fläche A markiere die Grenzfläche zwischen zwei solchen Bereichen (Abb. 4.20). Die im Mittel schnelleren Teilchen links von A schieben diese Grenzfläche nach rechts, komprimieren dadurch das Volumen in der Zeit Δt um $\Delta V = A \cdot s$ und erhöhen damit die potentielle Energie des rechten Bereichs. Um den gleichen Betrag wird die kinetische Energie des linken Bereiches erniedrigt. Die Zunahme der potentiellen Energie ergibt sich ähnlich wie beim Spannen einer Feder mit $\Delta E = \overline{F} \cdot s$, wobei $\overline{F} = \frac{1}{2} \cdot F$ die mittlere Druckkraft ist (F ist die Kraft am Ende der Kompression).
Leiten Sie damit unter Verwendung von $F = \hat{p} \cdot A$ und $s = v \cdot \Delta t$ die Formel $I = \frac{1}{2} \cdot \hat{p} \cdot v$ her.

8 MP3-Player

In der EU verkaufte MP3-Player müssen aus Gehörschutzgründen auf 85 dB begrenzt sein.
Die Leistung eines Ohrhörers beträgt 50 mW. Nehmen Sie an, dass er gleichmäßig eine Halbkugel mit Radius 2 cm „beschallt" (Abstand zum Trommelfell). Entscheiden Sie damit, ob er der genannten Richtlinie entspricht.

Abb. 4.21 ▶ Brüllaffe

9 Brüller

a) Brüllaffen (Abb. 4.21) gehören zu den lautesten Lebewesen. Ein Brüllaffe schreit mit 100 dB. Berechnen Sie das Verhältnis zwischen seiner Schallintensität und der Hörschwelle des Menschen.
b) Wie groß ist dieses Verhältnis bei einer Herde von 6 Brüllaffen? Berechnen Sie den Schallpegel der gesamten Herde.
c) Ein Marktschreier („Wurst-Achim") bringt es auf 110,2 dB. Schätzen Sie ab, wie viele Brüllaffen nötig sind, um ihn zu übertönen.

10 Schallpegel

a) Erläutern Sie, warum zur Messung von Schallereignissen der „Schallpegel" eingeführt wurde.
b) Ein Staubsauger in 1 m Entfernung erzeugt einen Schallpegel von 70 dB. Wie groß ist der Schallpegel zweier solcher Staubsauger in 1 m Entfernung?
c) Berechnen Sie die Intensität und den Schalldruck eines Geräuschs mit Schallpegel $L = -0{,}45$ dB.

11 Frequenzspektren

Suchen Sie im Internet nach frei verfügbaren Programmen zur Aufzeichnung und Untersuchung von Tönen und Geräuschen (z. B. „Audacity" oder „Overtone Analyzer").
Untersuchen Sie hiermit die Spektren verschiedener Vokale und Konsonanten sowie die Töne einzelner Musikinstrumente. Stellen Sie Ihre Ergebnisse in einem Referat vor.

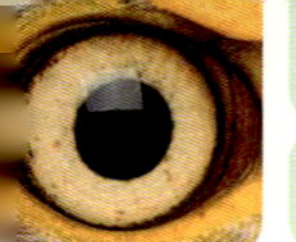

5 Ohr und Gehör

Im Gegensatz zum Auge kann man das Ohr nicht schließen. Das Gehör ist also immer in Empfangsbereitschaft und hat daher eine große Bedeutung als Warnsystem vor Gefahren. Dabei muss es Enormes leisten. Es muss nicht nur die leisesten Geräusche wahrnehmen, sondern diese auch am Klangmuster identifizieren, um deren mögliche Bedrohung richtig einzuschätzen. Zudem muss die Richtung, aus der sich eine Gefahr nähert, möglichst genau bestimmt werden. Mit physikalischen Fachbegriffen ausgedrückt: Das Ohr muss den Schall amplituden- und frequenzselektiv verarbeiten und zudem die Schallquelle lokalisieren können.

Die diesbezügliche Leistungsfähigkeit des menschlichen Gehörs ist insofern bemerkenswert, als das Ohr sowohl im Frequenzbereich als auch beim Schalldruckpegel über mehrere Größenordnungen sensibel ist (vgl. Kap. 4.4.2). Dieser sogenannte Hörbereich kann relativ einfach experimentell selbst bestimmt werden. Verschiedene Hörtests, die dies ermöglichen, findet man dafür im Internet.

Um diesen hohen Anforderungen zu genügen, muss das Ohr als „biologisches Mikrofon" aufgrund der physikalischen Eigenschaften des Schalls zwei wesentliche Aufgaben erfüllen. Es steht zunächst vor dem Problem, den Schall, der in einem gasförmigen Medium auf das Ohr trifft, in ein wässriges Medium zu leiten, um ihn dann dort wie gefordert frequenz- und amplitudenselektiv zu verarbeiten. Mit dem menschlichen Ohr (Abb. 5.1) hat die Natur für diese Ansprüche ein hochsensibles, den physikalischen und biologischen Anforderungen optimal angepasstes Sinnesorgan entwickelt. Erstaunlicherweise lassen sich der Aufbau des Ohrs und die Aufgaben, welche dabei die drei Bereiche Außen-, Mittel- und Innenohr übernehmen, mit vergleichsweise einfachen physikalischen Modellen beschreiben und erklären. Dabei spielen grundlegende mechanische Konzepte wie Druck, Hebelgesetze, Energieerhaltung, Interferenz oder Resonanz eine zentrale Rolle.

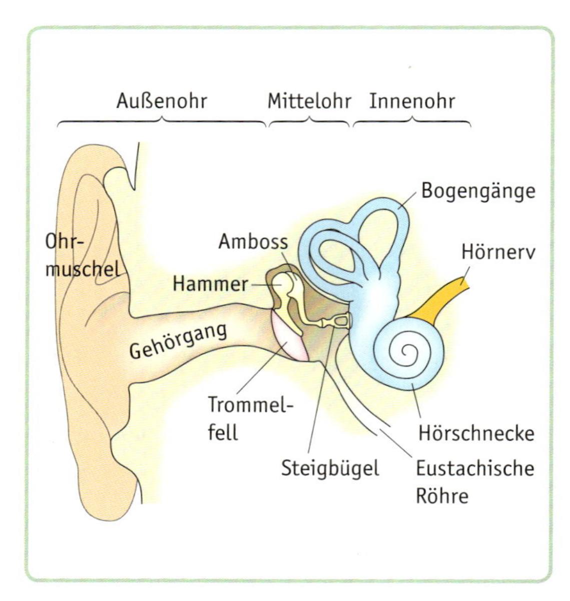

Abb. 5.1 ▶ Aufbau des menschlichen Ohrs

5.1 Das Außenohr

Das Außenohr besteht aus der Ohrmuschel und dem Gehörgang, welcher durch das Trommelfell vom Mittelohr getrennt wird. Es stellt somit die Verbindung zwischen der Außenwelt und dem Mittelohr her.

Neben der Leitung des Schalls durch den Gehörgang an das Trommelfell erfüllt das Außenohr zwei weitere wichtige Aufgaben:

- die Lokalisierung von Schallquellen und
- die Verstärkung bestimmter Frequenzen.

5.1.1 Richtungshören

Um die Richtung, aus der eine Schallwelle auf die Ohren trifft, zu bestimmen, spielen der Laufzeit- und Lautstärkeunterschied der Schallwelle zwischen den beiden Ohren die Hauptrolle. Befindet sich die Schallquelle beispielsweise auf der linken Seite, so hat die Schallwelle zum rechten Ohr einen längeren Weg zurückzulegen und wird dort also geringfügig später und leiser wahrgenommen (Abb. 5.2). Diesen Unterschieden wird im Gehirn eine Richtung zugeordnet. Man kann dies experimentell sehr einfach bei sich selbst überprüfen (vgl. Aufgaben 2 und 3). Dabei kann jedoch nur der Winkel zur Symmetrieebene zwischen den Ohren bestimmt werden. Für die Information, ob der Schall von vorne oder hinten, oben oder unten kommt, ist die Form der Ohrmuschel verantwortlich.

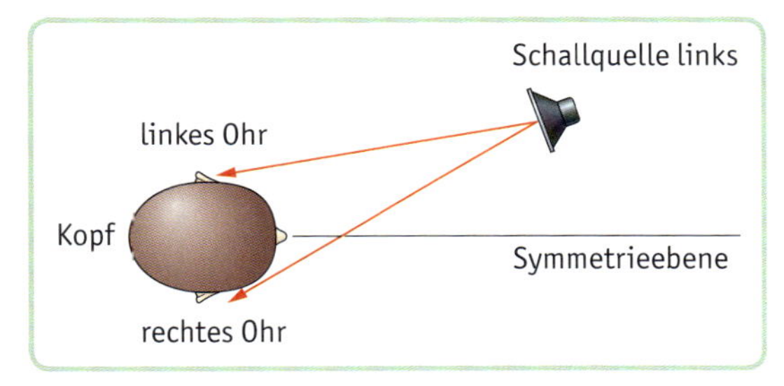

Abb. 5.2 ▶ Richtungshören

Die Funktionsweise der Ohrmuschel bei der Schallquellenlokalisierung beruht auf Reflexion, Beugung und Interferenz (vgl. Kap. 4.2). Der auf die Ohrmuschel treffende Schall wird richtungsabhängig von den knorpeligen Windungen der Ohrmuschel unterschiedlich stark gebeugt bzw. reflektiert und in den Gehörgang geleitet. Dabei kommt es auch zu Laufzeitunterschieden, wie Abb. 5.3 zeigt. Im Gehörgang interferieren die Schallwellen, was zu einer Veränderung des Klangspektrums führt. Das Außenohr wirkt also wie ein Filtersystem, welches je nach Richtung einem Geräusch eine andere Klangfärbung verleiht. Diese, bei beiden Ohren unterschiedliche, Klangfärbung erlaubt wiederum Rückschlüsse auf die Richtung, aus der der Schall kommt (vgl. Aufgaben 2 und 3).

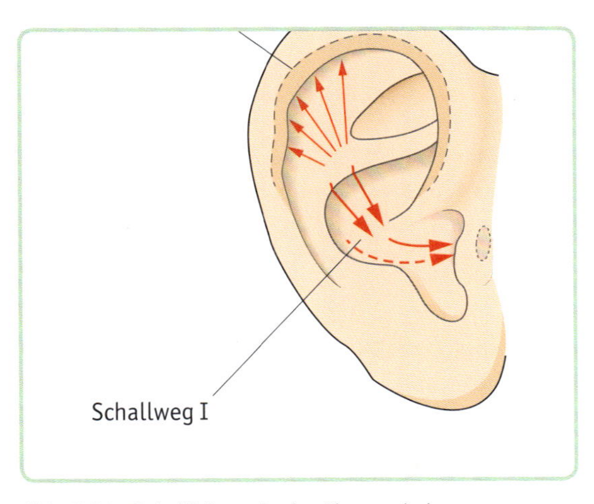

Abb. 5.3 ▶ Schallleitung in der Ohrmuschel

5.1.2 Verstärkung bestimmter Frequenzen

Bei manchen Tierarten werden die Geräusche von Beutetieren durch das Außenohr verstärkt. Diese Verstärkung ist allerdings je nach Frequenz unterschiedlich und bestimmt unter anderem auch die Form der Ohrmuscheln der Jäger. In Abb. 5.4 ist der Verstärkungseffekt durch die Ohrmuschel für die australische Gespenstfledermaus (Macroderma gigas) dargestellt. Deutlich zu erkennen ist die Verstärkung im Bereich zwischen 4 kHz und 30 kHz. Dies entspricht genau dem Frequenzbereich von typischen Raschelgeräuschen, die von Beutetieren der Fledermaus erzeugt werden.

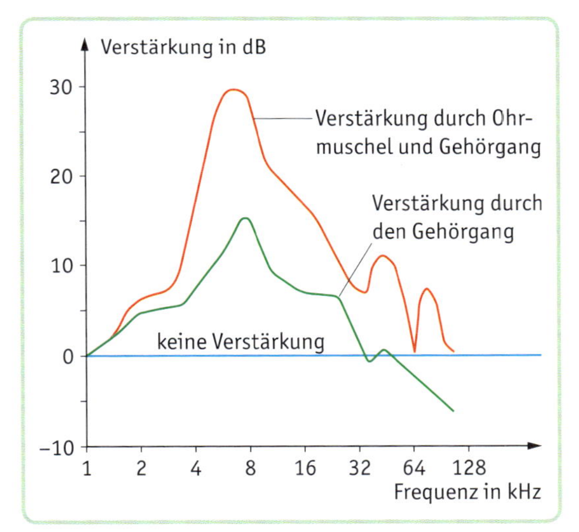

Abb. 5.4 ▶ Verstärkung bestimmter Frequenzen durch Ohrmuschel und Gehörgang

Dieselben Reflexions-, Beugungs- und Interferenzeffekte, die der Schallquellenlokalisierung dienen, erklären auch die Verstärkung bestimmter Frequenzen, da die Stärke der Beugung bzw. der Reflexion unter anderem frequenzabhängig ist. Zusätzlich führen hier aber auch Resonanzeffekte (vgl. Kap. 5.3.1) zu einer Verstärkung bestimmter Frequenzen, denn die verschiedenen Eigenfrequenzen der schallleitenden Elemente des Außenohrs wirken ebenfalls frequenzselektiv. So wird zum Beispiel beim Menschen im Gehörgang eine Resonanz bei ungefähr 3,3 kHz angeregt, die genau im Frequenzbereich der menschlichen Stimme liegt.

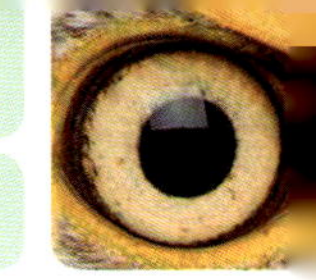

Der Einfluss der Ohrmuschel und des Gehörgangs auf die Klangfärbung eines Geräuschs ist also sowohl beim Richtungshören als auch bei der Verstärkung bestimmter Frequenzen bedeutsam. Er kann experimentell mit einem Trichter, einem Mikrophon und entsprechender Software zur Frequenzanalyse simuliert werden (Abb. 5.5).

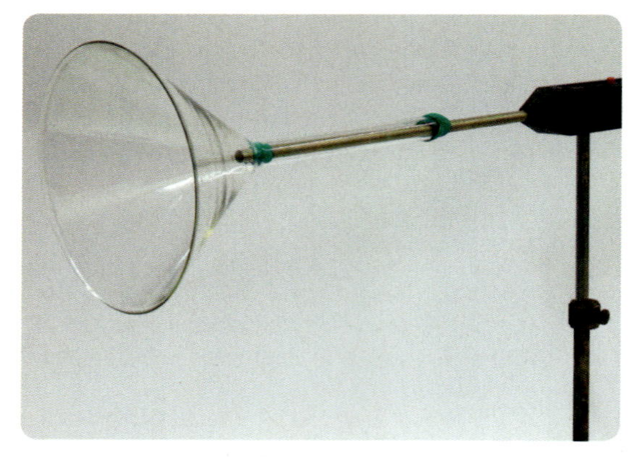

Abb. 5.5 ▶ Simulationsexperiment zum Einfluss des Außenohrs auf die Klangfärbung eines Geräusches

Im Frequenzspektrum eines Geräusches ohne und mit auf dem Mikrophon aufgesetztem Trichter erkennt man deutlich eine Verstärkung des Schalldruckpegels bei hohen Frequenzen (Abb. 5.6). Der Trichter, der die Ohrmuschel simuliert, verändert also das Klangspektrum des Geräusches.

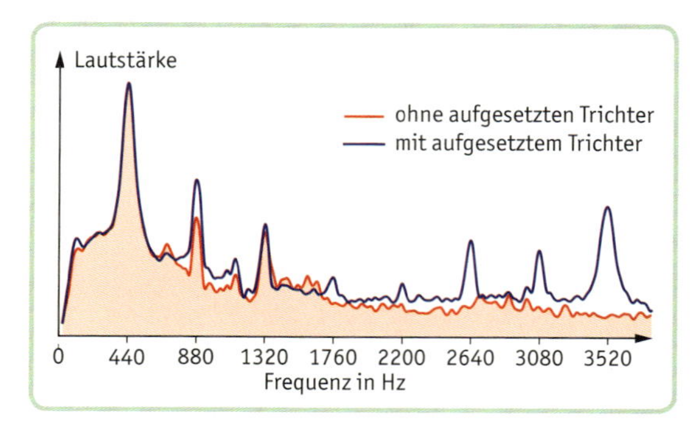

Abb. 5.6 ▶ Frequenzanalyse eines Geräusches ohne und mit auf dem Mikrophon aufgesetztem Trichter

Sowohl für die Schallquellenlokalisierung als auch für die Verstärkung bestimmter Frequenzen ist es aber von Vorteil, wenn die Abmessungen der Ohrmuschel und des Gehörgangs in der Größenordnung der zu verstärkenden bzw. zu lokalisierenden Wellenlängen liegen, da dann sowohl Resonanz als auch Beugung am stärksten auftreten (vgl. Kapitel 5.3.1 und 4.2.2). Im für den Menschen besonders gut hörbaren Frequenzbereich liegen die Wellenlängen zwischen 8,25 cm und 1,65 m. Daher ist die Bedeutung der menschlichen Ohrmuschel unter Fachleuten noch umstritten. Neueste Untersuchungen deuten an, dass stattdessen hier auch den Schultern eine stärkere Bedeutung zukommt.

5.2 Das Mittelohr

Der Schall wird im Innenohr in Nervensignale umgewandelt, die über den Hörnerv ins Gehirn geleitet werden. Daher stellt sich die Frage nach dem Zweck des Mittelohrs. Man denke nur an die Schmerzen bei einer Mittelohrentzündung. Warum also wird der Schall nicht direkt vom Trommelfell in die Hörschnecke geleitet?

Dies kann man nur verstehen, wenn man bedenkt, dass der Schall bei einem Fehlen des Mittelohres beim Übergang in die Hörschnecke an eine Grenzfläche zwischen den Medien Luft und einer wässrigen Umgebung stoßen würde.

5.2.1 Schall an Grenzflächen

Schall benötigt als mechanische Welle ein Medium zur Ausbreitung. Stoßen dabei zwei unterschiedliche Medien aneinander, so kommt es bei dem Übergang des Schalls an der Grenzfläche zu Reflexion und Brechung bzw. Transmission (vgl. Kap. 4.2.1 und 4.2.3). Ein Teil des Schalls wird an der Grenzfläche reflektiert und ein Teil dringt in das andere Medium ein; man sagt, er wird transmittiert. Jeder weiß aus eigener Erfahrung, dass man unter Wasser Schallquellen oberhalb der Wasseroberfläche nur sehr schlecht hören kann, da zu viel Schall reflektiert wird und zu wenig in das Medium Wasser eindringt.

Das Verhältnis von Transmission und Reflexion hängt unter anderem auch von den Eigenschaften der beiden Medien selbst ab. Dies kann man experimentell mit Wellenmaschinen unterschiedlicher Kopplungsstärke der einzelnen Oszillatoren oder mit einer Wellenwanne demonstrieren. In Abb. 5.7

erkennt man die Transmission und Reflexion einer Wasserwelle an einer Kante in der Wellenwanne. Die verschiedenen Medien werden hier durch unterschiedliche Wassertiefen simuliert.

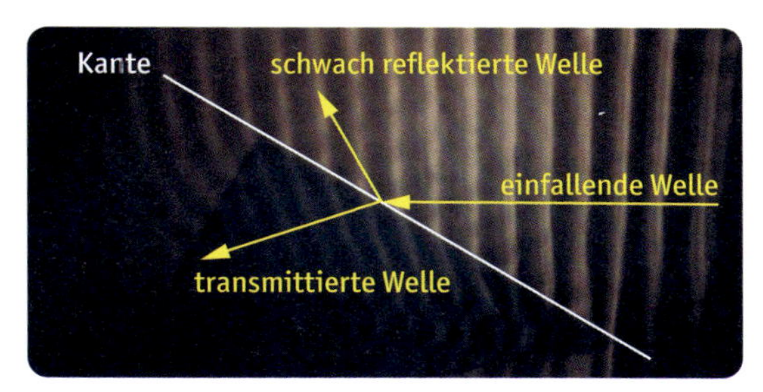

Abb. 5.7 ▶ Transmission und Reflexion einer Wasserwelle an einer Kante unterschiedlicher Wassertiefen. Man erkennt die starke Transmission.

Ohne Mittelohr würde also an der Grenzfläche zum Innenohr sicherlich ein Teil des Schalls reflektiert werden. Um die Größenordnung der Verluste abzuschätzen, ist aber eine genauere, quantitative Untersuchung des Phänomens notwendig.

5.2.2 Schallintensität und Impedanz

In Kap. 4.4.1 wurde bereits die Schallintensität als eine der physikalischen Größen eingeführt, mit der die umgangssprachliche „Lautstärke" quantitativ erfasst werden kann. Sie kann ausgedrückt werden durch die Amplituden $\hat{p}$ des Drucks oder v der Geschwindigkeit, mit der sich die Teilchen in einer Schallwelle bewegen:

$$I = \frac{1}{2 \cdot \rho \cdot c} \cdot \hat{p}^2 \quad \text{bzw.} \quad I = \frac{1}{2} \cdot \rho \cdot c \cdot v^2$$

Dabei sind ρ die Dichte des Mediums und c die Schallgeschwindigkeit darin. Setzt man die beiden obigen Ausdrücke für I gleich, so erhält man $\rho c = \frac{\hat{p}}{v}$.

Man fasst dies zu einer neuen Größe $Z = \rho c$ zusammen und erhält:

$$I = \frac{1}{2} \cdot \frac{1}{Z} \hat{p}^2 \quad \text{bzw.} \quad I = \frac{1}{2} \cdot Z \cdot v^2$$

Die Größe

$$Z = \rho \cdot c = \frac{\hat{p}}{v}$$

heißt Impedanz. Für die Einheit von Z ergibt sich:

$$[Z] = 1 \frac{\text{kg}}{\text{m}^2 \cdot \text{s}}$$

Die anschauliche Bedeutung der Impedanz Z erkennt man an der Darstellung $Z = \frac{\hat{p}}{v}$. Die Schalldruckamplitude $\hat{p}$ in der Formel ist die maximale Abweichung des Schalldrucks vom normalen Luftdruck und kann deshalb als Ursache für die Maximalgeschwindigkeit v der Teilchen in der sich ausbreitenden Schallwelle aufgefasst werden (vgl. Abb. 4.15). Daher kann man vereinfachend $\hat{p}$ mit der Spannung U eines elektrischen Stromkreises und v mit der Stromstärke I vergleichen. Aus der analogen Formelgestalt $R = \frac{U}{I}$ kommt Z so die Bedeutung des elektrischen Widerstandes R zu. Man kann also die Impedanz Z als „Wellenwiderstand" deuten, der angibt, wie stark sich ein Medium der Anregung einer Schallwelle widersetzt. Sie ist somit eine Eigenschaft des Mediums. Für die Medien Luft und Wasser, welche beim Ohr eine zentrale Rolle spielen, ergibt sich beispielsweise: $Z_L = 442 \frac{\text{kg}}{\text{m}^2 \cdot \text{s}}$ und $Z_W = 1{,}48 \cdot 10^6 \frac{\text{kg}}{\text{m}^2 \cdot \text{s}}$.

5.2.3 Die Notwendigkeit eines Impedanzwandlers

Mit den Formeln für die Schallintensität und die Impedanz ist es nun möglich, die Notwendigkeit des Mittelohrs voll zu erfassen.

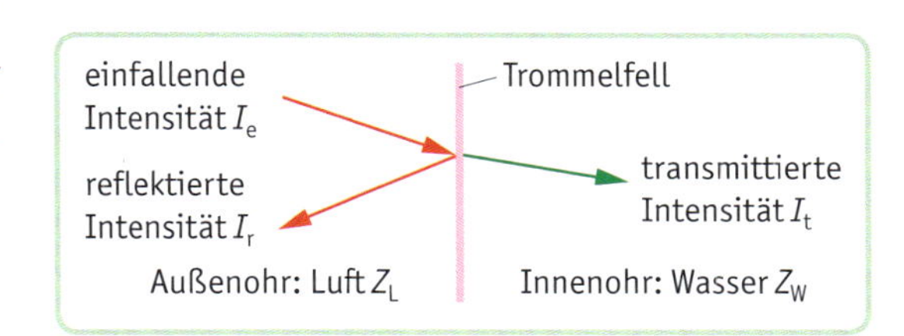

Abb. 5.8 ▶ Energieerhaltung am Trommelfell bei Fehlen des Mittelohrs

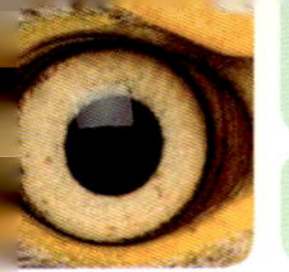

Ziel ist es, den Anteil des reflektierten Schalls zu bestimmen, wenn das Mittelohr fehlen würde. Dazu geht man davon aus, dass sich die auf das Trommelfell treffende Schallintensität in einen reflektierten und einen transmittierten Anteil aufteilt (Abb. 5.8). Aus dem Energieerhaltungssatz folgt unmittelbar für die Intensitäten: $I_e = I_r + I_t$.

Mit $I = \frac{1}{2} \cdot Z \cdot v^2$ ergibt sich daraus

$$\frac{1}{2} \cdot Z_L \cdot v_e^2 = \frac{1}{2} \cdot Z_L \cdot v_r^2 + \frac{1}{2} \cdot Z_W \cdot v_t^2$$

mit den Impedanzen Z_L für Luft und Z_W für Wasser, sowie den Teilchengeschwindigkeiten v_e der einfallenden, v_r der reflektierten und v_t der transmittierten Schallwelle. Dies lässt sich umformen zu:

$$Z_L \cdot (v_e^2 - v_r^2) = Z_W \cdot v_t^2$$

Damit die Medien an der Grenzfläche nicht auseinander gerissen werden, muss die gesamte Teilchengeschwindigkeit auf der Außenseite des Trommelfells genauso groß sein wie auf der Innenseite. Daher muss für die Teilchengeschwindigkeiten gelten:

$$\underbrace{v_e + v_r}_{\text{außen}} = \underbrace{v_t}_{\text{innen}}$$

Aus den beiden letzten Gleichungen lässt sich v_t eliminieren (Binomische Formel) und zwischen v_e und v_r folgender Zusammenhang herstellen:

$$v_r = v_e \cdot \frac{Z_L - Z_W}{Z_L + Z_W}$$

Setzt man dies in $I_r = \frac{1}{2} \cdot Z_L \cdot v_r^2$ ein, ergibt sich:

$$I_r = \frac{1}{2} \cdot Z_L \cdot v_e^2 \cdot \left(\frac{Z_L - Z_W}{Z_L + Z_W}\right)^2 = I_e \cdot \left(\frac{Z_L - Z_W}{Z_L + Z_W}\right)^2$$

Mit den Impedanz-Werten für Z_L und Z_W erhält man: $I_r = 0{,}9989 \cdot I_e$. Dies bedeutet, dass ohne Mittelohr beim Übergang des Schalls vom Außenohr direkt ins wässrige Innenohr aufgrund der stark unterschiedlichen Impedanzen für Luft und Wasser 99,89 % der Schallintensität reflektiert würden. Die Notwendigkeit eines Impedanzwandlers wird deutlich. Die Auswirkungen auf den Schallpegel L zeigt die folgende Beispielaufgabe.

▶ Beispiel

Schallpegelabsenkung bei Fehlen des Mittelohrs

Ein Ton der Frequenz 1 kHz mit dem Schallpegel $L_e = 60$ dB trifft auf das Trommelfell. Die Absenkung des Schallpegels aufgrund von Reflexion erhält man in drei Schritten.

1. Berechnung der Schallintensität I_e vor dem Übergang:

   Aus $L_e = 10 \cdot \lg \frac{I_e}{I_0}$ folgt:

   $I_e = I_0 \cdot 10^{L_e/10} = 1{,}0 \cdot 10^{-6} \frac{\text{W}}{\text{m}^2}$

   mit $I_0 = 1{,}0 \cdot 10^{-12} \frac{\text{W}}{\text{m}^2}$.

2. Berechnung der transmittierten Intensität I_t nach dem Übergang:

   $I_t = I_e - I_r = I_e - I_e \cdot 0{,}9989 = 1{,}1 \cdot 10^{-9} \frac{\text{W}}{\text{m}^2}$

3. Berechnung des transmittierten Schallpegels L_t nach dem Übergang:

   $L_t = 10 \cdot \lg \frac{I_t}{I_0} = 30{,}4$ dB

Der Schalldruckpegel würde ohne Impedanzanpassung durch das Mittelohr also um 29,2 dB abgesenkt.

Zuletzt soll hier noch auf die Frage eingegangen werden, warum das Innenohr für die Schallleitung eine wässrige Umgebung bereitstellt und den Schall nicht direkt in Luft leitet. Dies hat seinen Grund in der Gehörentwicklung. Das Innenohr ist entstehungsgeschichtlich betrachtet der älteste Teil unseres Gehörs. Es entstand, wie das Leben selbst, zunächst im Wasser. Dies führte zur Entwicklung von Knochenleitungssystemen, wie man sie noch bei ausgestorbenen Reptilien findet. Hier dienten zum Hören die Kieferknochen, welche den Boden berührten und auf diese Weise die Geräusche von Beutetieren und Räubern aufnahmen. Da die Schallimpedanz der Knochen ähnlich der von Wasser ist, war ein Hebelsystem wie im Mittelohr zur Schallleitung noch nicht notwendig. Erst die Schallaufnahme aus der Luft führte zur Notwendigkeit einer Impedanzanpassung durch das Mittelohr.

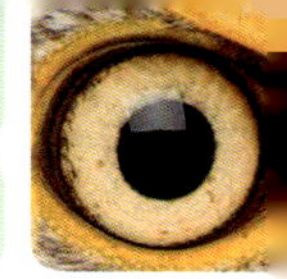

5.2.4 Das Mittelohr als Impedanzwandler

Das Mittelohr muss also die Aufgabe der Impedanzanpassung für den Übergang des Schalls von Luft im Außenohr zu Wasser im Innenohr übernehmen. Dies geschieht mittels des Hebelsystems der Gehörknöchelchen zwischen dem Trommelfell und dem ovalen Fenster, welches in Abb. 5.9 dargestellt ist.

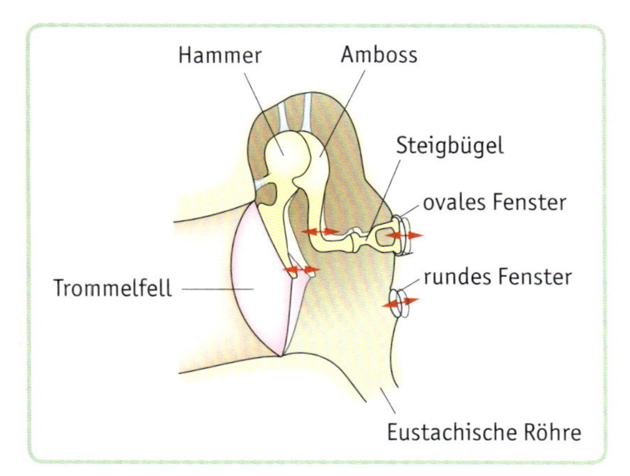

Abb. 5.9 ▶ Aufbau des Mittelohrs

Die Eustachische Röhre verbindet das Mittelohr mit dem Rachen, um auf beiden Seiten des Trommelfells denselben Druck einzustellen. Ohne diese Funktion käme es durch Höhen- oder Wetteränderungen zu Druckschwankungen, welche das Trommelfell vorspannen würden. Dies hätte einen dumpfen Höreindruck zur Folge, wie man ihn oft beim Starten und Landen im Flugzeug erlebt.
Die Möglichkeiten, die es zur Impedanzerhöhung gibt, erkennt man an der Darstellung $Z = \frac{\hat{p}}{v}$ der Impedanz. Sowohl eine Erhöhung des Drucks $\hat{p}$ als auch eine Verringerung der Teilchengeschwindigkeit v erhöhen die Impedanz Z.
Um die Wirkung des Mittelohrs bei diesen beiden Möglichkeiten quantitativ zu erfassen, wird das komplexe System der Gehörknöchelchen durch ein einfaches Stangen-Modell ersetzt, das in einem weiteren Schritt durch ein Hebelmodell verfeinert wird.

Das Schubstangenmodell

Abb. 5.10 zeigt das Stangenmodell des Mittelohrs. Das komplexe System der Gehörknöchelchen wird durch eine einfache Schubstange modelliert, die die Schwingungen des Trommelfells mit der Fläche A_T direkt auf das ovale Fenster des Innenohrs mit der Fläche A_F überträgt. Die am Trommelfell verrichtete Schubarbeit W_T wird durch die starre Stange auf das ovale Fenster übertragen. Wegen der Starrheit der Stange gilt dabei: $F_T = F_F$. Ersetzt man nun F durch $F = p \cdot A$, so folgt: $\hat{p}_T \cdot A_T = \hat{p}_F \cdot A_F$ oder: $\hat{p}_F = \hat{p}_T \cdot \frac{A_T}{A_F}$.
Der Druck $\hat{p}$ wird also im Verhältnis der Flächen übersetzt. Beim Menschen gilt: $\frac{A_T}{A_F} = 17$. Dies bedeutet eine Druckerhöhung um den Faktor 17.

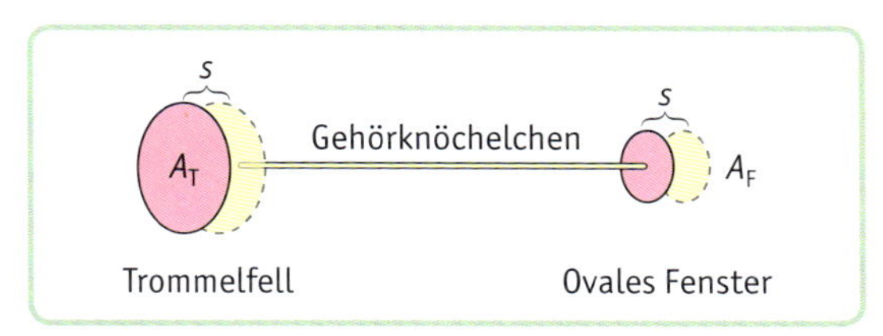

Abb. 5.10 ▶ Stangenmodell des Mittelohrs

Da die Bewegung der Gehörknöchelchen mehr einer Kippbewegung gleicht, kann dieses Modell noch verbessert werden.

Das Kippstangen-Hebelmodell

Dieses Modell verbessert das Schubstangenmodell, da die Stange hier die Schwingungen des Trommelfells durch eine Kippbewegung um einen festen Drehpunkt D auf das ovale Fenster überträgt (Abb. 5.11).

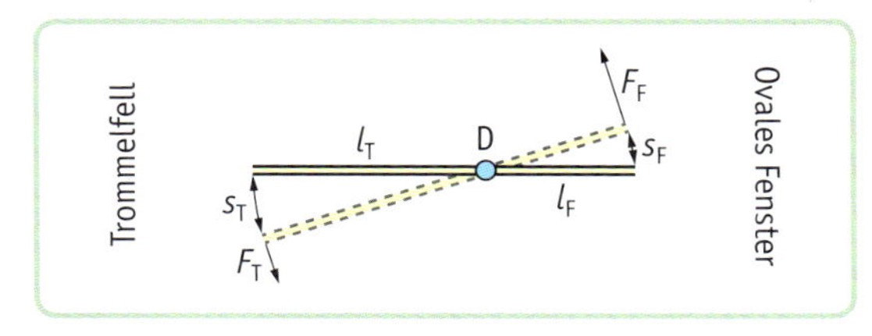

Abb. 5.11 ▶ Kippstangen-Hebelmodell des Mittelohrs

Zwei Mechanismen führen zur Impedanzerhöhung:

- Aufgrund des Hebelgesetzes gilt $F_T \cdot l_T = F_F \cdot l_F$ bzw. $F_F = F_T \cdot \frac{l_T}{l_F}$. Das Verhältnis der Hebelarme $\frac{l_T}{l_F}$

alleine liefert beim Menschen schon eine Kraftverstärkung und damit eine Druckerhöhung um den Faktor 1,3.

- Aus der Ähnlichkeit der beiden Kreissektoren in Abb. 5.11 ergibt sich $\frac{s_T}{l_T} = \frac{s_F}{l_F}$ oder $s_F = s_T \cdot \frac{l_F}{l_T} = \frac{s_T}{1{,}3}$. Wegen $v = \frac{s}{t}$ verringert sich die Geschwindigkeit am ovalen Fenster um den gleichen Faktor: $v_F = \frac{v_T}{1{,}3}$.

Beide Modelle zusammen ergeben somit einerseits eine Druckerhöhung auf $\hat{p}_F \approx 1{,}3 \cdot 17 \cdot \hat{p}_T$ und eine Geschwindigkeitsreduktion auf $v_F \approx \frac{1}{1{,}3} \cdot v_T$. Für die Impedanz bedeutet das wegen $Z = \frac{\hat{p}}{v}$ eine Zunahme um den Faktor 1,3 · 17 · 1,3. Aus Experimenten weiß man, dass die Form des Trommelfells und die Gelenke zwischen den Gehörknöchelchen die Impedanz noch einmal um einen Faktor 4 erhöhen. Man hat also beim Menschen unter der Annahme einer verlustfreien Impedanzanpassung insgesamt eine Impedanzerhöhung um den Faktor 115:

$$Z_F \approx 17 \cdot 1{,}3^2 \cdot 4 \cdot Z_T = 115 \cdot Z_T$$

Diese Impedanzanpassung führt dazu, dass beim Menschen der Schalldruckpegel durch Reflexion nicht mehr um 29,6 dB, sondern nur noch um 9,2 dB abgesenkt wird. Dies zeigt die nebenstehende Rechnung.

▶ Beispiel

Schallpegelabsenkung mit Mittelohr

Ein Ton der Frequenz 1 kHz mit dem Schallpegel L_e = 60 dB trifft auf das Trommelfell. Wie im Beispiel oben rechnet man in drei Schritten:

1. Die Schallintensität I_e vor dem Übergang ist nach wie vor:

   $$I_e = I_0 \cdot 10^{L_e/10} = 1{,}0 \cdot 10^{-6}\,\frac{\text{W}}{\text{m}^2}$$

2. Diese von außen kommende Schallintensität I_e wird verlustfrei auf das ovale Fenster übertragen. Dabei erhöht sich die Impedanz um den Faktor 115:

   $$Z_F = 115 \cdot Z_T = 47{,}4 \cdot 10^3\,\frac{\text{kg}}{\text{m}^2 \cdot \text{s}}.$$

   Die Transmission am ovalen Fenster ist dann:

   $$I_t = I_e - I_r = I_e - I_e \cdot \left(\frac{Z_F - Z_W}{Z_F + Z_W}\right)^2 = I_e - I_e \cdot 0{,}8803 = 1{,}20 \cdot 10^{-7}\,\frac{\text{W}}{\text{m}^2}$$

3. Berechnung des transmittierten Schallpegels nach dem Übergang:

   $$L_t = 10 \cdot \lg \frac{I_t}{I_0} = 50{,}8\text{ dB}$$

Der Schallpegel wird mit Impedanzanpassung durch das Mittelohr nur um 9,2 dB abgesenkt.

5.3 Das Innenohr

Das Innenohr schließt über das ovale Fenster an das Mittelohr an und besteht aus den Bogengängen, in denen das Gleichgewichtsorgan untergebracht ist, und aus der Hörschnecke (lateinisch: cochlea, vgl. Abb. 5.1). In der Hörschnecke wird der eingehende Schall je nach Frequenz und Amplitude in elektrische Nervenimpulse umgewandelt. Sie werden über den Hörnerv ins Gehirn geleitet und dort zu einem Höreindruck verarbeitet. Ein Ausschnitt aus der Hörschnecke ist in Abb. 5.12 links dargestellt, rechts sieht man die Hörschnecke aus Gründen der besseren Übersichtlichkeit im ausgerollten Zustand. Man erkennt in der Abbildung drei Gänge. Der obere Gang (scala vestibuli) beginnt am ovalen Fenster und geht an der Spitze der Hörschnecke in den unteren Gang (scala tympani) über, welcher am runden Fenster der Hörschnecke endet. Der mittlere Gang (scala media) ist durch Membranen (unten: Basilarmembran; oben: Reißnermembran) von den anderen Gängen getrennt und beherbergt das Corti-Organ mit den Haarzellen, welche die mechanischen Schwingungen in elektrische Reize umwandeln.

Drückt der Steigbügel das ovale Fenster nach innen, so bewegt sich die Flüssigkeit im oberen Gang Richtung Spitze der Gehörschnecke, kehrt dort beim Übergang in den unteren Gang die Richtung um, um an der Basis der Gehörschnecke das runde Fenster nach außen zu drücken. Um die frequenz- und amplitudenselektive Wirkungsweise des Innenohrs bei diesem Prozess darstellen zu können, muss aber zunächst das physikalische Phänomen der Resonanz verstanden werden.

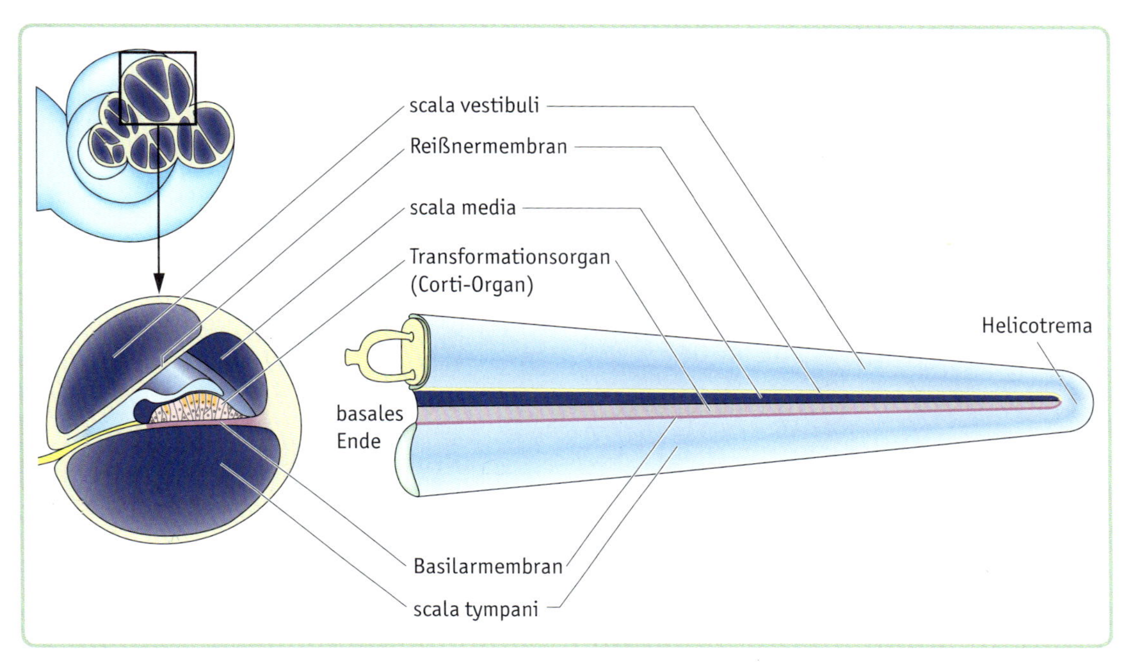

Abb. 5.12 ▶ Hörschnecke (links: senkrechter Schnitt durch den Schneckengang; rechts: „ausgerollter" Zustand)

5.3.1 Resonanz

Ein Oszillator (z. B. ein Federpendel) schwingt nach einmaliger Anregung frei mit einer bestimmten Frequenz. Diese Frequenz nennt man Eigenfrequenz f_0. Für das Federpendel ist die Eigenfrequenz berechenbar, es gilt:

$$f_0 = \frac{1}{2\pi} \cdot \sqrt{\frac{D}{m}}$$

Die Eigenfrequenz hängt von physikalischen Parametern des Oszillators ab; beim Federpendel sind dies die Pendelmasse m und die Federhärte D.
Regt man umgekehrt einen Oszillator periodisch mit einer Anregungsfrequenz f an, so schwingt dieser im Takt der Anregungsfrequenz. Jedoch ist die Amplitude dieser erzwungenen Schwingung je nach Anregungsfrequenz unterschiedlich. Sie ist am größten, wenn $f = f_0$ gilt (Abb. 5.13). Dieses Phänomen nennt man Resonanz.
Die Resonanzerscheinung ist umso ausgeprägter, je kleiner die Dämpfung des Oszillators ist. Unter Dämpfung versteht man einen hemmenden Einfluss wie z. B. den Luftwiderstand bei einem Pendel.

Resonanz kann bei allen schwingungsfähigen Systemen auftreten, weshalb zum Beispiel sehr hohe Hochhäuser vor Resonanzschwingungen durch Windanregung geschützt werden („Dämpfungspendel"). Beim Innenohr wird Resonanz für das frequenzselektive Hören ausgenützt.

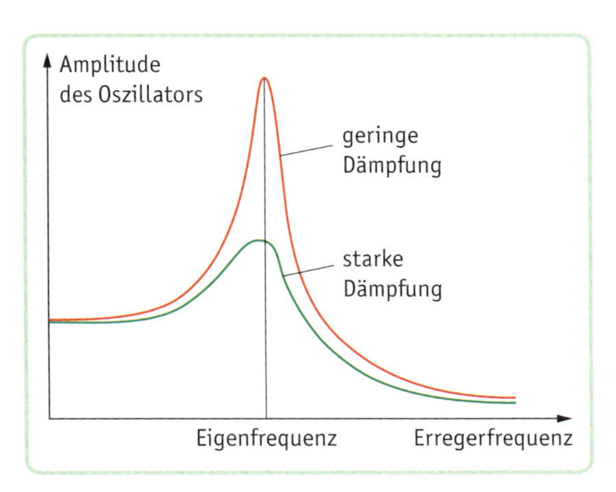

Abb. 5.13 ▶ Resonanzkurven – Abhängigkeit der Schwingungsamplitude von der Anregungsfrequenz

5.3.2 Wahrnehmung von Frequenzen

Die Frequenzselektivität des Innenohrs lässt sich mit der Wanderwellentheorie erklären. Das Prinzip kann mit dem in Abb. 5.14 dargestellten Analogieexperiment veranschaulicht werden.

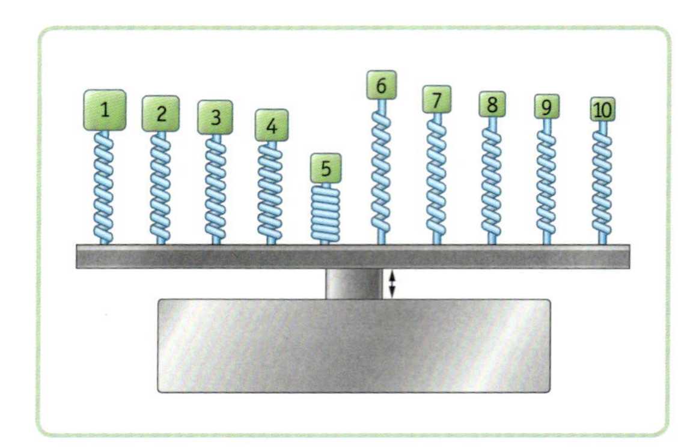

Abb. 5.14 ▶ Analogieexperiment zur Wanderwellentheorie

Nur diejenigen Federpendel, deren Eigenfrequenzen nahe bei der Anregungsfrequenz des Kolbens liegen, schwingen stark, die anderen nehmen kaum Energie aus der Anregung auf. Man sagt, die Oszillatoren wirken frequenzselektiv.

Im Fall des Innenohrs besteht das schwingungsfähige System nicht aus einzelnen Oszillatoren wie im Analogieexperiment, sondern aus der scala media mit der Basilarmembran und dem sich darauf befindlichen Corti-Organ (Abb. 5.16). Obwohl dieses ganze Gebilde schwingt, wird künftig vereinfachend nur von den Schwingungen und Eigenschaften der Basilarmembran die Rede sein.

Die vom Steigbügel auf das ovale Fenster übertragenen Schwingungen lösen Flüssigkeitsbewegungen in der scala vestibuli und scala tympani aus, welche die Basilarmembran zu Schwingungen anregen. Schallwellen mit großen Frequenzen (hohe Töne) regen die Basilarmembran aufgrund von Resonanz an der Basis zu Schwingungen an, Wellen mit niedrigen Frequenzen (tiefe Töne) versetzen die Basilarmembran an der Spitze in Resonanzschwingungen (Abb. 5.15). Dies bedeutet, dass die Basilarmembran entlang ihrer Ausdehnung das Frequenzspektrum von Klängen und Geräuschen in ein „Ortsspektrum" umwandelt, indem frequenzabhängig Sinneszellen an unterschiedlichen Orten der Membran angeregt werden. So ermöglicht die Ausnützung von Resonanz frequenzselektives Hören.

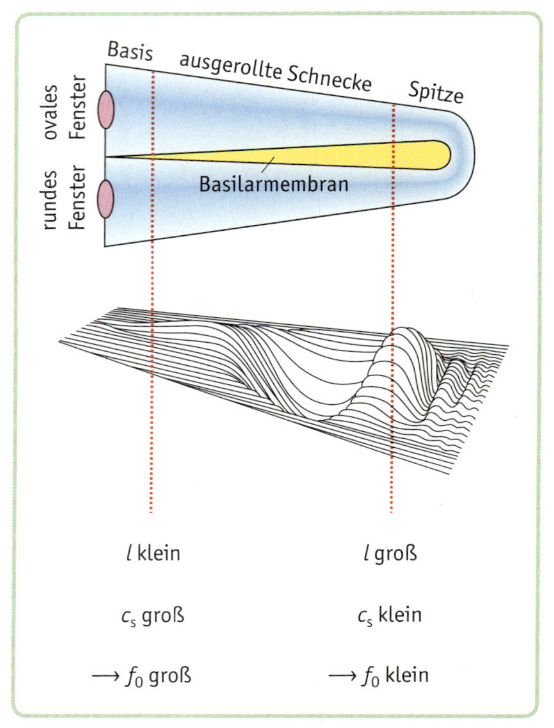

Abb. 5.15 ▶ Verteilung der Eigenfrequenzen entlang der Basilarmembran

Zum Verständnis der Wanderwellentheorie kann man sich die Basilarmembran als eine kontinuierliche Aneinanderreihung von Geigen- oder Harfensaiten vorstellen. Jede von ihnen besitzt sogar mehrere Eigenfrequenzen, die von der Länge l der Saite und der Schallgeschwindigkeit c_S in der Saite abhängen (vgl. Kap. 4.3.3). Die kleinste dieser Eigenfrequenzen beträgt:

$$f_0 = \frac{c_S}{2 \cdot l}$$

Abb. 5.15 zeigt, dass die Breite der Basilarmembran von der Basis zur Spitze hin zunimmt, sich also l vergrößert. Gleichzeitig nimmt die Steifigkeit und mit ihr c_S ab. Beides führt zu einem Abnehmen der Resonanzfrequenz, je näher die Schallwelle der Spitze kommt.

5.3.3 Wahrnehmung von Amplituden

Zuletzt bleibt die amplitudenselektive Umwandlung der Schwingungen in elektrische Signale zu klären. Damit werden die eingangs geforderten Ansprüche an das Gehör komplettiert.

Diese Umwandlung erfolgt durch die sogenannten Haarzellen im Corti-Organ auf der Basilarmembran. Der Name der Haarzellen kommt von den haarartigen Fortsätzen der Zellen, die teilweise bis zur darüber liegenden Deckmembran reichen und bei einer Relativbewegung zwischen Basilarmembran und Deckmembran Scherkräfte erfahren. Eine Schädigung der Haarzellen, zum Beispiel durch eine zu große Schallamplitude, ist beim Menschen irreversibel. In Abb. 5.16 erkennt man, dass es im Corti-Organ unter der Deckmembran zwei Arten von Haarzellen gibt, die inneren Haarzellen (IHCs: inner hair cells) und die äußeren Haarzellen (OHCs: outer hair cells).

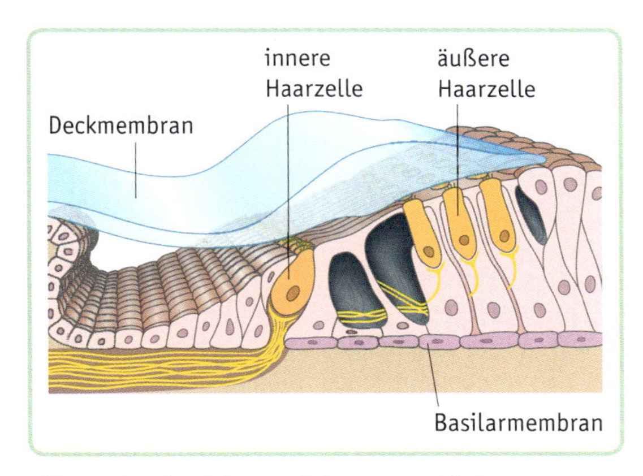

Abb. 5.16 ▶ Corti-Organ mit inneren und äußeren Haarzellen

Die Rolle der äußeren Haarzellen (Abb. 5.17) besteht darin, die relativ schwachen Schwingungen der Basilarmembran zu verstärken. Dies geschieht durch einen Rückkopplungseffekt: Werden die OHCs durch eine Schwingung der Basilarmembran gereizt, so beginnen sie sich im Takt der Erregung zusammenzuziehen und wieder zu strecken. Das Innenohr erzeugt sozusagen selbst Schallwellen.

Da die OHCs mit der Basilarmembran fest verbunden sind, wird somit deren Schwingung durch die Bewegungen der OHCs verstärkt (Abb. 5.18).

Abb. 5.17 ▶ Äußere Haarzellen

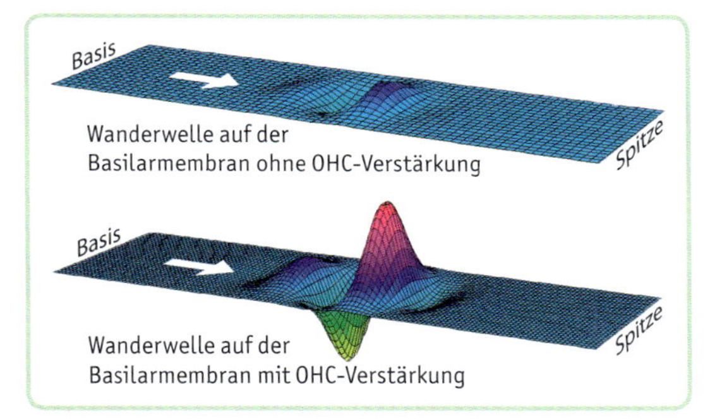

Abb. 5.18 ▶ Verstärkung der Schwingung der Basilarmembran durch die OHCs

Die inneren Haarzellen erzeugen die Nervensignale, die über den Hörnerv an das Gehirn weitergeleitet werden. Dies geschieht, indem die IHCs zwischen Deckmembran und Basilarmembran seitlich ausgelenkt (geschert) werden. Diese Auslenkung führt an der Wurzel der Haarzellen zu einer mechanischen Öffnung von Ionenkanälen, durch die positive K^+-Ionen in die Zelle strömen (vgl. Kap. 12). Das Zellinnere wird auf diese Weise positiv geladen. Je lauter der Ton, desto stärker die Scherung der IHCs und infolgedessen desto größer die Änderung des Ladungszustandes der Zelle. Diese Stärke der Ladungsänderung wird in den nachgeschalteten Nervenzellen in eine entsprechende Anzahl von Nervensignalen übersetzt, so dass ein lauter Ton in der gleichen Zeit mehr Nervensignale auslöst als ein leiser (vgl. Kap. 13). Somit sind die IHCs für das amplitudenselektive Hören verantwortlich.

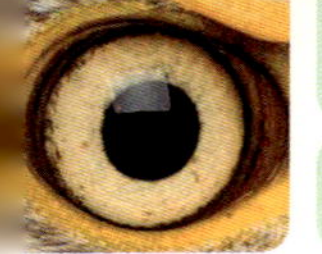

▶ Aufgaben

1 Gehörleistung

a) Nennen Sie die drei Anforderungen, die an das Ohr als Warnsystem vor Gefahren gestellt werden.

b) Erklären Sie, wie die Lokalisierung von Schallquellen funktioniert. Gehen Sie dabei insbesondere auf die dafür verantwortlichen physikalischen Phänomene ein.

2 Richtungshören mit zwei Ohren (Laufzeitmethode)

Material: Ein Schlauch mit ca. 1 m Länge und zwei Trichter.

Durchführung: Verbinden Sie den Schlauch mit den beiden Trichtern und markieren Sie die Schlauchmitte. Stülpen Sie dann diese Vorrichtung über die beiden Ohren der Versuchsperson, wie in Abb. 5.19 dargestellt. Der Partner der Testperson klopft nun mit einem Stift auf den Schlauch, wobei er bei jeder Wiederholung die Seite zur Schlauchmitte variiert und den Abstand zur Mittenmarkierung verringert. Die Testperson gibt jedes Mal an, auf welcher Seite sie das Klopfen wahrnimmt. Die Seite und der Abstand des Klopfens zur Mittenmarkierung sowie die Aussage der Testperson werden protokolliert.

Auswertung: Leiten Sie aus Ihren Messdaten ab, bis zu welchem Abstand zur Schlauchmitte die Testperson die richtige Seite des Klopfens zuverlässig zuordnen kann.

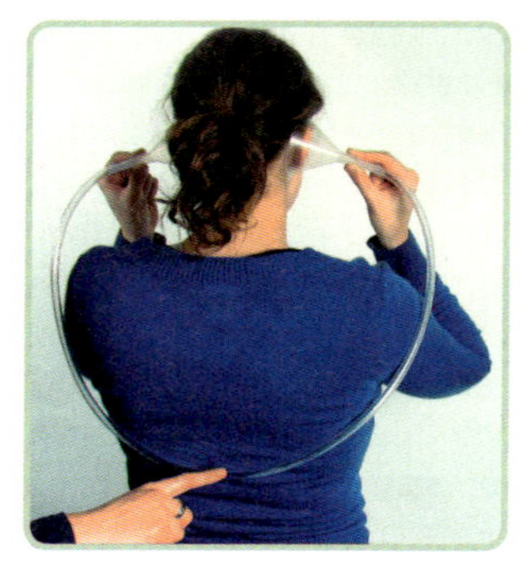

Abb. 5.19 ▶ Richtungshören mit zwei Ohren. Dem Laufzeitunterschied des Schalls auf dem Schlauch wird eine Richtung zugeordnet.

3 Richtungshören mit einem Ohr (Wirkung der Ohrmuschel)

Material: 4 kleine Kugeln aus Plastilin, Knetmasse oder Ohrstöpsel, 24 Spielkarten, davon 12 schwarze und 12 rote (1 Skatblatt ohne 7 und 8), Rassel oder kleine Dose mit etwa 20 Reiskörnern, Augenbinde, Uhr mit Sekundenzeiger.

Durchführung:

- Jeweils vier Personen bilden eine Versuchsgruppe.
- Ein Gruppenmitglied nimmt als Versuchsperson auf einem Stuhl Platz, und es werden ihm die Augen verbunden.
- Die zweite Person mischt die Karten und deckt für jeden von 24 Einzeltests (für jede Karte einen) im 5-Sekunden-Takt eine Karte auf.
- Je nach Versuchsvariante bedeutet eine rote Karte oben oder vorne. Eine schwarze Karte steht entsprechend für unten oder hinten.
- Die dritte Person rasselt kurz zweimal hintereinander etwa 30 cm vom rechten Ohr entfernt.
- Für die vertikale Schalllokalisation wird das Geräusch im Winkel von etwa 45° über bzw. unter der geraden Hörachse erzeugt (Abb. 5.20 oben), für die horizontale Schalllokalisation vor bzw. hinter der Geraden (Abb. 5.20 Mitte).
- Der Ortswechsel der Schallquelle zwischen zwei Tests sollte möglichst geräuschlos erfolgen.
- Eine Protokollantin oder ein Protokollant notiert jeweils den Ort des Schallereignisses und die Angabe der Versuchsperson, wo sie das Geräusch gehört hat. Dazu wird in der Protokolltabelle ein „r“ eingetragen, wenn die Schallquelle richtig lokalisiert wurde, ein „?“, wenn die Versuchsperson die Schallquelle nicht lokalisieren konnte, und ein „f“, wenn die Angabe der Versuchsperson falsch war.
- Wenn der Stapel Karten verbraucht ist, folgt ein zweiter Durchgang mit neu gemischten Karten. Diesmal bekommt die Versuchsperson in beide Ohren an die in Abb. 5.20 unten dargestellten Stellen ① und ② Plastilin oder Ohrstöpsel.

Werten Sie Ihre Versuchsdaten aus und formulieren Sie ein Ergebnis.

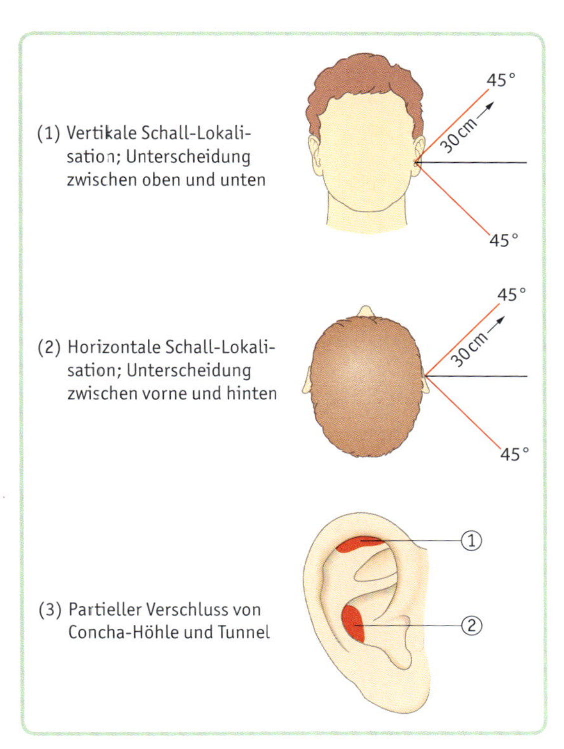

(1) Vertikale Schall-Lokalisation; Unterscheidung zwischen oben und unten
45°
30 cm
45°
(2) Horizontale Schall-Lokalisation; Unterscheidung zwischen vorne und hinten
45°
30 cm
45°
(3) Partieller Verschluss von Concha-Höhle und Tunnel
①
②

Abb. 5.20 ▶ zu Aufgabe 3

4 Außenohr

a) Erläutern Sie die Verstärkung bestimmter Frequenzen durch das Außenohr mithilfe von Interferenz und Resonanz.

b) Aus dem letzten Absatz von Kap. 5.1.2: „Sowohl für die Schallquellenlokalisierung als auch für die Verstärkung bestimmter Frequenzen ist es von Vorteil, wenn die Abmessungen der Ohrmuschel und des Gehörgangs in der Größenordnung der zu verstärkenden bzw. zu lokalisierenden Wellenlängen liegen. Im für den Menschen besonders gut hörbaren Frequenzbereich liegen die Wellenlängen zwischen 8,25 cm und 1,65 m. Daher ist die Bedeutung der menschlichen Ohrmuschel unter Fachleuten noch umstritten. Neueste Untersuchungen deuten an, dass hier auch den Schultern eine stärkere Bedeutung zukommt." Untermauern Sie diese Aussage, indem Sie die Größen der menschlichen Ohrmuschel und der Schulter mit dem Wellenlängenbereich der menschlichen Stimme vergleichen.

5 Fledermaus

Berechnen Sie aus der Größe der Ohrmuschel der australischen Gespenstfledermaus (ca. 3–4 cm) den Frequenzbereich, für den Beugung an Hindernissen dieser Größenordnung effektiv wird, und vergleichen Sie Ihr Ergebnis mit Abb. 5.4.

Abb. 5.21 ▶ Australische Gespensterfledermaus (Macroderma gigas)

6 Mittelohr

a) Beschreiben Sie, warum aus physikalischen Gründen das Mittelohr für das Hörvermögen des Menschen eine grundlegende Rolle spielt, und stellen Sie zwei Mechanismen dar, wie das Mittelohr diese Funktion ausübt.

b) Erklären Sie die Lage des Drehpunktes D im Kippstangen-Hebelmodell des Mittelohrs auf der Seite des ovalen Fensters. Wie muss die Lage des Drehpunktes D verändert werden, um eine noch bessere Impedanzanpassung zu erreichen?

7 Impedanzen

a) Berechnen Sie die Schallimpedanz für Luft und Wasser aus den entsprechenden Werten für ρ und c.

b) Berechnen Sie die Maximalgeschwindigkeit v, die Luftteilchen bei der Schwingung in einer Schallwelle mit 50 dB erreichen.

8 Impedanzanpassung

Ein Ton der Frequenz 1 kHz mit dem Schalldruckpegel von 80 dB trifft auf das Trommelfell. Berechnen Sie die Absenkung des Schallpegels aufgrund von Reflexion

a) bei Fehlen der Impedanzanpassung durch das Mittelohr.
b) mit Impedanzanpassung durch das Mittelohr.
c) Vergleichen Sie Ihre Ergebnisse mit den Angaben in Kap. 5.2.

9 Ultraschalluntersuchung

Erklären Sie die Funktion des Gels, welches bei einer Ultraschalluntersuchung zwischen Ultraschallkopf und Bauchdecke aufgebracht wird.

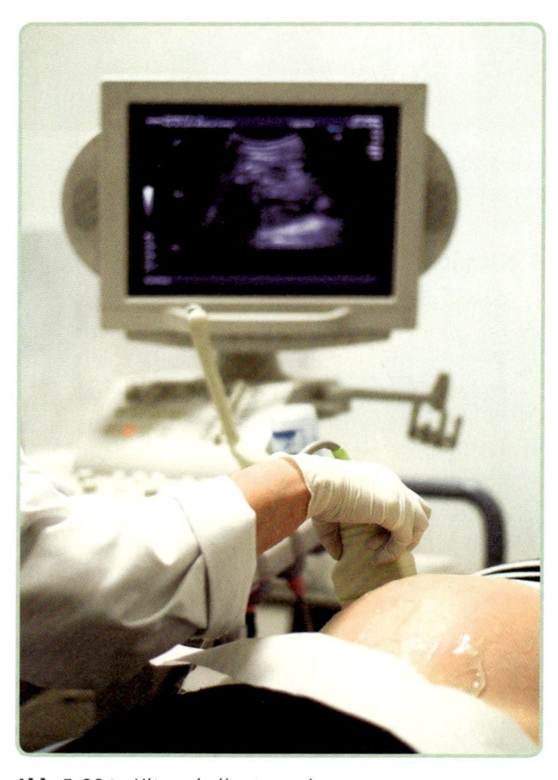

Abb. 5.22 ▶ Ultraschalluntersuchung

10 Resonanz

Erläutern Sie, was man unter dem Begriff „Resonanz" versteht und geben Sie Beispiele aus Natur und Technik, in denen dieses Phänomen eine Rolle spielt.

11 Innenohr

Das menschliche Gehör ist amplituden- und frequenzselektiv. Erläutern Sie die dafür verantwortlichen physikalischen Mechanismen im Innenohr unter Verwendung der notwendigen Fachausdrücke und physikalischen Konzepte.

12 Modell der Basilarmembran

Die Basilarmembran soll durch eine Reihe von eingespannten Saiten modelliert werden. Diese sind am Anfang der Gehörschnecke kurz und werden dann immer länger.

a) An der Stelle, an der Töne mit f = 20 kHz wahrgenommen werden, ist die Basilarmembran etwa 0,1 mm breit. Bestätigen Sie, dass dort die Schallgeschwindigkeit etwa 4 m/s beträgt.
b) Wie breit müsste die Basilarmembran an der Stelle sein, an der Töne mit f = 20 Hz wahrgenommen werden?
c) Tatsächlich beträgt die entsprechende Breite nur ca. 0,5 mm. Erläutern Sie, wie dieser scheinbare Widerspruch in dem Modell aufgelöst wird.

Untersuchungsmethoden der Biophysik

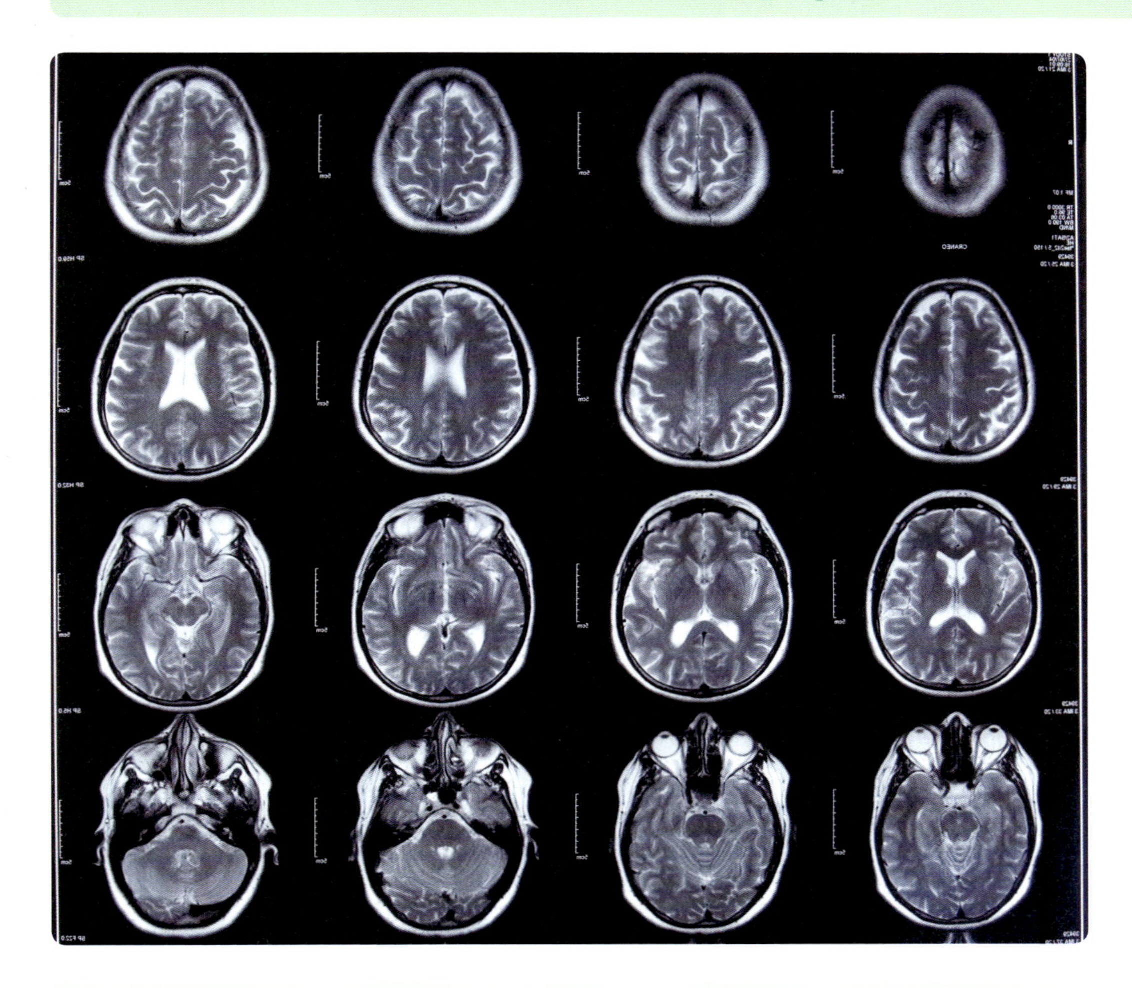

Der Traum jedes Arztes ist ein „gläserner Mensch", in den man einfach hineinsehen und seine Beschwerden erkennen kann. Über lange Zeiten hinweg konnte jedoch nur das Äußere begutachtet und allenfalls der Körper abgetastet werden. Erst im Zeitalter der Renaissance wurde es üblich, Leichen zu sezieren. Dabei wurden viele Erkenntnisse gewonnen, doch die genaue Funktionsweise des lebenden Körpers blieb verschlossen. Erst vor etwas mehr als einhundert Jahren gestattete die Entdeckung der Röntgenstrahlen einen ersten Blick in den lebenden menschlichen Körper hinein. Mittlerweile ist diese Technik enorm verfeinert worden; außerdem steht dem Arzt eine große Anzahl an weiteren Untersuchungsmethoden zur Verfügung. Eine davon ist die Magnetresonanz-Tomographie, bei der virtuelle Schnitte z. B. durch den Schädel gelegt werden können.

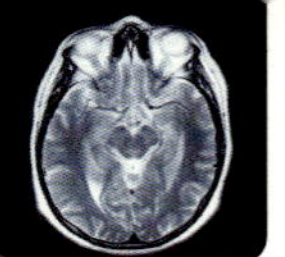

6 Elektrische Felder

6.1 Elektrische Sinnesorgane*

Die meisten höheren Tiere orientieren sich in ihrer Umgebung mit Augen und Ohren. Praktisch alle Lebewesen besitzen daneben jedoch noch weitere Sinnesorgane. So können etwa Haie mithilfe der sehr empfindlichen Lorenzini-Ampullen (Abb. 6.1) elektrische Felder wahrnehmen.

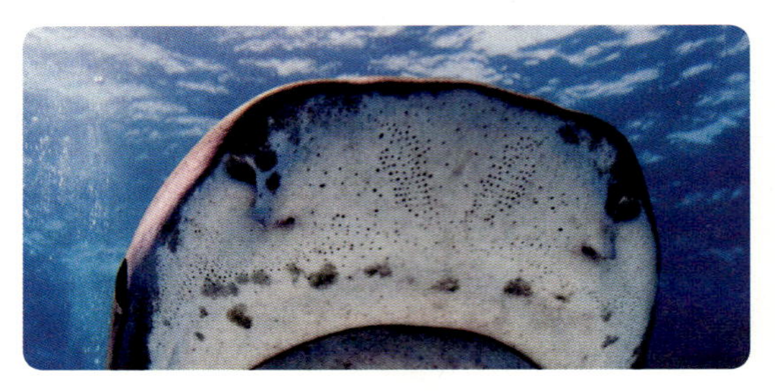

Abb. 6.1 ▶ Haischnauze mit Lorenzini-Ampullen

Sie befinden sich an der Oberfläche der Kopfhaut und sind mit einer gallertartigen Flüssigkeit gefüllt. An ihrem Ende befinden sich Elektrorezeptoren, die den Spannungsabfall an der Haut messen (Abb. 6.2). Durch das elektrische Feld öffnen sich Ionenkanäle in der Zellmembran (vgl. Kap. 13), und

Abb. 6.2 ▶ Aufbau der Lorenzini-Ampullen: **a** Pore, **b** Kanal mit gallertartiger Masse, **c** Ampulle mit den Sinneszellen, **d** Sinnesnerv

die dadurch ausgelöste Erregung wird ins Gehirn des Hais weitergeleitet.

Zwar verwenden Haie zur Orientierung auch ihre Augen, trotzdem ist dieser weitere Sinn bei der Jagd sehr nützlich: Die Muskeln von möglichen Beutefischen ändern bei der Bewegung (Kontraktion) das elektrische Feld in der Umgebung. Diese Feldänderungen lassen sich nicht verbergen. Sogar im Ruhezustand sendet jedes Lebewesen durch die Kontraktion des Herzens elektrische Signale aus. Hinzu kommt, dass sich durch die unterschiedliche Ionenkonzentration im Fisch und dem umgebenden Salzwasser stets eine gewisse Spannung einstellt. Der Hai kann alle diese Felder erkennen; aufgrund der Vielzahl der Rezeptoren ist auch eine geometrische Ortung im Raum möglich (Abb. 6.3).

In den großen Meeresströmungen lassen sich ebenfalls Änderungen von elektrischen und magnetischen Feldern nachweisen. Haie können diese mit ihrem elektrischen Sinnesorgan auch spüren und besitzen somit eine Art von „natürlichem Kompass".

Auf der anderen Seite lässt sich die Empfindlichkeit der Haie für elektrische Felder auch nutzen, um Schutzmechanismen für Taucher und Surfer zu entwickeln (Abb. 6.4). Der Taucher trägt dabei ein Gerät mit sich, das ein leichtes elektrisches Feld erzeugt. Dieses ist ungefährlich für den Taucher und die meisten Fische in seiner Nähe. Da Haie jedoch schon schwächste elektrische Felder wahrnehmen, empfinden sie das von dem Gerät erzeugte Feld als unangenehm und drehen ab.

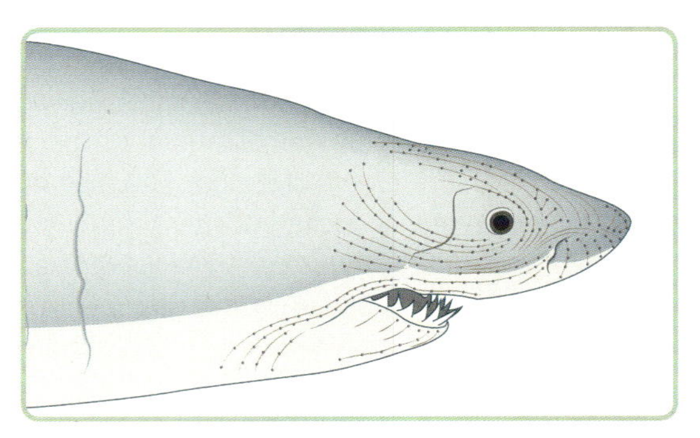

Abb. 6.3 ▶ Anordnung der Lorenzini-Ampullen im Kopfteil eines Hais

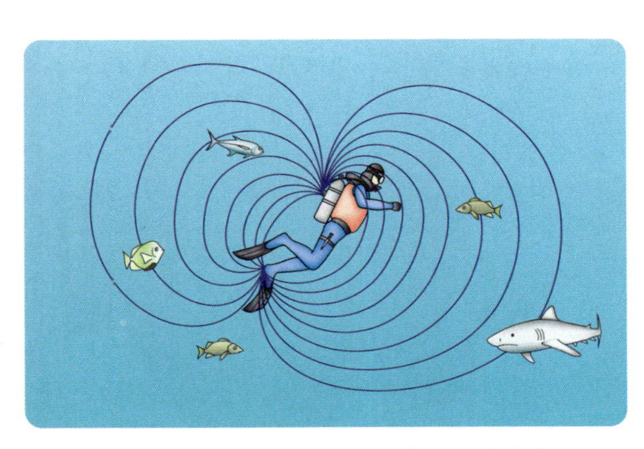

Abb. 6.4 ▶ Taucher mit Schutzgerät, das ein elektrisches Feld erzeugt

Die Schutzausrüstung besteht im Wesentlichen aus zwei Elektroden, die sich am Rücken und am Fuß des Tauchers befinden. Wenn sie unterschiedlich geladen sind, erzeugen sie ein sogenanntes elektrisches Dipolfeld. Im Physiksaal lässt es sich mit zwei entgegengesetzt geladenen Kugeln darstellen (Abb. 6.5).

6.2 Beschreibung elektrischer Felder

In einem Gebiet, in dem geladene Körper elektrische Kräfte erfahren, herrscht ein elektrisches Feld. Um diesen besonderen Zustand des Raumes zu veranschaulichen, stellt man elektrische Felder meist durch Feldlinien oder alternativ durch Äquipotentiallinien dar. Dabei sind Feldlinien gedachte Linien, die an jedem Punkt des elektrischen Feldes die Richtung der Kraft auf eine positive Probeladung angeben. Äquipotentiallinien sind ebenfalls gedachte Linien, auf denen man überall die gleiche Spannung gegenüber einer Bezugselektrode misst.

▶ Versuch

Man nimmt ein mit Kohlenstoff imprägniertes Papier, legt Elektroden an feste Punkte (in Abb. 6.6 links und rechts) und legt daran eine Spannung an. Mit einer Prüfspitze wird die Spannung zwischen verschiedenen Punkten auf dem Papier und einer Elektrode gemessen. Dann werden alle Punkte mit gleichem Spannungswert markiert und verbunden. Die sich so ergebenden Linien sind die Äquipotentiallinien. Die Feldlinien verlaufen an jeder Stelle senkrecht dazu.

Um nicht nur die Richtung, sondern auch die Stärke des elektrischen Feldes anschaulich darzustellen, legt man fest: Sind in einer Abbildung die Linien eng beieinander, so bedeutet dies, dass das Feld dort sehr stark ist. Umgekehrt bedeutet ein großer Abstand der Feldlinien ein schwaches Feld mit geringer Feldstärke.

Dass Feldlinien und Äquipotentiallinien aufeinander senkrecht stehen, lässt sich leicht einsehen: Weil Feldlinien in Richtung der elektrischen Kraft zeigen, müsste es bei einem Schnittwinkel $\neq 90°$ eine Kraftkomponente entlang der Äquipotentiallinie geben. Dies kann aber nicht sein, denn eine Äquipotential-

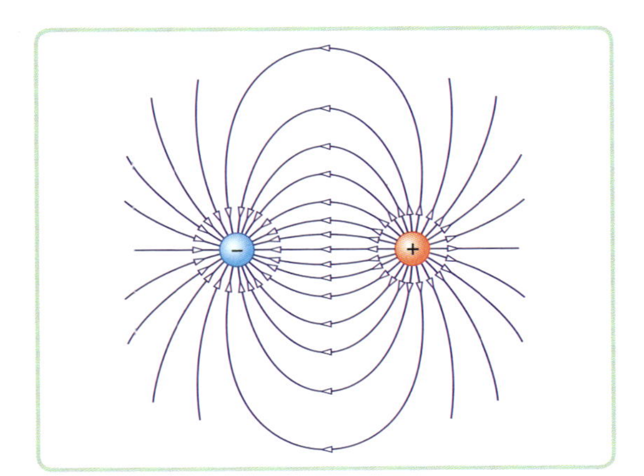

Abb. 6.5 ▶ Elektrischer Dipol mit Feldlinien

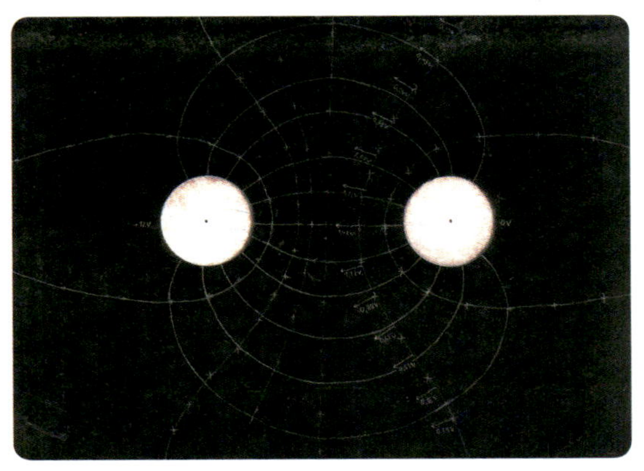

Abb. 6.6 ▶ Versuch zum Verlauf von Äquipotential- und Feldlinien auf Kohlepapier

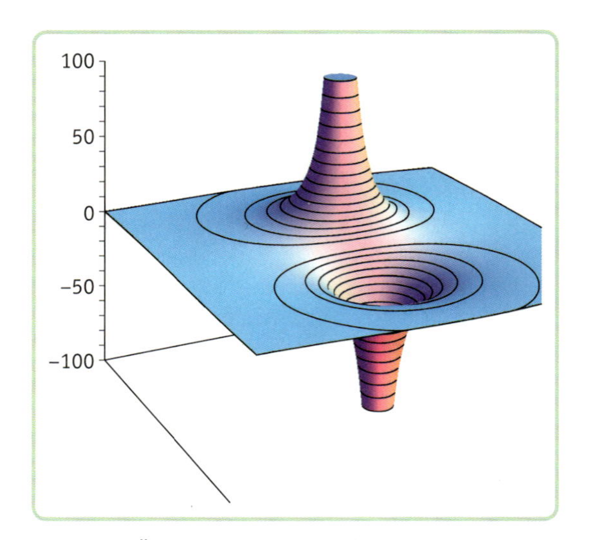

Abb. 6.7 ▶ Äquipotentiallinien als Höhenlinien

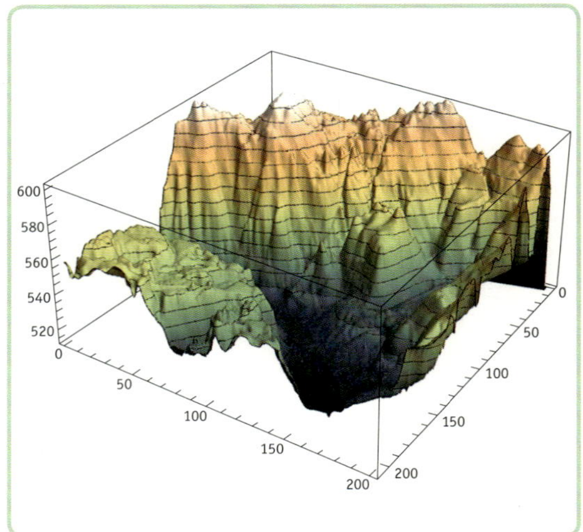

Abb. 6.8 ▶ Gebirgslandschaft mit Höhenlinien

linie verhält sich wie ein Stück Draht, an dem überall die gleiche Spannung anliegt und längs dem es deshalb auch keine Kräfte auf die Ladungen gibt.
Die Situation kann mit einem Analogon aus der Geographie veranschaulicht werden: Äquipotentiallinien entsprechen dabei den Höhenlinien auf einer Karte (Abb. 6.7 und 6.8). Die Feldlinien zeigen dann an jedem Punkt in die Richtung des stärksten Gefälles.
Mit Grießkörnchen in Öl lassen sich in einem einfachen Experiment Feldlinienbilder erzeugen (Abb. 6.9). In den Grießkörnern wird dabei ein elektrischer Dipol induziert und sie richten sich nach dem vorgegebenen Feld aus. In den Anordnungen werden wichtige Eigenschaften elektrischer Felder sichtbar:

- Elektrische Feldlinien stehen auf Leiterflächen senkrecht. Da Feldlinien Kraftrichtungen angeben, könnte man einer nicht senkrecht auf dem Leiter stehenden Feldlinie zwei Kraftkomponenten zuordnen: eine senkrecht zum Leiter und eine parallel dazu. Die parallele Kraftkomponente würde zu einer Verschiebung von Ladungen im Leiter und damit zu einer Veränderung des Feldes führen.
- Elektrische Feldlinien schneiden sich nicht. Denn ansonsten würden auf eine Probeladung im Schnittpunkt zwei Kräfte wirken. Diese beiden Kräfte könnten zu einer einzigen Kraft zusammengesetzt werden, die eine neue, resultierende Feldlinie definieren würde.

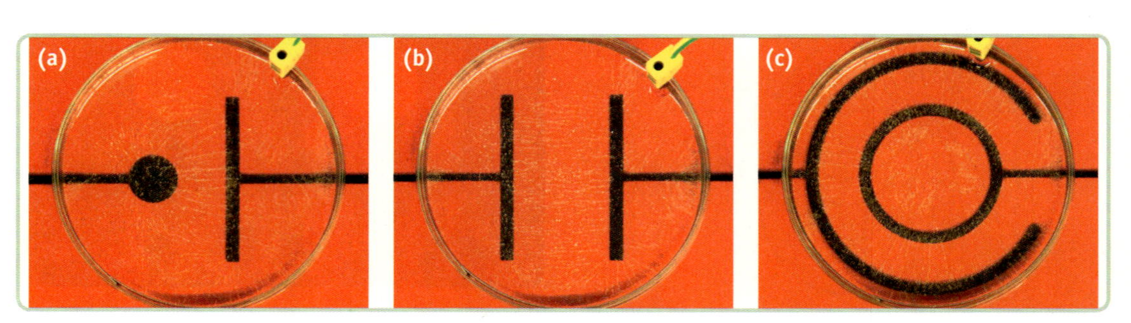

Abb. 6.9 ▶ Experimentelle Darstellung von Feldlinien

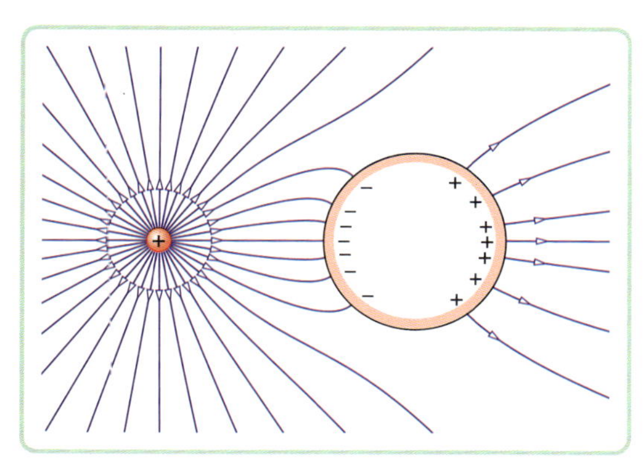

Abb. 6.10 ▶ Feldfreier Raum im Inneren eines Leiters

Abb. 6.11 ▶ Blitzeinschlag

- Elektrische Felder zeigen aufgrund der Definition der Feldlinien (Kraftwirkung auf *positiv* geladene Teilchen) von der positiven Elektrode zur negativen.
- Elektrische Feldlinien beginnen und enden immer auf Ladungen, da zeitlich unveränderliche Felder nur von Ladungen hervorgerufen werden können.
- Im Inneren eines Leiters existiert kein Feld, egal, ob er selbst geladen ist oder nicht. Dies zeigen auch Versuche mit dem Faraday-Käfig: Befindet sich ein neutraler Leiter in einem elektrischen Feld, so werden die Ladungen getrennt. Diese Trennung verläuft so, dass das Feld im Inneren kompensiert wird (Abb. 6.10).
- Ladungen in Leitern konzentrieren sich dort, wo das Feld am stärksten ist, d. h. wo die meisten Feldlinien auftreffen. Dies wird z. B. beim Blitzableiter verwendet (Abb. 6.11).

Die beschriebenen Eigenschaften gelten zunächst für statische (zeitlich unveränderliche) Felder. Bei stromdurchflossenen Leitern oder bei sich rasch ändernden elektromagnetischen Feldern liegt eine andere Situation vor. Langsame Bewegungen von Ladungen, wie z. B. im Fall des Tauchers in Abb. 6.4, können jedoch in guter Näherung durch ein statisches elektrisches Feld dargestellt werden.
Die Felder in Abb. 6.9 b und c lassen sich besonders einfach beschreiben und werden daher häufig für Modellierungen oder Berechnungen verwendet:

Homogenes Feld (Abb. 6.9 b)
Im homogenen Feld hat das Feld überall die gleiche Richtung und auch die gleiche Stärke. Im Feldlinienbild wird dies durch parallele Linien, die alle den gleichen Abstand zueinander haben, dargestellt. Zwischen zwei geladenen, parallelen Leiterplatten herrscht in sehr guter Näherung ein homogenes elektrisches Feld.

Radialsymmetrisches Feld (Abb. 6.9 c)
Die Feldlinien verlaufen gleichmäßig radial. Dabei nimmt die Stärke des Feldes nach außen hin ab. Das radialsymmetrische Feld kann entweder mit zwei gegensätzlich geladenen konzentrischen Kreiselektroden verwirklicht werden oder mit einer Kugelladung, bei der sich die zweite Elektrode „im Unendlichen" befindet.

6.3 Physikalische Größen

6.3.1 Ladung

Die physikalische Größe „Ladung" beschreibt eine grundlegende Eigenschaft von Teilchen, ähnlich wie auch die Masse. Im Gegensatz zu dieser unterscheidet man zwischen positiven und negativen Ladungen. Dabei gilt, dass sich gleichnamige Ladungen abstoßen und ungleichnamige Ladungen anziehen.

Formelzeichen: Q

Einheit: $[Q]$ = 1 As = 1 C (Coulomb)

Die Einheit ist nach dem französischen Physiker Charles Augustin de Coulomb (1736 – 1806) benannt.

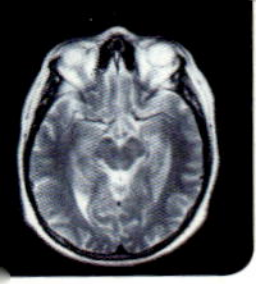

Ladung ist eine Erhaltungsgröße. Wie die Energie kann die Gesamtladung in einem abgeschlossenen System weder erzeugt noch vernichtet werden. Sie tritt immer nur als Vielfaches der Elementarladung $e = 1{,}6022 \cdot 10^{-19}$ C auf. Dieser Wert entspricht dem Betrag der Elektronen- oder Protonenladung.

6.3.2 Potential

Aus der Mechanik ist das Gravitationsfeld bekannt, in dem die potentielle Energie eines Teilchens bei Änderung der Höhe zu- bzw. abnimmt. Bekanntlich ist:

$$E_{pot} = m \cdot g \cdot h = \text{const.} \cdot g \cdot h$$

Die Höhenlinien in Abb. 6.8 sind also deshalb interessant für einen Wanderer, weil er auf ihnen stets die gleiche potentielle Energie besitzt. Der genaue Zahlenwert hängt vom Nullpunkt der Höhenmessung ab; für geographische Zwecke verwendet man meist den mittleren Meeresspiegel („Höhe über NN").
In einer analogen Betrachtung lässt sich dies auch auf das elektrische Feld übertragen. Man vereinbart für die elektrische potentielle Energie:

$$E_{el} = Q \cdot \varphi = \text{const.} \cdot \varphi$$

Das Potential φ beschreibt dabei an jedem Punkt das elektrische Feld; Bewegungen auf den Äquipotentiallinien (d. h. bei konstantem φ) erfolgen ohne Energieaufwand. Wie bei den Höhenlinien muss man zur konkreten Berechnung einen Bezugspunkt mit $\varphi = 0$ vereinbaren. In der Regel wählt man dafür eine Elektrodenfläche oder einen unendlich weit entfernten Punkt.
Potentialunterschiede zwischen zwei Stellen A und B lassen sich als Spannung messen; diese Eigenschaft wurde bereits im Versuch zu Abb. 6.6 ausgenutzt. Man sieht das am einfachsten ein, wenn man einen Draht betrachtet, dessen Enden auf den Potentialen φ_A und φ_B liegen. Eine Ladung, die sich von A nach B bewegt, ändert dann ihre Energie um

$$E_{el,B} - E_{el,A} = Q \cdot (\varphi_B - \varphi_A)$$

Dieser Energieunterschied ist aber gleich der Stromarbeit im Draht, die sich in Form einer Erwärmung bemerkbar macht:

$$W = U \cdot I \cdot \Delta t = Q \cdot U$$

Also hat man: $U = \varphi_B - \varphi_A$ und die Einheit des Potentials ist die gleiche wie die der Spannung:

$[\varphi] = 1$ V (Volt)

Die Einheit ist nach dem italienischen Naturforscher ALESSANDRO VOLTA (1745 – 1827) benannt.

6.3.3 Feldstärke

Die Stärke eines elektrischen Feldes drückt sich in der „Steilheit" des Potentialgebirges (Abb. 6.7) aus. Es ist somit sinnvoll, als elektrische Feldstärke den Quotienten

$$E = \frac{\text{Potentialunterschied}}{\text{Wegstrecke}} = \frac{\Delta\varphi}{\Delta x}$$

zu definieren. Ihre Einheit ergibt sich damit als $[E] = 1\,\frac{\text{V}}{\text{m}}$.

▶ Beispiel

Das elektrische Feld einer 220-kV-Hochspannungsleitung beträgt 1 m über dem Boden ca. 1 bis 6 kV/m.

Die elektrischen Sinnesorgane der Haie können noch Felder in der Größenordnung 10^{-6} V/m registrieren.

Weitere Beispiele für Feldstärken zeigt die folgende Tabelle (gemessen jeweils im Abstand von 30 cm zum Gerät):

Elektrisches Gerät	E in V/m
Elektrischer Küchenherd	8
Toaster	80
Bügeleisen	120
Elektrische Uhr	30
Glühbirne	5
Kühlschrank	120
Kaffeemaschine	60
Staubsauger	50
Fön	80
Handmixer	100

Tab. 6.1 ▶ Beispiele für Feldstärken

Die elektrische Feldstärke besitzt wie die Feldlinien (vgl. Kap. 6.2) eine Richtung, sie ist also eine vektorielle Größe. Die allgemeine mathematische Beschreibung ist kompliziert, in einigen Spezialfällen kann jedoch eine einfache Formel angegeben werden.

Homogenes Feld: Zwischen den Platten eines Plattenkondensators herrscht überall die gleiche Feldstärke. Man kann deshalb als Potentialunterschied die Spannung zwischen den Platten einsetzen und für Δx den Plattenabstand d. Es ergibt sich:

$$E = \frac{U}{d}$$

Radialsymmetrisches Feld: Um eine geladene Kugel herum nimmt die Feldstärke nach außen hin, also mit zunehmendem Radius r, ab. Eine genauere Untersuchung lässt sich z. B. mit einem Elektrofeldmeter durchführen (Abb. 6.12) und man erhält:

$$E = \frac{1}{4\pi \cdot \varepsilon_0} \cdot \frac{Q}{r^2}$$

Die Größe $\varepsilon_0 = 8{,}8542 \cdot 10^{-12} \frac{\text{As}}{\text{Vm}}$ ist dabei eine universelle Naturkonstante und heißt elektrische Feldkonstante oder Permittivität des Vakuums.

Abb. 6.12 ▶ Kugelkondensator und Elektrofeldmeter

▶ Versuch

Ein Elektrofeldmeter ist ein Gerät, mit dem direkt elektrische Felder vermessen werden können (Abb. 6.13). Dazu sind an der Vorderseite Flügelräder angebracht. Diese werden vergoldet, da Gold eine sehr große Leitfähigkeit aufweist. Das vordere Flügelrad gibt bei der Drehung periodisch Öffnungen frei und verschließt diese wieder. Das hintere Flügelrad dient als Messelektrode. Wenn es abgedeckt ist, befindet sich die Messelektrode in einem Faraday'schen Käfig und ist ladungsfrei. Wenn sich das vordere Flügelrad bewegt, kann das elektrische Feld ins Innere eindringen und sorgt an der Messelektrode für Influenz. Dabei fließen Ladungen über den Widerstand ab und können mit einem Verstärker gemessen werden. Diese influenzierte Ladung ist proportional zur Feldstärke.

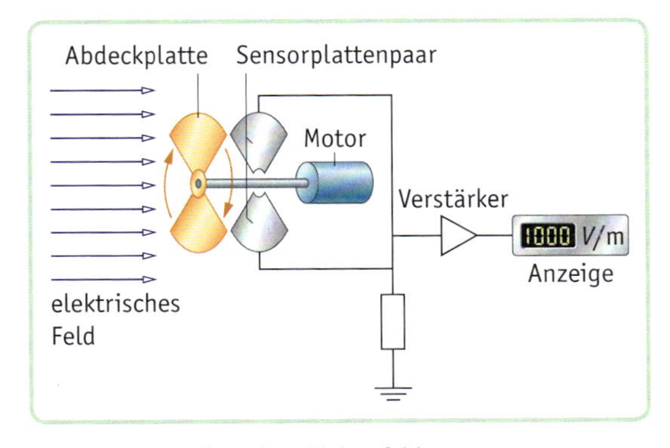

Abb. 6.13 ▶ Aufbau eines Elektrofeldmeters

6.3.4 Kapazität

Jeder Leiter, der mit einer Spannungsquelle verbunden wird, lädt sich dabei auf. Die Kapazität C ist ein Maß dafür, wie viel Ladung bei einer bestimmten Spannung gespeichert werden kann. Man definiert deshalb:

$$C = \frac{Q}{U}$$

Die Einheit ist: $[C] = \frac{[Q]}{[U]} = \frac{1\ \text{C}}{1\ \text{V}} = 1\ \text{F}$ (Farad)

Die Benennung erfolgte nach dem englischen Physiker MICHAEL FARADAY (1791 – 1867).

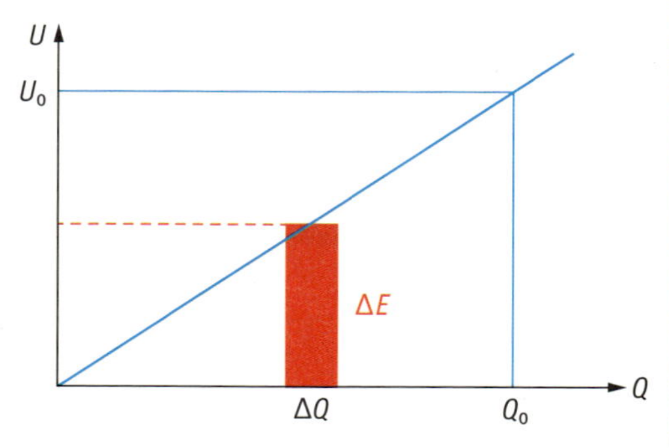

Abb. 6.14 ▶ Entladen eines Kondensators durch schrittweisen Ladungstransport

Weil die gespeicherten Ladungen nur einen sehr geringen Betrag haben, liegen typische Kapazitäten von technischen Kondensatoren im Bereich Pikofarad bis Mikrofarad:

1 pF (Pikofarad) = 10^{-12} F
1 nF (Nanofarad) = 10^{-9} F
1 µF (Mikrofarad) = 10^{-6} F

Die Kapazität eines Kondensators hängt stark von seiner geometrischen Form ab. Einfach sind die Verhältnisse beim Plattenkondensator, bei dem sich zwei Metallplatten der Fläche A gegenüberstehen und durch einen kleinen Spalt (Breite d) getrennt sind. Verändert man im Experiment diese beiden Größen, so findet man den Zusammenhang $C \sim \frac{A}{d}$. Die Proportionalitätskonstante ergibt sich wieder als die elektrische Feldkonstante ε_0. Insgesamt hat man also:

$$C = \varepsilon_0 \cdot \frac{A}{d}$$

▶ Beispiel

Ein typischer Plattenkondensator für die Schule hat runde Platten mit einem Durchmesser von 26 cm. Bei einem Plattenabstand von 2 cm erhält man für die Kapazität:

$$C = \varepsilon_0 \cdot \frac{\pi \cdot r^2}{d}$$
$$= 8{,}8542 \cdot 10^{-12}\ \frac{\text{A s}}{\text{V m}} \cdot \frac{\pi \cdot (0{,}13\ \text{m})^2}{0{,}02\ \text{m}} = 24\ \text{pF}$$

6.3.5 Energie eines Kondensators

Von der Kapazität eines Kondensators hängt auch ab, wie viel Energie er speichern kann. Wir betrachten dazu das folgende Experiment (Abb. 6.14).
Im elektrischen Feld eines Plattenkondensators ist eine Kugel mit leitender Oberfläche aufgehängt und kann von einer Platte zur anderen schwingen. Wenn sie eine Platte berührt, lädt sie sich entprechend auf und wird von der anders gepolten Platte angezogen. Beim Bewegen wird eine kleine Ladungsmenge ΔQ transportiert und die Ladung an den Platten verringert sich um diesen Betrag.

Die Energie des Kondensators nimmt ebenfalls ab, denn beim geschilderten Ladungstransport wurde eine Stromarbeit $W = U \cdot \Delta Q$ verrichtet. Wenn der Kondensator von der Spannungsquelle getrennt ist, verringert sich also bei jedem Hin- und Herschwingen der Kugel die Energie des Kondensators um $\Delta E = U \cdot \Delta Q$.
Gleichzeitig wird jedoch auch die Plattenspannung U geringer. Das Diagramm in Abb. 6.14 zeigt die Situation: Spannung und Ladung am Kondensator sind direkt proportional zueinander; die farbige Fläche gibt die Abnahme der Energie an. Die *gesamte* Änderung der Energie erhält man als Fläche unter dem Q-U-Graphen. Sie entspricht genau der Energie, die zuvor im Kondensator gespeichert war:

$$E_{\text{Kond}} = \frac{1}{2} \cdot U_0 \cdot Q_0 = \frac{1}{2} \cdot \frac{Q_0^2}{C} = \frac{1}{2} \cdot U_0^2 \cdot C$$

▶ Beispiel

Wenn der oben betrachtete Plattenkondensator (C = 24 pF) mit einer Spannung von U_0 = 200 V aufgeladen wird, so speichert er die Energie

$$E_{\text{Kond}} = \frac{1}{2} \cdot U_0^2 \cdot C = \frac{1}{2} \cdot (200\ \text{V})^2 \cdot 24 \cdot 10^{-12}\ \text{F}$$
$$= 4{,}8 \cdot 10^{-7}\ \text{J}$$

Mit dem gleichen Experiment lässt sich auch die Kraft bestimmen, die auf die geladene Kugel im elektrischen Feld wirkt. Dazu schreibt man die Arbeit beim Bewegen von einer Platte zur anderen als „Kraft mal Weg" und setzt sie mit der Stromarbeit gleich:

$$F \cdot d = W = U \cdot \Delta Q$$

Man erhält: $F = \frac{U}{d} \cdot \Delta Q = E \cdot \Delta Q$

Diese Beziehung gilt auch allgemein für nicht homogene Felder: Die Kraft auf ein geladenes Teilchen ergibt sich als Produkt aus der elektrischen Feldstärke und der Ladung:

$$F = E \cdot q$$

6.4 Muskelfunktion und Elektrizität*

6.4.1 Historisches

Der italienische Physiker LUIGI GALVANI (1737 – 1798) entdeckte zufällig den Zusammenhang zwischen Elektrizität und Muskelbewegung. Er berührte bei der Zubereitung eines Gerichts mit Froschschenkeln deren Nervenbahnen und gleichzeitig eine Zinnschüssel, die durch eine in der Nähe stehende Apparatur elektrisch geladen war. Bei dieser Berührung zuckte der Schenkel des Frosches (Abb. 6.15).

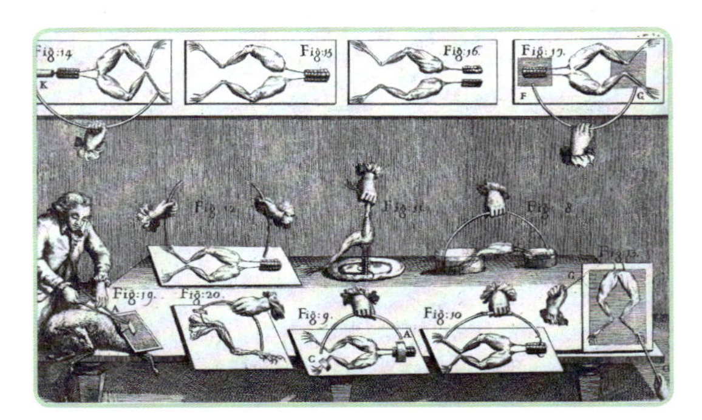

Abb. 6.15 ▶ Historischer Froschschenkelversuch

Bei weiteren Versuchen konnte GALVANI das gleiche Resultat auch durch das Verbinden verschiedener Metalle erzielen. Erst ALESSANDRO VOLTA erkannte jedoch, dass die Bewegung des Froschschenkels durch Spannungen von außen hervorgerufen wurde und nicht, wie Galvani annahm, durch „animalische Elektrizität".
Wie aber konnte diese Spannung die Muskeln eines toten Tieres beeinflussen? Dazu muss man deren Aufbau und ihre Funktionsweise kennen.

6.4.2 Aufbau von Muskeln

In seiner Gesamtheit besteht ein Muskel aus 70 % – 80 % Wasser, 15 % – 20 % Eiweiß und 3 % – 4 % Elektrolyten. Ein menschlicher Muskel besteht aus mehreren Muskelfaserbündeln, die einzelne, dicht beieinander liegende Muskelfasern enthalten. Eine Muskelfaser besteht aus tausenden parallel verlaufenden Myofibrillen. Diese sind aufgebaut aus Myosin- und Aktinfilamenten (Abb. 6.16).

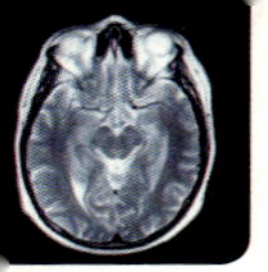

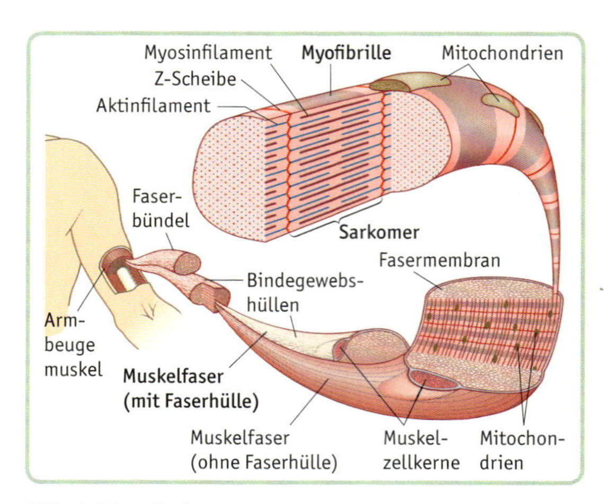

Abb. 6.16 ▶ Skelettmuskel

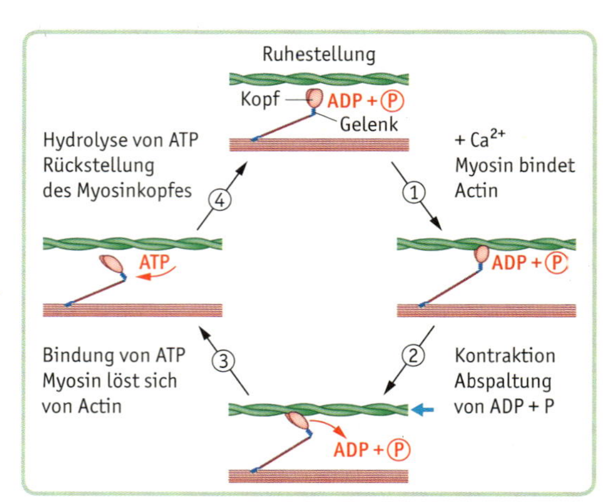

Abb. 6.18 ▶ Kreislauf der Muskelkontraktion

Die Myosinfilamente bestehen aus 150 bis 360 Molekülen. Jedes davon ähnelt einem Golfschläger mit zwei Schlägerköpfen, die untereinander und mit dem Stiel verbunden sind. Diese Verbindung ist gelenkartig aufgebaut. Die Köpfe enthalten das Enzym Myosin-ATP-ase, das zur Spaltung von Adenosintriphosphat in Adenosindiphosphat (ADP) benötigt wird. Außerdem besitzen sie eine starke Affinität, mit dem Aktin eine Verbindung einzugehen, da der Abstand zwischen ihnen mit etwa 5 nm sehr gering ist. Die Aktinfilamente bestehen aus ca. 180 Molekülen und enthalten neben Aktin noch die Moleküle Troponin und Tropomyosin (Abb. 6.17).

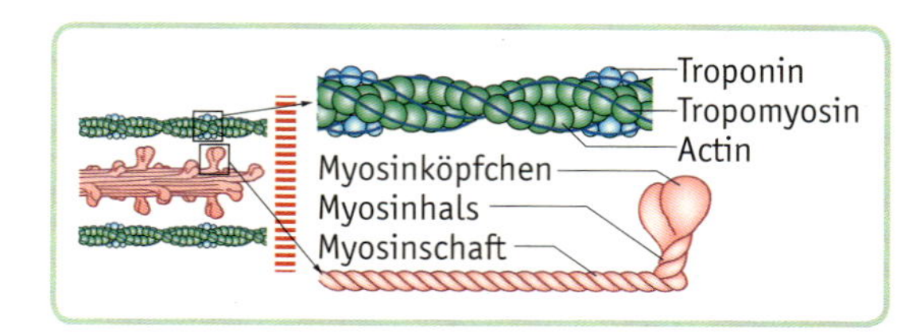

Abb. 6.17 ▶ Detail eines Aktin- und Myosinfilaments

6.4.3 Muskelkontraktion

Die Muskelkontraktion läuft nach der Filament-Gleittheorie ab, bei der Aktin- und Myosinfilamente aneinander vorbeigleiten und ineinander hineingezogen werden (Abb. 6.18). Die Kontraktion startet mit einem Nervenimpuls, der dafür sorgt, dass Kalziumionen ausgeschüttet werden. Diese verbinden sich mit dem Troponin so, dass Stellen im Aktin frei werden und eine Brückenbindung zwischen Aktin und Myosin nicht länger verhindert wird. Das Myosin-Köpfchen knickt um und zieht den Aktin-Strang mit sich.

Dabei wird Energie, die in der Myosin-Konfiguration gespeichert war, frei gesetzt. Allerdings kann in dem geknickten Zustand jetzt energiereiches ATP angelagert werden. Die bei seiner Spaltung frei werdende Energie löst das eingerastete Myosin, lässt es zurück kippen und stellt so den Anfangszustand wieder her. Da jede Muskelkontraktion von Nervenimpulsen begleitet ist und Ladungen in den Muskelzellen verschoben werden, entstehen dabei elektrische Felder. Diese Felder und die dazugehörigen Potentiale in einer Größenordnung von 50 µV bis 5 mV können an der Körperoberfläche mithilfe eines Elektromyogramms (EMG) nachgewiesen und gemessen werden.

6.4.4 Herzmuskel und Pulsmessung

Eine spezielle Muskelkontraktion ist die des Herzmuskels. Durch die Verbindung zwischen zwei benachbarten Muskelzellen wird eine Weiterleitung von Zelle zu Zelle ermöglicht. Durch die Anatomie des Herzens läuft die Erregung in einer charakteristischen Reihenfolge ab und das resultierende elektrische Feld ändert sich periodisch (Genaueres in Kap. 7). Das elektrische Feld bzw. das entsprechende Potential breitet sich bis zur Körperober-

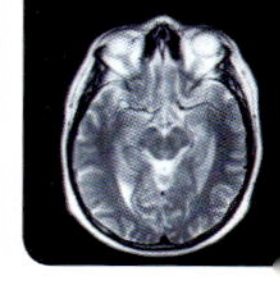

fläche aus, wo es mit Elektroden gemessen werden kann.
Während beim Elektrokardiogramm (EKG; vgl. Kap. 7.3) die genaue Form dieser Messkurve interessiert, muss bei der Pulsmessung nur festgestellt werden, nach welcher Zeit sich das Signalmuster wiederholt. Bei einem Erwachsenen geschieht das mit einer Frequenz von ca. 60 bis 80 Hz, bei Kleinkindern mit bis zu 120 Hz. Körperliche Belastung kann die Herzfrequenz bis auf das Vierfache ansteigen lassen; eine entsprechende Kontrolle, z. B. beim Sport, ist deshalb sinnvoll.

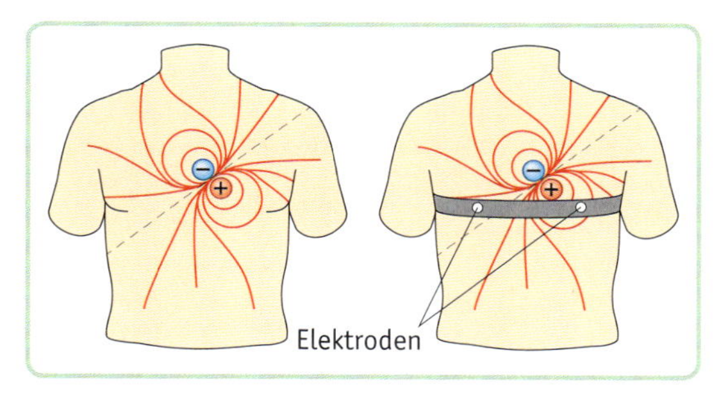

Abb. 6.19 ▶ Schematische Darstellung eines Pulsmessers

▶ Aufgaben

1 Feldlinien

Verdeutlichen Sie sich die in Kap. 6.2 genannten Eigenschaften des elektrischen Feldes mithilfe von Feldlinien-Skizzen.

2 Anordnung von Ladungen

Zeichnen Sie die Ladungsverteilungen aus Abb. 6.20 ab und skizzieren Sie die dazugehörigen elektrischen Feld- und Äquipotentiallinien.

3 Haie

Ein Text behauptet, Haie würden bemerken, „ob eine 1,5-Volt-Batterie an- oder abgeschaltet ist, deren einer Pol im Atlantik vor New York und deren anderer Pol vor Florida eingetaucht wäre."
Welche Feldstärke könnten Haie demnach noch erkennen? Nehmen Sie vereinfacht ein homogenes Feld an; die Entfernung zwischen New York und Florida ist etwa 1500 km.

4 Geladene Kugel

An eine Kugel mit Radius 7,5 cm wird eine Hochspannung von 10 kV angeschlossen.

a) Die Kapazität einer frei stehenden Kugel mit Radius R beträgt allgemein $C_{\text{Kugel}} = 4\pi \cdot \varepsilon_0 \cdot R$. Berechnen Sie damit die Ladung auf der Kugeloberfläche.

b) Bestimmen Sie die Stärke des elektrischen Feldes der Kugel direkt an der Kugeloberfläche und 35 cm davon entfernt.

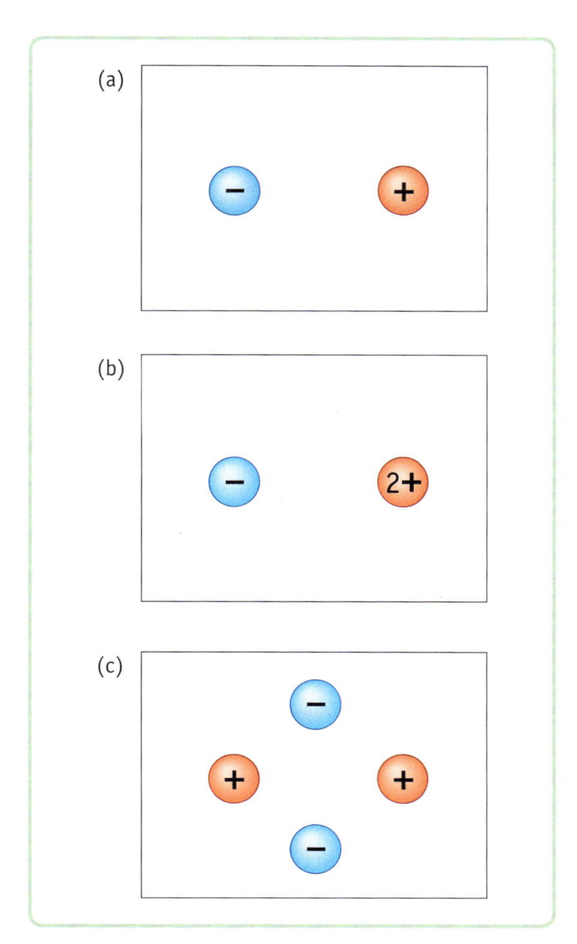

Abb. 6.20 ▶ Zu Aufgabe 2

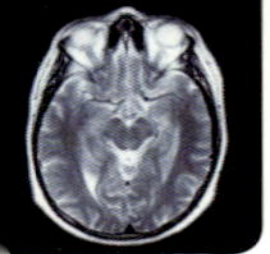

5 Zitteraal

Ein Zitteraal kann mit seinen Elektroplax-Zellen Spannungen in Höhe von 500 V und Stromstärken von 0,83 A in einer Zeit von ungefähr 2,0 ms erzeugen.

a) Bestimmen Sie die Ladung, die hierbei in den Zellen verschoben wird.

b) Bevor der Stromstoß abgegeben wird, wird diese Ladung kurz gespeichert. Bestimmen Sie die Kapazität des Zitteraals. Welche Energie kann das Tier speichern?

c) Das elektrische Feld des (näherungsweise zylinderförmigen) Zitteraals beträgt $E = \frac{Q}{2\pi\varepsilon_0 l r}$, wobei l mit 2,80 m die Länge des Zitteraals angibt. Wie groß ist bei einer Entladung das elektrische Feld in der Entfernung $r = 1{,}0$ m?

Abb. 6.21 ▶ Zitteraal (zu Aufgabe 5)

6 Dipolfeld

Das in Kap. 6.1 beschriebene Gerät zur Haiabwehr erzeugt ein elektrisches Feld, das in der Entfernung r vom Taucher näherungsweise durch $E = \frac{1}{4\pi\varepsilon_0} \cdot \frac{d \cdot Q}{81 r^3}$ berechnet werden kann. $d = 50$ cm ist dabei der Abstand der beiden felderzeugenden Elektroden am Taucher; sie besitzen jeweils eine Ladung von Q = 200 nC.

In welcher Entfernung hat das Feld den für Haie schmerzhaften Wert 0,010 V/m?

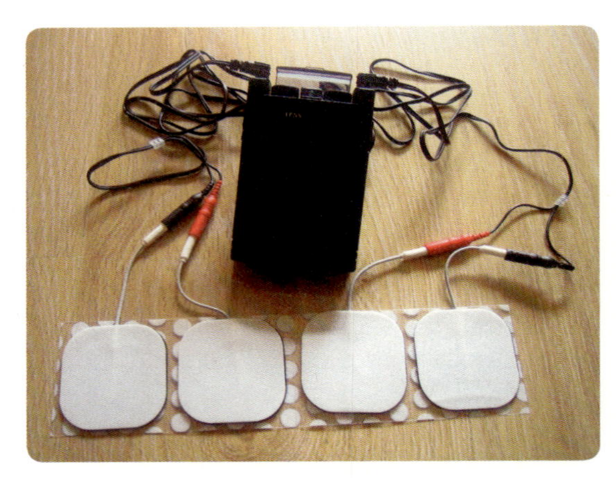

Abb. 6.22 ▶ TENS-Gerät (zu Aufgabe 7)

7 TENS-Gerät

Die transkutane elektrische Nervenstimulation (TENS; transkutan: durch die Haut) bietet eine Möglichkeit, Schmerzen zu lindern. Sie kann außerdem zur Muskelstimulation eingesetzt werden. Über Elektroden, die auf die Haut geklebt werden, erhält der Patient leichte Stromstöße, die zeitlich gepulst und dabei noch variiert werden können. Entsprechende Geräte für Privathaushalte sind frei erhältlich; ihre Wirksamkeit ist allerdings noch umstritten.

a) Informieren Sie sich über die vermutete Wirkungsweise von TENS.

Ein TENS-Gerät besitzt eine Programmeinstellung, bei der sich Pulse von 300 µs Dauer mit einer Frequenz von 3,3 Hz wiederholen. Die Stromrichtung wechselt dabei jedes Mal; die elektrischen Daten sind: $U = 34$ V, $I = 3{,}4$ mA.

b) Skizzieren Sie das entsprechende t-I-Diagramm. Falls Sie Zugang zu einem TENS-Gerät haben, können Sie die Daten entsprechend modifizieren und mit der Anzeige an einem Oszilloskop vergleichen.

c) Schätzen Sie ab, welche Ladungsmenge (Betrag) während einer 15-minütigen Behandlung an den Patienten abgegeben wird.

d) Das Gerät wird mit Batterien betrieben, die insgesamt eine Spannung von 6 V bereitstellen. Überlegen Sie sich Möglichkeiten, wie sich damit trotzdem Spannungspulse der angegebenen Höhe erzeugen lassen.

7 Elektrische Erregung des Herzens*

7.1 Zelluläre Grundlagen

Herzmuskelzellen sind – wie jede lebende Zelle – durch eine Zellmembran von ihrer Umgebung abgegrenzt. Die Eigenschaften der Zellmembran bestimmen, inwieweit und unter welchen Bedingungen ein Stoffaustausch über diese Grenze möglich ist. Der Zellinnenraum und der Zellaußenraum unterscheiden sich in der Konzentration von wichtigen Ionen. Die verschiedene Durchlässigkeit der Membran für unterschiedliche Ionen sowie spezielle Membranproteine, die Ionen aktiv durch die Membran transportieren (z. B. die Na^+-K^+-Pumpe), sorgen dafür, dass die Konzentrationsverhältnisse zwischen Zellinnen- und -außenraum im Ruhezustand der Zelle konstant bleiben.

Da Ionen elektrische Ladungen tragen, resultiert aus diesen Konzentrationsverhältnissen eine Gleichgewichtsspannung, die sich an der Zellmembran einstellt. Eine detaillierte Rechnung (vgl. Kap. 12.3) liefert einen Wert von ca. –90 mV. Das Vorzeichen richtet sich nach der Konvention: Gemessen wird immer der Zellinnenraum gegenüber dem Zellaußenraum.

In der Biologie und Medizin spricht man statt von einer Gleichgewichtsspannung bzw. -potentialdifferenz von einem Ruhepotential. Daneben haben die erregbaren Zellen in Nerven und Muskeln die Fähigkeit, ihre Membranspannung zu variieren, wenn sie mechanisch oder elektrisch gereizt werden. Dies geschieht durch Veränderung der Membrandurchlässigkeit für die einzelnen Ionensorten. Den für den jeweiligen Zelltyp charakteristischen Verlauf der Membranspannung nennt man Aktionspotential. Abb. 7.1 zeigt die verschiedenen Phasen des Aktionspotentials einer Herzmuskelzelle zusammen mit der Durchlässigkeit der Zellmembran für unterschiedliche Ionen.

Wird eine Herzmuskelzelle elektrisch gereizt, so nimmt die Durchlässigkeit der Membran für Na^+-Ionen schlagartig zu. Der dadurch ermöglichte schnelle Einstrom von Na^+ baut das Membranpotential ab (Depolarisation), es kommt sogar zu einem Wechsel des Vorzeichens („Overshoot"). Etwas langsamer strömt auch Ca^{2+} in die Zelle ein und hält die Depolarisation für 200 bis 400 ms aufrecht. Gleichzeitig lösen die Ca^{2+}-Ionen eine Kontraktion der Muskelzelle aus (vgl. Kap. 6.4.3).

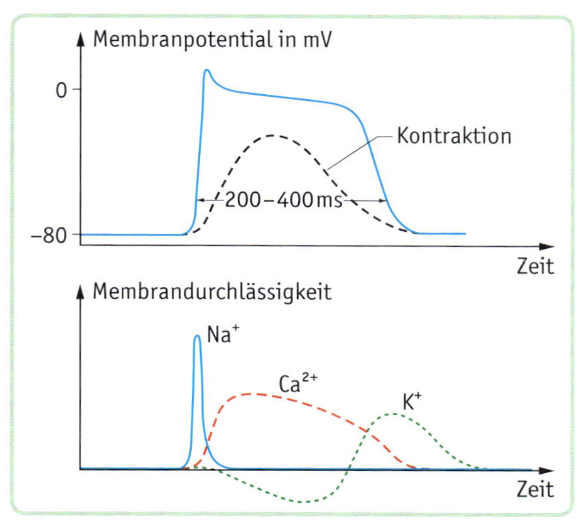

Abb. 7.1 ▶ Der Verlauf eines Aktionspotentials (oben) erklärt sich durch die zeitlich veränderliche Membrandurchlässigkeit für Na^+-, Ca^{2+}- und K^+-Ionen.

Erst wenn die Membran etwas verzögert auch für K^+-Ionen durchlässig wird, kann die positive Spannung an der Zelle wieder abgebaut werden und das Membranpotential geht auf den Ruhewert zurück. In der Folge tauscht die Na^+-K^+-Pumpe die ausgeströmten K^+- mit den eingeströmten Na^+-Ionen und stellt so auch die ursprünglichen Konzentrationsverhältnisse wieder her.

7.2 Erregungsleitung im Herzen

Im Herzmuskel sind zwei verschiedene Zelltypen zu unterscheiden: Zum einen die spezialisierten Muskelzellen des Reizbildungs- und Reizleitungssystems; sie können elektrische Erregungen (Aktionspotentiale) spontan ausbilden und weiterleiten. Im Gegensatz zu Skelettmuskeln geschieht die Erregungsbildung also primär innerhalb des Organs, man spricht deshalb von der Autonomie des Herzens. Der Herzschlag wird jedoch auch über das vegetative Nervensystem beeinflusst, so steigt z. B. die Pulsfrequenz bei Sauerstoffmangel, Stress oder Angst an und sinkt in Ruhe ab. Den zweiten Zelltyp stellen die Herzmuskelzellen dar; sie ziehen sich bei

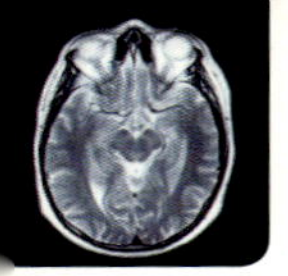

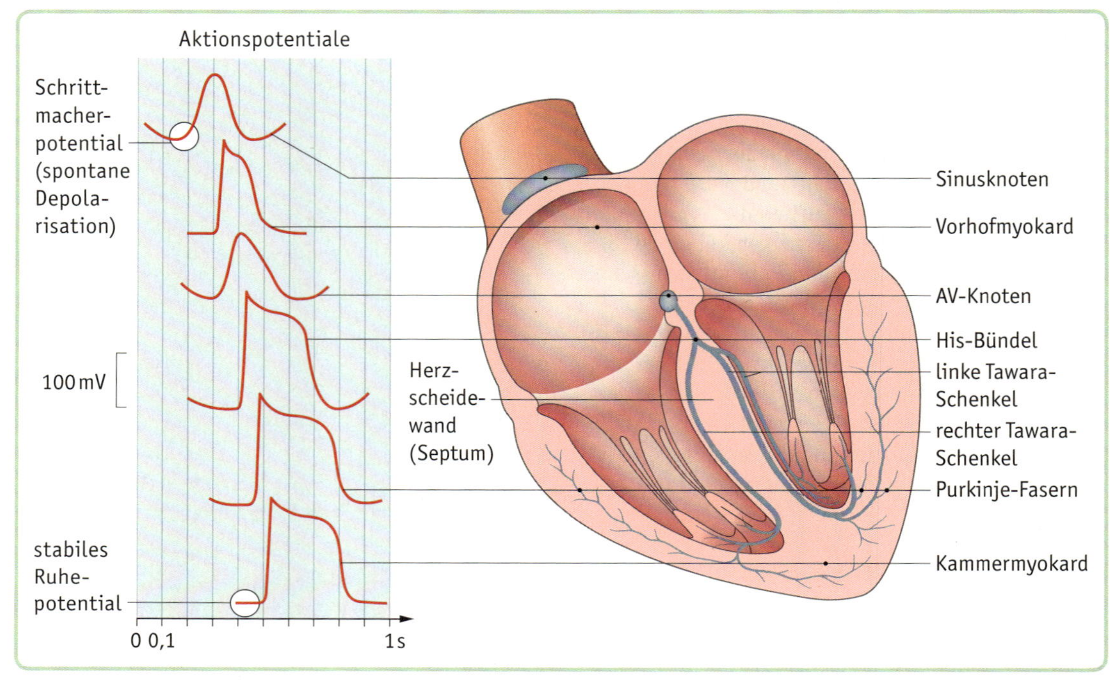

Abb. 7.2 ▶ Aktionspotentiale unterschiedlicher Bereiche des Herzens

elektrischer Erregung zusammen und sind so für die Kontraktion des Herzens verantwortlich. Da benachbarte Zellen gegeneinander nicht isoliert, sondern über kleine Kanäle („Gap-Junctions") miteinander leitend verbunden sind, breiten sich Aktionspotentiale des Reizbildungssystems über den gesamten Herzmuskel aus.

Abb. 7.2 zeigt die unterschiedlichen Zellarten des Herzens und die je nach Erregungsort unterschiedlichen Verläufe des Aktionspotentials.

Die elektrische Erregung des Herzmuskels hat ihren Ursprung im Sinusknoten, einem Bereich spezialisierter Zellen im rechten Vorhof. Die Zellen des Sinusknotens unterscheiden sich von nahezu allen anderen Zellen des Körpers darin, dass sie kein Ruhepotential besitzen. Sie bilden stattdessen ein sogenanntes Schrittmacherpotential aus: Kationen strömen so lange in das Zellinnere, bis eine Schwelle von ca. –40 mV erreicht ist und unumkehrbar ein Aktionspotential ausgelöst wird. Nach einem Überschießen (ca. +30 mV) und Repolarisation auf ca. –70 mV beginnt der Vorgang sofort und unabhängig von der Umgebung erneut.

Das auf diese Weise hervorgerufene Aktionspotential breitet sich zuerst über den rechten und linken Vorhof aus und führt zur deren Kontraktion. Die Überleitung der elektrischen Erregung von den Vorhöfen (Atrien) auf die beiden Herzkammern (Ventrikel) erfolgt durch den Atrioventrikularknoten (AV-Knoten). Von dort gelangt das Signal über das His-Bündel in den rechten und die beiden linken Tawara-Schenkel. Von den linken Tawara-Schenkeln geht die Erregung auf die Herzscheidewand (Septum) über. Diese wird also von der linken zur rechten Herzkammer hin erregt. An den verzweigten Enden (Purkinje-Fasern) der Tawara-Schenkel an der Herzspitze findet schließlich die Erregungsübertragung vom Leitungssystem auf die Muskelfasern (Arbeitsmyokard) statt. Die Herzkammermuskeln werden von der Innen- zur Außenseite und von der Herzspitze zur Herzbasis hin erregt. In der Folge beginnt die Kontraktion des Herzmuskels an der Herzspitze, wodurch das Blut aus den Herzkammern von unten nach oben herausgepresst wird.

Der Sinusknoten ist also der „Taktgeber" der Herzaktion. Jedes dort erzeugte Aktionspotential hat die

Kontraktion des kompletten Herzmuskels zur Folge. Die Rate, mit der im Sinusknoten Aktionspotentiale erzeugt werden, ist dabei nicht konstant, sondern kann an die momentane Belastungssituation des Gesamtorganismus angepasst werden. Sie liegt bei völliger Abwesenheit körperlicher Belastung bei ca. 60–90 Aktionspotentialen pro Minute („Ruhepuls"). Fällt der Sinusknoten als zentraler Taktgeber aus, können andere Einheiten des Reizleitungssystems diese Aufgabe übernehmen – allerdings mit geringerer Frequenz. So arbeiten z. B. der AV-Knoten bzw. die Tawara-Schenkel mit einer Rate von 40–55 bzw. 25–40 Aktionspotentialen pro Minute. Im Normalfall erreicht also ein vom Sinusknoten stammendes Aktionspotential diese Einheiten, bevor sie ein eigenes Aktionspotential auslösen können.

7.3 Elektrokardiogramm (EKG)

Befindet sich eine Herzzelle im nicht erregten Zustand, so ist ihr Außenbereich aufgrund der hohen Konzentration von Na^+-Ionen elektrisch positiv geladen. Beim Ausbilden eines Aktionspotentials ändern sich die Ionenverhältnisse zwischen Innen- und Außenbereich der Zelle: Das Einströmen von Na^+-Ionen führt dazu, dass die Membranspannung ihr Vorzeichen ändert (Abb. 7.1). Der Zellaußenbereich ist dann negativ geladen. Breitet sich also eine Erregungsfront über den Herzmuskel aus, so grenzen sich die gerade erregten, negativ geladenen Zellaußenbereiche scharf von den noch nicht erregten, positiv geladenen Bereichen ab.
Ein eng benachbartes Paar von positiven und negativen Ladungen lässt sich physikalisch als elektrischer Dipol beschreiben (Abb. 6.5). Man stellt es abgekürzt als Dipolvektor dar, der von der negativen zur positiven Ladung zeigt. Außerhalb der Verbindungslinie der beiden Ladungen stimmen deshalb die Dipolrichtung und die Richtung des elektrischen Feldes überein. Dipole können mittels Vektoraddition summiert werden: Man erhält so einen resultierenden Dipolvektor aller beteiligten Zellen. Er weist grob von der Erregungsfront (negative Ladung) zu den nicht erregten Zellbereichen (positive Ladung). Durch seine Richtung und seinen Betrag charakterisiert er die momentane Erregungssituation des Herzens.

Abb. 7.3 zeigt die Verhältnisse an einer einzelnen (eindimensionalen) Herzmuskelfaser: Im linken Teil sind die Zellen im Ruhezustand und nicht erregt. Die von rechts nach links laufende Erregungswelle hat den Mittelteil gerade aktiviert und die Ladungsverhältnisse der Zellen dort umgedreht. Ganz rechts schließlich sind die Zellen wieder in Ruhe, und der ursprüngliche Zustand ist wieder hergestellt. Sowohl im Ruhezustand als auch im erregten Zustand gleichen sich die Ladungen in der Zelle und in der Zwischenzellflüssigkeit aus, so dass hier kein Dipolvektor vorliegt. Anders sieht die Situation an den Grenzschichten aus: Hier konnte sich noch kein Ladungsgleichgewicht einstellen, und es gibt einen Bereich, in dem negative und positive Ladungen direkt aneinander liegen. Die Folge ist jeweils ein resultierender Dipolvektor, der an der Depolarisationsfront (Grenze des erregten Bereichs in Ausbreitungsrichtung) in Richtung der Erregungsausbreitung zeigt, an der Repolarisationsfront (Grenze des erregten Bereichs entgegen der Ausbreitungsrichtung) in die entgegengesetzte Richtung. Weil aber die Repolarisation mehr Zeit in Anspruch nimmt (Abb. 7.2) und sich daher auch über einen ausgedehnteren Zellbereich erstreckt, ist der korrespondierende Dipolvektor kleiner. Der resultierende Summendipolvektor zeigt also in Ausbreitungsrichtung der Erregungsfront.

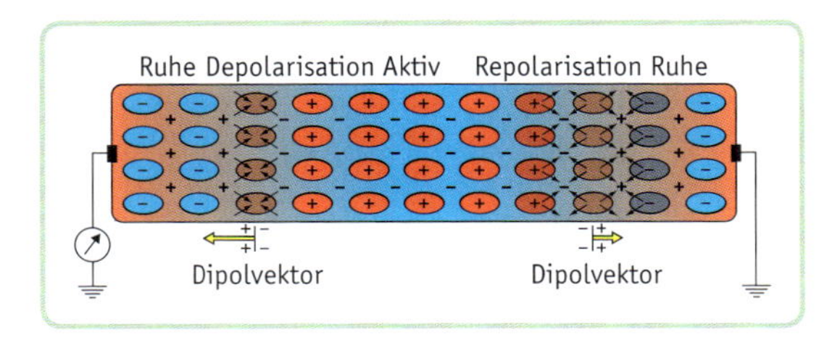

Abb. 7.3 ▶ Erregungsausbreitung im eindimensionalen Fall. Der Summendipolvektor zeigt von erregten zu nicht erregten Zellbereichen.

Im dreidimensionalen Fall des realen Herzens ist die Situation komplexer, das Prinzip bleibt jedoch gleich: Die Addition der einzelnen Dipolvektoren führt zu einem Summendipolvektor, der während eines Herzzyklus ständig sowohl seinen Ursprung wie auch seine Richtung im dreidimensionalen Raum und seinen Betrag (seine Länge) verändert.

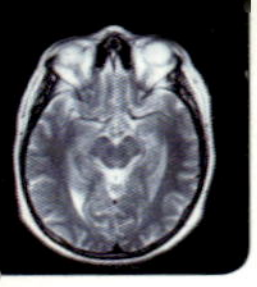

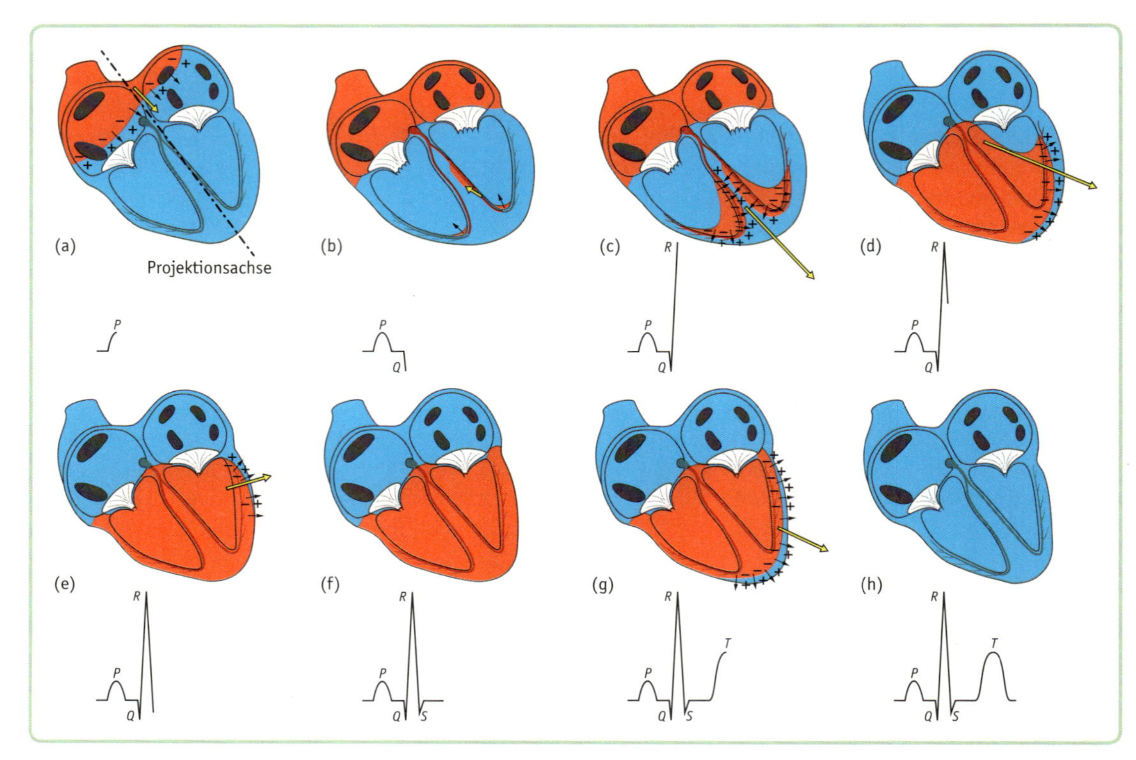

Abb. 7.4 ▶ Im dreidimensionalen Fall ändert der Summendipolvektor ständig seinen Ursprung, seine Richtung und seinen Betrag. Darunter: Projektion des Dipolvektors auf die Projektionsachse (graue Linie in 7.4 a, entspricht „Ableitung II" nach EINTHOVEN)

Diese Betrachtung stellt ein physikalisches Modell des Herzens dar; es enthält nicht alle biologischen Details. Weil aber alle Messungen stets an der Körperoberfläche, d. h. in größerer Entfernung vom Herzen, durchgeführt werden, reicht die Betrachtung eines einzigen Summendipolvektors aus.
Abb. 7.4 a–h zeigt die Erregungssituationen des Herzmuskels zu verschiedenen Punkten während eines Herzzyklus zusammen mit den entsprechenden Summendipolvektoren. Unter jeder Abbildung ist der Verlauf der EKG-Kurve notiert. Dabei werden die charakteristischen Punkte der Kurve mit Buchstaben (PQRST) markiert. Die Betrachtungsrichtung ist von vorne, während die Beschreibung üblicherweise aus der Sicht des Menschen geschieht, dessen Herz betrachtet wird. Rechts und links sind deshalb vertauscht.
Ausgehend vom Sinusknoten breitet sich die elektrische Erregung über rechten und linken Vorhof aus. Der Summendipolvektor zeigt in Ausbreitungsrichtung der Erregungsfront von der Herzbasis zur Herzspitze (Abb. 7.4 a), P-Welle).
Sobald beide Vorhöfe komplett erregt sind, existiert keine Potentialdifferenz mehr, im EKG-Signal wird keine Spannung gemessen (PQ-Strecke). Nach der Überleitung des elektrischen Signals von den Vorhöfen auf die Herzkammern durch den AV-Knoten wird die Herzscheidewand von links nach rechts und die Papillarmuskeln von der Herzspitze in Richtung der Herzbasis erregt. Der Summendipolvektor zeigt daher nach rechts oben, also in Richtung des rechten Vorhofs (Abb. 7.4 b, Q-Zacke). Die vollständige Erregung der Herzscheidewand und die Ausbreitung der Aktionspotentiale in der Herzspitzenregion formen den Anstieg zur R-Zacke. Der Summendipolvektor zeigt dabei in Richtung der Herzspitze (Abb. 7.4 c, R-Zacke). Anschließend wird die Kammermuskulatur in rechter und linker Herzhälfte von

der Innen- zur Außenwand und von unten nach oben erregt. Da die linke Herzkammer deutlich mehr Muskelmasse aufweist, hat der Summendipolvektor bei ihrer Erregung den größten Betrag (Abb. 7.4 d).
Der Abschluss der Erregung der Hauptkammer geschieht im Basisbereich des linken Ventrikels (Abb. 7.4 e, S-Zacke). Bei vollständiger Erregung beider Herzkammern ist kein Dipolvektor messbar (Abb. 7.4 f, ST-Strecke). Die Aktionspotentiale in verschiedenen Teilen des Herzmuskels halten unterschiedlich lange an (Abb. 7.2). Deshalb beginnen in den Herzkammern diejenigen Zellbereiche zuerst mit der Repolarisation, die zuletzt depolarisiert wurden. Die Gesamterregung baut sich so von außen nach innen ab, der entsprechende Summendipolvektor zeigt also in die gleiche Richtung wie beim Erregungsaufbau (Abb. 7.4 g, T-Welle). Da sich die Erregungsrückbildung über einen längeren Zeitraum erstreckt als der Erregungsaufbau, ist die Höhe der T-Welle geringer als die der R-Zacke und zeitlich gestreckter. Die Erregungsrückbildung mündet in eine Phase, in der alle Herzmuskelzellen das Ruhepotential erreicht haben und daher kein elektrischer Dipol mehr vorhanden ist (Abb. 7.4 h).
Verschiebt man alle auftretenden Summendipolvektoren in einen gemeinsamen Ursprung, so beschreibt ihre Spitze im Verlauf eines Herzzyklus eine Bahn im dreidimensionalen Raum. Sie besteht aus drei Schleifen, welche den charakteristischen Merkmalen einer typischen EKG-Kurve zugeordnet werden können. Abb. 7.5 zeigt die drei Vektorschleifen im Zentrum eines gleichseitigen Dreiecks, das von den Hand- und Fußgelenken gebildet wird.
Bei einem EKG misst man die Spannung zwischen jeweils zwei Eckpunkten in diesem Dreieck. Die momentanen Spannungswerte ergeben sich dabei anschaulich als Projektion des Summendipolvektors auf die Verbindungslinie der Messelektroden. Dabei werden positive Spannungen gemessen, wenn die Vektorspitze des projizierten Vektors auf den positiven Pol der Messung zeigt (linker Knöchel in Abb. 7.5). Vektorprojektionen, deren Spitze vom positiven Pol weg zeigt, führen zu negativen Messwerten. Der Betrag der gemessenen Spannung ist umso

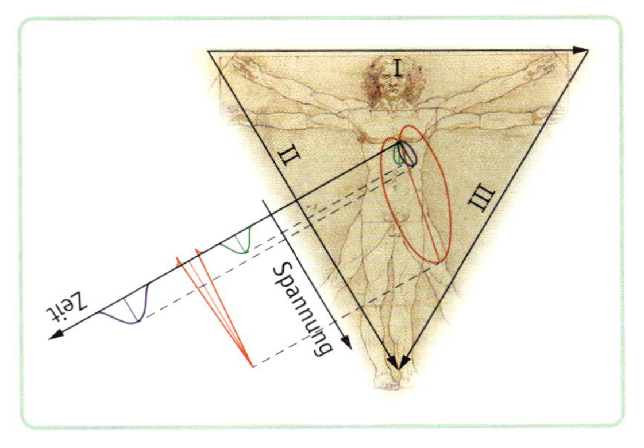

Abb. 7.5 ▶ Während einer Herzaktion durchläuft der Summendipolvektor drei Schleifen. Das EKG-Signal ergibt sich als Projektion der Summendipolvektoren auf die Verbindungslinie der Messelektroden.

größer, je stärker parallel der Summendipolvektor zur Verbindungslinie der Messelektroden orientiert ist. Steht der Summendipolvektor senkrecht auf dieser Linie, so wird keine Potentialdifferenz gemessen. Die beschriebene Lage der Messelektroden geht auf WILLEM EINTHOVEN zurück, der für seine Arbeiten zur Elektrokardiographie 1924 den Nobelpreis erhielt. In der Medizin spricht man auch von „Ableitungen". Die Ableitung Einthoven I misst die Potentialdifferenz zwischen linkem (Pluspol „+") und rechtem Handgelenk (Minuspol „–"), Einthoven II zwischen linkem Knöchel (+) und rechtem Handgelenk (–) und Einthoven III zwischen linkem Knöchel (+) und linkem Handgelenk.
Das klinische EKG in Abb. 7.6 zeigt neben den drei Ableitungen nach EINTHOVEN noch drei weitere Extremitätenableitungen (nach GOLDBERGER: aVR, aVL, aVF). Außerdem sind Ableitungen mit Elektroden im Brustbereich (nach WILSON: V1–V6) gebräuchlich. Sie entsprechen zusätzlichen Projektionen des Summendipolvektors, mit deren Hilfe weitere Informationen über den lokalen Zustand des Herzgewebes gewonnen werden können.
Der Vergleich mit Abb. 7.7 zeigt, dass mit gängigen Sensoren für den Schulunterricht bereits alle charakteristischen Merkmale der EKG-Kurve gemessen werden können.

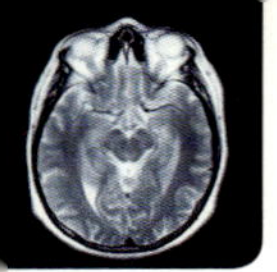

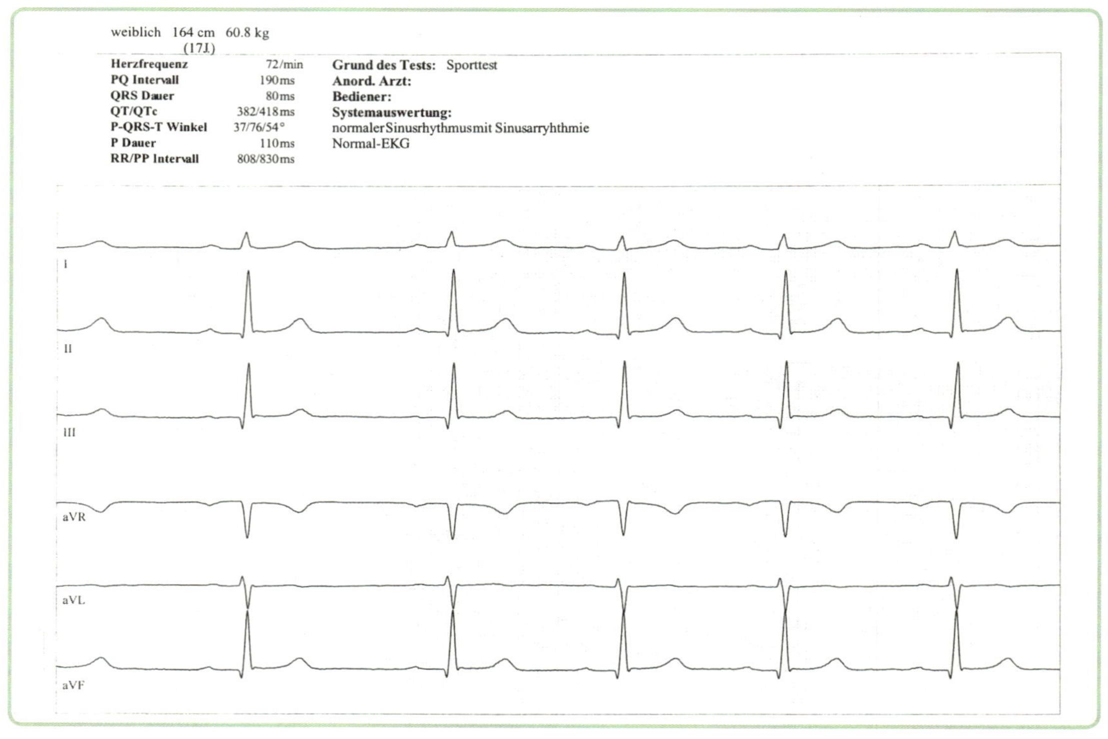

Abb. 7.6 ▶ Die drei Abteilungen nach Einthoven (oben) bzw. Goldberger (unten) entsprechen unterschiedlichen Projektionen der Dipolvektorschleifen. Sie enthalten wichtige Informationen über den Zustand des Herzmuskels.

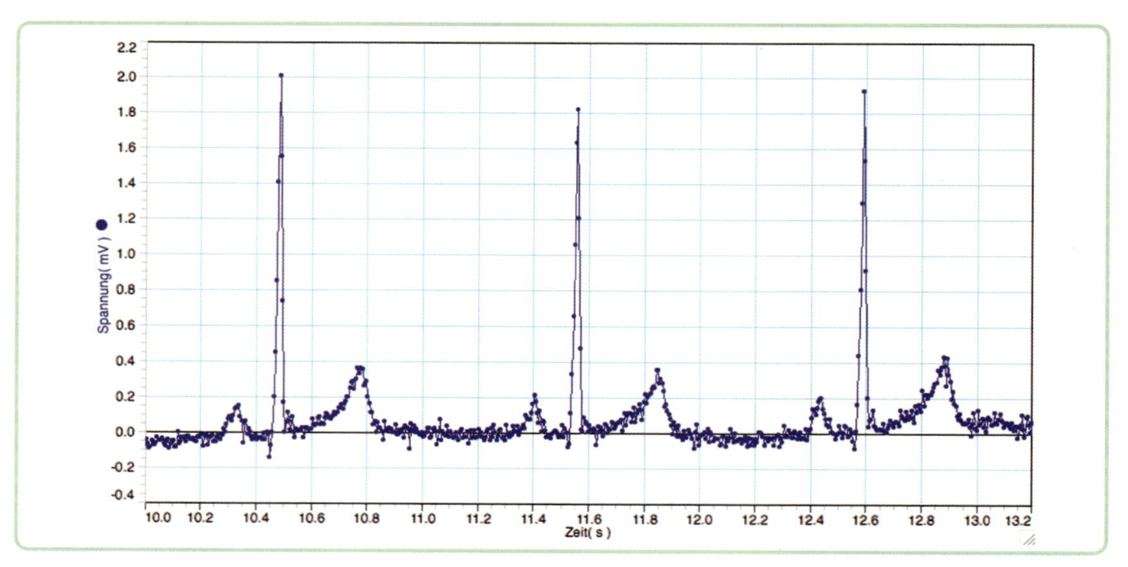

Abb. 7.7 ▶ Mit einem Sensor für den Schulunterricht können bereits alle wesentlichen Merkmale einer EKG-Kurve gemessen werden.

7.4 Anwendungen

Aus einer Analyse der 12 Ableitungen des EKG-Signals gewinnt der Herzspezialist (Kardiologe) Informationen über den Zustand des Herzmuskelgewebes. Entzündungen können ebenso diagnostiziert werden wie Durchblutungs- bzw. Reizleitungsstörungen oder Infarkte in ihren verschiedenen Stadien. Sogar Fehlfunktionen in anderen Organen lassen sich im EKG-Signal erkennen. So führt eine Lungenembolie durch veränderte Druckverhältnisse im Lungenkreislauf beispielsweise zu Muskelaufbau im rechten Ventrikel und dadurch zu einer Lageänderung des Herzens, die sich über das EKG-Signal feststellen lässt.
Auch medizinische Implantate nutzen die elektrische Aktivität des Herzens. So messen implantierte Defibrillatoren beispielsweise die Spannung direkt im Herzmuskelgewebe und erkennen darüber das Auftreten von Kammerflimmern, bei dem das Herz nicht mehr kontrolliert schlägt. Durch Abgabe eines hochenergetischen elektrischen Impulses direkt an das Muskelgewebe beenden sie dann selbständig diesen Zustand. Auch Geräte, die für Ersthelfer in der Öffentlichkeit gedacht sind (Abb. 7.8) müssen zuerst Informationen über das Herz gewinnen.

Abb. 7.8 ▶ Automatisierter externer Defibrillator für Laienhelfer; oben: Hinweissymbol

Herzschrittmacher nutzen die elektrische Erregbarkeit des Herzmuskelgewebes. Wird das im Sinusknoten erzeugte elektrische Signal beispielsweise nicht mehr durch den AV-Knoten auf den Ventrikel übergeleitet („AV-Block"), so kann ein Herzschrittmacher direkt einen Zellbereich in der Herzspitze depolarisieren und so die Kontraktion auslösen.

▶ Aufgaben

1 Statischer Dipol

Stellen Sie eine 9-V-Blockbatterie mit den Kontakten nach unten in die Mitte eines angefeuchteten Tuchs. Klemmen Sie die COM-Buchse eines Multimeters so an einer Tuchseite fest, dass die Verbindungslinie zur Batterie senkrecht auf der Batterieachse steht (Abb. 7.9). Ermitteln Sie nun ähnlich wie in Abb. 6.6 die Äquipotentiallinien dieses statischen Batteriedipols.
Zur Erinnerung: Verschiedene Punkte liegen dann auf einer Äquipotentiallinie, wenn die Spannung zwischen ihnen und dem Referenzpunkt an der Tuchaußenseite jeweils den gleichen Wert annimmt.

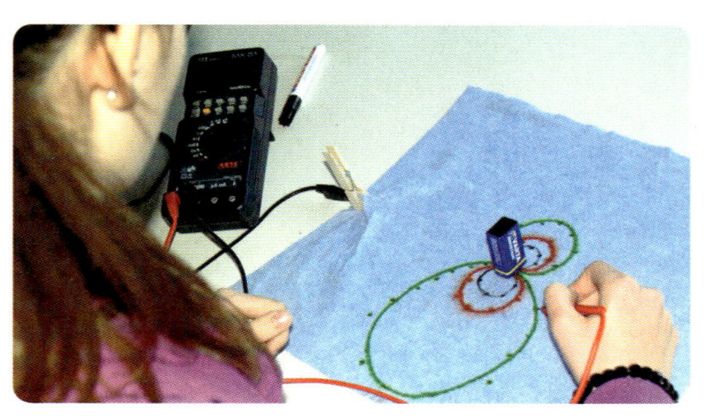

Abb. 7.9 ▶ Äquipotentiallinien eines statischen Dipols

Aus der Entfernung betrachtet verhält sich das Herz wie ein elektrischer Dipol. Wie würde eine EKG-Messung aussehen, wenn der Summendipolvektor wie in diesem Experiment weder seine Richtung noch seinen Betrag ändern würde?

2 Dynamischer Dipol

Für dieses Experiment benötigen Sie ein Datenerfassungssystem, mit dem die Messkurve direkt am Monitor betrachtet werden kann.

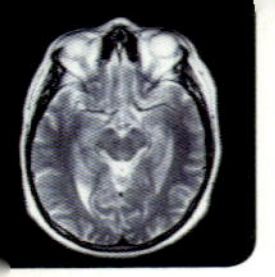

Schneiden Sie aus Stoff eine ca. 50 cm große menschliche Figur mit abstehenden Armen und Beinen aus und befeuchten Sie sie mit Wasser. Malen Sie auf die Brust der Figur wie in Abbildung 7.10 die drei Schleifen, die von der Spitze des Summendipolvektors innerhalb eines Herzzyklus durchlaufen werden. Befestigen Sie dann die Elektroden eines Spannungssensors entsprechend der Ableitung II nach Einthoven an den Extremitäten der Figur.
Ein Pol einer Gleichspannungsquelle (U = 9 V) wird auf den gemeinsamen Schnittpunkt der drei Schleifen gehalten. Den dynamischen Herz-Dipol können Sie dann erzeugen, indem Sie mit dem anderen Pol nacheinander die Schleifen für P-Welle, QRS-Komplex und T-Welle nachfahren.
Betrachten Sie die gemessene „EKG-Kurve" des Datenerfassungssystems und vergleichen Sie sie mit Abb. 7.5.

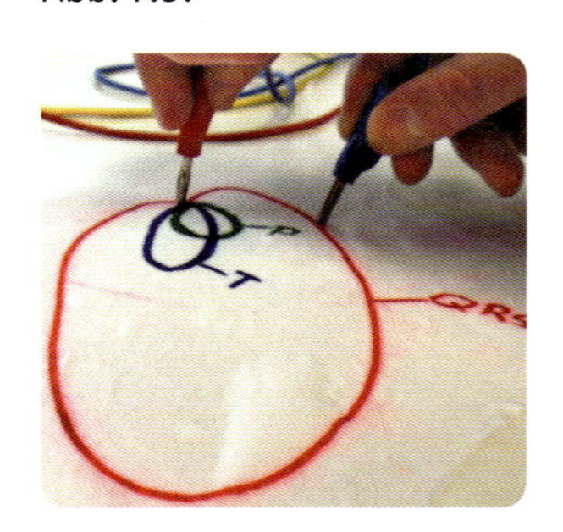

Abb. 7.10 ▶ Mit den beiden Polen einer Spannungsquelle wird der dynamische Herz-Dipol im Modellversuch durch Abfahren der Vektorschleifen erzeugt.

3 Defibrillator

Defibrillatoren wie in Abb. 7.8 arbeiten typischerweise mit Spannungsstößen von 750 V, die zwischen 1 und 20 Millisekunden andauern. Abb. 7.11 zeigt einen dadurch verursachten Stromverlauf.

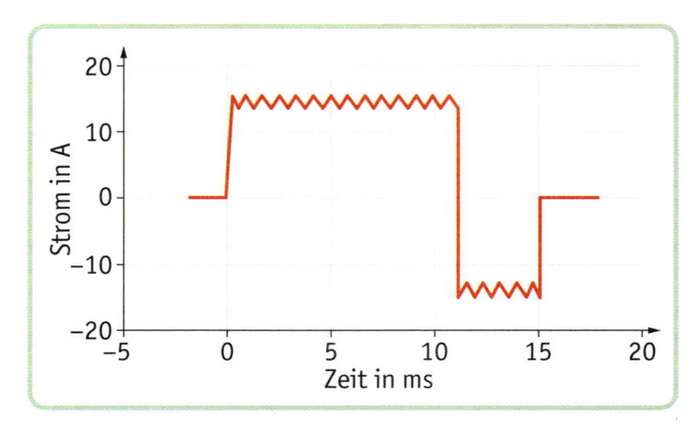

Abb. 7.11 ▶ Stromverlauf beim Defibrillator

a) Schätzen Sie den Körperwiderstand zwischen den beiden Elektroden des Defibrillators ab. Wie groß ist die Energie, die bei diesem Stromstoß umgesetzt wird?
b) Diese Energie wird von einem Kondensator geliefert, der fest im Gerät eingebaut ist. Welche Kapazität muss er im vorliegenden Fall haben?

4 EKG-Kurve

Erklären Sie die Messkurve in Abbildung 7.4 mit der Lage des jeweils eingezeichneten Summendipols. Überlegen Sie, wie sich die anderen beiden Ableitungen in Abb. 7.5 davon unterscheiden.

5 Tod durch Elektrolytmangel

Lesen Sie den nachfolgenden Text und erklären Sie den Zusammenhang zwischen Elektrolytkonzentration und Herzfunktion:
„Seit vielen Jahrzehnten rafft eine Epidemie Amphibien reihenweise dahin. Bei der Suche nach der Ursache fiel der Verdacht zunächst auf Schadstoffe in der Umwelt. Doch inzwischen steht fest: Der Töpfchenpilz *Batrachochytrium dendrobatidis* ist der Hauptschuldige. Wie er den Tod verursacht, blieb bislang allerdings ein Rätsel. Nun haben JAMIE VOYLES von der James Cook University im australischen Townsville und ihre Kollegen die Lösung gefunden.
Die Haut von Amphibien dient der Atmung, der Regulation des Wasserhaushalts und dem Elektrolytaustausch. Eine dieser Funktionen, so VOYLES' Verdacht, sollte der Pilz beeinträchtigen. Um herauszufinden, welche, infizierten die Forscher Korallenfinger-Laubfrösche *(Litoria Caerulea)* mit dem Schädling und ermittelten die Auswirkungen durch Vergleich mit einer Kontrollgruppe.
Unter anderem maßen die Wissenschaftler die Konzentration verschiedener Metallionen im Froschplasma – einmal vor und dreimal nach der Pilzinfektion. Dabei fanden sie eine stetig abnehmende Menge im Blut. Bei der letzten Messung war die Natriumkonzentration um 20 Prozent reduziert, die von Kalium gar um die Hälfte. Wie Elektrokardiogramme zeigten, verlangsamte das Ungleichgewicht bei den Elektrolyten den Herzschlag, bis er schließlich aussetzte. Zum Test verabreichten die Forscher infizierten Fröschen Elektrolyt-Ergänzungsmittel. Die so behandelten Tiere lebten mehr als 20 Stunden länger."

8 Magnetische Felder

8.1 Magnetische Sinnesorgane*

Ähnlich wie es Tiere mit elektrischen Sinnesorganen gibt (vgl. Kap. 6.1), haben eine Reihe von Lebewesen im Laufe der Evolution die Fähigkeit entwickelt, Magnetfelder wahrzunehmen. Sehr genau untersucht sind dabei sogenannte magnetotaktische Bakterien (Abb. 8.1). Es handelt sich dabei um Bakterien, die im Wasser leben und eine genau bestimmte, geringe Sauerstoffkonzentration benötigen. Sie enthalten eine Reihe von Magnetosomen, das sind Einkristalle aus Magnetit (Fe_3O_4) in der Größe zwischen 40 und 100 nm. Diese drehen das Bakterium in Richtung des Erdmagnetfelds; an diesem entlang kann es sich sehr effektiv in die optimale Wassertiefe bewegen.

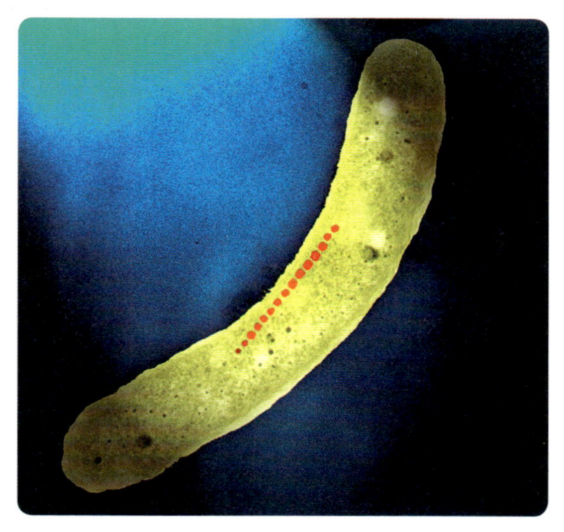

Abb. 8.1 ▶ Das Bakterium Magnetospirillum magnetotacticum mit Magnetosomen

Seit langem schon wird der Magnetsinn von Zugvögeln erforscht (vgl. Kap. 8.7); in den letzten Jahren mehren sich die Hinweise, dass sich auch viele andere höhere Tiere an magnetischen Feldern orientieren können. So wurde etwa auf Satellitenaufnahmen von Rindern entdeckt, dass diese bevorzugt in der magnetischen Nord-Süd-Richtung stehen.

8.2 Beschreibung magnetischer Felder

Wie schon die elektrischen Felder lassen sich auch Magnetfelder durch Feldlinien veranschaulichen. Sie geben an jedem Punkt des magnetischen Feldes die Ausrichtung einer kleinen Magnetnadel an. Im Schulexperiment verwendet man meist Eisenfeilspäne. Festlegung: Die Feldlinien verlaufen außerhalb des Magneten vom magnetischen Nord- zum Südpol (Abb. 8.2).

Trotz der offensichtlichen Gemeinsamkeiten gibt es einen wichtigen Unterschied zum elektrischen Feld: Es existieren keine magnetischen Ladungen („Monopole"), an denen Feldlinien entspringen bzw. enden könnten. Magnetische Feldlinien sind deshalb immer geschlossen; man spricht von einem Wirbelfeld. Eine wichtige Konsequenz daraus ist, dass auch innerhalb eines Magneten Feldlinien verlaufen.

In Medizintechnik und Forschung nimmt die Bewegung geladener Teilchen im Magnetfeld zusammen mit der Bewegung im elektrischen Feld eine herausragende Rolle ein (siehe die folgenden Kapitel 9 bis 12). Um diese Sachverhalte quantitativ beschreiben und planen zu können, muss eine physikalische Größe definiert werden, die Stärke und Richtung des magnetischen Feldes beschreibt.

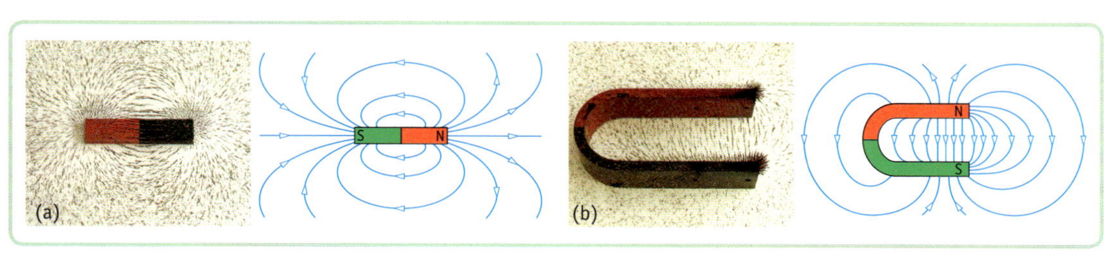

Abb. 8.2 ▶ Feld eines Stabmagneten (magnetischer Dipol) und näherungsweise homogenes Feld zwischen den Schenkeln eines Hufeisenmagneten

8.3 Die magnetische Flussdichte

In Kap. 6.3.3 wurde die elektrische Feldstärke aus dem Potential abgeleitet. Dies ist hier nicht mehr möglich, weil es bei ringförmig geschlossenen Magnetfeldlinien unmöglich wird, „Äquipotentiallinien“ zu zeichnen.

Man quantifiziert das Magnetfeld stattdessen über die Kraft, die ein stromdurchflossener Leiter erfährt. Eine besonders übersichtliche Anordnung hat man beim Leiterschaukel-Experiment (Abb. 8.3): Ein gerader Leiter der Länge l liegt senkrecht zu den Feldlinien des zu vermessenden Magnetfelds und wird von einem Strom der Stärke I durchflossen.

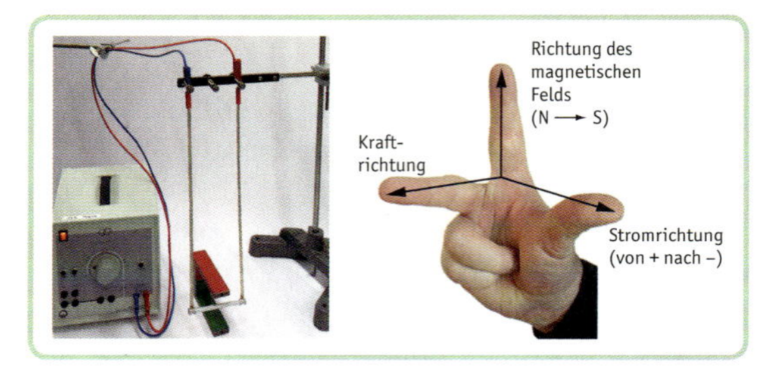

Abb. 8.3 ▶ Leiterschaukelexperiment und Drei-Finger-Regel

Genauer lässt sich die magnetische Kraft F mit der Stromwaage bestimmen (Abb. 8.4). Ihr Betrag hängt von der Stärke des Magnetfelds ab. Außerdem findet man:

$F \sim$ Stromstärke I bei konstanter Länge l und

$F \sim$ Länge l bei konstanter Stromstärke I.

Es erweist sich deshalb als sinnvoll, durch den Betrag

$$B = \frac{F}{I \cdot l}$$

eine neue Größe, die magnetische Flussdichte, zu definieren. Ihre Richtung entspricht der der magnetischen Feldlinien aus Kap. 8.2. Die Vektoren $\vec{I}, \vec{B}, \vec{F}$ sind verknüpft über die Drei-Finger-Regel der rechten Hand (Abb. 8.3 rechts).

Für die Einheit der magnetischen Flussdichte gilt:

$$[B] = 1\,\frac{\text{N}}{\text{A m}} = 1\,\frac{\text{V s}}{\text{m}^2} = 1\,\text{T (Tesla)}$$

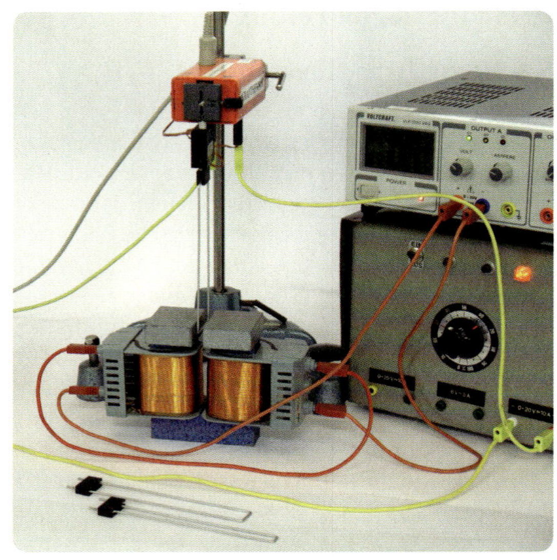

Abb. 8.4 ▶ Stromwaage. Gemessen wird die Kraft auf ein stromdurchflossenes Rähmchen im homogenen Magnetfeld der beiden Spulen.

Sie ist benannt nach dem serbisch-amerikanischen Physiker NIKOLA TESLA (1856 – 1943).

Gehirnaktivität	10^{-13} T
Erdmagnetfeld	0,05 mT
Magnete und Spulen in Schulen	< 1 T
Starkmagnete in Forschung und Technik	bis zu 25 T
Neutronensterne	10^8 T

Tab. 8.1 ▶ Beispiele für Flussdichtewerte

8.4 Kräfte im Magnetfeld

8.4.1 Die Lorentzkraft

Die in den Versuchen von Abb. 8.3 und 8.4 makroskopisch messbare Kraft F auf den stromführenden Leiter im Magnetfeld ist die Summe der Kräfte, die die Leitungselektronen erfahren. Wenn sich im Leiter N Elektronen befinden, gilt also $F = N \cdot F_L$ (Abb. 8.5). Die Kraft auf ein einzelnes Elektron heißt Lorentzkraft F_L.

Entscheidend für die Stromstärke I sind jeweils die Ladungen e (Ladung eines Elektrons; Elementarla-

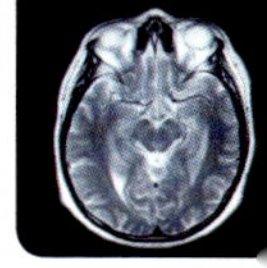

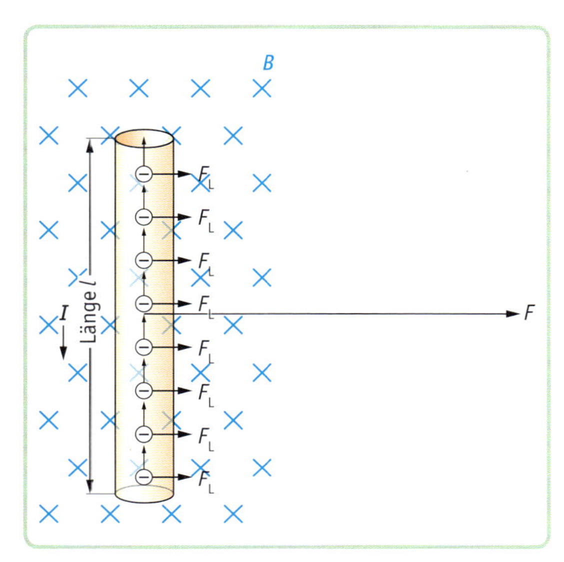

Abb. 8.5 ▶ Lorentzkräfte auf bewegte Leitungselektronen im Magnetfeld, in der Skizze ist stark vereinfachend $N = 8$ gewählt.

dung), die sich mit der Geschwindigkeit v durch den Leiter der Länge l bewegen. In der Zeit $t = \frac{l}{v}$ durchläuft die Ladung $Q = N \cdot e$ den Leiter.
Aus Kap. 8.1 folgt: $F = N \cdot F_L = B \cdot I \cdot l$

Mit $I = \frac{Q}{t} = \frac{N \cdot e}{t}$ ergibt sich

$N \cdot F_L = B \cdot \frac{N \cdot e}{t} \cdot v \cdot t.$

Insgesamt also: $F_L = e \cdot v \cdot B$

In Worten: Bewegt sich eine Ladung vom Betrag e mit der Geschwindigkeit v senkrecht zu den Feldlinien eines Feldes der Flussdichte B, so erfährt sie die Lorentzkraft vom Betrag $F_L = e \cdot v \cdot B$.
Eine beliebige Ladung q erfährt die Lorentzkraft vom Betrag

$$F_L = q \cdot v \cdot B$$

Die Richtung von $\vec{F_L}$ ergibt sich für positive bewegte Ladungen wieder aus der Drei-Finger-Regel der rechten Hand (Abb. 8.3 rechts). Bei negativen bewegten Ladungen (z. B. Elektronen) muss die linke Hand verwendet werden oder der Daumen der rechten Hand entgegen der Geschwindigkeitsrichtung weisen.
Unter Verwendung des Vektorprodukts lassen sich Betrag und Richtung der Lorentzkraft gemeinsam beschreiben:

$$\vec{F_L} = q \cdot (\vec{v} \times \vec{B})$$

8.4.2 Das Fadenstrahlrohr-Experiment

Die in 8.4.1 auf deduktive Weise gewonnene Beziehung für die Lorentzkraft $F_L = q \cdot v \cdot B$ muss experimentell bestätigt werden. Vor allem aber kann man mit dem im Folgenden beschriebenen Experiment eindrucksvoll zeigen, dass sich bei senkrechtem Einschuss der Elektronen und ausreichend großer Flussdichte Kreise als Teilchenbahnen ergeben.
Im Mechanikunterricht der 10. Jahrgangsstufe wurde erarbeitet, dass ein Körper der Masse m und der Geschwindigkeit v genau dann auf eine Kreisbahn mit dem Radius r gezwungen wird, wenn für die maßgebliche Kraft F_Z, die Zentripetalkraft, gilt:

$$\vec{F_Z} \perp \vec{v} \text{ und } |F_Z| = \text{const.} = m \cdot \frac{v^2}{r}$$

Diese Situation ist bei der Bewegung von Ladungen im homogenen Magnetfeld gegeben, wenn die Geschwindigkeit senkrecht zur Flussdichte orientiert ist. Dann steht die Lorentzkraft ebenfalls senkrecht zur Geschwindigkeit und wirkt als Zentripetalkraft; es ist $F_Z = F_L$.
Als Fadenstrahlrohr bezeichnet man eine speziell ausgelegte Braun'sche Röhre (Abb. 8.6): In einem luftevakuierten Glaskolben, der ein Leuchtgas bei einem Druck von ca. 0,01 mbar enthält, befindet sich eine Glühkathode. Die von ihr ausgesandten Elektronen werden von einer Beschleunigungsspannung U_B auf eine bestimmte Geschwindigkeit v gebracht. Diese Elektronen kollidieren mit den Atomen des Leuchtgases und hinterlassen dabei eine Leuchtspur. Wird das Fadenstrahlrohr von einem Magnetfeld geeigneter Polung (in der Regel erzeugt durch ein Helmholtz-Spulenpaar) durchsetzt, so erfolgt wegen der Lorentzkraft eine Krümmung der Bahn. Bei hinreichend großer Flussdichte sieht man einen vollständigen Kreis, dessen Durchmesser gemessen wird.

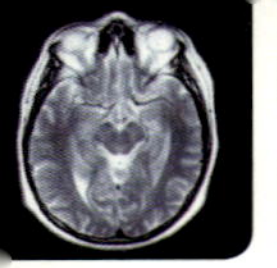

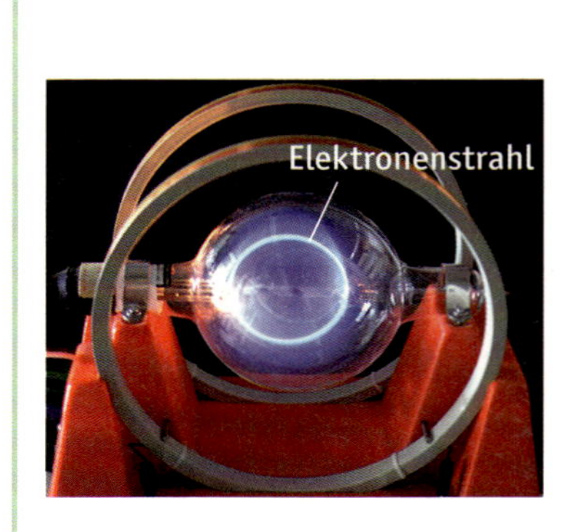

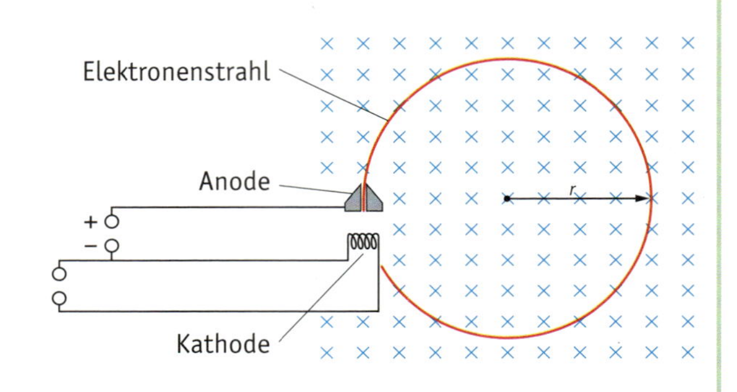

Abb. 8.6 ▶ Fadenstrahlrohr: Realexperiment und schematische Versuchsanordnung

Die Eintrittsgeschwindigkeit v der Elektronen ergibt sich aus der Beschleunigungsspannung U_B der Elektronenkanone: Die anfängliche potentielle Energie im elektrischen Feld (vgl. Kap. 6.3.2) wird umgewandelt in kinetische Energie der Elektronen. In Formeln:

$$E_{kin,\,Ende} = E_{pot,\,Anfang}$$

$$\frac{1}{2} \cdot m \cdot v^2 = e \cdot U_B$$

$$v = \sqrt{\frac{2 \cdot e \cdot U_B}{m}}$$

Die theoretisch vorhergesagte Lorentzkraft $F_L = e \cdot v \cdot B$ kann nun verglichen werden mit dem experimentell gewonnenen Wert $F_Z = m \cdot \frac{v^2}{r}$, der sich aus dem Kreisradius r ergibt.

Somit kann die Formel für die Lorentzkraft innerhalb der experimentellen Möglichkeiten einer Schule als gut bestätigt angesehen werden.

▶ Beispiel

Bei einem Experiment mit der Beschleunigungsspannung $U_B = 110$ V misst man einen Kreisdurchmesser der Elektronenbahn von $2r = 6{,}5$ cm. Der Radius der Helmholtzspulen beträgt $R = 7{,}5$ cm, die Windungszahl einer Spule des Paars ist $N = 320$, der Strom durch die Spulen $I = 0{,}24$ A.

Die Flussdichte B des Magnetfelds beträgt

$$B = 0{,}8^{1,5}\,\mu_0 \frac{N \cdot I}{R}$$
$$= 0{,}8^{1,5} \cdot 1{,}26 \cdot 10^{-6}\,\frac{\mathrm{V\,s}}{\mathrm{A\,m}} \cdot \frac{320 \cdot 0{,}24\,\mathrm{A}}{0{,}075\,\mathrm{m}}$$
$$= 0{,}92\,\mathrm{mT}$$

Für die Einschussgeschwindigkeit v ergibt sich:

$$v = \sqrt{\frac{2 \cdot 1{,}6 \cdot 10^{-19}\,\mathrm{C} \cdot 110\,\mathrm{V}}{9{,}1 \cdot 10^{-31}\,\mathrm{kg}}} = 6{,}2 \cdot 10^6\,\frac{\mathrm{m}}{\mathrm{s}}$$

Die Lorentzkraft beträgt demnach

$$F_L = e \cdot v \cdot B$$
$$= 1{,}6 \cdot 10^{-19}\,\mathrm{C} \cdot 6{,}2 \cdot 10^6\,\frac{\mathrm{m}}{\mathrm{s}} \cdot 9{,}2 \cdot 10^{-4}\,\mathrm{T}$$
$$= 0{,}9 \cdot 10^{-15}\,\mathrm{N}$$

Für die Zentripetalkraft $F_Z = \frac{m \cdot v^2}{r}$ ergibt sich:

$$F_Z = \frac{9{,}1 \cdot 10^{-31}\,\mathrm{kg} \cdot (6{,}2 \cdot 10^6\,\frac{\mathrm{m}}{\mathrm{s}})^2}{0{,}0325\,\mathrm{m}} = 1{,}1 \cdot 10^{-15}\,\mathrm{N}$$

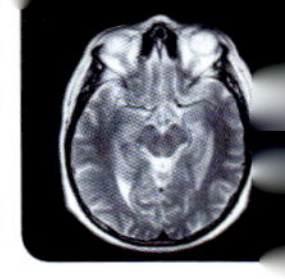

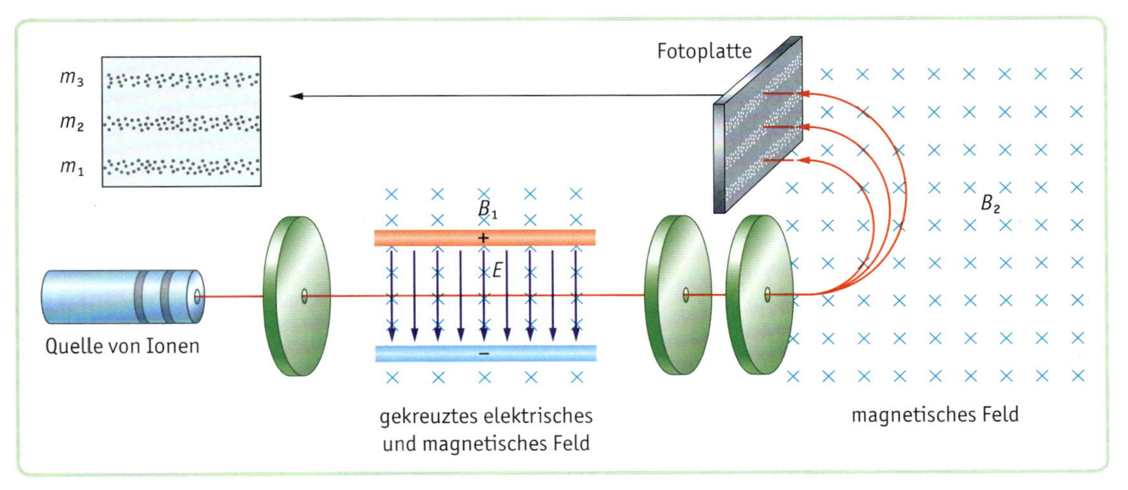

Abb. 8.7 ▶ Prinzipieller Aufbau eines Massenspektrometers

8.5 Massenspektrometer

Im Experiment mit dem Fadenstrahlrohr hängt der Radius des leuchtenden Ringes u. a. von der Masse der Elektronen ab: Wäre diese größer als der tatsächliche Wert, so würden sie sich auch auf Bahnen mit größerem Durchmesser bewegen. Umgekehrt lässt sich aus dem Bahndurchmesser die Masse der Teilchen ermitteln. Dies ist immer dann nützlich, wenn unbekannte Atome oder Moleküle identifiziert werden sollen.

8.5.1 Prinzipieller Aufbau

Beim Fadenstrahlrohr wirkt auf die geladenen Teilchen die Lorentzkraft; sie kann mit der Zentripetalkraft identifiziert werden, die für die Kreisbewegung nötig ist. Die entsprechende Beziehung lässt sich nach dem Bahnradius auflösen:

$$q \cdot v \cdot B = m \cdot \frac{v^2}{r}$$

$$r = \frac{m \cdot v}{q \cdot B}$$

Wenn die Flussdichte B bekannt ist und es gelingt, Ladung q und Geschwindigkeit v der unbekannten Teilchen zu kontrollieren, dann sind also Masse und Radius direkt proportional zueinander.

Für die Ladungsbestimmung gibt es verschiedene Möglichkeiten. Eine ist die Ionisation der Teilchen durch Stöße mit Elektronen. Diese können in der Hülle verbleiben (negative Ionen) oder Hüllelektronen herausschlagen (positive Ionen). Weil dabei immer nur Vielfache der Elementarladung aufgenommen bzw. abgegeben werden können, lässt sich dieser Vorgang gut kontrollieren. Ein anderer Weg ist es, das zu analysierende Gas von bekannten Ionen durchströmen zu lassen. Dabei nehmen sie Gasmoleküle auf und der neue Molekülverbund trägt die entsprechende Ladung.

In jedem Gas gibt es Moleküle mit größerer und kleinerer Geschwindigkeit. Um einen Teilchenstrahl mit einheitlicher Geschwindigkeit zu erzeugen, benötigt man deshalb ein Filterelement. In der einfachsten Form enthält es ein homogenes elektrisches und ein homogenes magnetisches Feld, die aufeinander senkrecht stehen (Abb. 8.7 Mitte). Auf die hindurch fliegenden Ionen wirken sowohl die Lorentzkraft als auch die elektrische Kraft. Nur wenn beide gleich groß sind, wird ein Ion nicht abgelenkt und kann so die Austrittsöffnung passieren. Die Geschwindigkeit, bei der dies geschieht, hängt von den jeweiligen Feldstärken ab:

$$q \cdot v \cdot B_1 = q \cdot E$$

$$v = \frac{E}{B_1}$$

Nach diesen vorbereitenden Schritten treten die Ionen in die eigentliche Trennvorrichtung ein. Im

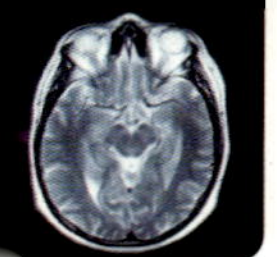

Laufe der Zeit haben sich viele verschiedene Typen von Massenspektrometern etabliert; Abb. 8.7 zeigt die einfachste Art davon. Der Aufbau ist exakt der gleiche wie beim Fadenstrahlrohr, anders als bei diesem bewegen sich die Ionen aber nur auf einem Halbkreis. Durch die unterschiedlichen Bahnradien treffen die Ionen an verschiedenen Stellen auf den Detektor auf. Die Masse berechnet sich zu

$$m = \frac{q \cdot B_2 \cdot r}{v} = \frac{q \cdot B_1 \cdot B_2 \cdot r}{E}.$$

8.5.2 Medizinische Anwendung

Bei der Diagnose von Krankheiten ist man bestrebt, möglichst einfache, zuverlässige und den Patienten nicht belastende Methoden zu entwickeln. Ein solches Diagnoseverfahren ist die Atemanalyse, die sich allerdings noch weitgehend im Entwicklungsstadium befindet. Im Atem des Menschen befinden sich viele Stoffwechselprodukte, die über Krankheiten Auskunft geben können. So versucht man, anhand dieser Moleküle Krankheiten wie Tuberkulose oder Lungenkrebs frühzeitig zu entdecken. Dazu werden die sehr komplexen Biomoleküle zunächst in Bruchstücke aufgespalten, die anschließend in einem Massenspektrometer identifiziert werden können. Aus den Bruchstücken kann am Ende auf die Moleküle selbst zurückgeschlossen werden und mithilfe von Datenbanken die Krankheit diagnostiziert werden. Auch andere Einsatzgebiete sind denkbar: So lassen sich in Zukunft möglicherweise Doping-Sünder schnell und sicher durch ihren Atem überführen.

8.6 Das Erdmagnetfeld*

Die Erde ist ein großer, wenn auch sehr schwacher Magnet. Ihr Magnetfeld ähnelt in Erdnähe dem eines riesigen Stabmagneten (Abb. 8.8).

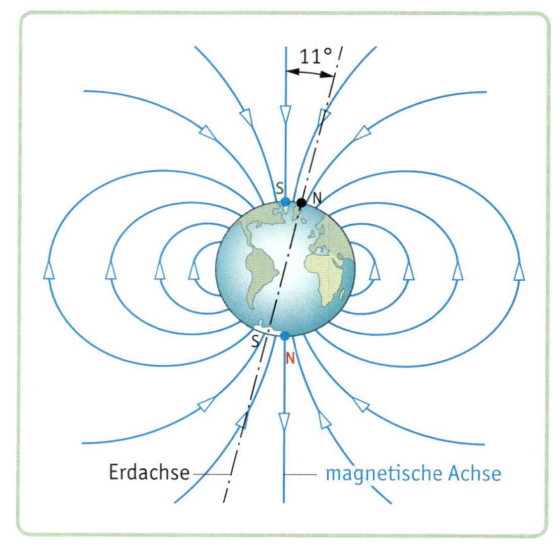

Abb. 8.8 ▶ Dipolstruktur des nahen Erdmagnetfelds (vgl. Abb. 8.2 links)

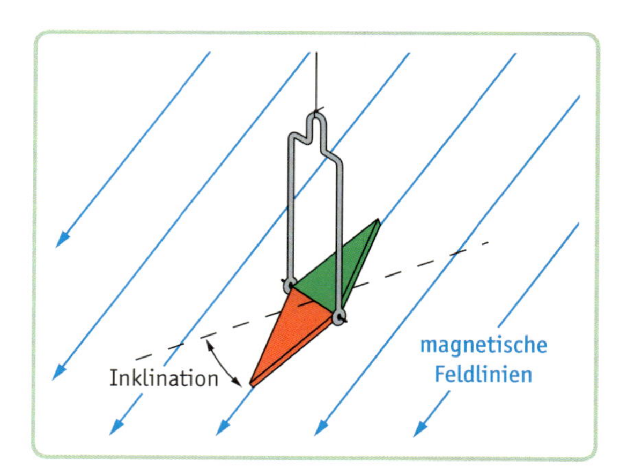

Abb. 8.9 ▶ Inklinationsnadel

Die magnetischen Pole liegen in der Nähe der geographischen Pole, wobei der magnetische Südpol S beim geographischen Nordpol N liegt (zurzeit nördlich von Kanada) und der magnetische Nordpol N beim geographischen Südpol S (zurzeit südlich von Tasmanien). Die Erdachse N – S schließt mit der magnetischen Dipolachse S – N einen Winkel von etwa 11° ein. Die Flussdichte des Erdmagnetfelds beträgt auf der Erdoberfläche zwischen 30 μT am Äquator und 60 μT an den Polen. Der Wert für Mitteleuropa liegt bei 48 μT.

Der Winkel, den die Feldlinien des Erdmagnetfelds mit der Erdoberfläche einschließen, heißt Inklination. Sie ist am magnetischen Äquator 0°, an den magnetischen Polen 90° und in unseren Breiten etwa 65°. Die Inklination lässt sich mit einer vertikal drehbar gelagerten Kompassnadel leicht demonstrieren (Abb. 8.9).

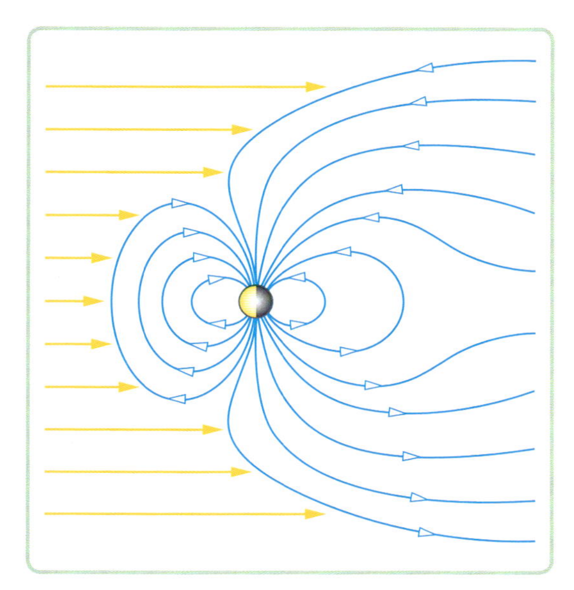

Abb. 8.10 ▶ Das ferne Erdmagnetfeld

Alle genannten Werte verhalten sich im Laufe der Erdgeschichte nicht statisch, sondern sie ändern sich allmählich. Dies gilt sowohl für den Winkel zwischen (geographischer) Erdachse und magnetischer Dipolachse als auch für die Stärke des Erdmagnetfelds. Polwanderungen und Polumkehrungen sind die Folge. Man kann sie viele Male in unregelmäßigen Abständen von einigen hunderttausend Jahren nachweisen. Zurzeit wird das Erdmagnetfeld schwächer (um ca. 5 % in 100 Jahren) und der magnetische Südpol wandert mit einer Geschwindigkeit von ca. 10 km pro Jahr in Richtung NNW (Aufgabe 7).
Messungen mit Satelliten haben ergeben, dass das Erdmagnetfeld in größerer Entfernung auf der Tagseite eine deutliche Grenze hat (bei ca. 14 Erdradien), dagegen auf der Nachtseite sehr weit (ca. 10^3 Erdradien) in den Weltraum hinausreicht (Abb. 8.10). Der Grund hierfür sind Wechselwirkungen zwischen Sonnenwind und Erdmagnetfeld (Aufgabe 2).

8.7 Zugvögel*

Zugvögel (z. B. Rotkehlchen oder Störche) übersiedeln im Herbst vom frostigen Nord- und Mitteleuropa ins warme Afrika und kehren im Frühling wieder zurück. Die gut 10 000 Kilometer lange Reise bewältigen sie, ohne sich zu verirren. Man hat sich lange gefragt, ob diese Vögel einen „eingebauten Kompass" besitzen. In den 1970er Jahren setzte man Rotkehlchen künstlichen Magnetfeldern aus und beobachtete, in welche Richtung sie bevorzugt starteten (Abb. 8.11). Seltsamerweise nahmen die Tiere eine Umkehr der Feldrichtung nicht wahr, konnten also Nord nicht von Süd unterscheiden. Hingegen reagierten sie auf die Inklination des Erdmagnetfelds, also auf den Winkel der Feldlinien zur Erdoberfläche. Das genügt ihnen zur Navigation.
Besonders überraschte, dass die Rotkehlchen überhaupt nicht auf ein Magnetfeld reagierten, wenn ihre Augen zugeklebt waren. Eine mögliche Erklärung bieten die Cryptochrome, spezielle Proteine, die in der Netzhaut durch blaues Licht in einen angeregten Zustand versetzt werden. Die weitere chemische Reaktion ist abhängig von der Anwesenheit eines Magnetfelds.

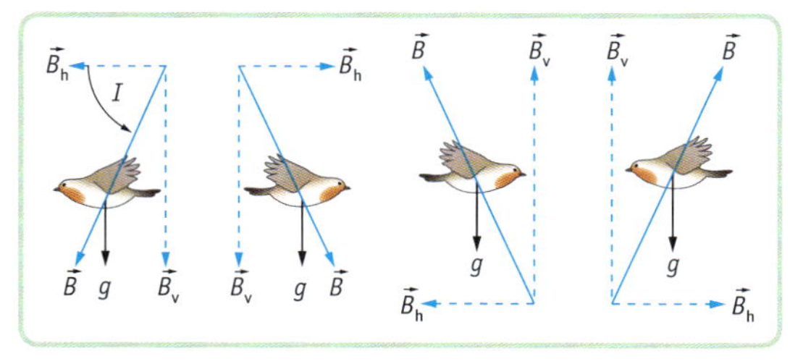

Abb. 8.11 ▶ Flugrichtung von Rotkehlchen in künstlichen Magnetfeldern: Je nach Richtung von Horizontal- (h) und Vertikalkomponente (v) starten die Vögel nach links oder nach rechts.

▶ Aufgaben

1 Tauchspulenexperiment

Bei einem Experiment analog zu Abb. 8.4 werden keine Leiterrähmchen, sondern rechteckige Spulen (Spulenbreite 5 cm) in das homogene Magnetfeld eingebracht. Zwei Durchführungen eines solchen „Tauchspulenexperiments" liefern
(1) mit 50 Windungen bzw.
(2) mit 100 Windungen
die folgenden Messwerte:

I/A	0,00	0,25	0,50	0,75	
F/mN	0,0	2,5	4,0	6,0	(1)
F/mN	0,0	4,5	7,5	13	(2)

Tab. 8.2 ▶ Messwerte des Tauchspulenexperiments

Ermitteln Sie daraus die Flussdichte des verwendeten Magnetfelds.

2 Sonnenwind

Der Sonnenwind ist eine von der Sonne ausgehende Partikelstrahlung, die hauptsächlich aus Protonen und Elektronen besteht. Ihre Geschwindigkeit liegt zwischen 400 km/s und 900 km/s.

a) Erläutern Sie mittels einer Skizze, weshalb Lebewesen auf der Erde durch das Erdmagnetfeld vor dem Sonnenwind geschützt werden.
b) Wir nehmen an, dass in der Höhe, in der die Sonnenwindpartikel senkrecht auf das Erdmagnetfeld treffen, die Flussdichte ca. 6 nT beträgt. Berechnen Sie damit die maximalen Lorentzkräfte und die minimalen Krümmungsradien der Bahnen von Protonen und Elektronen.

3 Fadenstrahlrohr

Welcher Bahnradius stellt sich bei dem Fadenstrahlrohr-Experiment aus 8.4 ein, wenn die Beschleunigungsspannung auf 150 V geregelt wird und die Helmholtz-Spulen von 0,29 A durchflossen werden?

4 Massenspektrometer

Einfach negativ geladene Ionen eines zu bestimmenden Isotops durchlaufen mit der Geschwindigkeit 293 m/s ein Geschwindigkeitsfilter unabgelenkt.

a) Skizzieren Sie ein Geschwindigkeitsfilter. Gehen Sie dabei auch auf sämtliche Polungen und Feldrichtungen ein.
b) Wie groß muss die magnetische Flussdichte B_F des Filters sein, wenn die elektrische Feldstärke 3,0 kV/m beträgt?

Nach Verlassen des Filters durchlaufen obige Ionen ein senkrecht orientiertes magnetisches Ablenkfeld variabler Flussdichte B_A, das sie bei der Einstellung 0,738 mT auf einen Halbkreis mit Radius 35 cm in einen Detektor D lenkt.

c) Ergänzen Sie die Skizze von a).
d) Berechnen Sie die Masse der Ionen.
e) Um welche Isotope könnte es sich handeln?

5 Mordfall Litvinenko 1

Im November 2006 kam in London der russische Ex-KGB-Agent Alexander Litvinenko durch einen spektakulären Giftmord ums Leben. In seinen Five o'Clock Tea wurde von unbekannter Hand eine gewisse Menge einer bestimmten radioaktiven Substanz gegeben, was innerhalb von 3 Wochen zum Tod führte (vgl. Aufgabe 8 in Kap. 11).
Um das Gift zu identifizieren, wurden einer Urinprobe Tropfen entnommen, deren Atome und Moleküle durch eine Apparatur (Ionenquelle IQ) einfach ionisiert wurden. Nachdem diese Ionen ein Geschwindigkeitsfilter GF mit der Durchlasseinstellung von 90 km/s passieren, durchlaufen sie ein senkrecht orientiertes Magnetfeld, das sie auf einen Halbkreis mit dem Radius r in einen Detektor lenkt. Bei einer Einstellung von 3,84 T zeigte sich eine deutliche Spitze („Peak") bei $r = 5{,}1$ cm.

a) Skizzieren Sie die eben beschriebene Anordnung. Gehen Sie dabei auch auf alle Polungen und Feldrichtungen ein.
b) Berechnen Sie die Masse der untersuchten Peak-Ionen. Worum könnte es sich handeln?

6 Erdmagnetfeld 1

Die Enden einer metallischen Stativstange der Länge $l = 1$ m sind leitend mit einem Voltmeter verbunden. Wird die Stativstange in horizontaler Position mit der konstanten Geschwindigkeit $v = 1\,\frac{\text{m}}{\text{s}}$ in horizontaler Richtung bewegt, so zeigt das Voltmeter die Spannung $U_i = 0{,}04$ mV an (Abb. 8.12).

a) Erklären Sie das Auftreten von U_i. Wie ist sie gepolt? Fertigen Sie eine Skizze an.

b) Auf ein Elektron im Stab wirken sowohl die Lorentzkraft als auch eine elektrische Kraft, die durch die Spannung U_i bzw. das zugehörige elektrische Feld hervorgerufen wird.
Es gilt $U_i = B \cdot l \cdot v$. Leiten Sie diese Formel her und berechnen Sie B.

c) Warum weicht dieser Wert von den in Kap. 8.6 genannten 48 µT ab?

Abb. 8.12 ▸ Zu Aufgabe 6

7 Erdmagnetfeld 2*

Abb. 8.13 zeigt die Wanderung des magnetischen Südpols von 1891 bis 2001 im nördlichen Kanada (rote Punkte). Schätzen Sie ab, mit welcher durchschnittlichen Geschwindigkeit dieser Vorgang verlief (Angabe in km/Jahr).

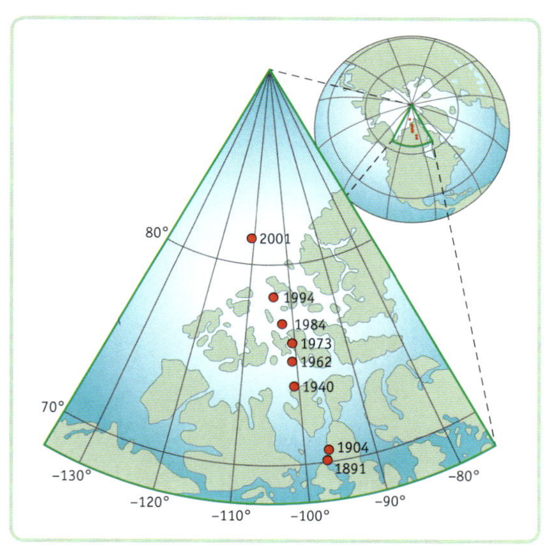

Abb. 8.13 ▸ Polwanderung (zu Aufgabe 7)

9 Mikroskopie

9.1 Vergrößerung eines optischen Instruments

9.1.1 Sehwinkel und Vergrößerung

Warum erscheinen die beiden vorderen Türme des Bamberger Doms in Abb. 9.1 verschieden groß, obwohl sie in Wirklichkeit etwa gleich groß sind? Ganz einfach: Vom gewählten Standort aus befindet sich der eine Turm näher am Auge als der andere. Die Lichtstrahlen von Ober- und Unterkante des vorderen Turmes fallen unter dem Sehwinkel α_1 auf Augenlinse und Netzhaut, die entsprechenden Lichtstrahlen des Nachbarturms fallen aufgrund der größeren Entfernung unter dem kleineren Sehwinkel α_2 ein und erzeugen ein kleineres Bild auf der Netzhaut (Abb. 9.2).

Allgemein hängt der Sehwinkel α also von der Größe und von der Entfernung des abzubildenden Gegenstandes ab. Soll ein Gegenstand ohne Veränderung der Entfernung vergrößert auf der Netzhaut abgebildet werden, so kann ein optisches Instrument zwischen Gegenstand und Auge gebracht werden, das den Sehwinkel vergrößert (Abb. 9.3). Für die Vergrößerung V wird definiert:

$$V = \frac{\tan(\alpha_{mit})}{\tan(\alpha_{ohne})} = \frac{B_{mit}}{B_{ohne}}$$

Dabei sind α_{mit} der Sehwinkel mit optischem Instrument und α_{ohne} der Sehwinkel mit bloßem Auge. B_{mit} ist die Bildgröße auf der Netzhaut eines mit einem optischen Instrument abgebildeten Gegenstandes und B_{ohne} die Bildgröße des gleichen Gegenstandes mit bloßem Auge.

Abb. 9.1 ▶ Bamberger Dom

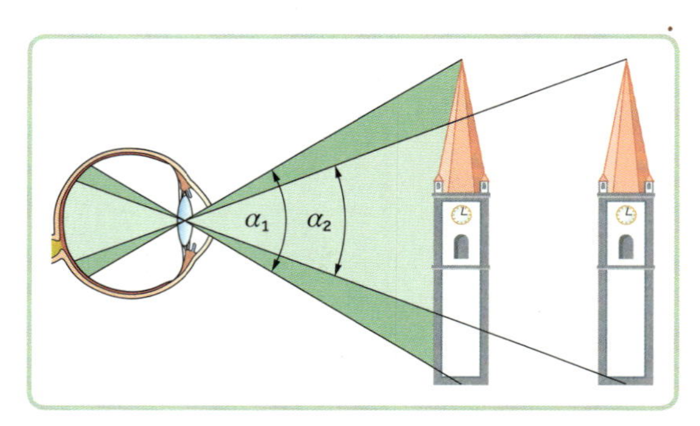

Abb. 9.2 ▶ Sehwinkel und Entfernung eines Gegenstandes

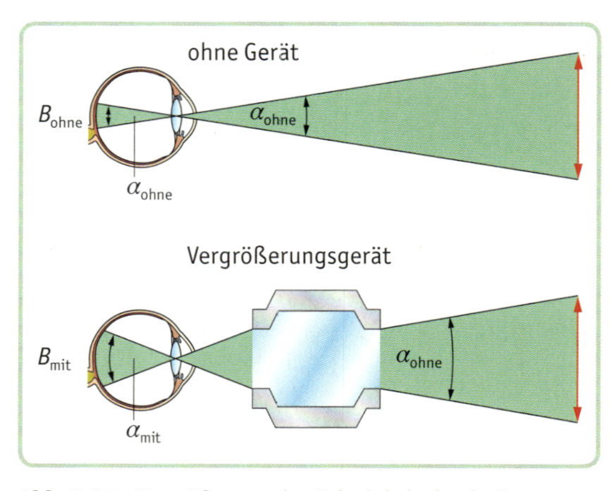

Abb. 9.3 ▶ Vergrößerung des Sehwinkels durch ein optisches Instrument

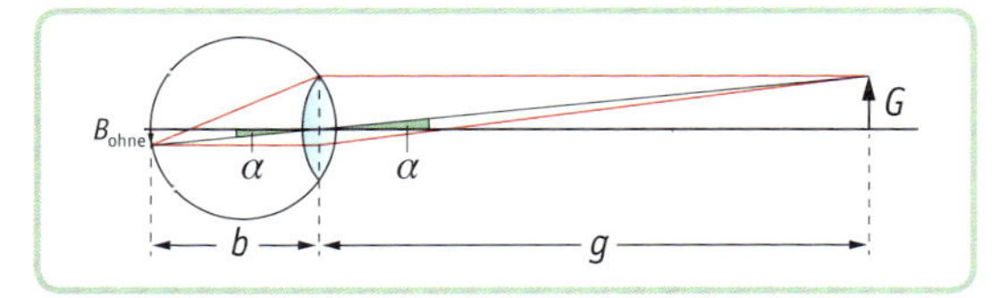

Abb. 9.4 ▶ Abbildung durch die Augenlinse

9.1.2 Vergrößerung einer Lupe

Ein optisches Instrument zur Vergrößerung des Sehwinkels ist die Lupe. Im Folgenden werden die Bildgrößen eines Gegenstandes auf der Netzhaut mit und ohne Lupe verglichen.

Bei der Abbildung des Gegenstandes G durch die Augenlinse entsteht ein verkleinertes und umgekehrtes Bild auf der Netzhaut, das vom Gehirn später umgedreht wird (Abb. 9.4). Für die Bildgröße B_{ohne} ohne optisches Instrument zwischen Auge und Gegenstand gilt:

$$\frac{B_{ohne}}{b} = \tan\alpha = \frac{G}{g}$$

$$B_{ohne} = \frac{b}{g} \cdot G$$

Dabei sind G die Größe des Gegenstandes, g die Gegenstandsweite, B_{ohne} die Größe des Bildes und b die Bildweite.

▶ Beispiel

Wenn dieser **G** = 1 cm hohe Buchstabe im Abstand g = 25 cm gelesen wird, erzeugt er im Abstand b = 2,5 cm hinter der Augenlinse auf der Netzhaut ein Bild der Größe

$$B_{ohne} = \frac{2{,}5\ \text{cm}}{25\ \text{cm}} \cdot 0{,}01\ \text{m} = 1{,}0\ \text{mm}.$$

Um die Vergrößerung optischer Geräte unabhängig von einem bestimmten Betrachter angeben zu können, legt man fest: Die Abbildung durch die Augenlinse allein geschieht immer mit einer Gegenstandsweite von $g = s$ = 25 cm, der sogenannten „deutlichen Sehweite" s.

Bei der Abbildung des Gegenstandes durch Lupe und Augenlinse zusammen wird die Lupe so gehalten, dass sie sich in der Entfernung der Brennweite f_{Lupe} vor dem Gegenstand G befindet (Abb. 9.5). Die Lichtstrahlen zwischen Lupe und Auge verlaufen dann parallel, deshalb kann der Abstand zwischen Lupe und Auge beliebig gewählt werden und das Auge kann entspannt den Gegenstand betrachten. Da das Bild mit Lupe wie ohne Lupe umgekehrt auf der Netzhaut abgebildet und vom Gehirn umgedreht wird, erscheint der durch die Lupe abgebildete Gegenstand aufrecht.

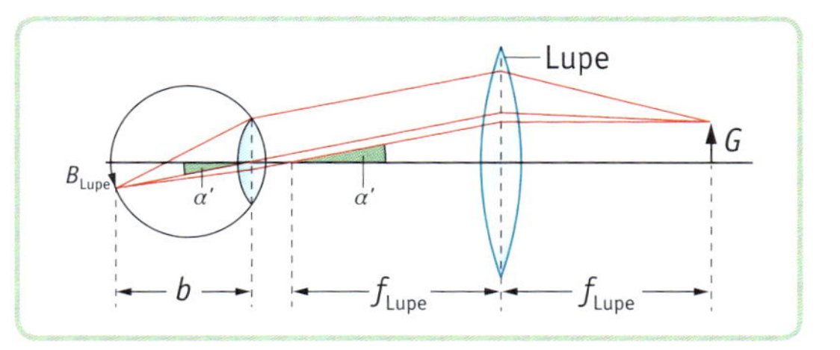

Abb. 9.5 ▶ Abbildung durch Lupe und Augenlinse

Für die Größe des Bildes B_{Lupe} mit dem optischen Instrument Lupe zwischen Auge und Gegenstand gilt:

$$\frac{B_{Lupe}}{b} = \tan\alpha' = \frac{G}{f_{Lupe}}$$

$$B_{Lupe} = \frac{b}{f_{Lupe}} \cdot G$$

Die Vergrößerung des Bildes durch die Lupe ist damit:

$$V = \frac{B_{Lupe}}{B_{ohne}} = \frac{g}{f_{Lupe}} = \frac{s}{f_{Lupe}}$$

▶ Beispiel

Dieser **G** = 1 cm hohe Buchstabe erzeugt mit einer Lupe der Brennweite f_{Lupe} = 5,0 cm im Abstand b = 2,5 cm hinter der Augenlinse ein Bild auf der Netzhaut, das die Größe

$$B_{Lupe} = \frac{2{,}5\ \text{cm}}{5{,}0\ \text{cm}} \cdot 0{,}01\ \text{m} = 5{,}0\ \text{mm hat.}$$

Die Lupe vergrößert also das Bild des Buchstabens auf der Netzhaut um den Faktor

$$V = \frac{25\ \text{cm}}{5{,}0\ \text{cm}} = 5.$$

9.2 Optisches Mikroskop

Das optische Mikroskop kann vergrößerte Bilder von Strukturen oder Objekten erzeugen, die für das bloße Auge unsichtbar sind, so z. B. von Zellen. Es ist damit ein wichtiges Werkzeug für die Biologie und Biophysik; außerdem legt sein Aufbau die Grundlage zum Verständnis weitergehender Mikroskopiertechniken.

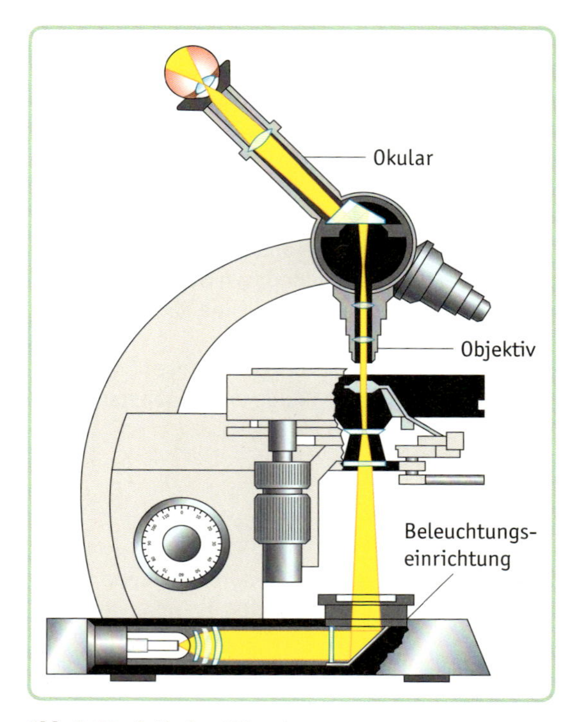

Abb. 9.6 ▶ Optisches Mikroskop

9.2.1 Aufbau eines Mikroskops

Das optische Mikroskop besteht aus zwei Sammellinsen zwischen Gegenstand und Auge, die Objektiv und Okular genannt werden (Abb. 9.6). Der Gegenstand kann dabei entweder von hinten (Durchlichtmikroskopie) oder von vorne (Auflichtmikroskopie) beleuchtet werden.

Der Gegenstand G wird durch das Objektiv umgedreht auf das Zwischenbild B* abgebildet. Dieses Zwischenbild wird – wie bei einer Lupe – durch das Okular und die Augenlinse hindurch auf die Netzhaut umgekehrt abgebildet (Abb. 9.7). Durch die zweimalige Bildumkehr weisen G und B die gleiche Orientierung auf. Da unser Gehirn aber die Bildumkehr durch die Augenlinse gewohnt ist, erscheint uns ein durch ein Mikroskop betrachteter Gegenstand als auf dem Kopf stehend. Die Lichtstrahlen zwischen Okular und Augenlinse sind parallel, der Abstand zwischen Auge und Okular kann beliebig gewählt werden und das Auge kann entspannt sehen.

9.2.2 Vergrößerung eines Mikroskops

Die Bildgröße B eines Gegenstandes der Größe G auf der Netzhaut in Abb. 9.7 berechnet sich in zwei Stufen:

1. Abbildung des Gegenstandes der Größe G durch das Objektiv auf das Zwischenbild der Größe B^*:

$$\frac{B^*}{t} = \tan\alpha = \frac{G}{f_{\text{Objektiv}}}$$

$$B^* = \frac{t}{f_{\text{Objektiv}}} \cdot G$$

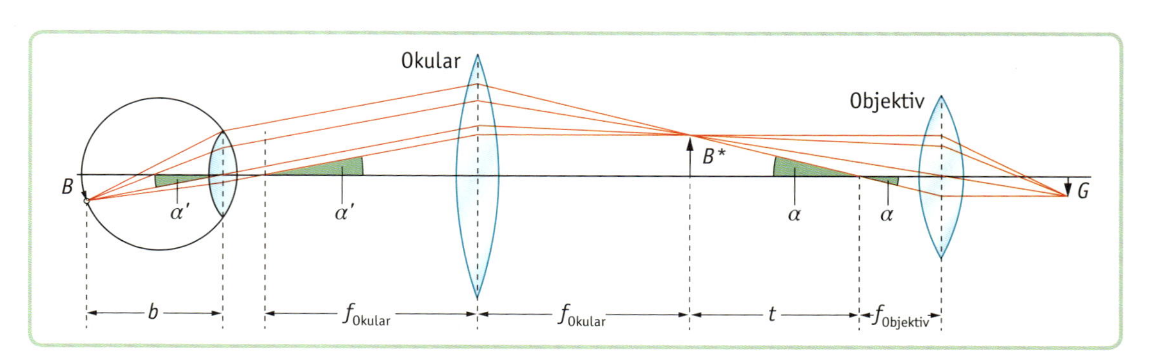

Abb. 9.7 ▶ Abbildung durch ein optisches Mikroskop

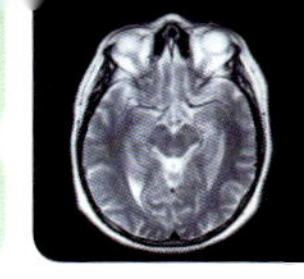

Dabei sind f_{Objektiv} die Brennweite des Objektivs und t der Abstand zwischen den Brennpunkten von Objektiv und Okular (Tubuslänge). Für einen möglichst großen Wert von t darf die Gegenstandsweite nur knapp über der Brennweite des Objektivs liegen.
Weil sowohl das Zwischenbild als auch der Gegenstand selbst aus der gleichen Entfernung $s = 25$ cm betrachtet werden können, ist die Vergrößerung des Objektivs:

$$V_{\text{Objektiv}} = \frac{B^*}{G} = \frac{t}{f_{\text{Objektiv}}}$$

2. Abbildung des Zwischenbildes der Größe B^* durch Okular- und Augenlinse auf das Netzhautbild der Größe B:

$$B_{\text{Mikr.}} = \frac{b}{f_{\text{Okular}}} \cdot B^* = \frac{b}{f_{\text{Okular}}} \cdot \frac{t}{f_{\text{Objektiv}}} \cdot G$$

Die Betrachtung ist hier die gleiche wie bei der Lupe (Kap. 9.1); f_{Okular} ist die Brennweite des Okulars und b der Augendurchmesser. Die Vergrößerung des Okulars ist:

$$V_{\text{Okular}} = \frac{s}{f_{\text{Okular}}}$$

$s = 25$ cm ist darin wieder die deutliche Sehweite des bloßen Auges.

Die Vergrößerung des Mikroskops ergibt sich jetzt wieder durch Vergleich von $B_{\text{Mikr.}}$ mit $B_{\text{ohne}} = \frac{b}{s} \cdot G$:

$$V_{\text{Mikr.}} = \frac{B_{\text{Mikr.}}}{B_{\text{ohne}}} = \frac{s}{f_{\text{Okular}}} \cdot \frac{t}{f_{\text{Objektiv}}}$$

Sie kann einfach durch Multiplikation der Vergrößerungen von Objektiv und Okular berechnet werden:

$$V = V_{\text{Okular}} \cdot V_{\text{Objektiv}}$$

▶ Beispiel

Ein Lichtmikroskop mit einem Okular mit Vergrößerungsfaktor 10 und einem Objektiv mit Vergrößerungsfaktor 100 erreicht eine Vergrößerung von 1000.

Damit kann beispielsweise eine 1 µm große Zelle auf ein 1 mm großes Bild auf der Netzhaut abgebildet werden. Dies entspricht der Größe des Bildes eines 1 cm großen Gegenstandes, der mit bloßem Auge in deutlicher Sehweite 25 cm vor dem Auge betrachtet wird.

9.2.3 Das Auflösungsvermögen

Das Auflösungsvermögen wird durch den kleinsten Abstand zweier Punkte, die noch getrennt wahrgenommen werden können, beschrieben. Theoretisch sollte durch geeignete Kombination zweier Linsen die Vergrößerung eines optischen Mikroskops beliebig groß werden können. Damit könnten zwei beliebig nahe aneinander liegende Punkte unterschieden werden. Praktisch ist das Auflösungsvermögen jedoch durch Beugungseffekte beschränkt: Da Linsen seitlich begrenzt sind, beugen sie Lichtwellen ähnlich wie Lochblenden (vgl. Kap. 3.5). Jeder Punkt eines Gegenstandes wird deshalb hinter der Linse nicht auf einen Punkt, sondern auf ein Beugungsscheibchen abgebildet.
Nach der Rechnung in Kap. 3.5 sind zwei solche Beugungsscheibchen nur dann getrennt voneinander wahrnehmbar, wenn für den Winkel α zwischen den erzeugenden Lichtbündeln gilt:

$$\sin\alpha = \frac{1{,}22 \cdot \lambda}{d}$$

Dabei ist λ die Wellenlänge des Lichts und d der Durchmesser der Öffnung, hier also der Linse. Aus Abb. 9.8 sieht man, dass für kleine Winkel α gilt: $\sin\alpha \approx \tan\alpha = \frac{D}{f}$. f ist die Brennweite der Linse und D der Abstand zweier Punkte, die getrennt wahrgenommen werden sollen. Zusammen erhält man somit:

$$D = \frac{1{,}22 \cdot \lambda}{\frac{d}{f}}$$

Der Quotient $\frac{d}{f}$ wird Öffnungsverhältnis der Linse genannt. Aufgrund unvermeidlicher Linsenfehler sind alle Öffnungsverhältnisse kleiner als 2. Damit begrenzt die Wellenlänge des verwendeten Lichtes das Auflösungsvermögen des optischen Mikroskops.

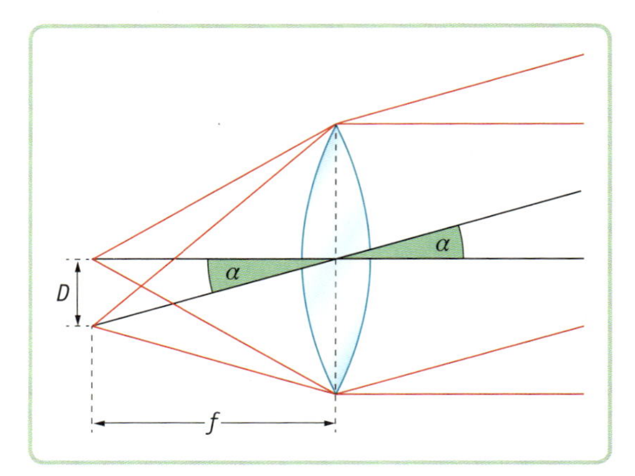

Abb. 9.8 ▶ Beugung an einer Linse

▶ Beispiel

Mit blaugrünem Licht der Wellenlänge $\lambda = 500$ nm lassen sich durch eine Linse zwei Punkte im Abstand von 305 nm noch getrennt auflösen. Kleinere Strukturen können bei dieser Wellenlänge nicht mehr mit dem optischen Mikroskop abgebildet werden.

Da das menschliche Auge normalerweise zwei Striche im Abstand von 0,3 mm noch getrennt wahrnehmen kann, muss das optische Mikroskop die kleinsten auflösbaren Strukturen um den Faktor $V = \frac{0{,}3\text{ mm}}{305\text{ nm}} \approx 1000$ vergrößern. Eine größere Vergrößerung löst bei dieser Wellenlänge keine kleineren Strukturen mehr auf.

Eine Möglichkeit, das Auflösungsvermögen eines optischen Mikroskops zu steigern, ist die Verwendung einer Immersionsflüssigkeit, beispielsweise Öl, zwischen Objekt und Objektiv (Abb. 9.9). Da die Immersionsflüssigkeit einen ähnlichen Brechungsindex wie Glas besitzt, wird die Brechung von Lichtstrahlen zwischen dem Deckglas der Probe und dem Luftspalt verhindert. Dadurch treten mehr Lichtstrahlen in das Objektiv ein und das Auflösungsvermögen kann um ca. 60 % gesteigert werden.

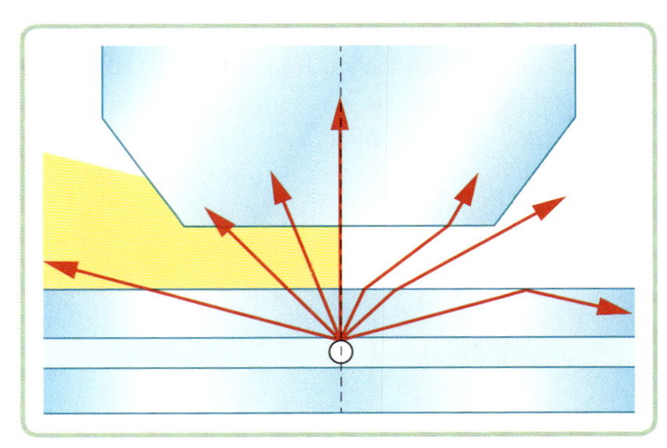

Abb. 9.9 ▶ Strahlenverlauf zwischen Objektiv und Schutzglas mit (links) und ohne (rechts) Immersionsflüssigkeit

Eine weitere Möglichkeit zur Erhöhung des Auflösungsvermögens ist die Verwendung von UV-Licht. Dessen Wellenlänge, beispielsweise $\lambda = 0{,}2$ µm, ist kürzer als die von sichtbarem Licht. Durch die zusätzliche Verwendung einer Immersionsflüssigkeit sind dann noch Strukturen bis etwa 0,1 µm auflösbar. Ihre Vergrößerung ist damit bis zu einem Faktor $V \approx 3000$ sinnvoll. Da jedoch UV-Licht für das Auge nicht sichtbar ist, müssen Photographien angefertigt werden. Ein weiteres Problem tritt auf, da normales Glas für UV-Licht nicht mehr durchlässig ist und stattdessen Linsen aus Quarz verwendet werden müssen. Diese geringe UV-Durchlässigkeit der Materialien setzt letztendlich der Verwendung noch kürzerer Wellenlängen technische Grenzen.

9.3 Materiewellen

Das Auflösungsvermögen von optischen Mikroskopen ist letztendlich durch die Wellenlänge des verwendeten Lichts begrenzt. Einzelne Atome oder Moleküle sind damit nicht sichtbar, wären aber interessant zu untersuchen, da alle Stoffe daraus aufgebaut sind.

Um das Auflösungsvermögen so zu steigern, dass auch Atome beobachtet werden können, müssten noch kürzere Wellenlängen in einer anderen Art von Mikroskop verwendet werden. Dies sind heute Materiewellen in Elektronenmikroskopen.

9.3.1 De-Broglie-Wellenlänge

Dass Licht als Welle beschrieben werden kann, ist durch Beugungs- und Interferenzexperimente lange bekannt (vgl. Kap. 3). Die Beschreibung von Licht als Teilchen wurde von EINSTEIN durchgeführt und durch den Photoeffekt experimentell bestätigt. Angeregt durch diese Doppelnatur von Licht hatte LOUIS DE BROGLIE (1892–1987) die Idee, dass auch Elektronen sowohl Teilchen- als auch Welleneigenschaften zeigen müssten.

Analog zur Wellenlänge eines Lichtteilchens postulierte er die De-Broglie-Wellenlänge λ_{DB} eines Elektrons:

$$\lambda_{DB} = \frac{h}{p}$$

Dabei sind p der Impuls des Elektrons und die Konstante $h = 6{,}6261 \cdot 10^{-34}$ Js das Planck'sche Wirkungsquantum. Bei nicht-relativistischer Rechnung hängen Impuls p und kinetische Energie E_{kin} eines Elektrons zusammen:

$$E_{kin} = \frac{1}{2} \cdot m \cdot v^2 = \frac{(m \cdot v)^2}{2 \cdot m} = \frac{p^2}{2 \cdot m}$$

Diese Gleichung nach p aufgelöst und in die obige Gleichung eingesetzt ergibt die Materiewellenlänge λ_{DB} freier Elektronen der Masse m in Abhängigkeit von ihrer kinetischen Energie E_{kin}:

$$\lambda_{DB} = \frac{h}{\sqrt{2 \cdot m \cdot E_{kin}}}$$

▶ Beispiel

Elektronen, die eine Beschleunigungsspannung von 3,7 kV durchlaufen, haben eine kinetische Energie

$$E_{kin} = e \cdot U_B = 1{,}6 \cdot 10^{-19}\,\text{C} \cdot 3700\,\text{V}$$
$$= 5{,}92 \cdot 10^{-16}\,\text{J}.$$

Ihre De-Broglie-Wellenlänge ist dann:

$$\lambda_{DB} = \frac{6{,}6261 \cdot 10^{-34}\,\text{Js}}{\sqrt{2 \cdot 9{,}11 \cdot 10^{-31}\,\text{kg} \cdot 5{,}92 \cdot 10^{-16}\,\text{J}}}$$
$$= 2{,}0 \cdot 10^{-11}\,\text{m}$$

9.3.2 Beschleunigung der Elektronen

Durch den glühelektrischen Effekt können Elektronen aus der Glühkathode freigesetzt werden. Die anschließende Beschleunigung der Elektronen auf die Geschwindigkeit v bzw. die kinetische Energie E_{kin} durch eine Beschleunigungsspannung wollen wir im Folgenden genauer untersuchen.

Sind die elektrischen Feldlinien parallel und gleichgerichtet, dann ist das elektrische Feld homogen (vgl. Kap. 6.2). Dies ist z. B. im Inneren eines Plattenkondensators der Fall (Abb. 9.10). Die elektrische Feldstärke E kann dann mit $E = \frac{U}{d}$ berechnet werden. Dabei sind U die angelegte Spannung und d der Plattenabstand.

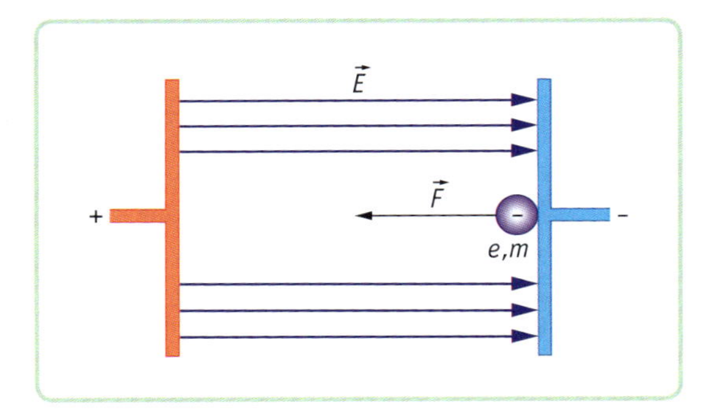

Abb. 9.10 ▶ Elektron im homogenen elektrischen Feld

Im homogenen elektrischen Feld wirkt auf das Elektron überall die konstante elektrische Kraft $F = e \cdot E$ wegen der negativen Ladung entgegen den elektrischen Feldlinien. Beim Verschieben des Elektrons um einen bestimmten Weg d längs der elektrischen Feldlinien ändert sich die potentielle Energie des Elektrons um den Betrag $E_{pot} = F \cdot d$, da Kraft und Weg parallel sind und die Kraft konstant bleibt. Bei einer Verschiebung entgegen der Richtung der Feldlinien nimmt die potentielle Energie ab, in Richtung der Feldlinien nimmt die potentielle Energie zu. Bei einer Verschiebung senkrecht zu den Feldlinien, auf den sogenannten Äquipotentiallinien, ändert sich die potentielle Energie nicht (vgl. Kap. 6). Deshalb ändert sich bei einer Verschiebung schräg zu den elektrischen Feldlinien die potentielle Energie nur um die entsprechende Komponente parallel zu den Feldlinien.

Das Elektron auf der rechten Kondensatorplatte hat gegenüber der linken Kondensatorplatte die potentielle Energie $E_{pot} = F \cdot d = e \cdot E \cdot d = e \cdot U_B$, wenn F die elektrische Kraft, e die Ladung des Elektrons, E die elektrische Feldstärke, d der Plattenabstand und U_B die Beschleunigungsspannung sind. Den beliebig wählbaren Nullpunkt der potentiellen Energie legen wir auf die linke Kondensatorplatte. Also:

Gesamtenergie am Anfang: $E_{pot} = e \cdot U_B$

Nach dem Start wird das Elektron in Richtung der linken Kondensatorplatte beschleunigt und hat beim Auftreffen nur kinetische Energie E_{kin}. Es gilt:

Gesamtenergie am Ende: $E_{kin} = \frac{1}{2} \cdot m \cdot v^2$

Nach dem Energieerhaltungssatz sind beide Gesamtenergien gleich und die kinetische Energie, die das Elektron durch die Beschleunigung gewinnt, kann durch Gleichsetzen berechnet werden: $E_{kin} = E_{pot}$.
Die Geschwindigkeit beim Auftreffen auf die linke Platte wird durch Auflösen der Gleichung nach v berechnet:

$$v = \sqrt{\frac{2 \cdot e \cdot U_B}{m}}$$

Neben der Einheit Joule J wird die Energie nach dem Beschleunigen oft auch in der Einheit Elektronenvolt eV angegeben. Die Umrechnung ist 1 eV = $1{,}6022 \cdot 10^{-19}$ J. Die Elektronen aus dem Beispiel zu 9.3.1 haben also die kinetische Energie 3,7 keV.

9.3.3 Nachweis der Materiewellen

Die im Beispiel zu 9.3.1 berechnete Wellenlänge der Materiewelle ist von der Größenordnung des Abstands von Atomen in Kristallgittern. Wenn die Idee De Broglies richtig ist und Elektronen als Wellen beschrieben werden können, dann sollten Elektronen dieser Wellenlänge Interferenzeffekte zeigen, wenn sie auf ein Kristallgitter auftreffen.
Mit der Elektronenbeugungsröhre (Abb. 9.11) kann der Wellencharakter von Elektronen experimentell bestätigt werden. Dabei werden Elektronen aus einer Glühkathode herausgelöst und in Richtung auf eine Lochanode beschleunigt. Sie treffen danach auf eine dünne Folie aus Graphit-Kristallen und erzeugen auf einer Leuchtschicht Interferenzringe. Durch das Verzerren der Interferenzringe mit einem Magneten kann gezeigt werden, dass die beobachteten Ringe von einem Elektronenstrahl und nicht von Licht hervorgerufen werden.

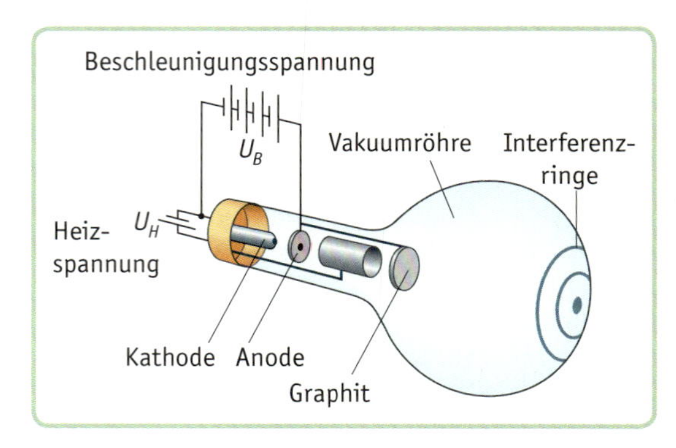

Abb. 9.11 ▶ Elektroneninterferenz an Graphit

9.3.4 Elektronenbeugungsröhre*

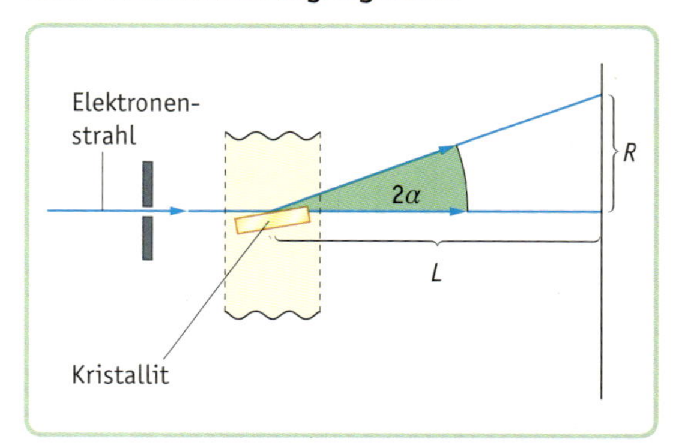

Abb. 9.12 ▶ Bestimmung der De-Broglie-Wellenlänge von Elektronen

Um die De-Broglie-Wellenlänge von Elektronen im Versuch zu Abb. 9.11 zu bestimmen, werden der Radius eines Rings und der Abstand des Rings zur Graphitfolie gemessen. Den Ablenkwinkel 2α kann man dann berechnen (Abb. 9.12):

$$\tan(2\alpha) = \frac{R}{L}$$

Die Graphitfolie besteht aus sehr vielen kleinen Kristalliten, die die Elektronen nur dann ablenken, wenn sie unter einem bestimmten Winkel α getroffen werden. Diese sogenannte Bragg-Reflexion ist ein Interferenzeffekt; für den Winkel des 1. Maximums gilt (vgl. Kap. 10.2.2):

$$\sin\alpha = \frac{\lambda_{DB}}{2 \cdot d}$$

Dabei ist λ_{DB} die Wellenlänge der Elektronen und d der Abstand zwischen zwei Netzebenen im Kristallit (Gitterkonstante).

▶ Beispiel

Bei der Beschleunigungsspannung $U_B = 3{,}7$ kV bestimmt man den Radius des inneren Rings $R = 1{,}3$ cm und den Abstand $L = 13{,}5$ cm. Daraus errechnet sich ein Einstrahlwinkel von $\alpha = 2{,}75°$. Mit der Gitterkonstante $d = 2{,}13 \cdot 10^{-10}$ m ergibt sich die De-Broglie-Wellenlänge $\lambda_{DB} = 2{,}0 \cdot 10^{-11}$ m.

Diese aus den Interferenzringen gemessene Wellenlänge stimmt mit der in Kap. 9.3.1 aus der Beschleunigungsspannung berechneten überein.

Elektronen können also auch als Materiewellen mit einer De-Broglie-Wellenlänge beschrieben werden. Da diese Wellenlänge bereits bei geringen Beschleunigungsspannungen in der Größenordnung des Radius von Atomen liegt, sollten mit einem Elektronenmikroskop Atome aufgelöst und sichtbar gemacht werden können.

9.3.5 Relativistische Energie

Durch Erhöhen der Beschleunigungsspannung der Elektronen kann das Auflösungsvermögen eines Elektronenmikroskops weiter gesteigert werden. Überschreitet die Geschwindigkeit der Elektronen allerdings 10% der Lichtgeschwindigkeit c, dann wirken sich relativistische Effekte auf das Ergebnis deutlich aus.

Die Masse ist ein Maß für die Trägheit und die Schwere eines Körpers. In der klassischen Physik ist sie konstant. Aus der speziellen Relativitätstheorie von EINSTEIN folgt jedoch, dass ein ruhender Beobachter eine bewegte Masse sieht, die größer als die Ruhemasse des jeweiligen Teilchens ist. Experimentell wurde diese relativistische Massenzunahme von KAUFMANN und BUCHERER bestätigt (vgl. Ergebnis des Experiments in Abb. 9.13). Je näher die Geschwindigkeit eines Teilchens der Lichtgeschwindigkeit kommt, desto größer ist seine bewegte Masse. Für Geschwindigkeiten, die größer als 10% der Lichtgeschwindigkeit sind, muss die relativistische Massenzunahme berücksichtigt werden.

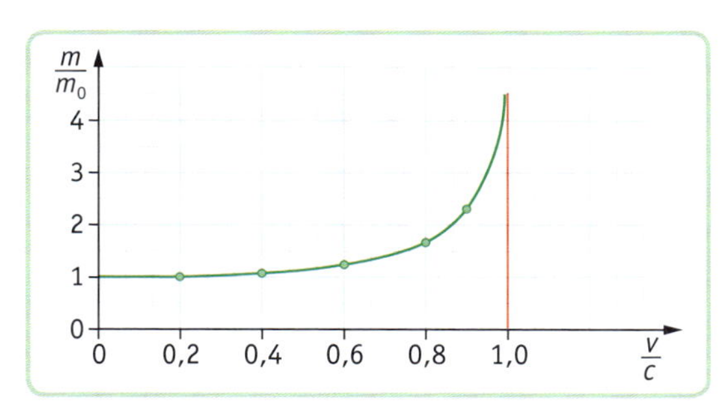

Abb. 9.13 ▶ Relativistische Massenzunahme

Für den Zusammenhang von bewegter Masse m und Ruhemasse m_0 gilt:

$$m = \gamma \cdot m_0 = \frac{1}{\sqrt{1 - \left(\frac{v}{c}\right)^2}} \cdot m_0$$

Dabei sind v die Geschwindigkeit, c die Lichtgeschwindigkeit und γ der Lorentz-Faktor.

Der höheren bewegten Masse m ist nach EINSTEIN eine Gesamtenergie

$$E_{ges} = m \cdot c^2$$

zugeordnet.

Zur Ruhemasse m_0 gehört entsprechend eine Ruheenergie $E_0 = m_0 \cdot c^2$.

▶ Beispiel

In einer Röntgenröhre wird die Auftreffgeschwindigkeit der beschleunigten Elektronen auf die Metallanode mit $v = 1{,}0 \cdot 10^8 \frac{\text{m}}{\text{s}}$ berechnet. Der Lorentz-Faktor beträgt damit

$$\gamma = \frac{1}{\sqrt{1-\left(\frac{v}{c}\right)^2}} = \frac{1}{\sqrt{1-\left(\frac{1{,}0\cdot 10^8\,\frac{\text{m}}{\text{s}}}{3{,}0\cdot 10^8\,\frac{\text{m}}{\text{s}}}\right)^2}} = 1{,}1$$

Die bewegte Masse der schnellen Elektronen ist größer als ihre Ruhemasse:

$$m = \gamma \cdot m_0 = 1{,}1 \cdot 9{,}1 \cdot 10^{-31}\,\text{kg} = 9{,}7 \cdot 10^{-31}\,\text{kg}$$

Im folgenden Abschnitt soll die De-Broglie-Wellenlänge $\gamma_{\text{DB}} = \frac{h}{p}$ von Elektronen relativistisch berechnet werden. Der Impuls der Elektronen p hängt nach relativistischer Rechnung (vgl. Aufgabe 7) mit der Gesamtenergie E_{ges} und mit der Ruheenergie E_0 zusammen:

$$E_{\text{ges}}^2 = E_0^2 + p^2 \cdot c^2$$

$$p = \frac{\sqrt{E_{\text{ges}}^2 - E_0^2}}{c}$$

Da die Gesamtenergie E_{ges} aus Ruheenergie E_0 und kinetischer Energie E_{kin} besteht, folgt:

$$p = \frac{\sqrt{(E_0 + E_{\text{kin}})^2 - E_0^2}}{c} = \frac{\sqrt{E_{\text{kin}} \cdot (2 \cdot E_0 + E_{\text{kin}})}}{c}$$

$$\lambda_{\text{DB}} = \frac{h \cdot c}{\sqrt{E_{\text{kin}} \cdot (2 \cdot E_0 + E_{\text{kin}})}}$$

Nach dem Energieerhaltungssatz entspricht die kinetische Energie der Elektronen ihrer potentiellen Energie vor dem Durchlaufen der Beschleunigungsspannung U_{B}:

$$\lambda_{\text{DB}} = \frac{h \cdot c}{\sqrt{e \cdot U_{\text{B}} \cdot (2 \cdot m_0 \cdot c^2 + e \cdot U_{\text{B}})}}$$

▶ Beispiel

Einsetzen der Beschleunigungsspannung $U_{\text{B}} = 3{,}7$ kV und der Konstanten ergibt nach Zusammenfassen:

$$\lambda_{\text{DB}} = \frac{19{,}89 \cdot 10^{-26}\,\text{Jm}}{\sqrt{5920 \cdot 10^{-19}\,\text{J} \cdot (163{,}8 \cdot 10^{-15}\,\text{J} + 5920 \cdot 10^{-19}\,\text{J})}}$$

$$\lambda_{\text{DB}} = 2{,}0 \cdot 10^{-11}\,\text{m}$$

Innerhalb der Rechengenauigkeit stimmen die Werte für nicht-relativistische und relativistische Berechnung der De-Broglie-Wellenlänge noch überein. Tendenziell werden bei relativistischer Rechnung durch Berücksichtigung der Massenzunahme die De-Broglie-Wellenlängen eher kürzer.

9.4 Elektronenmikroskop

9.4.1 Einsatzbereich

Erst die Verwendung optischer Mikroskope erlaubt es, kleinste Strukturen jenseits des begrenzten Auflösungsvermögens unseres Auges betrachten zu können. Beispielsweise können damit Bakterien sichtbar gemacht werden, die in unserem Leben eine wichtige Rolle spielen. Durch die beschriebenen Einschränkungen sind jedoch kleinere Objekte wie

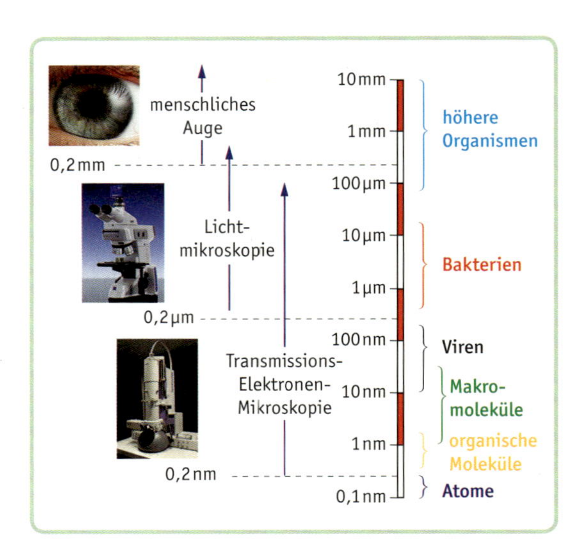

Abb. 9.14 ▶ Auge, optisches Mikroskop und Elektronenmikroskop

Viren oder Makromoleküle (DNA, Proteine) nicht im optischen Mikroskop beobachtbar. Erst die Nutzung der noch kürzeren Materiewellen des Elektrons in Elektronenmikroskopen erlaubt es, diese Begrenzungen zu überwinden (Abb. 9.14).

9.4.2 Prinzipieller Aufbau

Wie Abb. 9.15 zeigt, ist der Aufbau eines Transmissions-Elektronenmikroskops weitgehend analog zu dem eines optischen Mikroskops.

Der Lichtquelle entspricht eine Elektronenquelle. Diese besteht aus einer Glühkathode, aus der Elektronen freigesetzt werden. Sie werden durch eine Hochspannung bis 300 kV auf eine positive Lochanode hin beschleunigt. Im Gegensatz zu Lichtteilchen stoßen sich Elektronen gegenseitig ab. Deshalb ist die Elektronenquelle mit einem Wehnelt-Metallzylinder umgeben, der stärker negativ als die Glühkathode geladen ist und das Auseinanderlaufen des Elektronenstahls verhindert.

Der Kondensor hat bei beiden Mikroskopen die Aufgabe, das Objekt möglichst gleichmäßig auszuleuchten und die Bildhelligkeit steuern zu können. Beim optischen Mikroskop ist es eine Sammellinse, beim Elektronenmikroskop eine kurze Spule, die auf den Elektronenstrahl fokussierend wirkt.

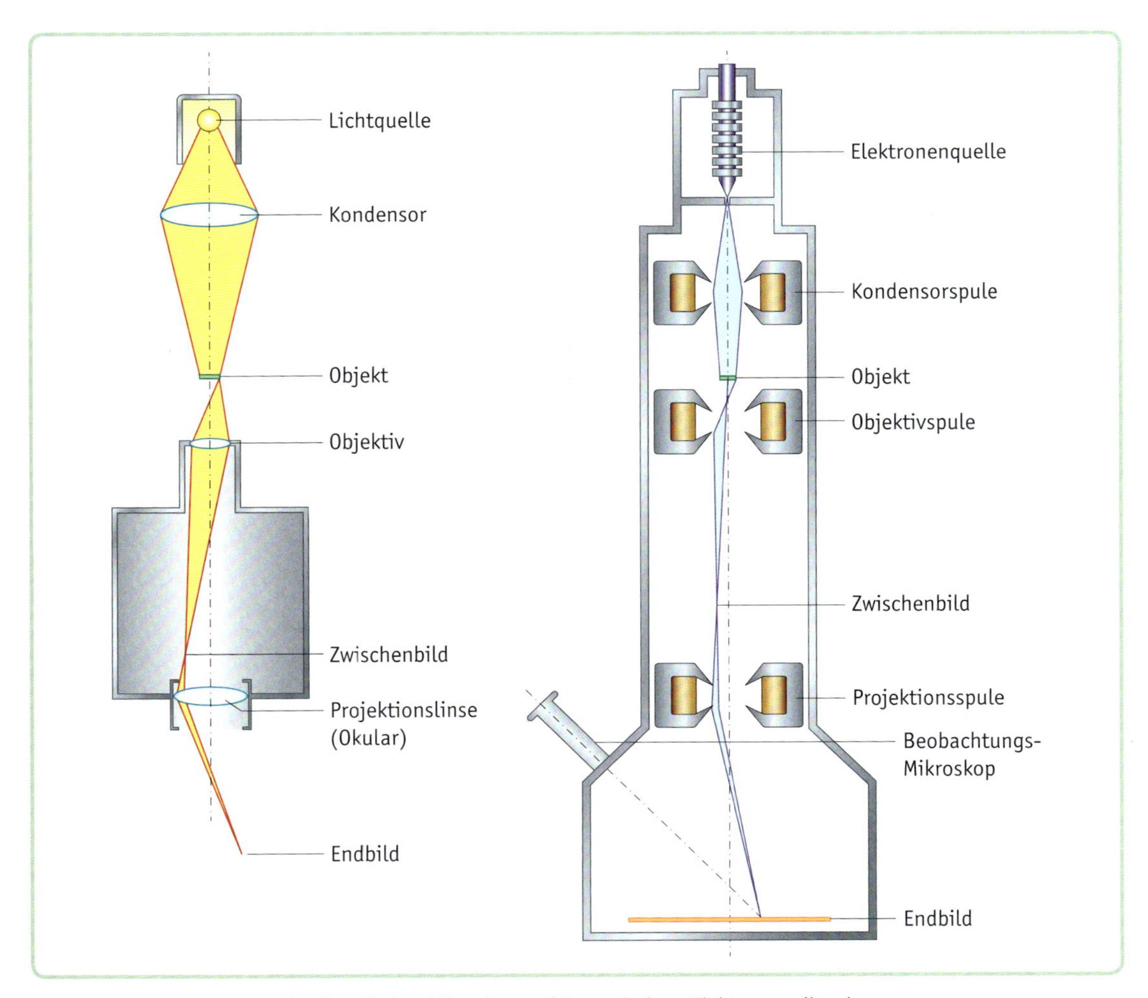

Abb. 9.15 Strahlengänge durch optisches Mikroskop und Transmissions-Elektronenmikroskop

Das in Transmission von Licht bzw. Elektronen bestrahlte Objekt befindet sich etwas weiter als die Brennweite des Objektivs von diesem entfernt.
Das Objektiv bildet den Gegenstand mit einer Sammellinse bzw. einer kurzen Spule vergrößert auf das Zwischenbild ab.
Bei dieser Bauform des Mikroskops befindet sich eine Projektionslinse etwas weiter als ihre Brennweite vom Zwischenbild entfernt und bildet dieses vergrößert auf das Endbild auf einem (Leucht-) Schirm ab. Dieses wird mit dem Auge bzw. mit einem weiteren optischen Instrument betrachtet.

9.4.3 Technische Ausführung

Damit die Elektronen nicht mit Luft in Wechselwirkung treten, befindet sich die gesamte Apparatur im Hochvakuum. Die Proben müssen außerdem beim Transmissions-Elektronenmikroskop durchstrahlt werden, was dort Strahlenschäden erzeugen kann.

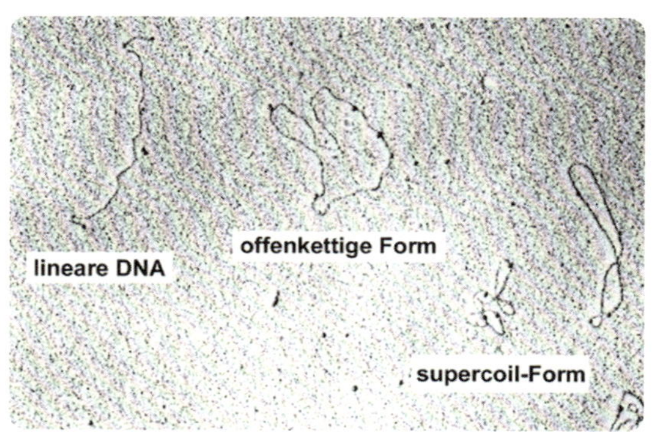

Abb. 9.16 ▶ DNA im Transmissions-Elektronenmikroskop (60 000-fache Vergrößerung, 80 kV)

Die Präparation der Proben, insbesondere der biologischen, ist aufwändig (Abb. 9.16). Zur Fixierung werden sie in Kunstharz eingebettet oder schockgefroren. Damit die Elektronen durch die Probe hindurchtreten können, wird sie in dünne Scheiben von 10 bis 100 nm Dicke geschnitten. Zur Kontrastverstärkung können noch Schwermetallatome aufgebracht werden, die die Elektronen besser streuen. Da die Abbildungsqualität von magnetischen Linsen (vgl. Kap. 9.4.4) nicht so gut ist wie die von optischen Linsen, lässt sich die theoretisch mögliche Auflösung nicht erreichen und das Auflösungsvermögen des Transmissions-Elektronenmikroskops ist nur etwa 1000-mal besser als das des optischen Mikroskops.

9.4.4 Magnetische Linsen

In Lichtmikroskopen verwendete Glaslinsen absorbieren die Elektronen und sind daher in Elektronenmikroskopen nicht zu gebrauchen. Elektronen lassen sich aber von elektrischen oder magnetischen Feldern ablenken. Da elektrische Felder abzulenkende Elektronen zusätzlich unterschiedlich stark beschleunigen, werden in Elektronenmikroskopen magnetische Linsen zur Fokussierung des Elektronenstrahls eingesetzt (Abb. 9.17). In sogenannten kurzen Spulen wird in einem Eisenpanzer das magnetische Feld um die stromdurchflossenen Kupferwindungen herum geführt und tritt nur in einem schmalen Spalt aus, der im Vergleich zur Querausdehnung der magnetischen Linse sehr eng ist.
Um die Fokussierung von Elektronen mithilfe von Magnetfeldern zu verstehen, betrachten wir zunächst sogenannte lange Spulen, die im Spuleninneren ein homogenes Magnetfeld enthalten. Bewegt sich ein Elektron in einem solchen Magnetfeld in eine Richtung, die nicht parallel zu den magnetischen Feldlinien ist, dann lässt sich seine Geschwindigkeit $\vec{v}$ in eine Komponente $\vec{v}_{\parallel}$ parallel zum Magnetfeld und eine Komponente $\vec{v}_{\perp}$ senkrecht dazu zerlegen (Abb. 9.18).
Die senkrechte Komponente $\vec{v}_{\perp}$ verursacht eine Lorentzkraft, die nach der Drei-Finger-Regel nach vorne aus der Zeichenebene heraus zeigt (vgl.

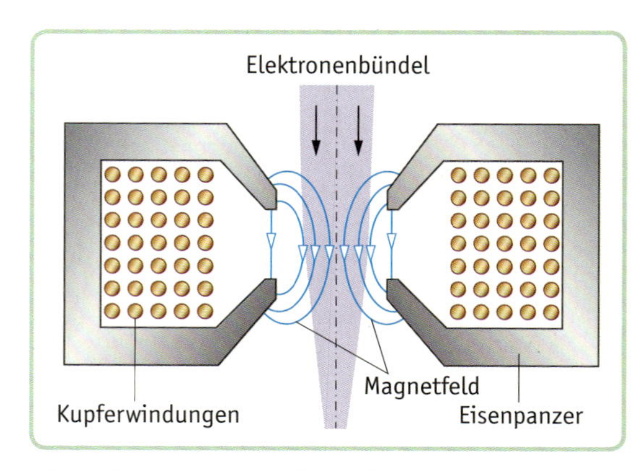

Abb. 9.17 ▶ Kurze magnetische Linse

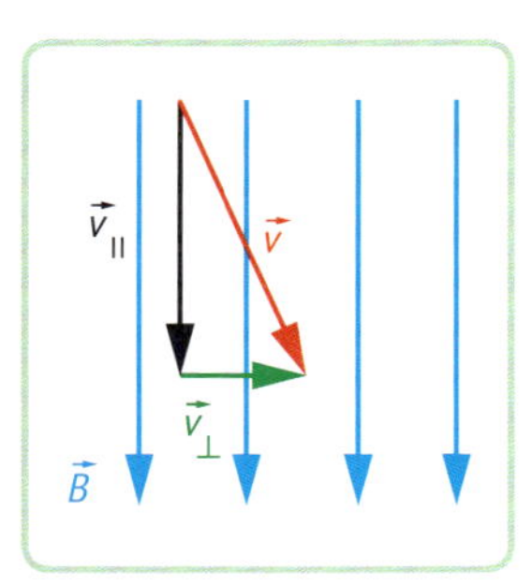

Abb. 9.18 ▶ Zerlegung der Geschwindigkeit eines Teilchens im Magnetfeld

Kap. 8.4.3). Da diese Kraft aber senkrecht auf $\vec{v}_\perp$ steht, bewirkt sie eine Kreisbewegung um die Magnetfeldlinien herum. Gleichzeitig zu dieser Kreisbewegung bewegt sich das Elektron mit der Geschwindigkeit $\vec{v}_{||}$ weiter, so dass sich insgesamt eine schraubenförmige Bewegung der Elektronen um die Magnetfeldlinien herum ergibt (Abb. 9.1 a). Ein Elektron, das ursprünglich aus dem Elektronenstrahl ausbrechen würde, wird also durch die Magnetfeldlinien im Strahl gehalten.

Für den Betrag der magnetischen Kraft F_L ist neben der Ladung e des Elektrons und der magnetischen Flussdichte B nur $v_\perp$ von Bedeutung:

$$F_L = e \cdot v_\perp \cdot B$$

F_L wirkt als Zentripetalkraft, erzwingt also die Bewegung des Elektrons der Masse m auf der Bahn vom Radius r:

$$\frac{m \cdot v_\perp^2}{r} = e \cdot v_\perp \cdot B \qquad v_\perp = \frac{e \cdot B \cdot r}{m}$$

Da die Geschwindigkeit $v_\perp$ auf der Bahn konstant ist, können dafür der Umfang $2\pi \cdot r$ und die Umlaufdauer T eingesetzt werden:

$$\frac{2\pi \cdot r}{T} = \frac{e \cdot B \cdot r}{m}$$

Aufgelöst nach T ergibt sich:

$$T = \frac{2\pi \cdot m}{e \cdot B}$$

Die Umlaufdauer hängt somit nur von Konstanten und dem Magnetfeld B ab; insbesondere ist sie unabhängig vom Winkel zwischen der Magnetfeld- und der Geschwindigkeitsrichtung. Ist dieser Winkel kleiner als 5°, so gilt in guter Näherung $v_{||} \approx v$ und alle Elektronen, die von einem Punkt unter verschiedenen kleinen Winkeln zur Magnetfeldrichtung aus-

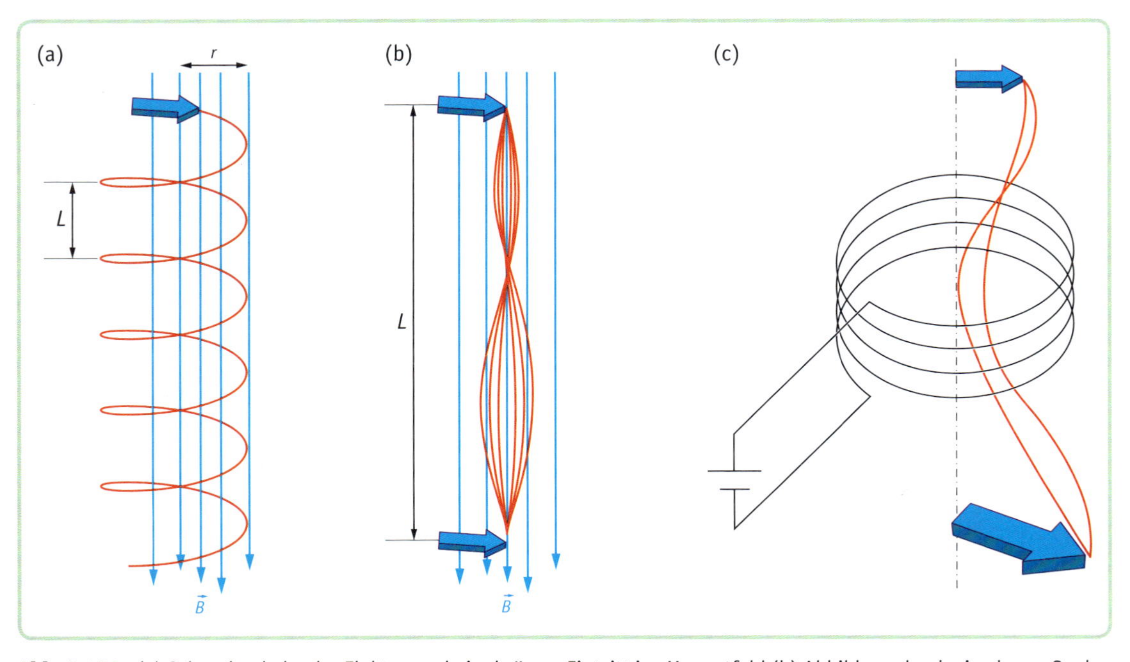

Abb. 9.19 ▶ (a) Schraubenbahn der Elektronen bei schrägem Eintritt ins Magnetfeld (b) Abbildung durch eine lange Spule (c) Abbildung durch eine kurze Spule („magnetische Linse")

einander laufen, treffen sich nach der Umlaufdauer T wieder in einem Punkt. Dieser befindet sich im Abstand $L = v \cdot T$ (Abb. 9.19 b).

Mit einer magnetischen Linse kann also ein Gegenstandspunkt mithilfe von Elektronenstrahlen auf einen Bildpunkt abgebildet werden, ganz wie in der Strahlenoptik auch (vgl. Kap. 1). Dort bildet eine Linse der Brennweite f einen Gegenstand, der sich im Abstand $2f$ vor einer Linse befindet, auf ein gleich großes Bild im Abstand $2f$ hinter der Linse ab. Das Abbildungsverhältnis von 1:1 ist allerdings das einzige, das mit der bis jetzt betrachteten langen magnetischen Linse erreicht werden kann. Alle anderen Abstandskombinationen von Gegenstand und Bild liefern nur unscharfe Abbildungen.

Anders ist die Situation bei einer kurzen magnetischen Linse, wie sie durch eine flache Spule erzeugt werden kann (Abb. 9.19 c). Durch das in diesem Fall inhomogene Magnetfeld lassen sich auch vergrößerte Abbilder erreichen. Ein Eisenmantel (Abb. 9.17) erhöht die Stärke des Magnetfelds in der Spule und erlaubt sehr kurze Brennweiten. Durch Variation der magnetischen Flussdichte kann beim Elektronenmikroskop sowohl die Schärfe als auch der Vergrößerungsfaktor angepasst werden.

9.5 Weitere Mikroskope

9.5.1 Rasterelektronenmikroskop

In einem Rasterelektronenmikroskop wird der Elektronenstrahl in einem bestimmten Muster über die Probe geführt und das Bild Punkt für Punkt nach diesem Raster im Computer erzeugt (Abb. 9.20).

Die Elektronenquelle eines Rasterelektronenmikroskops ist eine sehr feine Metallspitze. Durch Anlegen einer hohen elektrischen Feldstärke treten aus ihr Elektronen aus. Mithilfe von Magnetspulen wird der Elektronenstrahl auf verschiedene Stellen der Probe fokussiert. Für jeden Bildpunkt werden dabei verschiedene Informationen detektiert:

Durch Wechselwirkung des Elektronenstrahls mit den Atomen der obersten Schicht des Objektes werden Sekundärelektronen freigesetzt. Sie bilden damit die Oberfläche des Objektes direkt ab. Auf dem Bild können – ähnlich einer Beleuchtung mit Schattenwurf – Flächen unterschieden werden, die dem Detektor zu- bzw. von ihm weggeneigt sind.

Elektronen des Elektronenstrahls werden von schweren Atomen in der Probe besser zurückgestreut als von leichten Elementen. Damit kann das Material der Probe grob unterschieden werden.

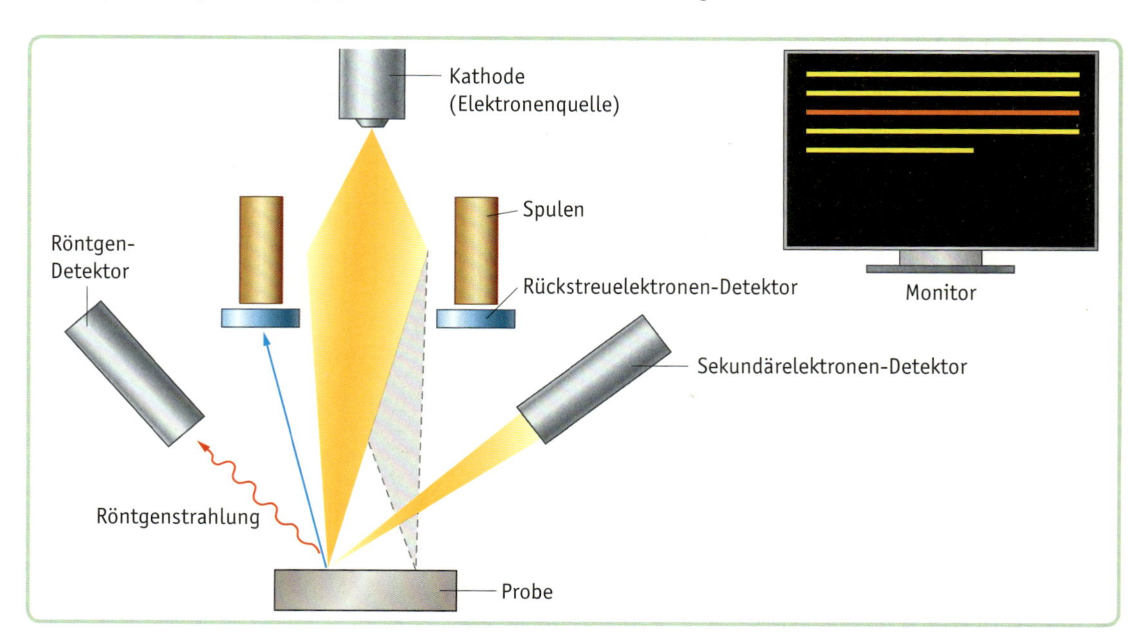

Abb. 9.20 Funktionsprinzip des Rasterelektronenmikroskops

Röntgenstrahlung entsteht, wenn der Elektronenstrahl Hüllelektronen aus niedrigeren Energiestufen der Atome der Probe herausschlägt und andere Hüllelektronen höherer Energiestufen diese Plätze füllen. Die Energiedifferenz wird als Röntgenstrahlung frei (vgl. Kap. 10.2). Da diese Röntgenstrahlung charakteristisch für das sie erzeugende Atom ist, können damit chemische Elemente identifiziert werden. Aufgrund der Verwendung all dieser Informationen weisen die Bilder eine hohe Schärfentiefe auf. Das heißt, dass diejenigen Teile des Objektes, die sich nahe am Objektiv befinden, ebenso scharf abgebildet werden wie weiter entfernte Teile (Abb. 9.21). Die maximale Vergrößerung beträgt 1000000, ist also genauso groß wie beim Transmissions-Elektronenmikroskop.

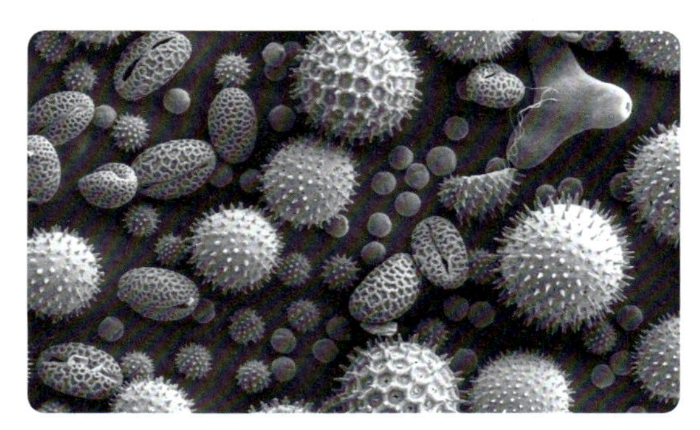

Abb. 9.21 ▶ Pollen im Rasterelektronenmikroskop

9.5.2 Rasterkraftmikroskop

Beim Rasterkraftmikroskop tastet eine Nadel die Oberfläche nach einem bestimmten Muster Punkt für Punkt ab und misst dabei die Kraft zwischen Nadel und Oberfläche. Im Computer wird dieses Raster zu einem Bild zusammengesetzt. Das Rasterkraftmikroskop erreicht eine Vergrößerung von bis zu 100000000 und kann einzelne Atome zeigen (Abb. 9.22).

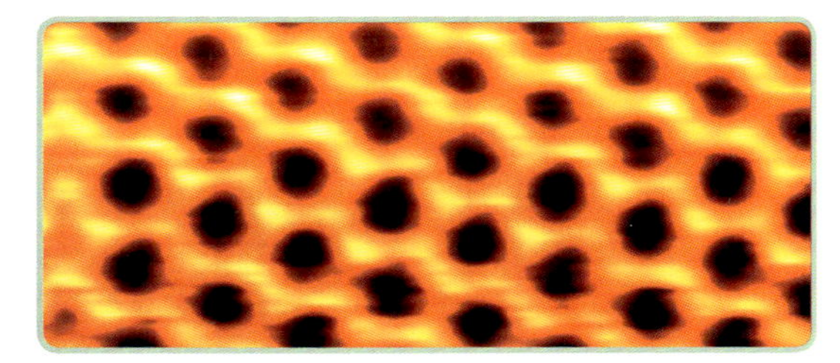

Abb. 9.22 ▶ Oberfläche von Graphit im Rasterkraftmikroskop

Zwischen Nadelspitze und Oberfläche wirken Van-der-Waals-Kräfte: Infolge der zufälligen Elektronenbewegung in den Atomen der Nadelspitze entstehen dort kurzzeitig Ladungsschwerpunkte, die in der Oberfläche der Probe entgegengesetzt geladene Ladungsschwerpunkte erzeugen. Diese unterschiedlich geladenen Ladungsschwerpunkte ziehen sich gegenseitig an. Die Blattfeder, an der die Nadel befestigt ist, wird nach unten gebogen und die Reflexion des Laserstrahls trifft auf eine andere Stelle der Fotodiode, woraus die Steuerelektronik den Betrag der Kraft errechnen kann (Abb. 9.23). Da die Van-der-Waals-Kräfte vom Abstand zwischen Nadel und Oberfläche abhängen, kann mit dieser Messmethode ein Oberflächenprofil erstellt werden.
Für Messungen ohne Vakuum oder in wässriger Lösung wird die Blattfeder – und damit die Spitze – in Schwingungen versetzt. Kräfte zwischen Spitze und Oberfläche verändern diese Schwingungen, was gut detektiert werden kann. Mithilfe der Steuerelektronik wird ein Regelkreis aufgebaut, der den Abstand zwischen Spitze und Probe so verändert, dass die Kraft immer konstant bleibt. Damit wird ein Oberflächenprofil erstellt. Eine für die Biophysik wichtige Variation der Rasterkraftmikroskopie ist das Aufbringen geeigneter Moleküle auf die Nadelspitze, die dann sensitiv auf bestimmte Moleküle auf der Oberfläche der Probe sind.

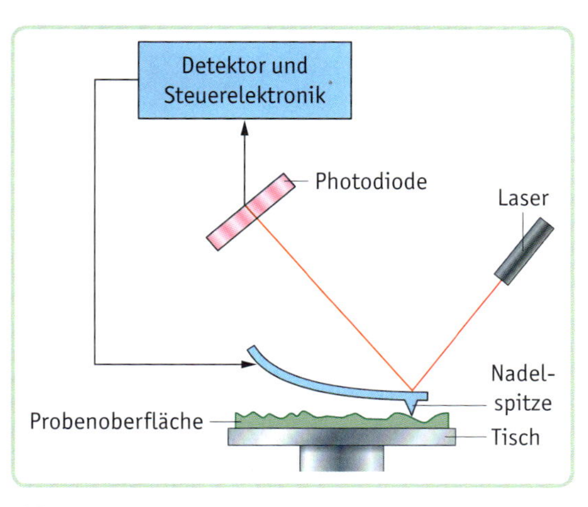

Abb. 9.23 ▶ Funktionsprinzip des Rasterkraftmikroskops

▶ Aufgaben

1 Lupe

Bestimmen Sie die Vergrößerung einer Lupe unbekannter Brennweite, indem Sie mit einem Auge ein 25 cm entferntes Lineal betrachten und mit dem anderen Auge durch die Lupe hindurch ein anderes Lineal in gleichem Abstand betrachten. Wenn 5 cm des mit bloßem Auge betrachteten Lineals gleich groß erscheinen wie 1 cm des durch die Lupe betrachteten Lineals, dann ist die Vergrößerung der Lupe 5.

2 Objektiv

Bei der Abbildung durch ein Objektiv der Brennweite $f_{\text{Objektiv}} = 2{,}0$ cm wird eine $G = 3{,}0$ cm hohe Kerze solange verschoben, bis sie auf einem Schirm $b =$ 15 cm hinter dem Objektiv scharf abgebildet wird.

a) Berechnen Sie den Abstand g zwischen Kerze und Objektiv.

b) Berechnen Sie die Bildgröße B der Kerze auf dem Schirm.

3 Mikroskop

Das Selbstbau-Mikroskop in Abb. 9.24 besteht aus einer unteren Sammellinse der Brennweite $f_{\text{Objektiv}} =$ 100 mm und einer oberen Sammellinse der Brennweite $f_{\text{Okular}} = 25$ mm, die im Abstand von 29 cm fixiert sind. Auf dem Objekthalter kann dann ein beleuchteter Gegenstand von oben vergrößert betrachtet werden.

a) Geben Sie den Ort an, an dem sich das Zwischenbild befindet.

b) Berechnen Sie die Vergrößerungen von Okular und Objektiv sowie die Gesamtvergrößerung des Selbstbau-Mikroskops.

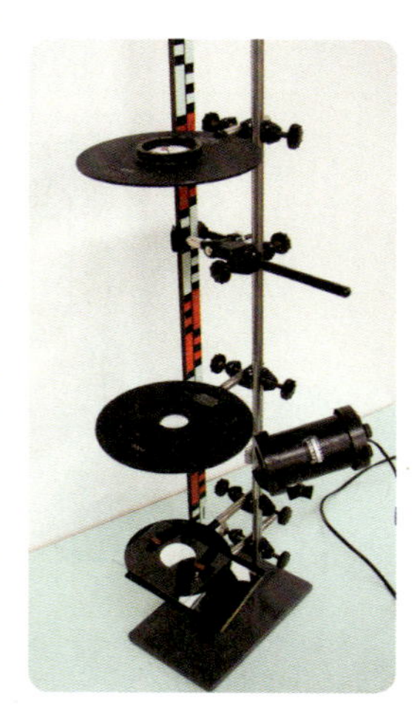

Abb. 9.24 ▶ Selbstbau-Mikroskop

4 Elektronenstrahl

Elektronen werden in einem Plattenkondensator mit Plattenabstand 2,0 mm und einer anliegenden Spannung von 100 V beschleunigt.

a) Berechnen Sie den Betrag der elektrischen Feldstärke im Inneren des Plattenkondensators und erstellen Sie eine Zeichnung mit einigen Feldlinien.

b) Berechnen Sie den Betrag der elektrischen Kraft auf ein Elektron im Inneren des Plattenkondensators und ergänzen Sie die Kraft in der Skizze.

c) Berechnen Sie die maximale kinetische Energie und die Auftreffgeschwindigkeit des Elektrons, wenn es an der negativen Platte aus der Ruhe gestartet ist.

5 Relativitätstheorie

a) Berechnen Sie die Beschleunigungsspannung, die ein Elektron durchlaufen muss, damit es 10 % der Lichtgeschwindigkeit erreicht, bis zu der eine nicht-relativistische Rechnung möglich ist.

b) In einem Transmissions-Elektronenmikroskop zur Materialuntersuchung durchlaufen Elektronen die Beschleunigungsspannung $U_B = 400$ kV. Berechnen Sie die Geschwindigkeit der beschleunigten Elektronen und zeigen Sie, dass die verwendete nicht-relativistische Formel für diese Beschleunigungsspannung nicht anwendbar ist.

Abb. 9.25 ▶ Teilchenbeschleuniger der GSI Darmstadt

6 Bewegte Masse

a) Ein Schüler der Ruhemasse $m_0 = 75$ kg bewege sich mit 80 % der Lichtgeschwindigkeit. Berechnen Sie den Lorentz-Faktor und seine bewegte Masse.

b) Berechnen Sie, wie schnell sich ein Elektron bewegen müsste, damit seine bewegte Masse doppelt so groß wie seine Ruhemasse wird.

7 Relativistische Energie-Impuls-Beziehung*

Weisen Sie die eingerahmte Formel auf S. 116 nach, indem Sie den Term $E_{ges}^2 - p^2 \cdot c^2$ vereinfachen.
Hinweis: Setzen Sie für die relativistische Energie $E_{ges} = \gamma \cdot m_0 \cdot c^2$ und für den relativistischen Impuls $p = \gamma \cdot m_0 \cdot v$ ein.

8 Nachweis von Elektronenwellen

a) Bei der Elektronenbeugungsröhre wird die Beschleunigungsspannung erhöht. Erklären Sie, wie sich die beobachteten Ringe verändern.

b) Berechnen Sie die De-Broglie-Wellenlängen eines Elektrons nach Durchlaufen einer Beschleunigungsspannung von 100 kV einmal auf nichtrelativistischem und dann auf relativistischem Wege und vergleichen Sie die Ergebnisse.

9 Protonenwellen

Protonen haben eine etwa 1800-mal größere Masse als Elektronen und zeigen ebenfalls Wellencharakter. Wie groß ist bei gleicher (allerdings umgepolter) Beschleunigungsspannung die nicht-relativistische De-Broglie-Wellenlänge im Verhältnis zum Elektron?

10 Elektronenbeugung an Graphit*

Bei der Elektronenbeugungsröhre wird neben dem im Text behandelten inneren Ring noch ein äußerer Ring mit Radius $R' = 2{,}2$ cm gemessen.

a) Berechnen Sie dessen Einstrahlwinkel α'.

b) Zeigen Sie durch Aufstellen und Division der Bragg-Gleichungen $k \cdot \lambda = 2 \cdot d \cdot \sin \alpha$ für beide Ringe, dass k dann nicht ganzzahlig sein kann und damit der äußere Ring keine Interferenz höherer Ordnung ist.

c) Abb. 9.26 zeigt die hexagonale Gitterstruktur des Graphits mit zwei möglichen Netzebenen. Bestätigen Sie durch eine Rechnung die zum äußeren Ring gehörende Gitterkonstante d' des Graphit-Gitters.

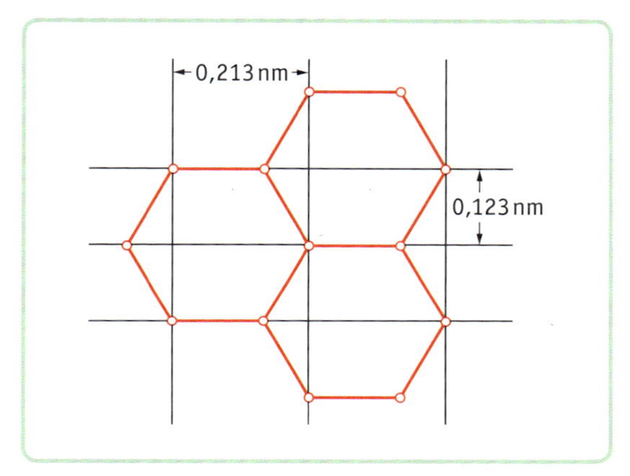

Abb. 9.26 ▶ Verschiedene Netzebenen des Graphit-Gitters

11 Elektronenbeugung an Nickel

DAVISSON und GERMER bestrahlten 1927 eine Nickelfolie mit einem weitgehend monoenergetischen Elektronenstrahl und maßen eine Verteilung der abgestrahlten Ladung (Abb. 9.27).
Erklären Sie die Maxima der Ladungsverteilung.

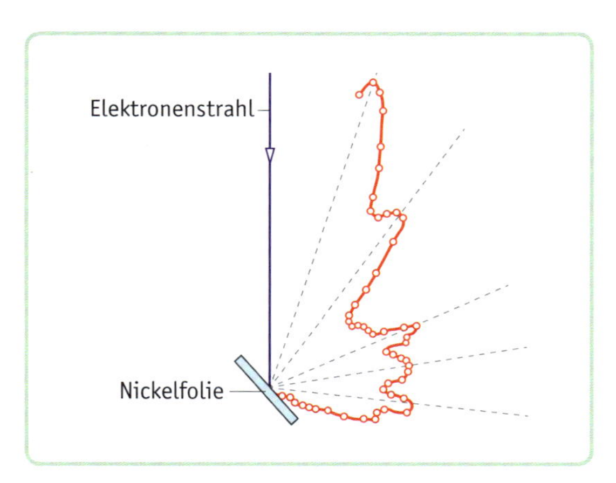

Abb. 9.27 ▶ Intensität von gestreuten Elektronen

10 Bildgebende Verfahren in der Medizin*

Bei anhaltendem Schmerz im Knie wird der Arzt zunächst körperlich untersuchen: Er wird das Knie betrachten, abtasten, abklopfen und den Patienten befragen. Um die erste Diagnose zu überprüfen, kann er weitere gerätegestützte Untersuchungsmethoden verwenden. Beispielsweise können Knochen in angeschwollenem Gewebe geröntgt oder ein berührungsloses Schnittbild des Knies mithilfe der Magnetresonanz-Tomographie aufgenommen werden. Dann kann eine geeignete Therapie zusammengestellt werden.

Da viele gerätegestützte Untersuchungsmethoden elektromagnetische Wellen verwenden, werden diese im Folgenden zunächst dargestellt und anschließend einige verbreitete Untersuchungsmethoden exemplarisch beschrieben.

10.1 Elektromagnetische Wellen

Eine elektromagnetische Welle besteht aus einem elektrischen und einem magnetischen Feld, die senkrecht zur Ausbreitungsrichtung orientiert sind und sich periodisch ändern (Abb. 10.1).

Die Ausbreitungsgeschwindigkeit ist die Lichtgeschwindigkeit. Wellenlänge λ und Frequenz f einer elektromagnetischen Welle hängen mit der Lichtgeschwindigkeit c zusammen:

$$c = \lambda \cdot f$$

▶ Beispiel

Grünes Licht der Frequenz $f = 5{,}5 \cdot 10^{14}$ Hz hat im Vakuum eine Wellenlänge von

$$\lambda = \frac{c}{f} = \frac{3{,}0 \cdot 10^{8}\,\frac{\text{m}}{\text{s}}}{5{,}5 \cdot 10^{14}\,\frac{1}{\text{s}}} = 5{,}5 \cdot 10^{-7}\ \text{m}$$

Das Spektrum elektromagnetischer Wellen umfasst einen großen Bereich an Wellenlängen (Abb. 10.2).

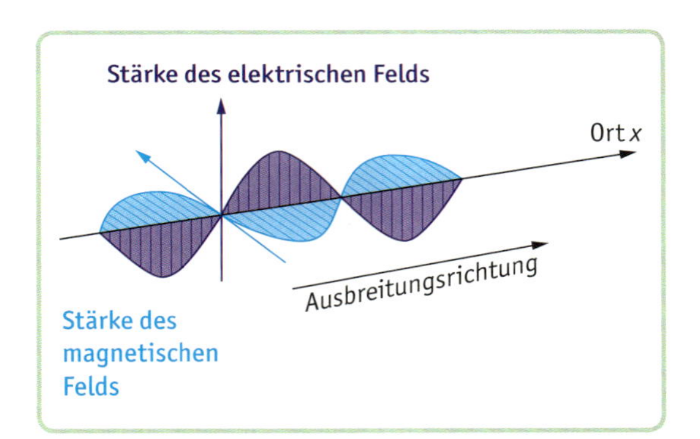

Abb. 10.1 ▶ Elektromagnetische Welle

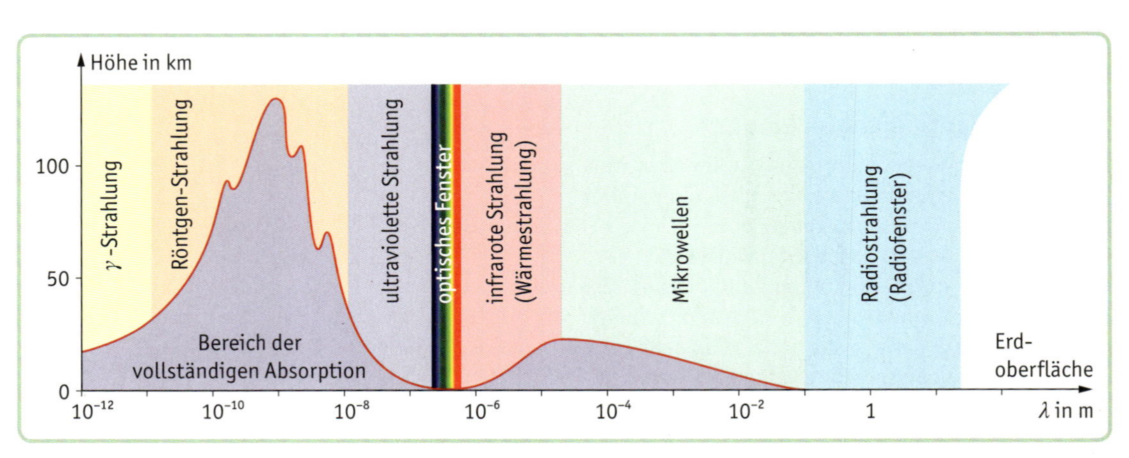

Abb. 10.2 ▶ Elektromagnetische Wellen dringen je nach Wellenlänge λ „von außen" verschieden tief in die Erdatmosphäre ein.

Radiowellen durchdringen die Atmosphäre gut und werden für Radio- und Fernsehübertragung, Mobilfunk und in der Astronomie bei Radioteleskopen verwendet.
Mikrowellen werden in Wasser absorbiert und erhitzen dieses. So funktioniert der Mikrowellenherd.
Infrarote Strahlung ist Wärmestrahlung, die der Mensch nicht sehen kann. Sie wird deshalb in Fernbedienungen verwendet. Wärmebildkameras verwandeln sie in sichtbares Licht. Schlangen dagegen können die Wärmestrahlung von Säugetieren mit ihrem Grubenorgan direkt wahrnehmen und so auch in der Dunkelheit jagen.
Sichtbares Licht von der Sonne oder von Lampen durchdringt unsere Atmosphäre. Daran hat sich unser Auge im Laufe der Evolution angepasst.
Ultraviolette Strahlung kann der Mensch ebenfalls nicht sehen. Da sie durch die Atmosphäre nicht vollständig herausgefiltert wird, kann Bräunung, Sonnenbrand und Hautkrebs entstehen. Bienen dagegen sehen UV-Strahlung und finden damit geeignete Blüten besser.

Abb. 10.3 ▶ WILHELM CONRAD RÖNTGEN (1845 – 1923)

Röntgenstrahlung aus dem Weltall wird auf der Erde von der Atmosphäre absorbiert und das Leben somit geschützt. In der Medizin macht man sich zunutze, dass Materialien verschieden stark absorbieren; so können Röntgenaufnahmen von Knochen oder Zahnplomben gemacht werden.
Gamma-Strahlung entsteht in Atomkernen, beispielsweise bei radioaktiven Zerfällen. Die natürliche Strahlung aus dem All wird ebenfalls in der Atmosphäre absorbiert.

10.2 Röntgenstrahlung

Die Röntgenstrahlung ist nach ihrem Entdecker WILHELM CONRAD RÖNTGEN (1845 – 1923) benannt (Abb. 10.3). Sie ist eine elektromagnetische Strahlung, die aufgrund ihrer Energie Zellen schädigen kann, viele Stoffe durchdringt und von verschiedenen Materialen unterschiedlich absorbiert wird.

10.2.1 Erzeugung von Röntgenstrahlung

Röntgenstahlen werden mit einer Röntgenröhre erzeugt (Abb. 10.4). Durch Anlegen einer Heizspannung treten Elektronen aus der Glühkathode aus. Die Hochspannung U_B beschleunigt sie. Treffen die Elektronen auf die Metallanode, entsteht Röntgenstrahlung und Wärme. Die Metallanode wird deshalb gekühlt.

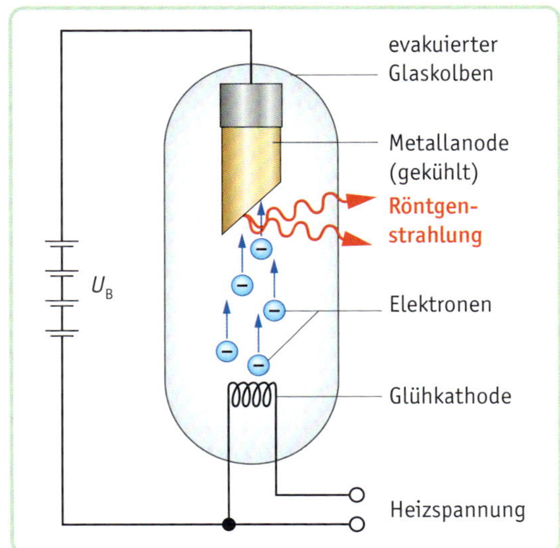

Abb. 10.4 ▶ Aufbau einer Röntgenröhre

10.2.2 Messung der Wellenlänge von Röntgenstrahlung

Die Messung der Wellenlänge von Röntgenstrahlung kann nicht wie bei sichtbarem Licht mithilfe eines Glasprismas erfolgen, da dieses von Röntgenstrahlung ohne Richtungsänderung durchdrungen wird. Es werden Kristallgitter verwendet, deren Gitterabstand in der Größenordnung der zu messenden Wellenlängen liegt (vgl. Kap. 3). Da Kristalle Röntgenstrahlung auch absorbieren, werden diese nicht wie bei einem Transmissionsgitter durchstrahlt, sondern Reflexionen von ihrer Oberfläche verwendet.

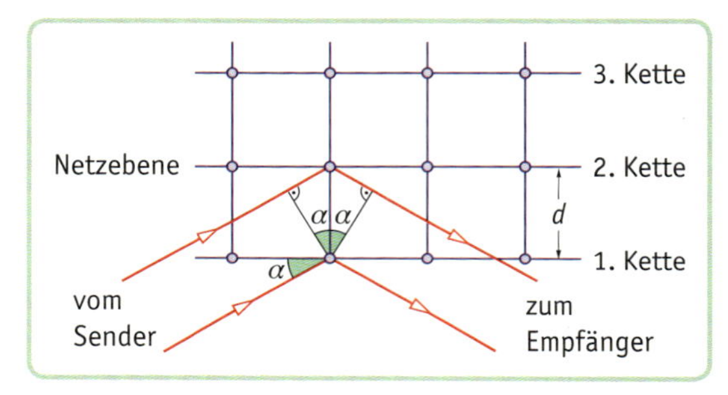

Abb. 10.5 ▶ Bragg-Reflexion von Röntgenstrahlung an einem Einkristall

Der britische Physiker William Lawrence Bragg (1890–1971) entdeckte, dass Röntgenstrahlung der Wellenlänge λ nur unter bestimmten Winkeln α_k von der Oberfläche eines Einkristalls reflektiert wird (vgl. Aufgabe 4):

$$2 \cdot d \cdot \sin \alpha_k = k \cdot \lambda$$

Dabei sind d der Abstand der Netzebenen des Einkristalls und k eine natürliche Zahl, die die Ordnung der Verstärkung durch Interferenz angibt.
Um die Wellenlänge zu bestimmen, verwendet man einen Kristall mit bekanntem Abstand der Netzebenen. Mit einem Zählrohr ist dann der Ablenkwinkel für konstruktive Interferenzen 1. Ordnung zu messen (Abb. 10.6).

10.2.3 Spektrum der Röntgenstrahlung

Trägt man die Intensität der Röntgenstrahlung über den erzeugten Wellenlängen auf, so erhält man das Spektrum der Röntgenstrahlung (Abb. 10.7). Es be-

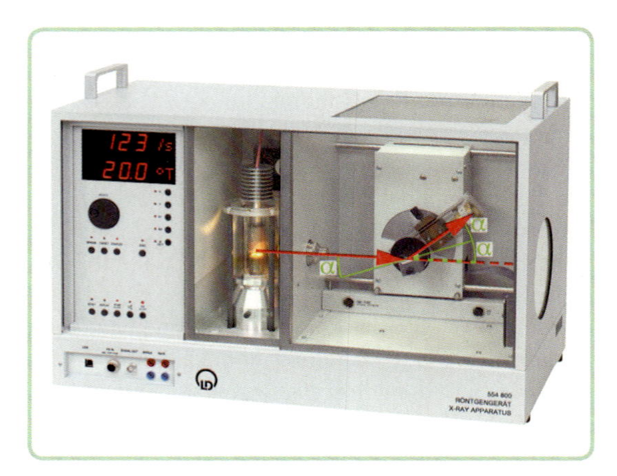

Abb. 10.6 ▶ Bestimmung der Wellenlänge von Röntgenstrahlung

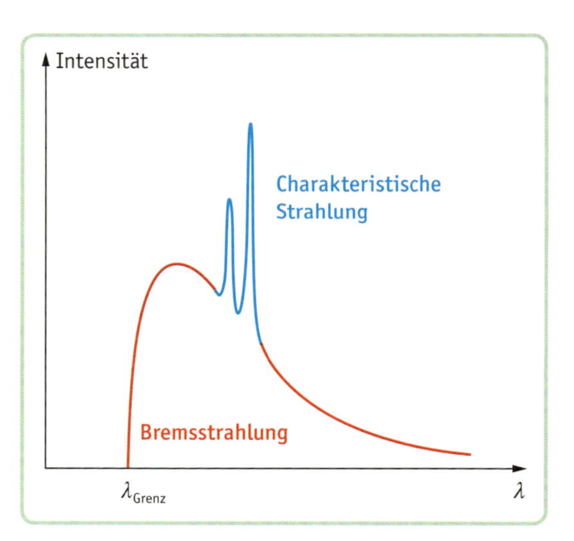

Abb. 10.7 ▶ Röntgenspektrum

steht aus Bremsstrahlung und charakteristischer Strahlung.
Bremsstrahlung entsteht durch das Abbremsen der beschleunigten Elektronen in der Metallanode. Je nach Abstand zu einem Atomkern werden die Elektronen unterschiedlich abgebremst, abgelenkt und an weiteren Atomkernen abgebremst (Abb. 10.8). Daraus entstehen die verschiedenen Wellenlängen der Röntgenstrahlung. Weil die abgegebene Energiemenge beliebig sein kann, ist das Bremsspektrum kontinuierlich.

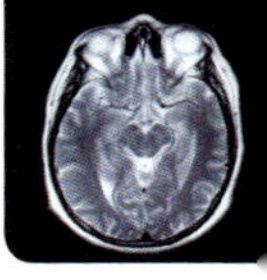

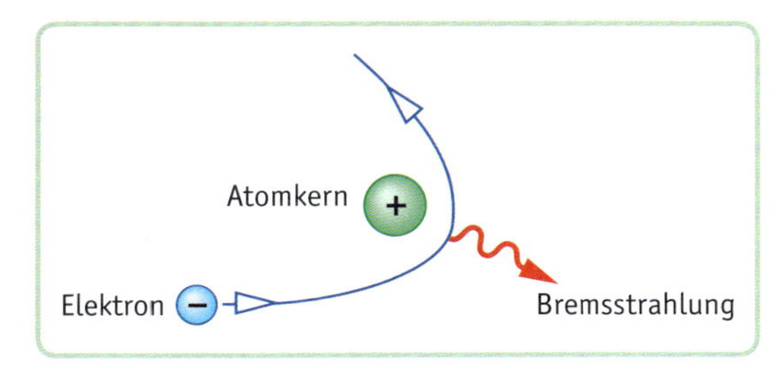

Abb. 10.8 ▶ Entstehung von Bremsstrahlung

Bei der Grenzwellenlänge λ_{Grenz} wird das Elektron durch einen zentralen Stoß mit einem Atom komplett abgebremst. Seine gesamte kinetische Energie, die von der Beschleunigungsspannung abhängt, wird auf einmal frei.

Charakteristische Strahlung entsteht wenn ein schnelles Elektron (1 in Abb. 10.9) auf ein Elektron in den unteren Energiestufen der Hülle eines Anodenatoms trifft und dieses herausschlägt (2 in Abb. 10.9). Auf den freien Platz fällt ein weiteres Elektron aus einer höheren Energiestufe des Atoms und gibt dabei elektromagnetische Strahlung ab (3 in Abb. 10.9). Da die Energieunterschiede zwischen den Stufen bei allen Elementen unterschiedlich sind, ist die abgegebene Röntgenstrahlung für das Anodenmaterial charakteristisch. Der in der höheren Energiestufe frei werdende Platz wird anschließend mit Hüllenelektronen von einer noch höheren Energiestufe gefüllt und es können weitere Wellenlängen charakteristischer Strahlung beobachtet werden.

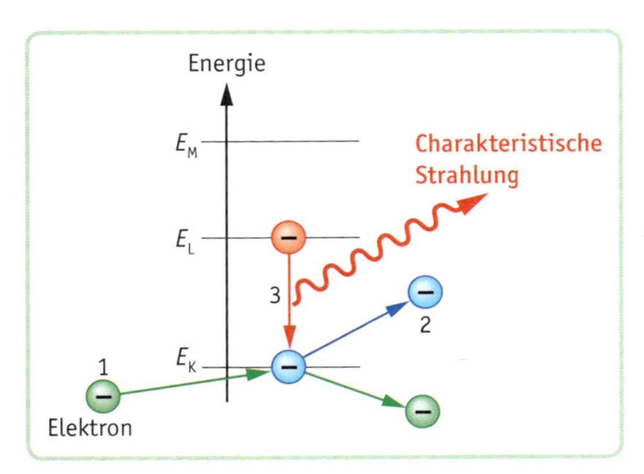

Abb. 10.9 ▶ Entstehung von charakteristischer Strahlung in der Atomhülle

▶ Beispiel

In einer Röntgenröhre beträgt die Beschleunigungsspannung $U_B = 2{,}0$ kV.
Die potentielle Energie ist (vgl. Kap. 9.3.2)
$E_{pot} = e \cdot U_B = e \cdot 2000\,\text{V} = 2000\,\text{eV} = 2{,}0\,\text{keV}$.
Dabei ist e die Elementarladung des Elektrons.
Die kinetische Energie beim Auftreffen ist nach dem Energieerhaltungssatz $E_{kin} = 2{,}0$ keV.
Für die Berechnung der Auftreffgeschwindigkeit der Elektronen auf die Anode wird Joule als Einheit der Energie benötigt:

$$E_{kin} = e \cdot U_B = 1{,}6022 \cdot 10^{-19}\,\text{C} \cdot 2000\,\text{V} = 3{,}2 \cdot 10^{-16}\,\text{J}$$

$$v = \sqrt{\frac{2 \cdot e \cdot U_B}{m}} = \sqrt{\frac{2 \cdot 3{,}2 \cdot 10^{-16}\,\text{J}}{9{,}10939 \cdot 10^{-31}\,\text{kg}}} = 2{,}7 \cdot 10^{7}\,\frac{\text{m}}{\text{s}}$$

10.3 Medizinische Anwendung

10.3.1 Röntgenröhre in der Medizin

Röntgenstrahlung durchdringt Materie, wird aber beim Durchgang durch verschiedene Materialien unterschiedlich stark abgeschwächt. Um die Abschwächungen zu vergleichen, wird die Halbwertsdicke $D_{1/2}$ verwendet. Diese beschreibt die Schichtdicke, nach der die Intensität der Röntgenstrahlung nur noch die Hälfte der eingestrahlten Intensität beträgt. Materialien lassen sich so nach ihrer Absorptionsfähigkeit anordnen, z. B.

$$D_{1/2,\,\text{Blei}} < D_{1/2,\,\text{Knochen}} < D_{1/2,\,\text{Gewebe}} \ll D_{1/2,\,\text{Luft}}$$

Bereits eine dünne Bleischicht halbiert die Intensität, das heißt Blei kann gut zur Abschirmung von Röntgenstrahlung verwendet werden. Knochen schwächen Röntgenstrahlung stärker als wasserhaltiges Gewebe, beide können also beim Röntgen unterschieden werden. Da Luft eine viel größere Halbwertsdicke besitzt, hat diese keinen Einfluss.
Für eine beliebige durchstrahlte Schicht der Dicke d kann die Intensität $I(d)$ in Abhängigkeit von der eingestrahlten Intensität $I(0)$ angegeben werden:

$$I(d) = I(0) \cdot \left(\frac{1}{2}\right)^{\frac{d}{D_{1/2}}}$$

Für $d = D_{1/2}$ ist $I(d)$ also halb so groß wie außerhalb des Materials, für $d = 2\ D_{1/2}$ nur noch $\left(\frac{1}{2}\right)^2 = \frac{1}{4}$. Oft wird $I(d)$ auch mithilfe der natürlichen Exponentialfunktion angegeben:

$$I(d) = I(0) \cdot e^{-\mu \cdot d}$$

Dabei sind e = 2,71828... die Euler'sche Zahl und μ der Absorptionskoeffizient der durchstrahlten Materie. Dieser ist ein Maß für die Anzahl der Absorptionen pro durchstrahlter Längeneinheit. Absorptionskoeffizient μ und Halbwertsdicke $D_{1/2}$ können ineinander umgerechnet werden:

$$\mu = \frac{\ln 2}{D_{1/2}}$$

Eine Röntgenaufnahme in Schwarz-Weiß-Darstellung, wie sie in der Diagnostik verwendet wird, nutzt die unterschiedliche Absorption von Röntgenstrahlung in Materie: Bei einer Schicht der gleichen Dicke, die Materialien mit verschiedenen Absorptionskoeffizienten enthält, kann die eingestrahlte Intensität so gewählt werden, dass sich die transmittierten Intensitäten auf einem Film durch ihre Schwärzung einer Fotoplatte unterscheiden lassen. Enthält beispielsweise ein gebrochener Ellenbogen sowohl Knochen und Gewebe als auch Metall-Schienen, so ist die durch Metall transmittierte Intensität der Röntgenstrahlung am geringsten, eine Fotoplatte wird dort am wenigsten geschwärzt, und das Metall erscheint auf einem Röntgenbild hell (Abb. 10.10). Knochen absorbieren schwächer, lassen also mehr Intensität hindurch und schwärzen die Fotoplatte mehr. Sie erscheinen auf dem Röntgenbild dunkler als Metall. Das Gewebe hat einen noch geringeren Absorptionskoeffizienten und schwächt Röntgenstrahlung kaum, ist also auf dem Röntgenbild fast schwarz und kann von der umgebenden Luft kaum unterschieden werden. Auf dem Bild ist die eingestrahlte Intensität offensichtlich so gewählt, dass Metall und Knochen gut unterschieden werden können.

Die beiden Röntgenbilder des Ellenbogens in Abb. 10.10 zeigen auch, dass unter Umständen mehrere Röntgenbilder unter unterschiedlichen Projektionen notwendig sind, um die Verhältnisse zu überblicken. Die Projektionsröntgentechnik der Computertomographie nutzt verschiedene Durchstrahlungsrichtungen und soll im Folgenden vorgestellt werden.

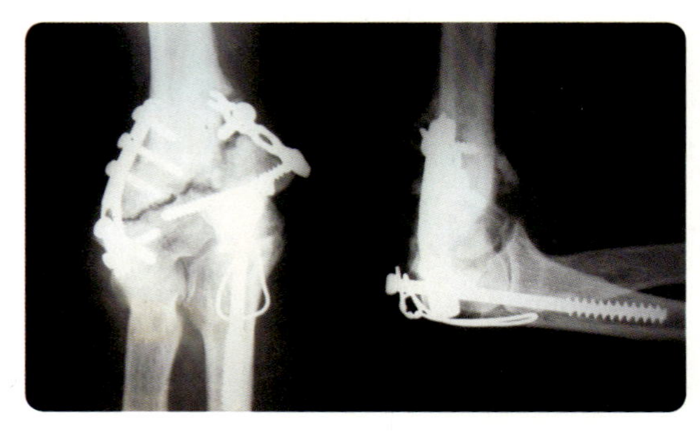

Abb. 10.10 ▸ Röntgenbilder eines Ellenbogens von der Seite und von hinten

10.3.2 Computertomographie

Bei der Computertomographie sind Röntgenquelle und Detektor auf gegenüber liegenden Seiten des Patienten angeordnet und rotieren um diesen (Abb. 10.11).

Durch die Messungen von eingestrahlter Intensität $I(0)$ und transmittierter Intensität $I(d)$ modelliert der Computer den Körper des Patienten in kleinen Würfeln mit jeweils einem eigenen Absorptionskoeffizienten (Abb. 10.12).

Computergestützt werden die verschiedenen Projektionen überlagert und ein CT-Bild errechnet und

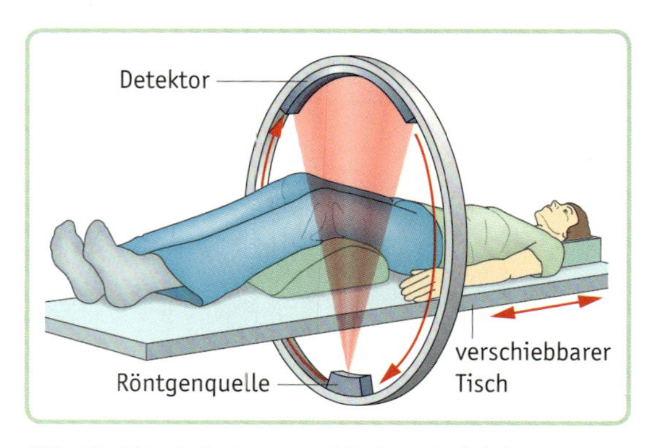

Abb. 10.11 ▸ Aufnahme verschiedener Projektionen von Röntgenbildern

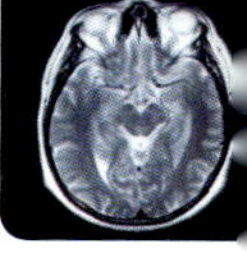

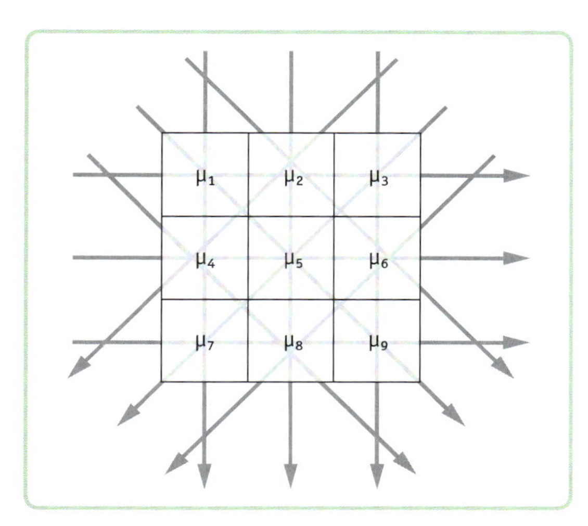

Abb. 10.12 ▶ Modellierung des Körpers als Würfel mit eigenem Absorptionskoeffizienten

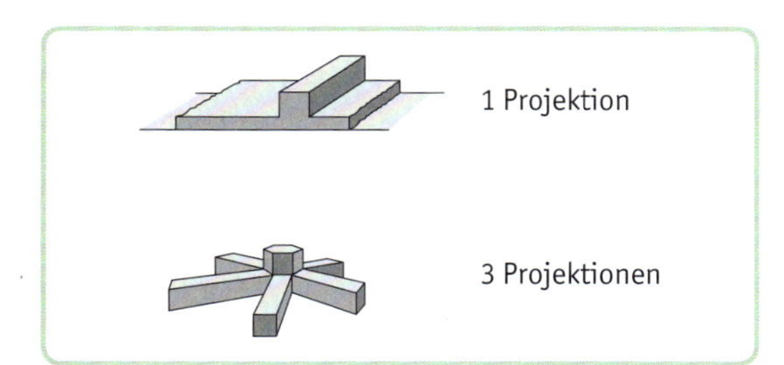

Abb. 10.13 ▶ Rekonstruktion eines CT-Bildes

dargestellt (Abb. 10.13): Bei Verwendung von nur einer Projektion kann aus dem „Schattenbild" nur geschlossen werden, dass sich das absorbierende Objekt irgendwo auf der Verbindungslinie zwischen Röntgenquelle und Detektor befindet. Der Computer markiert alle Würfel auf dieser Verbindungslinie mit einer höheren Zahl für den Absorptionskoeffizienten als die in der Umgebung. Bei der Verwendung von drei Projektionen zur Erstellung des CT-Bildes schneiden sich drei Verbindungslinien, deren Würfel mit einer höheren Zahl als ihre Umgebung markiert sind. Da die Zahl, die bei einer Projektion hinzukommt, in jedem Würfel zu der vorhandenen Zahl addiert wird, hat der Würfel im Schnittpunkt der drei Verbindungslinien die höchste Zahl. Wenn nun bei der Erstellung des CT-Bildes ein Würfel umso heller dargestellt wird je höher seine Zahl ist, dann wird der Würfel im Schnittpunkt weiß dargestellt und identifiziert damit das Objekt, das die Röntgenstrahlung absorbiert.

Dadurch, dass das CT-Bild nachträglich aus den Zahlenwerten der einzelnen Würfel rekonstruiert wird, können verschiedene Schnittbilder erzeugt werden. Mit dieser Technik können beliebige Röntgenaufnahmen aus dem Inneren des Körpers gewonnen werden (Abb. 10.18 links).

10.4 Magnetresonanz-Tomographie

10.4.1 Resonanz im Magnetfeld

Resonanzphänomene wurden bereits im Zusammenhang mit der Funktionsweise des Innenohrs diskutiert (Kap. 5.3.1). Ähnliches lässt sich auch mit Magneten realisieren, wie das folgende Experiment zeigt (Abb. 10.14): Ein Neodym-Magnet, der an einem Faden hängt, richtet sich im Erdmagnetfeld aus. Stößt man ihn an, so pendelt er mit einer charakteristischen Frequenz um die Ruhelage und kehrt nach einiger Zeit in diese zurück. Wenn die Störung periodisch mit genau der Eigenfrequenz geschieht, so kann das Magnetpendel zu sehr großen Schwingungsamplituden angeregt werden (vgl. Kap. 5.3.1).

Abb. 10.14 ▶ Erzwungene Schwingung eines Magneten im Erdmagnetfeld

Verwendet man anstelle des schwachen Erdmagnetfelds ein künstliches, z. B. das Feld eines Helmholtz-Spulenpaares, so kann das Schwingen des Neodym-

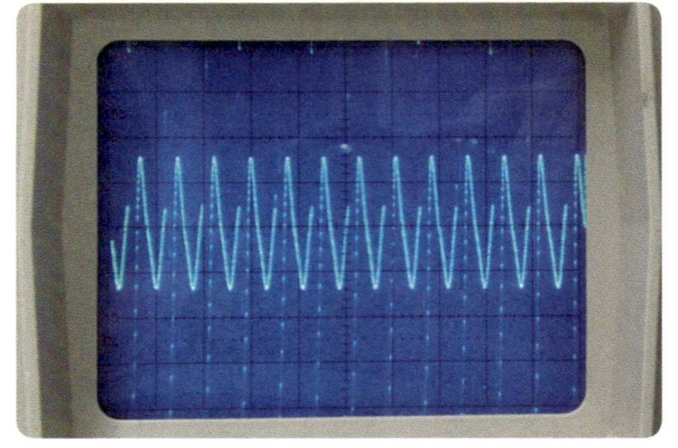

Abb. 10.15 ▶ Modellexperiment zur Magnetresonanz. Die Induktionsspule befindet sich auf der rechten Seite. Die linke Spule sorgt für die periodische Anregung.

Magneten auch über eine Induktionsspule und ein Oszilloskop sichtbar gemacht werden (Abb. 10.15).

10.4.2 Resonanzbedingung

Auch ein Atomkern, z. B. eines Wasserstoffatoms, verhält sich wie ein magnetischer Dipol („Stabmagnet", vgl. Kap. 8.2). Man sagt, der Kern besitzt ein magnetisches Moment μ. Grund dafür ist die „Eigendrehung" des Kerns, der sogenannte Spin. Dieser Spin ist eine ebenso elementare Eigenschaft von Teilchen wie ihre Ladung oder ihre Masse. Speziell für Wasserstoffkerne (Protonen) ist

$$\mu_P = 1{,}411 \cdot 10^{-26}\,\frac{\mathrm{J}}{\mathrm{T}}$$

In einem äußeren Magnetfeld kann sich der Kern nur in zwei Positionen befinden: in Richtung des Magnetfelds oder entgegen gerichtet. Je nach Orientierung ist die Energie des Kerns höher oder niedriger. Ähnlich wie sich die Energie eines Teilchens im elektrischen Feld als $E_{pot} = q \cdot U$ schreiben lässt, ist im magnetischen Feld

$$E_{pot} = \mu \cdot B$$

Der Energieunterschied zwischen den beiden Positionen des Wasserstoffkerns in Abb. 10.16 beträgt also $\Delta E_{pot} = 2 \cdot \mu_P \cdot B$.

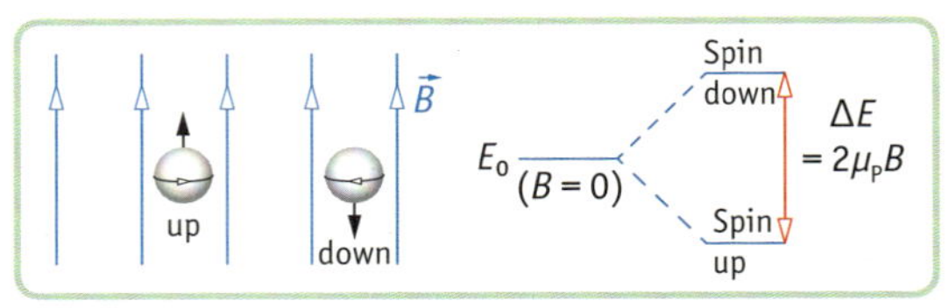

Abb. 10.16 ▶ Spinorientierung und Magnetfeld

Elektromagnetische Wellen der Frequenz f können die Energie $E = h \cdot f$ an einen Atomkern abgeben. Dabei ist $h = 6{,}6261 \cdot 10^{-34}$ Js die Planck-Konstante (vgl. Kap. 9.3.1). Sendet man nun elektromagnetische Wellen unterschiedlicher Frequenz an die Wasserstoffkerne in einem Magnetfeld, so können diese nur dann Energie aufnehmen, wenn die Resonanzbedingung $h \cdot f_0 = 2 \cdot \mu_P \cdot B$ erfüllt ist.

▶ Beispiel

Für Protonen bei $B = 1$ T ist

$$f_0 = \frac{2 \cdot \mu_P \cdot B}{h} = \frac{2 \cdot 1{,}411 \cdot 10^{-26}\,\frac{\mathrm{J}}{\mathrm{T}} \cdot 1\,\mathrm{T}}{6{,}6261 \cdot 10^{-34}\,\mathrm{Js}}$$
$$= 42{,}58\ \mathrm{MHz}$$

10.4.3 Medizinische Anwendung

Für den Einsatz in der Bildgebung werden mehrere Informationen benötigt.

Ortsinformation: Die Resonanzfrequenz ist direkt proportional zur magnetischen Flussdichte B am Ort des Kerns. Anstelle des homogenen Feldes in Abb. 10.15 verwendet man deshalb ein Magnetfeld, das je nach Ort einen leicht unterschiedlichen Wert

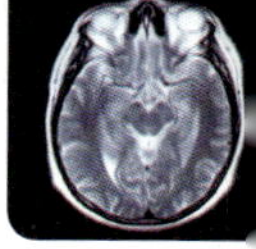

hat. Variiert man jetzt die eingestrahlte Frequenz f, so bringt man immer nur Kerne aus dem jeweils passenden Raumbereich in Resonanz.

Art des Kerns: Ersetzt man das Proton durch einen andern Kern, z. B. einen Sauerstoffkern, so muss in der obigen Resonanzbedingung μ_P durch das entsprechende magnetische Moment ersetzt werden. Damit ändert sich wiederum die Resonanzfrequenz f_0 und die Kerne lassen sich so unterscheiden. Einen geringen Unterschied liefert auch noch die Umgebung des betrachteten Kerns sowie vor allem die „Abklingzeit" der Schwingung. All diese Informationen werden in der Praxis ausgenutzt, um die Art des untersuchten Gewebes zu identifizieren.

10.5 Positronen-Emissions-Tomographie

10.5.1 Grundprinzip

Die Positronen-Emissions-Tomographie (PET) ist ein Verfahren zur Darstellung von Stoffwechselvorgängen im Körper. Zu Beginn der Untersuchung wird dem Patienten eine schwach radioaktive Substanz injiziert, die bei ihrem Zerfall radioaktive Strahlung erzeugt. Reichert sich die radioaktive Substanz an bestimmten Stellen im Körper an, dann strahlt das Gewebe dort stärker. Ringförmig um den Patienten angeordnete Detektoren in einem PET-Gerät registrieren diese Strahlung und stellen mithilfe einer Software die Quellen im Körper dreidimensional dar.

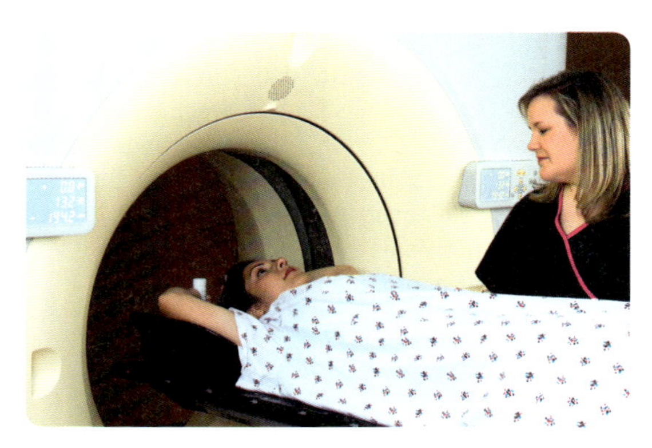

Abb. 10.17 ▶ Patientin in einem Positronen-Emissions-Tomographen

10.5.2 Anwendungen

Hauptanwendungsgebiet von PET ist die Krebs-Diagnose. Da Krebszellen durch ihr rasches Wachstum einen erhöhten Energieumsatz haben und damit einen erhöhten Zuckerstoffwechsel aufweisen, können durch PET Tumore erkannt werden und es können gutartige von bösartigen Formen unterschieden werden.
Kombinierte Aufnahmen von Computertomographie (CT) und PET vereinen das bessere Auflösungsvermögen von CT-Aufnahmen mit PET-Stoffwechsel-Informationen (Abb. 10.19).
Auch in der Gehirnforschung ist die PET ein wichtiges Verfahren. Durch Messung des Zuckerstoffwechsels im Gehirn können aktive Areale aufgefunden und gewissen Aufgaben zugeordnet werden.

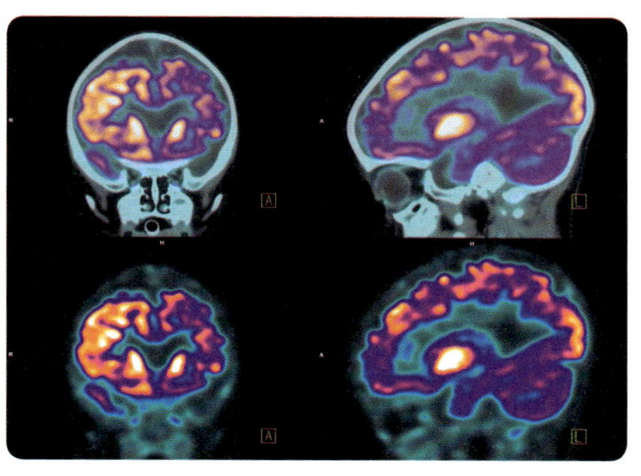

Abb. 10.18 ▶ PET zeigt aktive Areale in einem menschlichen Gehirn.

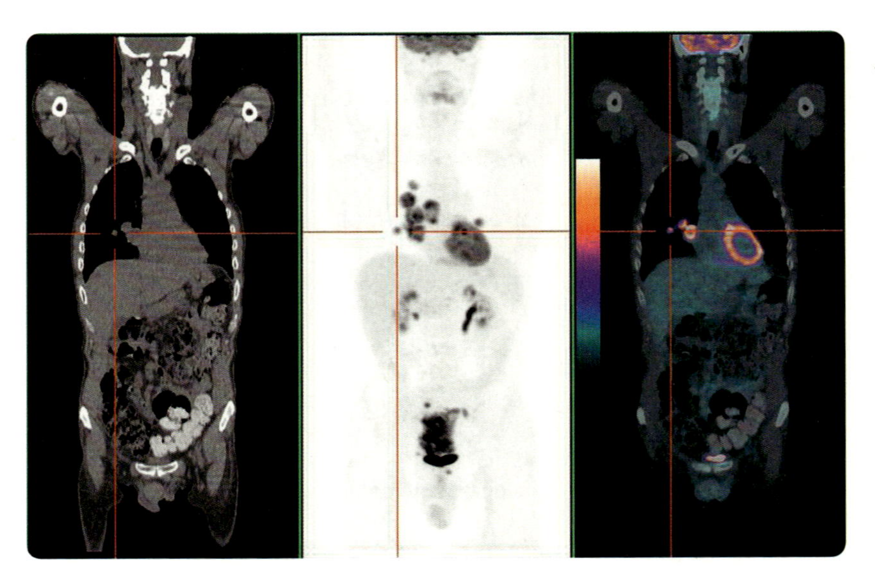

Abb. 10.19 ▶ Die Kombination eines CT- und eines PET-Bildes zeigt detailliert die erhöhte Stoffwechselaktivität eines Karzinoms in der Lunge.

10.5.3 Erzeugung der radioaktiven Strahlung

Meist wird das radioaktive Isotop Fluor-18 verwendet, das beispielsweise an ein Glukose-Molekül gebunden werden kann. Fluor-18 zerfällt in Sauerstoff, ein Positron und in ein Neutrino:

$$^{18}_{9}\mathrm{F} \rightarrow {}^{18}_{8}\mathrm{O} + e^{+} + \nu$$

Das Positron wird wegen der Vielzahl der in den Atomhüllen vorhandenen Elektronen sofort abgebremst und wechselwirkt mit einem solchen Elektron. Dabei entstehen zwei Photonen hoher Energie, sogenannte Gamma-Strahlung:

$$e^{+} + e^{-} \rightarrow 2\,\gamma$$

Da der Gesamtimpuls von Positron und Elektron vor der Zerstrahlung praktisch null ist, gilt dies wegen der Impulserhaltung auch für die entstehenden Photonen. Sie fliegen mit Lichtgeschwindigkeit in genau entgegengesetzten Richtungen auseinander. Durch Nachweis in zwei gegenüber liegenden Detektoren kann der Vernichtungsort des Positrons berechnet werden.

Neben Fluor-18 werden Kohlenstoff-11, Stickstoff-13, Sauerstoff-15 oder Gallium-68 verwendet. Sie alle werden künstlich in Teilchenbeschleunigern hergestellt. Fluor-18 hat die längste Halbwertszeit von 110 Minuten, d. h. nach dieser Zeitdauer hat sich die Anzahl der radioaktiven Atome halbiert.

Die Strahlenbelastung einer PET-Untersuchung mit Fluor-18 entspricht etwa der durchschnittlichen jährlichen Strahlenbelastung in Deutschland. Bei einer kombinierten CT-/PET-Untersuchung verdoppelt sie sich etwa. Deshalb werden diese Untersuchungen nur bei nachgewiesenem größerem Nutzen durchgeführt, beispielsweise für die Diagnose von Krebs, Demenz oder Epilepsie.

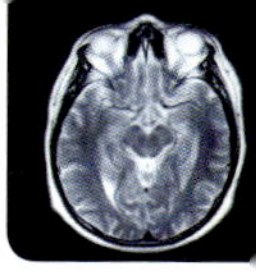

▶ Aufgaben

1 Elektromagnetische Strahlung 1

Lesen Sie aus Abb. 10.2 den Wellenlängenbereich von Röntgenstrahlung ab, berechnen Sie die zugehörigen Frequenzen und vergleichen Sie diese mit grünem Licht.

2 Elektromagnetische Strahlung 2

Ordnen Sie den abgebildeten Anwendungen den richtigen Wellenlängenbereich zu und begründen Sie Ihre Auswahl kurz.

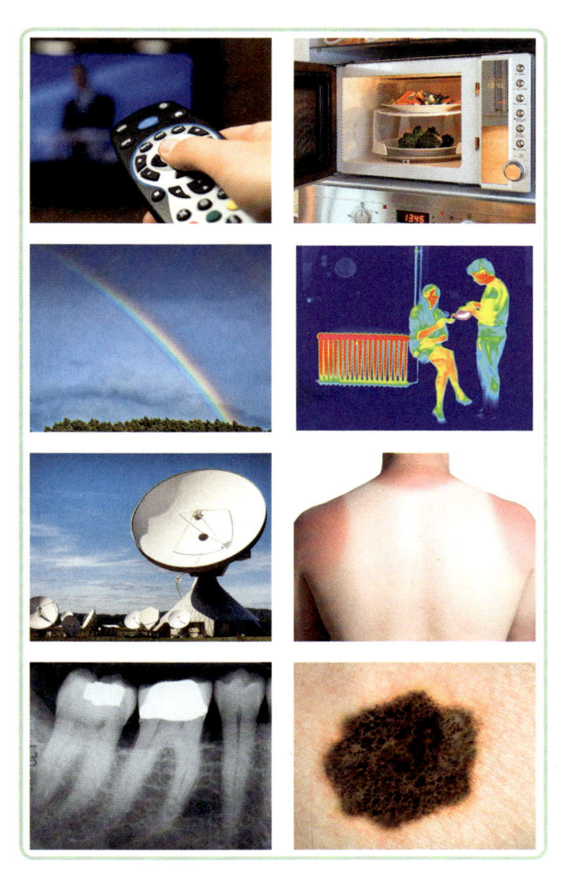

Abb. 10.20 ▶ Zu Aufgabe 2

3 Kochsalz-Kristall

An einem Kochsalz-Kristall, bei dem der Abstand der Netzebenen $d = 2{,}82 \cdot 10^{-10}$ m beträgt, wird beim Winkel $\alpha_2 = 15{,}5°$ eine konstruktive Interferenz 2. Ordnung gemessen. Berechnen Sie die Wellenlänge der verwendeten Röntgenstrahlung.

4 Bragg-Gleichung

Leiten Sie die Gleichung für die Bragg-Reflexion von Röntgenstrahlung mithilfe von Abb. 10.5 aus der Bedingung für konstruktive Interferenz der beiden eingezeichneten Strahlengänge her: $\sin \alpha_k = \frac{k \cdot \lambda}{2d}$. Dabei ist k die Ordnung der Verstärkung, α_k der Ablenkwinkel, λ die Wellenlänge und d der Abstand der Netzebenen.

5 Charakteristische Strahlung 1

Die größte Wellenlänge λ der charakteristischen Strahlung (K_α-Linie) hängt nach dem Gesetz von MOSELEY von der Ordnungszahl Z der Atome des Anodenmaterials ab: $\frac{1}{\lambda} = \frac{3}{4} \cdot R_\infty \cdot (Z-1)^2$. Die Rydberg-Konstante ist $R_\infty = 1{,}097 \cdot 10^7 \frac{1}{\text{m}}$. Finden Sie das Anodenmaterial einer Röntgenröhre heraus, wenn die größte Wellenlänge der charakteristischen Strahlung $\lambda = 1{,}549 \cdot 10^{-10}$ m ist.

6 Charakteristische Strahlung 2

Mit einer Röntgenröhre mit Molybdänelektrode wird mithilfe eines Kochsalz-Kristalls mit Netzebenenabstand $d = 2{,}82 \cdot 10^{-10}$ m ein Röntgenspektrum aufgenommen. Das Zählrohr weist bei einem Ablenkwinkel von 14,7° bezüglich der ursprünglichen Strahlrichtung besonders intensive Röntgenstrahlung nach. Berechnen Sie die Wellenlänge der intensiven Röntgenstrahlung und zeigen Sie, dass es sich dabei um die der K_α-Linie des Anodenmaterials Molybdän handelt.

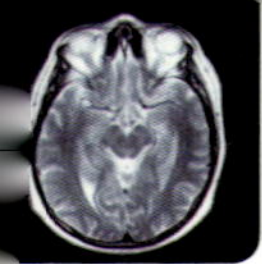

7 Abschwächung von Röntgenstrahlung 1

Die folgenden Exponentialfunktionen beschreiben beide den Zusammenhang zwischen der eingestrahlten Intensität $I(0)$ von Röntgenstrahlung und ihrer Intensität $I(d)$ nach Durchlaufen von Materie der Schichtdicke d ($D_{1/2}$: Halbwertsdicke; μ: Absorptionskoeffizient):

$$I(d) = I(0) \cdot \left(\frac{1}{2}\right)^{\frac{d}{D_{1/2}}} \qquad I(d) = I(0) \cdot e^{-\mu \cdot d}$$

Zeigen Sie, dass $\mu = \dfrac{\ln 2}{D_{1/2}}$ gilt.

8 Abschwächung von Röntgenstrahlung 2

Für Röntgenstrahlung (Wellenlänge $\lambda = 0{,}6 \cdot 10^{-12}$ m) gilt für die Halbwertsdicke von Körpergewebe $D_{1/2,\ \text{Gewebe}} = 14$ cm und von Blei $D_{1/2,\ \text{Blei}} = 1{,}4$ cm. Berechnen Sie den Anteil der Röntgenstrahlung an der auftreffenden Strahlung, der eine Gewebeschicht der Dicke $d = 14$ cm durchdringt. Vergleichen Sie das Ergebnis mit einem Bleiklotz gleicher Dicke.

9 Röntgen-Tomographie

Die Projektionsröntgentechnik kann mithilfe eines Schattenspiels erklärt werden (Abb. 10.21): Die drei Lampen stellen drei Richtungen der Durchleuchtung mit Röntgenstrahlung dar, die Trinkgläser markieren die in einem Raumbereich absorbierende Materie. Die Abschwächung der Röntgenstrahlung wird an jeder Mattscheibe als Schwärzung dargestellt. Nur Letzteres ist bei Röntgenaufnahmen umgekehrt, denn durch die Absorption der Röntgenstrahlung fehlt an dieser Stelle eine Schwärzung des Röntgenbildes.

Abb. 10.21 ▸ Prinzip der Projektionsröntgentechnik

a) Aus den Positionen der durchstrahlten Gläser soll auf die Schwärzungen der Mattscheiben geschlossen werden. Übertragen Sie die Abb. 10.22 in Ihr Heft und tragen Sie auf die Mattscheiben für die Anzahl der durchstrahlten Gläser z. B. „0" für kein, „1" für ein, „2" für zwei oder „3" für den Schatten von drei durchstrahlten Gläsern ein.

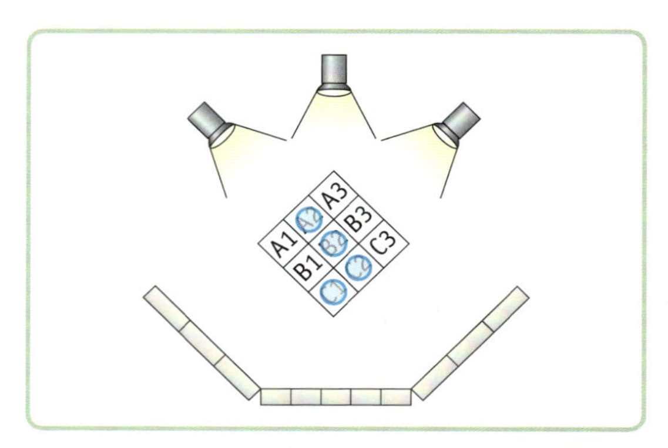

Abb. 10.22 ▸ Dunkelheit der Schatten auf den Mattscheiben hinter 0, 1, 2 oder 3 lichtabschwächenden Gläsern

b) Umgekehrt sollen aus der Dunkelheit der Schatten auf den Mattscheiben die Positionen der lichtabschwächenden Gläser rekonstruiert werden. Übertragen Sie die Abb. 10.23 in Ihr Heft und schreiben Sie die Ziffern auf den Mattscheiben in die zuvor durchstrahlten Felder, addieren Sie diese Zahlen für jedes Feld und identifizieren Sie die Felder mit den größten Summen als die Positionen der Gläser.

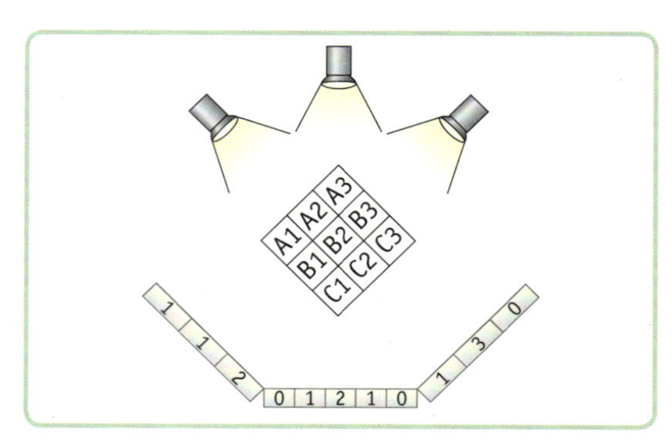

Abb. 10.23 ▸ Rekonstruktion der Positionen der lichtabschwächenden Gläser aus der Dunkelheit der Schatten auf den Mattscheiben

11 Therapien mit ionisierender Strahlung*

11.1 Teilchenbeschleuniger in der Medizin

11.1.1 Grundprinzip

In Teilchenbeschleunigern werden geladene Teilchen mithilfe elektrischer und magnetischer Felder beschleunigt. Die Kraft $\vec{F}$, die im elektrischen Feld $\vec{E}$ auf Teilchen mit der Ladung q wirkt, hat die gleiche Richtung wie das Feld. Für ihren Betrag gilt:

$$F = q \cdot E$$

Die Lorentzkraft, die im magnetischen Feld $\vec{B}$ auf Teilchen mit der Ladung q und der Geschwindigkeit $\vec{v}$ wirkt, steht auf $\vec{B}$ und $\vec{v}$ senkrecht. Ihr Betrag ist gegeben durch:

$$F = q \cdot v \cdot B$$

Es können also durch elektrische und magnetische Felder nur geladene Teilchen beschleunigt werden. Außerdem kann man aus den Überlegungen zu den Kraftrichtungen folgern, dass mithilfe von Magnetfeldern nur eine Ablenkung der Teilchen möglich ist: Die Kraft wirkt senkrecht zur Bewegungsrichtung (und zum Magnetfeld) und kann daher nur die Geschwindigkeitsrichtung ändern. Eine Änderung des Betrags der Geschwindigkeit der Teilchen kann also nur mithilfe von elektrischen Feldern erreicht werden.

Bei Gleichspannungsbeschleunigern ist der erreichbaren Energie eine obere Grenze gesetzt. Wenn ein Teilchen mit der Ladung q die Beschleunigungsspannung U durchläuft, hat es am Ende eine kinetische Energie von $E_{kin} = q \cdot U$. Eine höhere Energie kann also nur durch Erhöhung der Beschleunigungsspannung erreicht werden. Dieser sind aber Grenzen gesetzt, weil bei zunehmender Hochspannung Isolationsprobleme auftreten und es zu Spitzenentladungen kommt.

Eine Möglichkeit, diese Probleme zu überwinden, ist die Beschleunigung mithilfe von Wechselspannung. Bei der Konstruktion müssen die Teilchenbewegung und der Wechsel des elektrischen Feldes so aufeinander abgestimmt werden, dass die Teilchen nur eine Beschleunigung und nie eine Abbremsung erfahren.

Es gibt zwei Arten von Wechselspannungsbeschleunigern: die Linearbeschleuniger und die Kreis- oder Ringbeschleuniger.

Beide bestehen aus einer Teilchenquelle, einer Beschleunigungseinheit und einem Wechselwirkungsbereich. In der Medizin werden hauptsächlich Elektronenbeschleuniger verwendet, weshalb diese hier genauer dargestellt werden. Die Teilchenquelle ist in diesem Fall meistens eine Glühkathode, wie sie auch in Röntgenröhren verwendet wird (Kap. 10.2.1). In der Beschleunigungseinheit findet die eigentliche Beschleunigung statt. Sie wird in den folgenden Abschnitten erklärt. Im Wechselwirkungsbereich wird der Teilchenstrahl so aufbereitet, dass er zur Therapie genutzt werden kann. Zur Bestrahlung wird dann entweder die Teilchenstrahlung direkt verwendet oder es wird im Wechselwirkungsbereich mit der Teilchenstrahlung Röntgenstrahlung erzeugt, die dann zur Bestrahlung verwendet werden kann. Oft wendet man inzwischen auch Mischungen aus beiden Strahlungsarten an.

11.1.2 Linearbeschleuniger

Bei den Linearbeschleunigern ist die Beschleunigungseinheit geradlinig angeordnet. Sie besteht aus zylinderförmigen metallischen Driftröhren, an die eine hochfrequente Wechselspannung angelegt wird. Damit die Elektronen während der Umpolung nicht abgebremst werden, müssen sie währenddessen vor dem elektrischen Feld abgeschirmt werden. Die Röhren sind aus Metall und wirken so

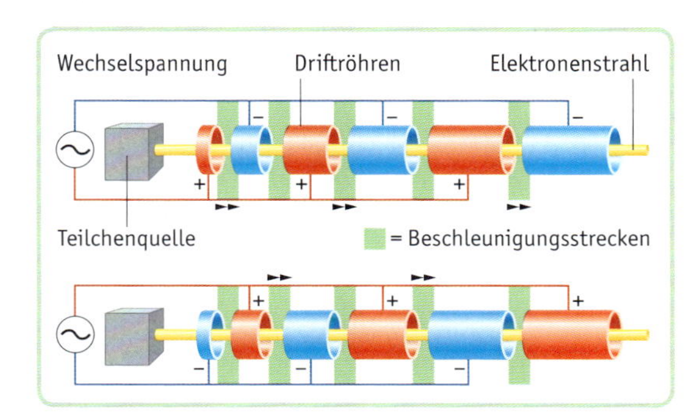

Abb. 11.1 Prinzip eines Linearbeschleunigers mit Driftröhren und fünf Beschleunigungsspalten

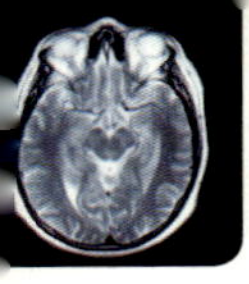

als Faraday'sche Käfige, d.h. sie sind im Inneren feldfrei. Man muss also den Aufbau der Beschleunigungseinheit so vornehmen, dass sich die Teilchen während der Umpolung in den Röhren befinden. Wenn sich die Elektronen danach im Bereich zwischen den Röhren befinden, muss die gerade verlassene Röhre negativ und die folgende positiv geladen sein.

Die Geschwindigkeit v der Elektronen, die Röhrenlänge L und die Periodendauer T der Wechselspannung bzw. ihre Frequenz f hängen zusammen:

$$v = \frac{L}{\frac{T}{2}} = L \cdot 2 \cdot f$$

Daran lässt sich erkennen, dass mit wachsender Geschwindigkeit entweder die Frequenz der Wechselspannung oder die Länge der Röhren zunehmen muss. Eine Anpassung der Frequenz ist technisch schwer möglich. Viel einfacher ist es, die Länge der Driftröhren an die Teilchenbewegung anzupassen.

Die benötigten Röhrenlängen L_n lassen sich folgendermaßen berechnen:

$$L_n = \frac{v_n}{2 \cdot f}$$

Die Teilchengeschwindigkeit v_n unmittelbar vor der entsprechenden Röhre erhält man aus einer Energiebetrachtung:

Bei jedem Durchgang durch eine Beschleunigungsstrecke erhöht sich die kinetische Energie der Elektronen um $\Delta E = e \cdot U$. Nach n Beschleunigungsstrecken gilt also, solange keine relativistischen Effekte (Kap. 9.3.2) beachtet werden müssen:

$$n \cdot e \cdot U = \frac{1}{2} \cdot m \cdot v_n^2$$

$$v_n = \sqrt{\frac{2 \cdot n \cdot e \cdot U}{m}}$$

Also lässt sich die Länge der Röhre in Abhängigkeit von n berechnen:

$$L_n = \frac{1}{f} \cdot \sqrt{\frac{n \cdot e \cdot U}{2\,m}}$$

Aus den Gleichungen lässt sich Folgendes herauslesen: Die Röhrenlänge muss an die Frequenz und den Betrag der Wechselspannung angepasst sein. Bei höherer Frequenz reichen kürzere Röhren, da f und L_n zueinander indirekt proportional sind. Ein höherer Betrag der Spannung U führt zu größeren Röhrenlängen, da $L_n \sim \sqrt{U}$. Der Spannung sind aber wie bei den Gleichspannungsbeschleunigern Grenzen gesetzt. Es ist deshalb sinnvoll, die Beschleuniger mit möglichst hochfrequenter Spannung zu betreiben.

Wenn die Teilchen hochrelativistisch werden, also annähernd Lichtgeschwindigkeit erreichen, nimmt ihre Geschwindigkeit kaum noch zu, wohl aber ihre Energie. Die Röhrenlängen müssen dann also nicht mehr variiert werden. Bei der Beschleunigung von Elektronen ist das sehr schnell der Fall. Deswegen sind Elektronenlinearbeschleuniger relativ leicht und deshalb auch verhältnismäßig kostengünstig zu konstruieren. Das ist ein Grund dafür, dass sie zum Standardbeschleunigertyp in der Medizin geworden sind.

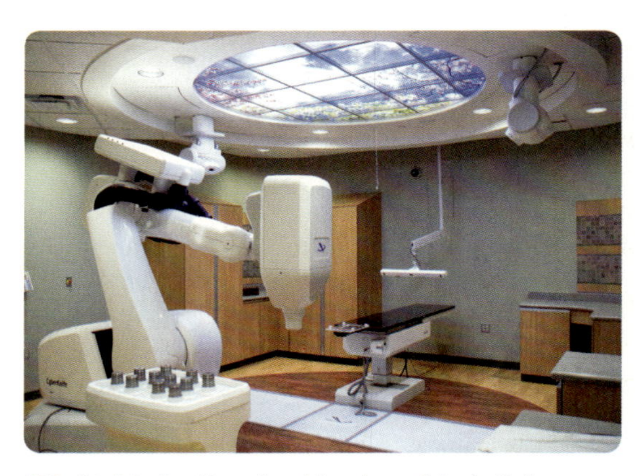

Abb. 11.2 ▶ Der Linearbeschleuniger „Cyberknife"

Abb. 11.2 zeigt einen sehr kompakten medizinischen Linearbeschleuniger, das „Cyberknife". Es arbeitet mit einer Wechselspannung der Frequenz 9,3 GHz und beschleunigt Elektronen auf 6 MeV. Der Strahlerkopf wiegt nur 160 kg und ist einen Meter lang. Der Kopf ist an einem Roboterarm befestigt. Um ständig die Lage des Patienten ermitteln zu können, gibt es zwei externe Röntgenröhren, Flachbilddetektoren und ein 3D-Videosystem. Die Anlage korrigiert dann gegebenenfalls die Ausrichtung der Strahlenquelle und kann so auf kleinste Atembewegungen und Lageänderungen des Patienten reagieren.

11.1.3 Kreisbeschleuniger

Eine kompaktere Bauart bieten Kreisbeschleuniger. In ihnen werden geladene Teilchen mithilfe eines Magnetfeldes auf Kreisbahnen gezwungen (vgl. Kap. 8).

Ein Beispiel ist das Zyklotron. Es besteht aus zwei D-förmigen metallenen Hohlräumen (genannt Duanden oder Dees), zwischen denen sich ein Beschleunigungsspalt befindet (Abb. 11.3). In diesem durchlaufen die Teilchen ein elektrisches Wechselfeld. Innerhalb der Duanden bewegen sie sich mit konstanter Geschwindigkeit auf Kreisbahnen. Den Zusammenhang zwischen Geschwindigkeit und Kreisradius liefert die Tatsache, dass die Lorentzkraft als relevante Zentripetalkraft wirkt:

$$\frac{m \cdot v^2}{r} = q \cdot v \cdot B \quad \text{bzw.} \quad m \cdot v = q \cdot B \cdot r$$

Der Radius der Kreisbahn ist also direkt proportional zur Geschwindigkeit und nimmt zu, wenn v zunimmt. Also wird bei jedem Umlauf die von den Teilchen durchlaufene Strecke länger. Das passiert in einem Maß, so dass sie bei richtig gewählter Frequenz zum richtigen Zeitpunkt wieder am Beschleunigungsspalt ankommen.

Wenn man in der Formel oben

$v = \frac{2\pi \cdot r}{T}$ schreibt, so ergibt sich

$$m \cdot \frac{2\pi \cdot r}{T} = q \cdot B \cdot r$$

und nach Kürzen:

$$f = \frac{1}{T} = \frac{1}{2\pi} \cdot \frac{q}{m} \cdot B$$

Diese Frequenz, die sogenannte Zyklotronfrequenz, ist somit unabhängig von Radius und Geschwindigkeit, solange sich die Masse nicht verändert.

Das Prinzip des Zyklotrons stößt an seine Grenzen, wenn die Teilchengeschwindigkeiten so groß werden, dass sich die relativistische Massenzunahme bemerkbar macht. Dann nimmt die Beschleunigung der Teilchen ab und sie kommen nach einigen Umläufen nicht mehr rechtzeitig am Beschleunigungsspalt an. Deswegen hat man weitere Formen von Beschleunigern entwickelt. Die Kreisbeschleuniger, die geladene Teilchen in hochrelativistische Bereiche (in der Medizin bis zu 500 MeV) bringen, heißen Synchrotron (vgl. Aufgabe 4).

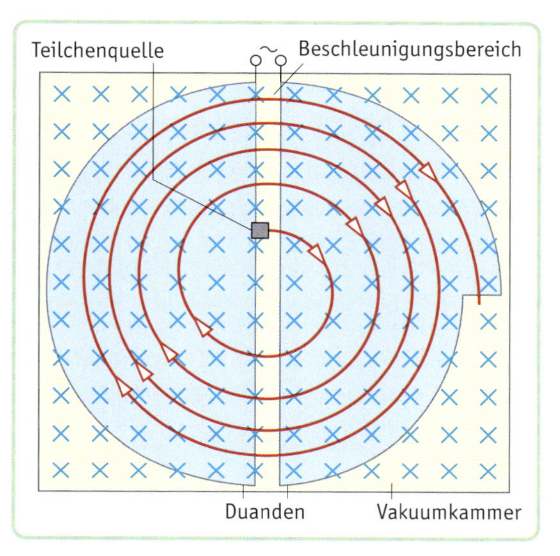

Abb. 11.3 ▶ Aufbau eines Zyklotrons

11.2 Biologische Wirkung ionisierender Strahlung

Eine Wirkung von Strahlung auf Materie basiert darauf, dass Energie von der Strahlung auf die Materie übertragen wird. In diesem Kapitel wird zunächst die physikalische Wirkung, nämlich die Ionisierung von Molekülen und Atomen, beschrieben. Anschließend betrachten wir, welche biologischen Auswirkungen diese Energieübertragung hat.

11.2.1 Ionisierende Wirkung

Die ionisierende Wirkung von Röntgenstrahlung kann mit folgendem Experiment demonstriert werden (Abb. 11.4): In den Strahlengang der Röntgenröhre wird ein offener Plattenkondensator eingebaut, an den eine Spannung (ca. 500 V) angelegt wird. In den Kondensatorstromkreis werden ein Messverstärker und ein Strommessgerät eingebaut, so dass registriert werden kann, ob ein Ionenstrom zwischen den Platten fließt. Bei ausgeschalteter Röntgenröhre fließt kein Strom. Sobald man die Röntgenröhre einschaltet, registriert man jedoch einen Ionenstrom, weil die Röntgenstrahlung die Luftmoleküle im Kondensator ionisiert. Die heraus-

geschlagenen Elektronen werden zur positiv geladenen Kondensatorplatte und die positiv geladenen Luftmoleküle zur negativ geladenen Kondensatorplatte hin beschleunigt.
Es kann demonstriert werden, dass nicht nur Röntgenstrahlung, sondern zum Beispiel auch radioaktive Strahlung eine ionisierende Wirkung hat. Dazu lädt man ein Elektroskop auf und bringt ein geeignetes radioaktives Präparat in die Nähe (Abb. 11.5). Die radioaktive Strahlung ionisiert die Luftmoleküle und das Elektroskop entlädt sich langsam.
Auch andere Strahlungsarten, z. B. Neutronen oder Elektronen aus einem der oben beschriebenen Beschleuniger, können bei genügend hohen Energien Atome ionisieren. Deswegen spricht man allgemein von „ionisierender Strahlung", wenn man die Eigenschaften und Ursachen dieser Strahlungen zusammenfassend darstellt. In der Medizin wird ionisierende Strahlung unter anderem zur Bekämpfung von Tumoren eingesetzt. Neben Elektronen- und Röntgenstrahlung wird mittlerweile auch Strahlung aus schwereren Teilchen (Protonen und Ionen leichter Elemente) eingesetzt, weil sie einige bemerkenswerte Eigenschaften hat (Kap. 11.3.3).

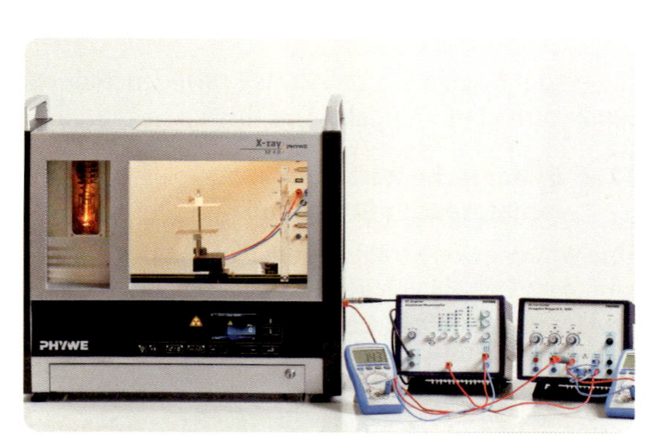

Abb. 11.4 ▶ Röntgenstrahlung ionisiert Luftmoleküle

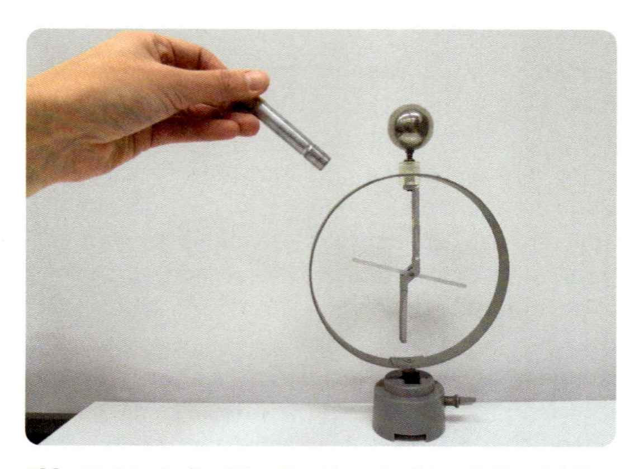
Abb. 11.5 ▶ Radioaktive Strahlung ionisiert Luftmoleküle

11.2.2 Messgrößen, Grenzwerte

Um abschätzen zu können, wie eine bestimmte „Menge" von Strahlung auf den Körper wirkt, muss zuerst ein Maß für diese Strahlungsmenge, die sogenannte Dosis, definiert werden. Dafür gibt es verschiedene sinnvolle Möglichkeiten.
Die beschriebenen Experimente legen die Angabe nahe, wie viele Ladungen pro Kilogramm Luft entstehen, wenn die zu messende Strahlung die Luft ionisiert. So ist die sogenannte **Ionendosis** I definiert.

$$\text{Ionendosis} = \frac{\text{Ladungen}}{\text{Masse (Luft)}}$$

$$I = \frac{\Delta Q}{\Delta m} \qquad \text{Einheit: } [I] = 1\,\frac{\text{C}}{\text{kg}}$$

Die Ionendosis macht allerdings noch keine Aussage über die biologische Wirkung. Diese tritt erst nach der Absorption von Energie ein. Deswegen interessiert in unserem Zusammenhang die tatsächlich aus einem Strahlungsfeld absorbierte Energie pro Masseneinheit, die **Energiedosis** D:

$$\text{Energiedosis} = \frac{\text{absorbierte Energie}}{\text{Masse (des absorbierenden Materials)}}$$

$$D = \frac{\Delta E_{\text{abs}}}{\Delta m}$$

Die Einheit der Energiedosis ist das Gray (Gy). Es gilt: $1\,\text{Gy} = 1\,\frac{\text{J}}{\text{kg}}$.
Bei der Definition der Energiedosis wird noch nicht berücksichtigt, dass verschiedene Strahlungsarten verschiedene biologische Wirksamkeit haben. Eine dicht ionisierende Strahlung, die auf einer kurzen Wegstrecke sehr viel Energie abgibt, hat eine höhere biologische Wirksamkeit als locker ionisierende Strahlung, die diese Energie auf einer längeren Strecke deponiert. α-Teilchen zählen zum Beispiel zu dicht ionisierender Strahlung. Haben sie eine Energie von 100 keV, so beträgt ihre Reichweite in

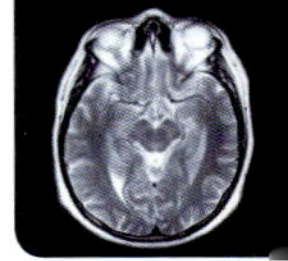

Gewebe nur etwa 1 µm. Das entspricht ungefähr der Größe einer Zelle. Das heißt, die α-Strahlung gibt ihre gesamte Energie an eine einzige Zelle ab und richtet dort enormen Schaden an. Wir werden später sehen, dass solche schweren Schäden von der Zelle nur schwer repariert werden können (Kap. 11.2.3).
Röntgenstrahlung ist eine locker ionisierende Strahlung und hat bei 100 keV eine Reichweite von einigen Zentimetern. Es wird also pro Zelle weniger Schaden verursacht, der zudem leichter repariert werden kann. Um die unterschiedliche Schädlichkeit verschiedener Strahlungsarten zu quantifizieren, ordnet man ihnen einen sogenannten Strahlungs-Wichtungsfaktor (Qualitätsfaktor) W_R zu und führt eine weitere Größe, die **Äquivalentdosis** H ein:

Äquivalentdosis =
Energiedosis · Strahlungs-Wichtungsfaktor

$$H = D \cdot W_R$$

Die Einheit von H ist ein Sievert (Sv) mit $1\ \text{Sv} = 1\ \frac{\text{J}}{\text{kg}}$.
Der Strahlungs-Wichtungsfaktor W_R ist eine reine Zahl, die experimentell für die verschiedenen Strahlenarten bestimmt wird. Beispiele sind:

- $W_R = 1$ für Röntgen-, γ-, β-, Elektronen- und Positronenstrahlung (locker ionisierende Strahlung)
- $W_R = 5$ für Protonenstrahlung
- W_R zwischen 5 und 20 für Neutronenstrahlung, abhängig von deren Energie
- $W_R = 20$ für α-Strahlung (dicht ionisierende Strahlung)

Die Äquivalentdosis ist eine im Strahlenschutz wichtige Größe, mit der man das Risiko, durch Strahleneinwirkung einen bösartigen Tumor oder Leukämie zu entwickeln, angeben kann.
Für die Abschätzung des tatsächlichen Strahlenrisikos muss vor allem bei medizinischen Anwendungen auch berücksichtigt werden, dass verschiedene Organe verschieden strahlenempfindlich sind. Die *effektive Äquivalentdosis* H_{eff} erlaubt zusätzlich noch eine Gewichtung bezüglich verschiedener Organe:

$$H_{eff} = \sum_G H_G \cdot W_G$$

H_G ist die Äquivalentdosis im Gewebe (Organdosis) und W_G der dimensionslose Wichtungsfaktor für das Gewebe. Die effektive Dosis wird ebenfalls in Sievert angegeben.
Beispiele für Gewebe-Wichtungsfaktoren verschiedener Organe:

- $W_G = 0{,}01$ für Haut und Knochenoberfläche
- $W_G = 0{,}20$ für Keimdrüsen
- $W_G = 0{,}12$ für Magen, Dickdarm, Knochenmark, Lunge
- $W_G = 0{,}05$ für Blase, Brust, Leber, Speiseröhre, Schilddrüse und alle restlichen, hier nicht genannten Organe

Die Summe der Gewebe-Wichtungsfaktoren aller Organe ist 1. Das heißt, wenn der ganze Körper bestrahlt wird, sind effektive Dosis und Äquivalentdosis gleich groß.
Auch die Gewebe-Wichtungsfaktoren sind festgelegt worden. Grundlage waren die Sterbefälle durch Krebs und Leukämie nach den Atombombenabwürfen von Hiroshima und Nagasaki. An diesem Beispiel wird leicht verständlich, dass für die biologische Wirkung die Dauer der Einwirkung extrem wichtig ist. Als Dosisleistung bezeichnet man die an das Gewebe abgegebene Dosis pro Zeit. Man kann diese Angabe für alle Dosisbegriffe machen, die für den Patienten von Bedeutung sind. Z. B. ist die **Energiedosisleistung**:

$$\text{Energiedosisleistung} = \frac{\text{Energiedosis}}{\text{Zeit}} = \frac{D}{\Delta t}$$

$$[\text{Energiedosisleistung}] = 1\ \frac{\text{Gy}}{\text{s}}$$

Spielen bei der Strahlungsbelastung vor allem β- und γ-Strahlung eine Rolle (Strahlungs-Wichtungsfaktor $W_R = 1$), dann stimmen die Zahlenwerte von Energie- und Äquivalentdosisleistung überein. Man gibt sie entsprechend in Sv, mSv, µSv pro Sekunde, Stunde, Jahr oder Lebensdauer an.
Die jährliche Strahlungsbelastung in Deutschland hat im Durchschnitt eine effektive Dosis von ca. 4 mSv für den Normalbürger zur Folge. Fast die Hälfte davon entfällt auf medizinische Anwendungen. Im Einzelfall kann dieser Wert aber auch höher sein (Abb. 11.6).

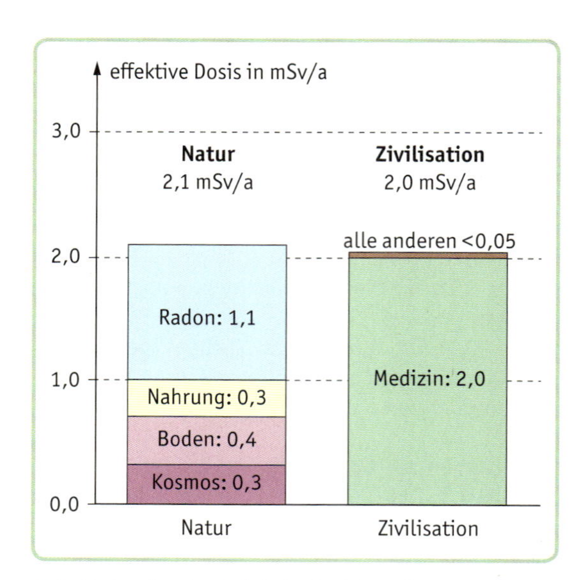

Abb. 11.6 ▶ Durchschnittliche Strahlungsbelastung pro Jahr in Deutschland

Bei der Bewertung dieser Zahlen muss berücksichtigt werden, dass die Abgabe von Energie in den Zellen und das Eintreten bestimmter Schädigungen ein zufälliger Prozess ist. Wenn einzelne Zellen absterben, hat das für den Körper keine Bedeutung, wenn sich aber ein bösartiger Tumor entwickelt oder Keimzellen so verändert werden, dass Erbschäden eintreten, schon. Man geht davon aus, dass das schon bei niedrigster Strahlendosis der Fall sein kann. In diesem Fall spricht man von stochastischen Schäden. Mit steigender Dosis wächst in diesem Fall die Eintrittswahrscheinlichkeit von Schäden, nicht aber die Schwere der Schäden selbst. Bei niedrigen Dosen nimmt man dabei einen linearen Zusammenhang an. Das Absterben von Zellen wird kritisch, sobald zu viele absterben und damit eine wahrnehmbare Veränderung im Gewebe eintritt. Da das Absterben von Zellen zwar zufällig erfolgt, die Anzahl der absterbenden Zellen aber mit steigender Dosis zunimmt, gibt es für jede bestimmte Veränderung in einem bestimmten Gewebe eine Schwellendosis. Man spricht von deterministischen (durch vorhergehende Ereignisse bestimmten) Schäden. Dazu gehören zum Beispiel akute Strahlenreaktionen und chronische Strahlenfolgen an Gewebe und Organen (außer Krebs) sowie die akute Strahlenkrankheit. Bei deterministischen Schäden nimmt mit der Strahlendosis auch die Schwere des Schadens zu. Tabelle 11.1 gibt Aufschluss über die Stufen der Strahlenkrankheit bei kurzfristiger Ganzkörperbestrahlung.
Ein Beispiel für akute und chronische Folgen an Organen: Eine Einzelbestrahlung der Augenlinse von 0,5 bis 2,0 Sv führt zu einer nachweisbaren Trübung, 5,0 Sv zur Bildung eines grauen Stars.

Dosis ab …	Folge
100 mSv	erhöhtes Krebsrisiko
500 mSv	weiter erhöhtes Krebsrisiko, Unwohlsein, beginnende Strahlenkrankheit
1000 mSv	akute Strahlenkrankheit: Übelkeit, Erbrechen, Sterilität
4000 mSv	schwere Strahlenkrankheit: starke Durchfälle, Erbrechen, Haarausfall, Blutungen; Todesrate 50 % innerhalb einer Woche
7000 mSv	Todesrate 100 % (bei fehlenden Maßnahmen)

Tab. 11.1 ▶ Die Stufen der Strahlenkrankheit

Es gibt keine untere Grenze für eine Strahlendosis, die ungefährlich wäre. Aber um die Gefährdung möglichst gering zu halten, gibt es in den Bestimmungen für Strahlenschutz Grenzwerte für die Strahlenbelastung. Die effektive Äquivalentdosis für den ganzen Körper sollte pro Jahr 1 mSv nicht überschreiten. Für Personen, die beruflich Strahlung ausgesetzt sind, gilt, dass 20 mSv bis 50 mSv pro Jahr und während der gesamten Lebenszeit 400 mSv nicht überschritten werden dürfen. Der Wert von 20 mSv pro Jahr galt 2011 auch für die Schulkinder im Bezirk Fukushima.

11.2.3 Biologische Wirkung

Die Vorgänge in der Zelle nach einer Strahlenexposition teilen sich in verschiedene Phasen auf, die nacheinander ablaufen, wenn sie nicht unterbrochen werden. Abb. 11.7 gibt einen Überblick über die verschiedenen Phasen.

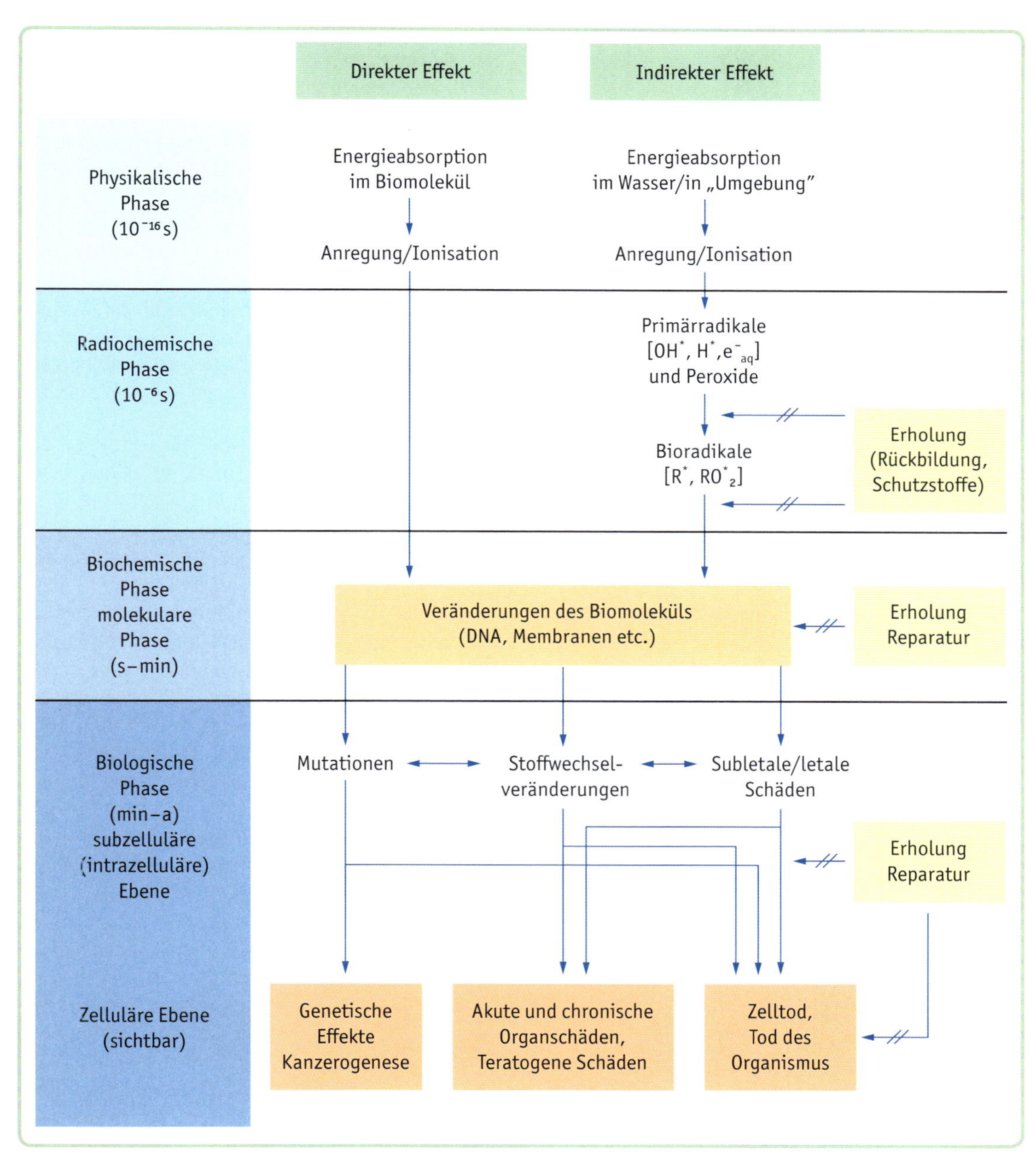

Abb. 11.7 ▶ Der Weg vom physikalischen Strahlenschaden zum biologischen Effekt

Physikalische Phase

Wenn ionisierende Strahlung auf den menschlichen Körper trifft, tritt sie durch die oben beschriebenen Effekte in Wechselwirkung mit dem Gewebe. Dieser physikalische Primärvorgang läuft sehr schnell ab. Seine Dauer entspricht der Zeit, die die Strahlung zum Durchqueren der Materie braucht und liegt im Bereich von 10^{-16} bis 10^{-13} Sekunden. Die Strahlung

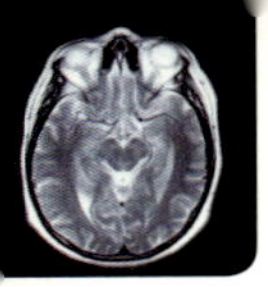

kann ein Biomolekül, z. B. die DNA oder ein Protein, entweder direkt oder über verschiedene Zwischenwege schädigen. Direkte Strahlenschäden der DNA durch locker ionisierende Strahlung sind relativ unwahrscheinlich, weil das Volumen der DNA sehr klein ist. Bei dieser Strahlung dominiert die indirekte Strahlenwirkung, bei der zunächst Nachbarmoleküle geschädigt werden, die dann weiter reagieren.

Radio- und biochemische Phase

Unser Körper besteht zu 80 % aus Wasser. Deswegen tritt ionisierende Strahlung in erster Linie damit in Wechselwirkung und ionisiert Wassermoleküle oder regt sie an. Es entstehen Bruchstücke von Wassermolekülen, sogenannte freie Wasserradikale: Elektronen, Protonen, Wasserstoff und OH-Gruppen. Freie Radikale sind hochreaktiv und können mit Molekülen in der Zelle, unter anderem auch mit der DNA, reagieren und diese schädigen.

Beispiel für eine Reaktion:

H_2O + Strahlungsenergie $\rightarrow H_2O^{*+} + e^-$

$H_2O^{*+} + H_2O \rightarrow H_3O^+ + OH^*$

H_2O^{*+} ist ein Wasserradikalkation, OH^* ein Hydroxylradikal. OH^* ist chemisch stark reaktiv und kann zum Beispiel mit der DNA reagieren, indem es ihr ein Wasserstoffatom aus einer Wasserstoffbrücke entzieht. Man nimmt an, dass etwa zwei Drittel der indirekten DNA-Schäden, die durch Photonen erzeugt werden, auf das Konto der OH^*-Radikale gehen. Daneben gibt es noch weitere Radikale, die ebenfalls DNA-Schäden verursachen können.

Die DNA besteht aus zwei schraubenförmigen Strängen, die durch Paare von zueinander komplementären Basen verbunden sind. Die zwei jeweils zusammenpassenden Basen sind durch eine Wasserstoffbrückenbindung verbunden. In der Regel liegt die DNA in Form einer rechtsdrehenden Doppelspirale (Doppelhelix) vor. Mögliche Schäden sind folgende (Abb. 11.8):

- Basenschaden oder -verlust: Basen können verändert werden oder ganz verloren gehen. Wenn dieser Schaden nicht repariert wird (über die komplementäre Base), wird er bei der nächsten Zellteilung an die Tochterzellen weitergegeben. Es ist eine Genmutation entstanden.
- Veränderung der Zuckermoleküle
- Einzelstrang- und Doppelstrangbrüche: Ein Einzelstrangbruch kann relativ leicht repariert werden, weil der zweite Strang der DNA noch vorhanden ist. Die Reparatur eines Doppelstrangbruches ist schwieriger; allerdings ist auch die Wahrscheinlichkeit, dass es zu einem solchen kommt, geringer.
- Crosslinks (DNA-Vernetzungen): Sie treten bei hohen Strahlendosen auf. Nicht reparierte Crosslinks führen zum Absterben der Zelle.
- Bulky Lesions (Mehrfachereignisse): Es kann passieren, dass die oben genannten Schäden gehäuft in einem DNA-Molekül auftreten. Ist das der Fall, kann das Molekül normalerweise nicht mehr repariert werden, die Zelle stirbt ab.

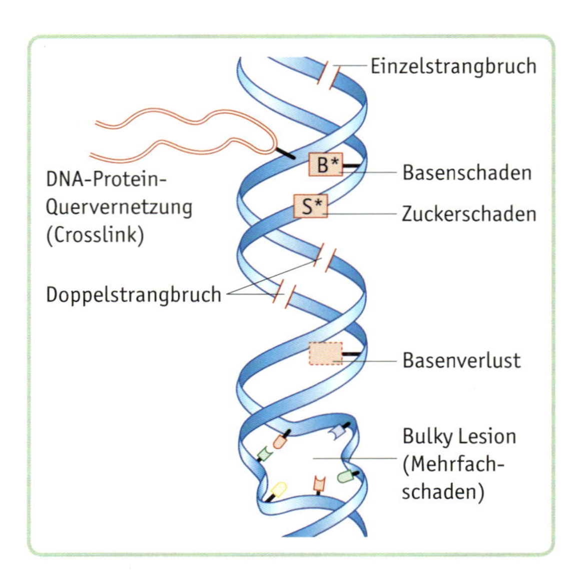

Abb. 11.8 Mögliche Schäden an der DNA

Wenn man Gewebe mit einer Dosis von 1 Gy Röntgenstrahlung bestrahlt, treten durchschnittlich 1000 bis 2000 Basenveränderungen, 500 bis 1000 Einzelstrangbrüche, 150 Crosslinks und 50 Doppelstrangbrüche und Bulky Lesions auf.

Zum Glück gibt es aber in der Zelle sehr leistungsfähige Reparaturmechanismen. Zum Beispiel können Radikale mithilfe spezieller Stoffe neutralisiert und somit unschädlich gemacht werden. Auch bereits

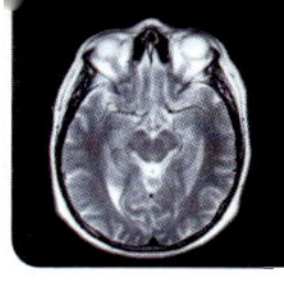

mutierte Krebszellen können als solche erkannt und vernichtet werden. In jeder Phase ist es also möglich, dass der eingetretene Schaden behoben wird.

Biologische Phase

Allerdings kann es auch passieren, dass etwas falsch oder gar nicht repariert wird. Wenn das bei einem Einzelstrangbruch oder einem Basenschaden der Fall ist, können dadurch Mutationen erzeugt werden. Wird ein Doppelstrangbruch nicht oder falsch repariert, entsteht eine Chromosomenmutation.
Eine Mutation kann zum Zelltod oder zur Entwicklung von Krebs, das heißt zu einem ungehemmten Zellwachstum, führen. Außerdem können durch Veränderungen an Enzymen und Membranproteinen Stoffwechselveränderungen eintreten und es kann so zu Organschäden kommen. Wenn Keimzellen verändert werden, kann es zu genetischen Schäden kommen, die weitervererbt werden (z. B. Erbkrankheiten, Missbildungen). Trifft die Strahlung auf einen Embryo, so ist die zu erwartende Schädigung vor der Ausbildung der Organe, d. h. vor dem Fötus-Stadium, am größten, da zu diesem Zeitpunkt viele Stammzellteilungen erfolgen. Je nach Stadium reichen die Gefahren vom Absterben über mögliche Missbildungen bis zu einem erhöhten kindlichen Krebsrisiko.
Die biologische Phase kann Minuten bis Jahrzehnte dauern. Manche Schäden werden erst in der nächsten Generation erkennbar. Deswegen ist es auch sehr schwierig, als Ursache bestimmter Krankheiten ionisierende Strahlung auszumachen.

11.3 Tumorbekämpfung durch Bestrahlung

Bei der Bestrahlung von Tumoren macht man sich zunutze, dass der Reparaturmechanismus in Krebszellen nicht so gut funktioniert wie in gesundem Gewebe. Man bestrahlt den Tumor kurzzeitig mit geringer Dosis, wartet eine Zeit lang ab, in der sich das umliegende gesunde Gewebe besser erholt als der Tumor, und bestrahlt daraufhin wieder. Dieser Vorgang wird einige Male wiederholt. Diese Art der Bestrahlung heißt „fraktionierte Bestrahlung".
Zusätzlich zur Strahlentherapie gibt es zwei weitere Therapiemethoden: Operation und Chemotherapie. Welche Behandlungsart für einen Patienten die richtige ist, entscheidet der Arzt. 70 % der Krebspatienten werden operiert, 50 % – 60 % bekommen eine Chemo- und 50 % – 60 % eine Strahlentherapie. Somit werden häufig mehrere Therapiemethoden kombiniert angewendet.
Zur Bestrahlung müssen die Strahlenart, die Energie der Strahlung und die an den Körper abgegebene Dosis so gewählt werden, dass möglichst viel Energie an das Tumorgewebe abgegeben wird und dieses im Idealfall zerstört oder zumindest das Wachstum eingeschränkt oder gestoppt wird. Gleichzeitig soll das gesunde Nachbargewebe möglichst wenig geschädigt werden und die Strahlenspätfolgen sollen gering sein. Um das optimal planen zu können, muss man wissen, wie Strahlung vom Körper absorbiert wird und wie weit sie eindringen kann.

11.3.1 Tiefendosisprofile

Mit der Tiefendosis T bezeichnet man die Energiedosis in einer bestimmten Tiefe innerhalb eines Körpers. Ein Diagramm, in dem die Tiefendosis über der Gewebetiefe aufgetragen wird, heißt Tiefendosisprofil oder Tiefendosiskurve (Abb. 11.9). Die Kurve hat einen Maximalwert T_{max} an einer bestimmten Eindringtiefe, die Bezugspunkt genannt wird. Bei darüber hinaus gehender Eindringtiefe sinkt die Tiefendosis auf null ab.

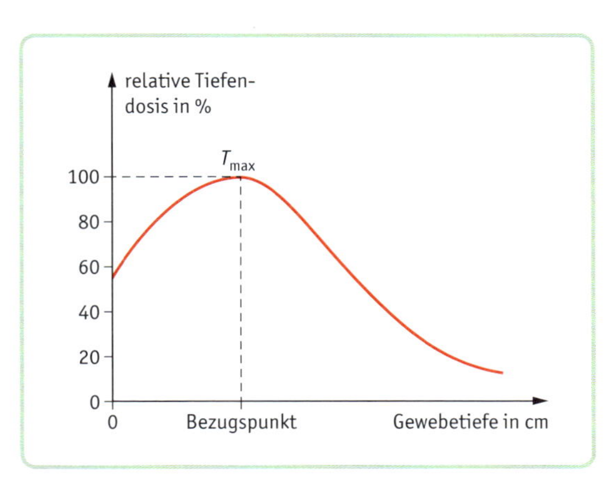

Abb. 11.9 ▶ Typischer Verlauf eines Tiefendosisprofils

Unter der relativen Tiefendosis versteht man das Verhältnis T/T_{max}; es wird in Prozent angegeben. In der Fachliteratur wird bei Tiefendosiskurven zumeist die relative Tiefendosis verwendet.

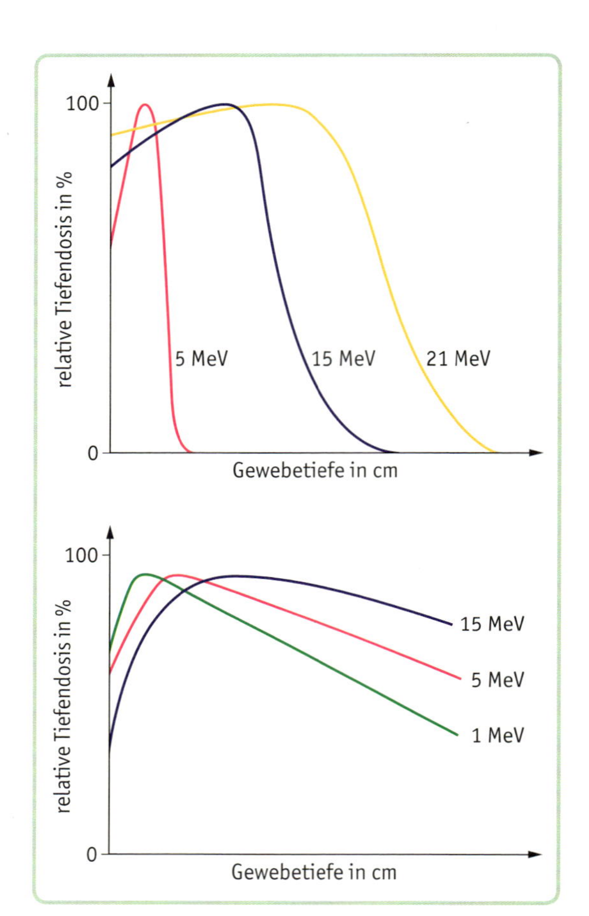

Abb. 11.10 ▶ Tiefendosisprofile von Photonen- (oben) und Elektronenstrahlung (unten) verschiedener Energie

T_{max} und Bezugspunkt hängen von der Bestrahlungsart (Gamma, Elektron, Ion), von der Energie der Strahlung und der Art des durchstrahlten Gewebes (z. B. Wasser, Fett, Knochen) ab. Abb. 11.10 zeigt exemplarisch Tiefendosiskurven für Gamma-Photonen und Elektronen.

Die Tiefendosiskurve steigt bei Elektronen zunächst an. Dies liegt an den Wechselwirkungen zwischen ihrer Ladung und den Molekülen des durchdrungenen Gewebes. Bei anfänglich hoher Geschwindigkeit sind die Wechselwirkungszeiten klein, was zu einer geringen Abbremsung und damit zu einem geringen Energieübertrag, also einer geringen Dosis führt. Mit wachsender Eindringtiefe werden die Teilchen langsamer, die Wechselwirkungszeiten größer, die Dosis nimmt zu. Beim Durchgang von Photonen durch Materie werden Sekundärelektronen ausgelöst; ihre Betrachtung führt letztendlich zum gleichen Kurvenverlauf.

Das Absinken bei größeren Eindringtiefen erklärt sich in beiden Fällen durch die Wechselwirkungen von Strahlung mit Materie. Je größer der bereits zurückgelegte Weg ist, umso weniger Energie bleibt abzugeben.

11.3.2 Herkömmliche Bestrahlungstechniken

Dass hauptsächlich der Tumor bestrahlt und umliegendes Gewebe geschont wird, kann man mithilfe von verschiedenen Bestrahlungstechniken erreichen.

Wenn die benötigte Eindringtiefe der Strahlung dem Bezugspunkt bei einer bestimmten Energie entspricht, dann kann man einfach eine Strahlenquelle auf die zu bestrahlende Körperstelle ausrichten und diese bestrahlen (Einzelstehfeldbestrahlung). Sie kann zum Beispiel bei Hauterkrankungen, Erkrankungen des oberflächlichen Bindegewebes oder bestimmter Lymphknoten angewendet werden.

Wenn der Tumor weiter innen liegt, kann eine Kreuzfeuerbestrahlung angewendet werden. Es wird mit mehreren Quellen gleichzeitig bestrahlt, die in einem bestimmten Winkel so zueinander angeordnet werden, dass sich ihre Zentralstrahlen im Zielgewebe überlagern. So erhält man dort eine hohe und im umgebenden Gewebe sowie an der Oberfläche eine geringe Strahlendosis. Abb. 11.11 zeigt die Bestrahlung eines Tumors in der Kieferhöhle. Dargestellt ist auch die Intensitätsverteilung der Strahlung, die sich durch die Kreuzung der Strahlenfelder ergibt.

Ein ähnlicher Effekt lässt sich durch die Bewegung eines einzigen Strahlerkopfes erreichen, der während der Behandlung auf einem Kreisbogen um den Patienten herum geführt wird. Der Strahl trifft dabei immer das Zielvolumen (Abb. 11.12). So wird eine konzentrierte Bestrahlung des Tumors erreicht, während das umliegende Gewebe nur leicht bestrahlt wird. Dieses Verfahren ist zur Bestrahlung von im Körperinneren liegenden Tumoren geeignet. Auch ein schalenförmiges Zielvolumen lässt sich so gewebeschonend bestrahlen, z. B. die Brustwand oder im Körperinneren liegende Lymphknoten, die um große Gefäße herum liegen.

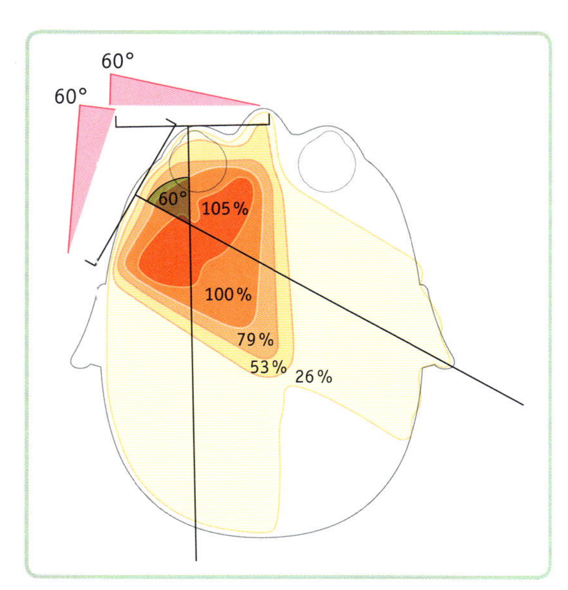

Abb. 11.11 ▶ Kreuzfeuerbestrahlung

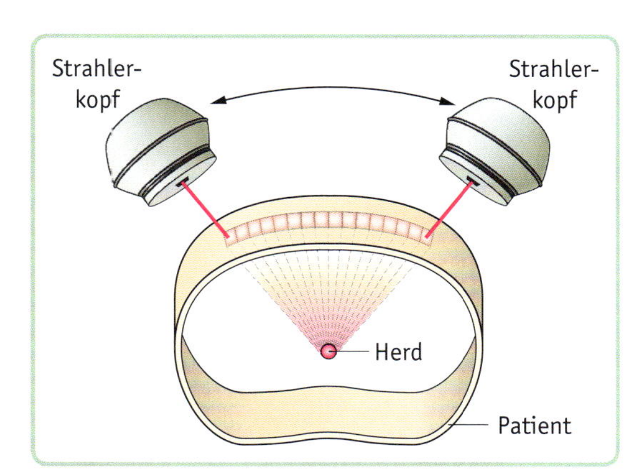

Abb. 11.12 ▶ Konzentration der Strahlung im Tumorherd durch Bewegungsbestrahlung

Die Bestrahlungstechniken können noch weiter optimiert werden, indem man die verschiedenen Arten kombiniert und nicht nur zwei-, sondern auch dreidimensionale Bewegungen des Strahlerkopfes einsetzt. Außerdem kann die Bestrahlung „dynamisch" erfolgen, indem man während der Behandlung verschiedene Parameter wie die Strahlenenergie, deren Intensität, verschiedene Filter für die Strahlung usw. variiert und der Erkrankung angemessen optimal aufeinander abstimmt. Damit hat man eine Möglichkeit, selbst in der Nähe von besonders empfindlichen „Risikoorganen" Bestrahlungen durchzuführen, ohne diese zu stark zu belasten.

Bestrahlungsplanung ist also eine äußerst komplexe Angelegenheit und muss für jeden Patienten individuell durchgeführt werden. Ärzte arbeiten hier in enger Abstimmung mit Physikern. Mit speziellen Programmen lässt sich im Vorfeld der Behandlung die Bestrahlung an computertomographischen Aufnahmen simulieren.

11.3.3 Bestrahlung mit Protonen und Schwerionen

Die Forschung und Entwicklung der letzten Jahre wendet sich der Bestrahlung mit Protonen und schwereren Ionen (z. B. ^{12}C) zu. Diese weisen nämlich eine faszinierende Energieabgabe im Gewebe auf (Abb. 11.13).

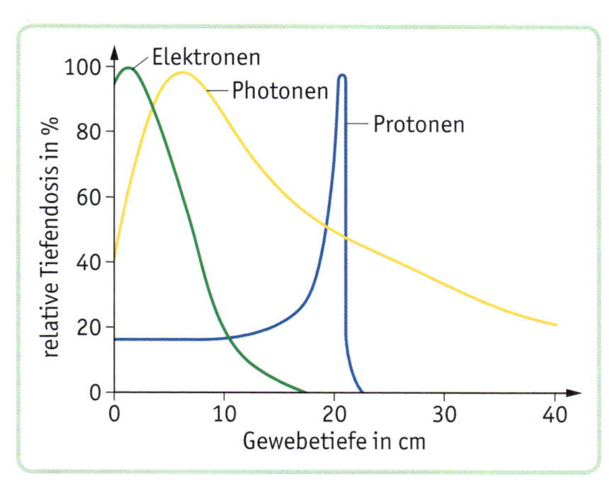

Abb. 11.13 ▶ Tiefendosisprofile von Photonen- und Teilchenstrahlung im Vergleich

Die Strahlen „deponieren" ihre Energie in einer ganz bestimmten Tiefe. Auf dem Weg dorthin geben sie relativ wenig Energie ab. Nach dem Erreichen dieses sogenannten „Bragg-Peaks" fällt die Tiefendosiskurve sehr steil ab. Die Eindringtiefe ist außerdem um einiges größer als bei Photonen- oder Elektronenstrahlung und kann durch Wahl der Teilchenenergie sehr genau gesteuert werden.

Mit solchen Bestrahlungsanlagen können zum Beispiel tiefliegende Hirntumore gezielt behandelt werden, ohne das Gewebe darum, das extrem strah-

lenempfindlich ist, nennenswert zu belasten. Auch zur Behandlung von Tumoren hinter dem Auge oder in der Lunge ist diese Bestrahlungsart sehr gut geeignet.
Ein Problem ist allerdings noch die Erzeugung von Protonen- und Ionenstrahlung. Die erforderlichen Teilchenbeschleuniger sind extrem aufwendig und damit teuer. In Zahlen: Bei herkömmlichen Linearbeschleunigern liegen die Investitionskosten bei einigen Millionen Euro, Anlagen zur Partikeltherapie kosten einige Hundert Millionen Euro.
Zum Schluss dieses Kapitels soll nun die im Jahr 2009 eingeweihte Bestrahlungsanlage am Heidelberger Ionenstrahl-Therapiezentrum (HIT) im Detail dargestellt werden.
Diese bislang weltweit einzige Anlage ihrer Art ist sehr groß; das umfassende Gebäude hat eine Grundfläche von 60 mal 80 Metern (Abb. 11.14).
Im Bereich (1) befinden sich die Ionenquellen. Es werden Kohlenstoff-, Sauerstoff- oder Heliumionen verwendet. Die erzeugten Ionen werden in einem Linearbeschleuniger (2) auf die kinetische Energie 7 MeV gebracht und durchlaufen dann eine sogenannte Stripperfolie, in der sie ihre gesamte Elektronenhülle abstreifen. Die Elektronen würden bei der Bestrahlung stören. Daraufhin treten die Ionen in einen Ringbeschleuniger, ein Synchrotron (3), ein. Sein Radius beträgt 10 Meter. Die Teilchen werden hier auf die gewünschte Endenergie beschleunigt. Es können Werte zwischen 50 und 430 MeV erreicht werden, was einer Eindringtiefe zwischen 2 und 30 Zentimetern entspricht. Ein Leitungssystem (4) lenkt den Strahl in einen der drei Behandlungsräume. In den beiden Räumen (5) befinden sich horizontale Strahlerköpfe, die nicht bewegt werden können. In Raum (8) befindet sich ein sogenanntes Gantry (7). Dieses technisch hochkomplexe System macht einen beweglichen Therapiestrahl möglich. Das Gantry wiegt 600 Tonnen, kann aber dennoch hochpräzise eingestellt werden, so dass eine gut positionierte Bestrahlung möglich ist.

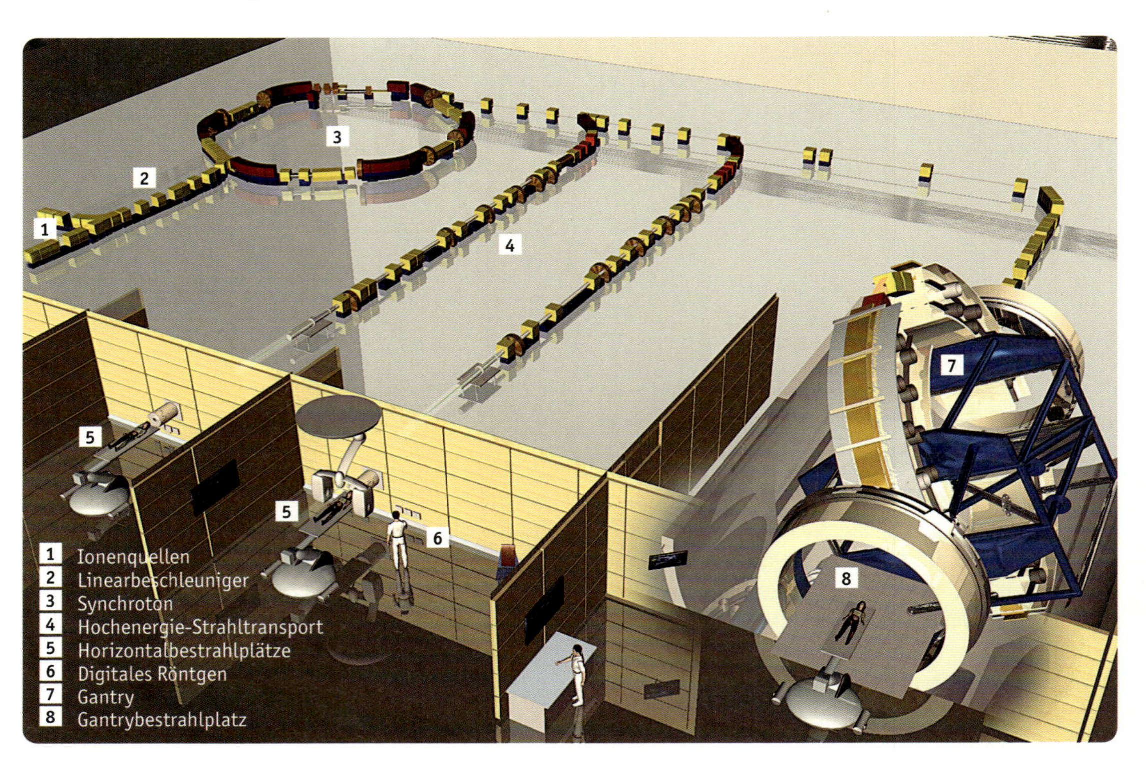

Abb. 11.14 ▶ Schwerionentherapieanlage des Universitätsklinikums Heidelberg

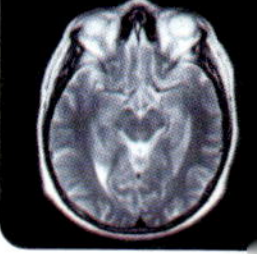

▶ Aufgaben

1 Linearbeschleuniger (klassisch)

Protonen mit vernachlässigbarer Anfangsenergie werden durch einen 30-MHz-Beschleuniger auf 4,5 MeV gebracht. Dabei durchlaufen sie 25 Beschleunigungsspalte zwischen den Röhren.

a) Berechnen Sie die effektive Beschleunigungsspannung.
b) Wie lang ist die 2., wie lang die 25. Röhre?
c) Welche Endgeschwindigkeit erreichen die Protonen?

2 Linearbeschleuniger (relativistisch)

Mit dem in Kap. 11.1 erläuterten Linearbeschleuniger „Cyberknife" werden Elektronen in einem Röhrensystem der Länge 1 m auf die kinetische Energie 6 MeV gebracht. Es liegt eine hochfrequente Wechselspannung der Frequenz 9,3 GHz an. Die leichten Elektronen erreichen sehr schnell (also nach Durchlaufen von nur wenigen Röhren) Geschwindigkeiten knapp unter der Lichtgeschwindigkeit. Die folgende Überschlagsrechnung soll davon ausgehen, dass $v \approx c$ für das gesamte Röhrensystem gilt.

a) Wie lange brauchen die Elektronen für das Durchlaufen des gesamten Röhrensystems?
b) Wie viele Röhren sind es? Etwa wie lang sind sie?
c) Welche Spannung liegt jeweils zwischen zwei benachbarten Röhren?

3 Zyklotron (klassisch)

Mit dem klassischen Zyklotron lassen sich Teilchengeschwindigkeiten bis zu $0{,}1\,c$ erreichen.

a) Welches Ladungsvorzeichen haben die Teilchen, die in Abb. 11.3 beschleunigt werden?
b) Zeigen Sie, dass die Umlaufdauer unabhängig vom jeweiligen Bahnradius ist.
c) Protonen sollen auf die Geschwindigkeit $0{,}1\,c$ gebracht werden. Die Flussdichte des durchdringenden Magnetfelds beträgt 0,40 T. Berechnen Sie die Zyklotronfrequenz, den notwendigen Durchmesser des Zyklotrons sowie die erreichte kinetische Endenergie in MeV.
d) Wie viele Umläufe sind dazu nötig, wenn die wirksame Beschleunigungsspannung 10 kV beträgt?

4 Synchrotron (relativistisch)

Im Vereinigten Institut für Kernforschung in Dubna bei Moskau wurden in einem Synchrotron Protonen auf die kinetische Energie 680 MeV beschleunigt. Der Durchmesser betrug 6,0 m, die effektive Beschleunigungsspannung pro Umlauf 44 kV.

a) Berechnen Sie für diese Protonen die Gesamtenergie (in MeV) und die Masse (in kg), sowie die Geschwindigkeit (in Prozent von c).
b) Mit welcher Flussdichte wurde gearbeitet?
c) Wie viele Umläufe erfährt ein 680-MeV-Proton in diesem Synchrotron?

Abb. 11.15 ▶ Schaltzentrale am Kernforschungsinstitut in Dubna

5 Ionisation von Luftmolekülen durch Röntgenstrahlung

a) Zeichnen Sie ein Schaltbild der Anordnung von Abb. 11.4.
b) Die angelegte Spannung ist so hoch, dass alle erzeugten Ionen und Elektronen vor einer Rekombination über die jeweiligen Kondensatorplatten in den Messkreis fließen (Sättigung). Die zur Erzeugung eines einfach geladenen Elektronen-Ionen-Paars in Luft erforderliche Ionisierungsenergie beträgt 32 eV. Ist die Röntgenröhre so eingestellt, dass sie im Mittel Quanten der Energie 30 keV liefert, dann zeigt der Messverstärker eine Stromstärke von 15 nA an. Wie viele Röntgenquanten werden pro Sekunde in das Kondensatorinnere gestrahlt?

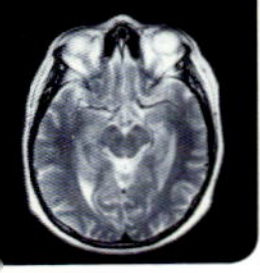

6 PET-Untersuchung

Bei einer Untersuchung (siehe Kap. 10.5) an einem Patienten mit 70 kg wird ein Präparat verabreicht, das 2,0 Stunden lang pro Sekunde 150 Millionen γ-Quanten mit einer Energie von jeweils 1,66 MeV in den Körper strahlt.

a) Berechnen Sie die Äquivalentdosis für den gesamten Körper des Patienten in mSv.

b) Beurteilen Sie durch den Vergleich mit der Tabelle 11.2, ob eine PET uneingeschränkt zur Tumordiagnose zu empfehlen ist.

Dosis durch	H/mSv
Interkontinentalflug, 10 h	0,04
natürliche Strahlung/Jahr	2,4

Tab. 11.2 ▶ zu Aufgabe 6b)

7 Strahlenschutz

Die in Kap. 11.2.2 eingeführten Strahlungs-Wichtungsfaktoren W_R sowie die dort genannten Grenzwerte wurden aufgrund von experimentellen Erfahrungen von Kommissionen festgelegt. Überlegen Sie, in welche Richtung verschiedene gesellschaftliche Gruppen (Ärzte, Kraftwerksbetreiber, Umweltverbände u. a.) diese Werte wohl verändern würden.

8 Mordfall Litvinenko 2

Bei dem Gift, das dem Ex-KGB-Agenten (Körpermasse 75 kg; vgl. Aufgabe 5 in Kap. 8) verabreicht wurde, handelte es sich um ca. ein Millionstel Gramm des α-Strahlers Po-210. Selbst bei dieser winzigen Menge werden pro Sekunde im Körperinneren $2{,}2 \cdot 10^7$ α-Teilchen mit jeweils einer Energie von 5,3 MeV frei und vom Gewebe absorbiert.

Berechnen Sie die Ganzkörperäquivalentdosis für drei Wochen in Sv und mSv. Warum starb Alexander Litvinenko daran?

9 Fukushima und Tschernobyl

Die folgenden Daten wurden von der Gesellschaft für Reaktorsicherheit (GRS), der Tokyo Electric Power Company (TEPCO) und in diversen Presseberichten veröffentlicht:

Ort der Messung	Dosisleistung
Fukushima/Haupttor	12 mSv/h
Fukushima/Reaktorinneres	1000 mSv/h
Tschernobyl/Reaktorinneres	2000 mSv/h

Tab. 11.3 ▶ Dosisleistung in Fukushima bzw. Tschernobyl. Zeitpunkte: Tschernobyl Ende April 1986, Fukushima Mitte März 2011

a) Um welchen Faktor sind die drei oben angegebenen Äquivalentdosisleistungen größer als die durchschnittliche natürliche Strahlenbelastung von 2,4 mSv/Jahr?

Verlautbarungen der zuständigen Stellen zufolge durften sich die Arbeiter in Tschernobyl längstens 12 min im Reaktorinneren aufhalten. TEPCO teilte mit, dass die Gesamtdosis ihrer Arbeiter nicht über 700 mSv lag.

b) Wie lange waren demnach die 700-mSv-Arbeiter im Reaktorinneren von Fukushima? Welche Äquivalentdosis zogen sich die 12-min-Arbeiter von Tschernobyl zu?

c) Überdenken und beurteilen Sie die oben genannten Verlautbarungen.

Abb. 11.16 ▶ Stillgelegte Reaktoren in Fukushima

Neuronale Signalleitung und Informationsverarbeitung

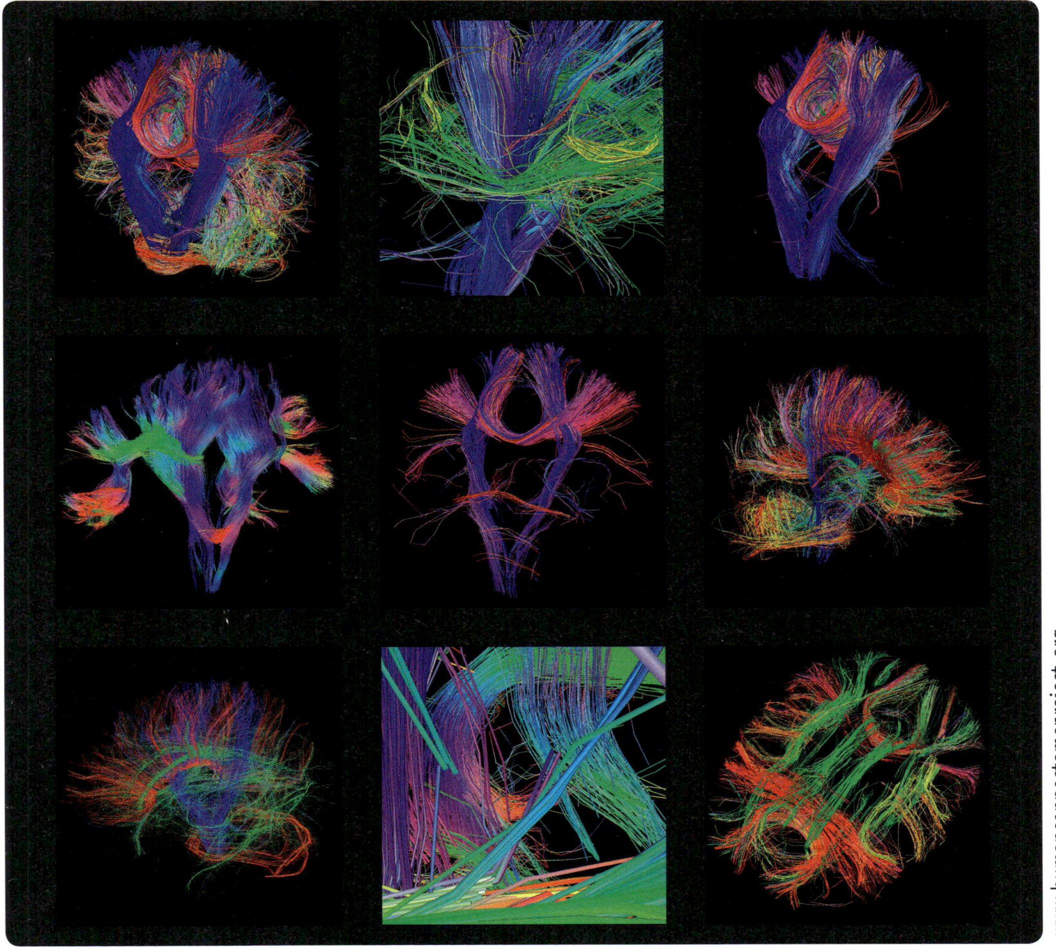

www.humanconnectomeproject.org

Das menschliche Gehirn ist die komplexeste Struktur, die wir im Universum kennen. Allein das Großhirn umfasst etwa 23 Milliarden Nervenzellen; würde man alle Verbindungsfasern zwischen ihnen aneinander legen, so ergäbe sich eine Strecke, die weiter reicht als von der Erde zum Mond. Diese Verbindungen beeinflussen unser Wahrnehmen, Fühlen, Denken, Lernen und Handeln. Wie bei alledem verschiedene Areale des Gehirns zusammenarbeiten, ist Forschungsgegenstand des „Human Connectome Project". Mit einer speziellen Magnetresonanz-Technik („Diffusions-Bildgebung") kann für jeden Bildpunkt festgestellt werden, in welche Richtung sich beispielsweise Wassermoleküle bewegen. Diese Bewegung ist am stärksten längs größerer Nervenbündel. In den Bildern auf dieser Seite gibt die Farbe die Bewegungsrichtung an.

12 Nervenzellen

12.1 Grundsätzlicher Aufbau

Wie alle Teile des menschlichen Körpers ist auch unser Gehirn aus spezialisierten Zellen, den Neuronen, aufgebaut. Daneben existieren noch sogenannte Gliazellen, die eine Isolations- und Stützschicht um die Neuronen herum bilden sowie diese mit Sauerstoff und Energie versorgen. Das menschliche Gehirn enthält etwa 100 Milliarden Nervenzellen, dazu kommen noch einmal 10- bis 50-mal so viele Gliazellen. Während die Anzahl der Neuronen im Laufe des Lebens konstant bleibt bzw. sogar leicht abnimmt, erhöht sich bis zum Ende der Pubertät die Anzahl der Gliazellen beträchtlich. Dies ist hauptsächlich auf die zunehmende Myelinisierung (s. u.) zurückzuführen.

Nervenzellen treten in sehr vielen unterschiedlichen Varianten auf (Abb. 12.1). Gemeinsam sind allen neben dem Zellkörper (Soma) mit dem Zellkern zwei Arten von Zellfortsätzen: Dendriten und Axone. Über die Dendriten empfängt ein Neuron Signale von anderen Nervenzellen. Ihre Struktur ist häufig sehr stark verästelt; bei den Purkinje-Zellen treten beispielsweise mehrere tausend Verzweigungen auf. Die Weiterleitung des Nervensignals geschieht dagegen nur längs einer einzigen (u. U. verzweigten) Faser, dem Axon. Der typische Durchmesser eines Axons beträgt 0,5 bis 20 µm, die Länge kann bis über 1 m erreichen. Alle Nervenfasern im Großhirn zusammen ergeben eine Strecke von etwa 500 000 km, die Nervenfasern im restlichen Körper tragen mit 480 000 km fast noch einmal die gleiche Strecke bei.

Für die Erregungsleitung im Nervensystem ist bedeutsam, dass viele Axone von einer Myelinscheide umgeben sind, die in regelmäßigen Abständen

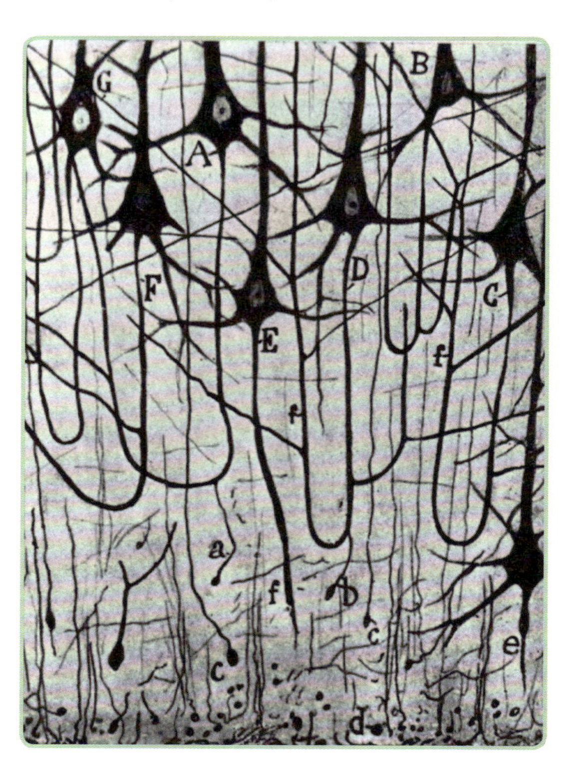

Abb. 12.1 ▶ Verschiedene Neuronenarten im Gehirn einer Katze. Zeichnung von SANTIAGO RAMÓN Y CAJAL (Medizin-Nobelpreis 1906)

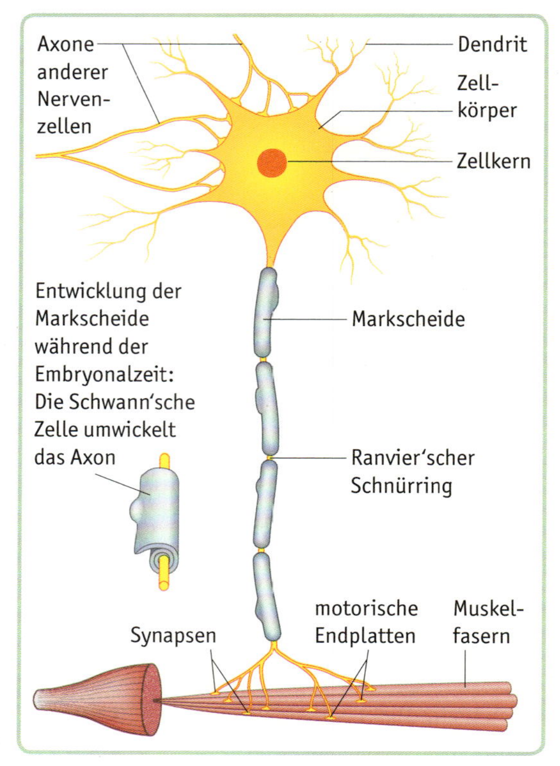

Abb. 12.2 ▶ Schematischer Aufbau eines Motoneurons im Rückenmark

(ca. 0,3 bis 2 mm) von den Ranvier'schen Schnürringen unterbrochen wird. Die Myelinscheide besteht aus speziellen Gliazellen, den Oligodendrozyten im Gehirn bzw. den Schwann'schen Zellen im restlichen, peripheren Nervensystem. Ihr langsamer Aufbau während der Kindheit und der Pubertät trägt in entscheidender Weise dazu bei, das Lernen aus Reizen der Umwelt zu strukturieren: Gehirnfunktionen, an denen viele unterschiedliche Areale beteiligt sind, erfordern schnelle Nervenverbindungen, um effektiv funktionieren zu können. Da aber die Erregungsleitung bei Axonen ohne Myelinscheide deutlich verlangsamt ist (vgl. Kap. 14), werden bei Kindern sehr komplexe Reize aus der Umwelt zunächst „ausgeblendet". Sie können sich so zunächst auf die einfacheren Strukturen konzentrieren. Erst mit zunehmender Entwicklung wird ihr Gehirn dann „reif" für kompliziertere Inhalte. Dies erklärt auch, dass es z. B. für den Spracherwerb kritische Perioden gibt; sind sie verpasst, dann fällt das Lernen deutlich schwerer.

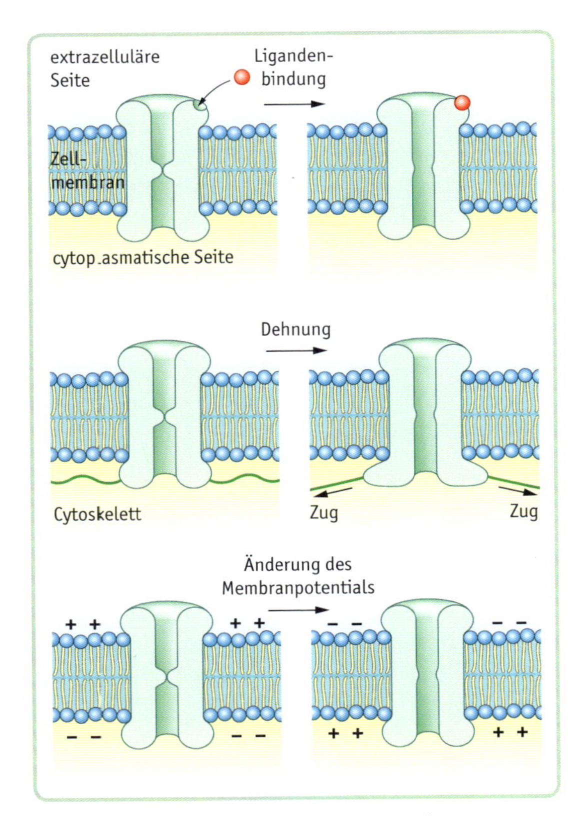

Abb. 12.3 ▶ Verschiedene Einflüsse auf die Öffnung von Ionenkanälen in der Zellmembran

12.2 Membranpotential

Nervenzellen sind auch im Ruhezustand gegenüber ihrer Umgebung elektrisch geladen, und es besteht deshalb eine Potentialdifferenz zwischen der Innen- und der Außenseite. Die Ursache dafür liegt in den unterschiedlichen Ionenkonzentrationen innerhalb und außerhalb der Zelle. Die dazwischen liegende Zellmembran besteht aus einer Doppelschicht von Phospholipid-Molekülen. Diese besitzen ein hydrophiles (wasseranziehendes) und ein hydrophobes (wasserabweisendes) Ende und ordnen sich so an, dass die hydrophoben Enden zueinander gerichtet sind. Die Kontaktflächen der Membran sind also hydrophil und erlauben die Anlagerung weiterer Moleküle. Die Membrandicke liegt bei etwa 4 bis 10 nm. Wassermoleküle können die Membran gut durchdringen; für Ionen ist sie jedoch undurchlässig. Ein Ionenaustausch kann nur durch spezielle Ionenkanäle geschehen bzw. durch Membranproteine, die aktiv Ionen von einer Seite zur anderen bringen (Natrium-Kalium-Pumpe).

Die Durchlässigkeit der Ionenkanäle ist von verschiedenen Faktoren abhängig. Insbesondere kann sie von chemischen Verbindungen („Liganden"), elektrischen Feldern oder mechanischen Spannungen beeinflusst werden (Abb. 12.3).
Durchschnittlich beobachtet man die folgenden Ionenkonzentrationen in mmol/l; sie werden hauptsächlich durch die Natrium-Kalium-Pumpe dauerhaft aufrechterhalten. (Zur Erinnerung: Ein Mol entspricht einer Zahl von $6{,}022 \cdot 10^{23}$ Teilchen.)

	innen	außen
Na^+	12	145
K^+	155	5
Ca^{2+}	$10^{-5} - 10^{-4}$	2
Cl^-	4	120
große Anionen, z. B. Proteine	155	0

Tab. 12.1 ▶ Ionenkonzentrationen in mmol/l

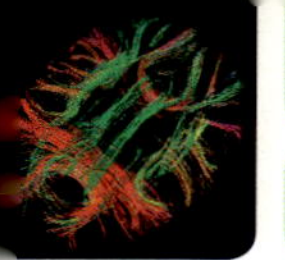

Diese Konzentrationsgefälle führen insgesamt zu einer negativen Gesamtladung im Zellinneren und zu einer positiven Gesamtladung im Zelläußeren (Abb. 12.4).
Auf die Ionen wirken zwei Kräfte, wie sie in Abb. 12.4 stellvertretend für Na^+ und für K^+ eingezeichnet sind:

- Durch die elektrische Kraft werden die positiv geladenen Kationen vom negativ geladenen Zellinneren angezogen.
- Eine „chemische Kraft" ist feststellbar, weil die Ionen einer Sorte versuchen, das Konzentrationsgefälle auszugleichen. Die Ionen werden gewissermaßen dahin „gedrückt", wo nur wenige von ihnen vorhanden sind. Dieser Vorgang heißt Diffusion und lässt sich experimentell einfach durch einen Tropfen Tinte oder eine Spatelspitze Kaliumpermanganat in Wasser sichtbar machen.

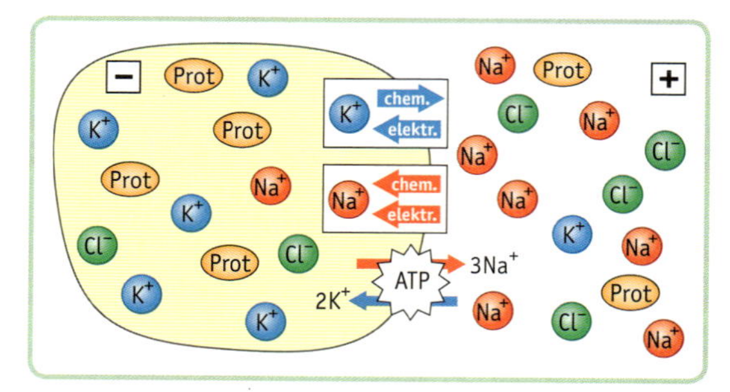

Abb. 12.4 ▶ Ionenverteilung innerhalb und außerhalb einer Zelle

Bei den Na^+-Ionen wirken beide Kräfte in die gleiche Richtung. Sie können jedoch die Konzentrationsverhältnisse nicht ändern, weil im Ruhezustand die Zellwand für Na^+ nahezu undurchlässig ist. Anders sieht die Situation für K^+ aus: Die Durchlässigkeit der entsprechenden Ionenkanäle ist gut und so stellt sich eine Verteilung ein, bei der die chemische und die elektrische Kraft im Gleichgewicht stehen.
In einem Modellversuch lassen sich die Vorgänge klarer darstellen (Abb. 12.5). Dazu bringt man, z. B. in einer nach dem dänischen Physiologen HANS USSING (1911–2000) benannten Ussing-Kammer, eine KCl-Lösung und eine NaCl-Lösung zusammen. Sie sind durch eine selektiv permeable Membran voneinander getrennt, die nur für K^+-Ionen durchlässig ist, nicht jedoch für Na^+-Ionen.

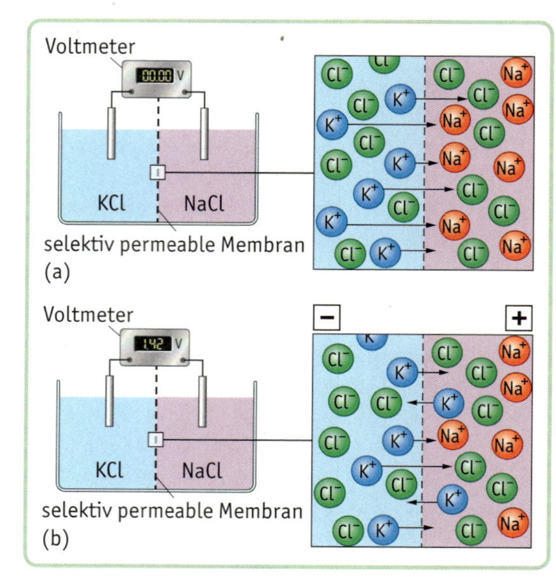

Abb. 12.5 ▶ Modellversuch zum Membranpotential

Unmittelbar nach Versuchsbeginn befinden sich alle Ionen auf „ihrer" Seite der Membran; nachdem die Lösungen elektrisch neutral sind, ist keine Spannung zwischen den beiden Kammern messbar. Im Laufe der Zeit diffundieren jedoch immer mehr K^+-Ionen nach rechts und verteilen sich schließlich auf beiden Seiten der Membran. Dadurch entsteht rechts ein Überschuss an positiven Ladungen und das Messgerät zeigt eine Spannung an. Diese Spannung wirkt jedoch der Bewegung der K^+-Ionen nach rechts entgegen und es bildet sich schließlich ein Gleichgewichtszustand aus.

12.3 Genauere Betrachtung*

Für eine quantitative Untersuchung betrachten wir zunächst den Prozess der Diffusion genauer (Abb. 12.6). N Teilchen sind auf die zwei Hälften eines Behälters verteilt. Wenn die Trennwand für die Teilchen durchlässig ist, dann werden sich nach längerer Zeit etwa die Hälfte der Teilchen links und die andere Hälfte rechts aufhalten: $N_A = N_B = \frac{N}{2}$. Ein Maß dafür, wie weit sich das System diesem Zustand angenähert hat, ist die Entropie S. Sie ist definiert als:

$$S = k \cdot \ln \frac{N!}{N_A! \cdot N_B!}$$

$k = 1{,}38 \cdot 10^{-23} \frac{\text{J}}{\text{K}}$ bezeichnet dabei eine physikalische Konstante, die Boltzmann-Konstante. Es lässt sich leicht nachprüfen, dass S tatsächlich den größten Wert annimmt, wenn $N_A = N_B = \frac{N}{2}$ ist (vgl. Aufgabe 2b).

Die Entropie ist damit ein Maß für die „Unordnung" eines bestimmten Zustands; sie ist maximal, wenn die Teilchen gleichmäßig verteilt sind.

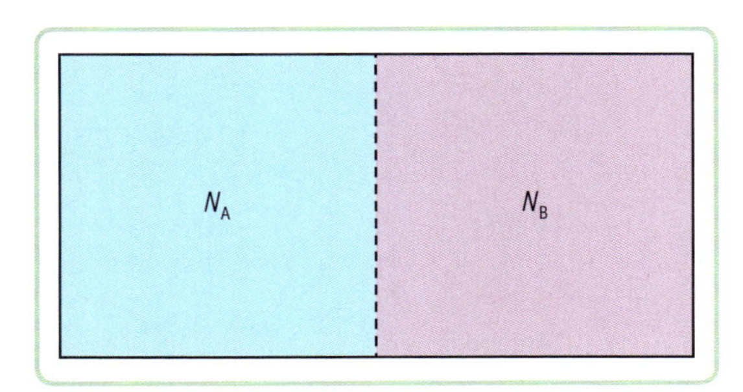

Abb. 12.6 ▶ Zur Definition der Entropie

Bewegt sich in der Anordnung von Abb. 12.6 ein Teilchen von links nach rechts, dann ändert sich die Entropie um

$$\begin{aligned}\Delta S &= S_{\text{nachher}} - S_{\text{vorher}} \\ &= k \cdot \ln \frac{N!}{(N_A - 1)! \cdot (N_B + 1)!} - k \cdot \ln \frac{N!}{N_A! \cdot N_B!} \\ &= k \cdot \ln \left[\frac{N!}{(N_A - 1)! \cdot (N_B + 1)!} \cdot \frac{N_A! \cdot N_B!}{N!} \right] \\ &= k \cdot \ln \frac{N_A}{N_B + 1} \approx k \cdot \ln \frac{N_A}{N_B}\end{aligned}$$

Das Vorzeichen von $[\Delta]S$ ist positiv, wenn $N_A > N_B$ ist, d. h. das Teilchen sich aus der volleren Hälfte heraus bewegt. Die Bewegung in der Gegenrichtung, also aus der fast leeren in die fast volle Hälfte, ist hingegen wesentlich unwahrscheinlicher. Will man sie erzwingen, so muss ein Energiebetrag $\Delta E = T \cdot |\Delta S|$ aufgewendet werden. Dabei ist T die Temperatur, gemessen in Kelvin. Ihr Einfluss lässt sich anschaulich erklären: Höhere Temperatur macht sich in einer heftigeren Bewegung der Teilchen bemerkbar; es wird deshalb schwieriger, ein Teilchen in eine bestimmte Richtung zu zwingen.

Bei der Diffusion erhöht sich auf lange Sicht die Entropie; das bedeutet gleichzeitig, dass die Energie $\Delta E = T \cdot |\Delta S|$ frei wird. Weil die Teilchen jedoch geladen sind, wird diese Energie nicht nach außen abgegeben, sondern für die Bewegung gegen die Potentialdifferenz U benötigt. Mit der Ladung Q gilt: $\Delta E = |Q \cdot U|$.

Durch Gleichsetzen der Energien lässt sich somit die auftretende Potentialdifferenz berechnen:

$$|U| = \left| \frac{k \cdot T}{Q} \cdot \ln \frac{N_A}{N_B} \right|$$

Diese Gleichung heißt Nernst-Gleichung; sie lässt sich statt mit den Teilchenzahlen N_A und N_B auch mit den jeweiligen Konzentrationen $c_{\text{außen}}$ und c_{innen} formulieren:

$$U = \frac{k \cdot T}{Q} \cdot \ln \frac{c_{\text{außen}}}{c_{\text{innen}}}$$

Der Quotient wurde so gewählt, dass das Vorzeichen von U dem in der Biologie üblichen entspricht. Die Sprechweise „Ruhe*potential*" statt „Potentialdifferenz" lässt sich rechtfertigen, wenn man den willkürlichen Nullpunkt des Potentials in den Außenraum der Zelle legt (vgl. Kap. 6.3.2).

▶ Beispiel

Setzt man für Kalium die oben angegebenen Konzentrationen $c_{\text{außen}} = 5 \frac{\text{mmol}}{\text{l}}$ und $c_{\text{innen}} = 155 \frac{\text{mmol}}{\text{l}}$ ein sowie $T = 310$ K (entsprechend einer Körpertemperatur von 37 °C) und $Q = +1{,}602 \cdot 10^{-19}$ C, so ergibt sich eine Potentialdifferenz $U_K = -92$ mV.

Der soeben berechnete Wert stellt nur eine sehr grobe Näherung für das Ruhepotential einer Nervenzelle dar: Neben K^+ sind auch noch andere Ionen vorhanden, außerdem sind die Ionenkanäle nicht vollständig durchlässig. Beides kann mit entsprechendem Aufwand modelliert werden. Das Ergebnis stimmt dann sehr gut mit den experimentellen Werten überein. Je nach Zelltyp findet man ein Ruhepotential in den Nervenzellen von −70 mV bis −90 mV.

12.4 Aktionspotential

Wenn eine Nervenzelle erregt wird, dann öffnen und schließen sich nacheinander verschiedene Ionenkanäle und verändern so das Ruhepotential. Hauptsächlich sind dabei Kanäle für Na^+ (Einstrom) und K^+ (Ausstrom) beteiligt.

Ein solches Aktionspotential (physikalisch eigentlich ein veränderliches Membranpotential als Funktion der Zeit) läuft in mehreren Schritten ab (Abb. 12.7):

- Als Antwort auf die an allen Dendriten zusammen anliegenden Signale wird der Axonhügel polarisiert und am Axon liegt eine zusätzliche Spannung an.
- Ist diese Spannung nur klein, so verschiebt sie das Potential des Axons nur wenig. Die Ionenkanäle reagieren nicht.
- Übersteigt das Potential jedoch einen bestimmten Schwellenwert, so werden die Na^+-Kanäle durchlässig (spannungsgesteuerter Ionenkanal) und Na^+-Ionen strömen in die Zelle ein. Dadurch wird das Zellinnere positiv geladen (Depolarisation).
- Wenn das Potential seinen Maximalwert erreicht hat, schließen sich die Na^+-Kanäle wieder und bleiben während einiger ms geschlossen, unabhängig von äußeren Reizen (Refraktärzeit).
- Gleichzeitig öffnen sich die K^+-Kanäle und K^+-Ionen strömen aus der Zelle aus. Die positive Ladung im Zellinneren nimmt damit ab (Repolarisation).
- Schließlich sind alle Ionenkanäle geschlossen und das ursprüngliche Ruhepotential ist wieder hergestellt.

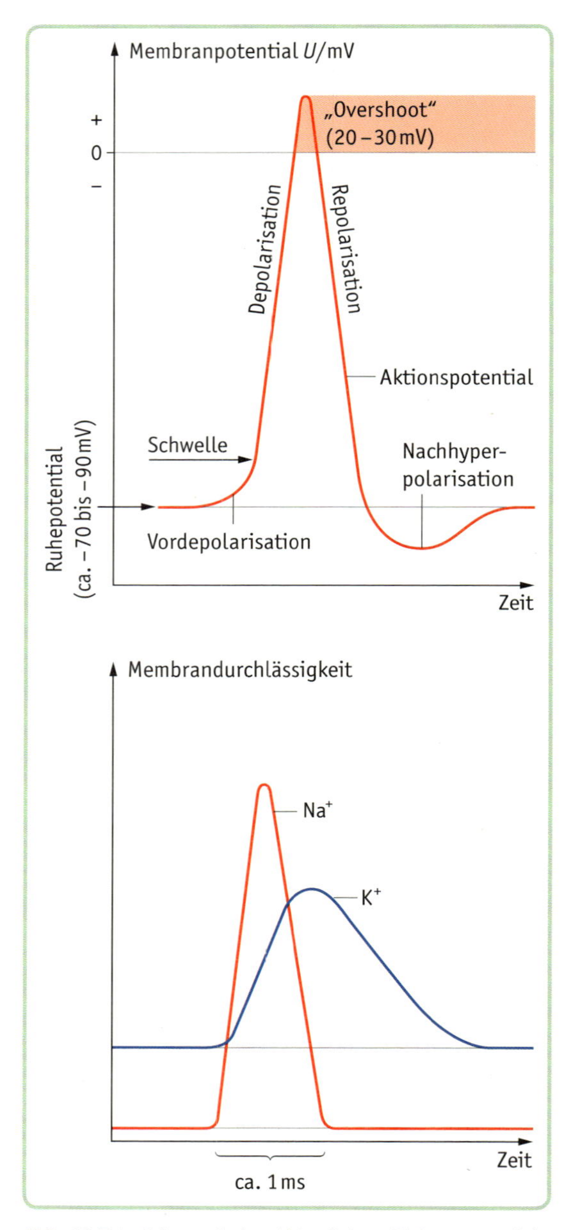

Abb. 12.7 Schematischer Ablauf eines Aktionspotentials

▶ Aufgaben

1 Neuronenzahl beim Menschen

a) Der Mensch verliert täglich zwischen 50 000 und 100 000 Neuronen in der Großhirnrinde. Ein Säugling besitzt bei der Geburt etwa 24 Milliarden davon. Um wie viel Prozent nimmt die Anzahl dieser Neuronen im Laufe von 70 Jahren ab?

b) In der Literatur findet sich eine genauere Formel für die Anzahl der Neuronen im Großhirn. Im Alter von x Jahren sind dies
$N(x) = 2{,}45 \cdot 10^{10} \cdot e^{-0{,}00145 \cdot x}$.
Verliert man in der Jugend oder im Alter mehr Nervenzellen?

c) Zeigen Sie, dass die Formel in Teil b) mit der Aussage aus Teil a) verträglich ist. Wie kann das sein, obwohl ganz unterschiedliche mathematische Modelle zugrunde gelegt wurden?

2 Diffusion durch eine Zellmembran

Auf beiden Seiten der Membran in Abb. 12.5 befinden sich im Ausgangszustand gleich viele Teilchen: links $1{,}0 \cdot 10^{15}$ Kaliumionen, rechts $1{,}0 \cdot 10^{15}$ Natriumionen, dazu jeweils gleich viele Chloridionen. Die Membran ist nur für die Kaliumionen durchlässig.

a) Wenn zunächst die Ladungen nicht berücksichtigt werden, so ist die Wahrscheinlichkeit dafür, dass ein Kaliumion durch die Membran diffundiert, unabhängig von der Seite, auf der es sich befindet. Nehmen Sie an, dass diese Wahrscheinlichkeit 0,1 pro Sekunde beträgt, d. h. innerhalb einer Sekunde wechseln 10 % der Kaliumionen ihre Seite. Berechnen Sie mit einem Tabellenkalkulationsprogramm, wie sich damit die Anzahl der Kaliumionen links und rechts von der Membran im Laufe der ersten 30 Sekunden ändert. Nach welcher Zeit beträgt der Unterschied der Anzahlen weniger als $1{,}0 \cdot 10^{13}$?

b) Erweitern Sie Ihre Tabelle um zwei Spalten, die die Ladungsmengen links und rechts der Membran enthalten. Geben Sie den Ladungsunterschied an, wenn sich auf beiden Seiten gleich viele Kaliumionen befinden.

c) Erläutern Sie, weshalb der in den Teilaufgaben a) und b) zu beobachtende Gleichgewichtszustand in Wirklichkeit nicht erreicht wird. Was geschieht stattdessen?

3 Experimente zur Entropie*

a) Die Diffusion in einer Anordnung wie Abb. 12.6 lässt sich mit Spielwürfeln simulieren. Man legt beispielsweise 10 Würfel auf die linke Seite eines Spielfeldes. In jedem Spielzug wird mit allen Würfeln gewürfelt; falls dabei eine Sechs fällt, wechselt der Würfel von der linken in die rechte Hälfte oder umgekehrt. Nach wie vielen Würfen haben Sie zum ersten Mal eine Gleichverteilung erreicht?

b) Zeichnen Sie den Verlauf der Entropiefunktion $\ln \frac{N!}{N_A! \cdot N_B!}$ für $N = 10$ und verschiedene Werte N_A der Teilchenzahl in der linken Hälfte. Bestätigen Sie damit, dass die Funktion tatsächlich für $N_A = 5$ ihren maximalen Wert annimmt.

4 Ruhepotentiale für unterschiedliche Ionensorten*

Bestimmen Sie mithilfe der Tabelle 12.1 und der Nernst-Gleichung die Ruhepotentiale für Na^+ und Cl^-. Diskutieren Sie, weshalb die Werte vom gemessenen Ruhepotential abweichen.

5 Wie viele Ionen sind am Membranpotential beteiligt?

a) Betrachten Sie dazu einen Ausschnitt der Membranfläche von 1 mm². Die Kapazität der Membran liegt bei etwa 10^{-8} F pro mm². Die Gleichgewichtsspannung für K^+ beträgt (–) 92 mV. Welche Ladung hat der Membrankondensator gespeichert? Wie viele Ionen sind das?

b) Wie viele K^+-Ionen befinden sich außerhalb der Zelle in einem Würfel der Kantenlänge 1 mm? Entnehmen Sie die benötigten Daten der Tabelle 12.1 und vergleichen Sie mit dem Wert aus Teil a).

13 Modell eines Neurons

13.1 Elektrischer Schaltkreis

Um die elektrischen Vorgänge im Axon einer Nervenzelle besser zu verstehen, wird ein physikalisches Modell vorgestellt. Das Ziel ist dabei nicht, alle Details der biologischen Zelle möglichst genau wiederzugeben. Vielmehr versucht man, mit wenigen idealisierten Bestandteilen auszukommen, die aber trotzdem das wesentliche Verhalten einer tatsächlichen Nervenzelle aufweisen.
Tatsächlich lassen sich schon mit nur sechs Bauteilen wichtige Eigenschaften eines Neurons simulieren:

- Die Zellmembran trennt unterschiedlich geladene Bereiche (Zellplasma und Zwischenzellflüssigkeit) voneinander. Sie kann deshalb durch einen Kondensator mit Kapazität C simuliert werden.
- In der Zellmembran existieren Ionenkanäle, durch die Ladungen von einer Seite zur anderen fließen können. Die Situation ist somit die gleiche wie bei einem Widerstand der (veränderlichen) Größe R_m.
- Auch längs des Axons können sich im Zellinneren Ladungen bewegen. In diesem Fall setzt das Zellplasma dem einen elektrischen Widerstand R_a entgegen.
- Aktionspotentiale führen zu einem Einstrom von Natrium-Ionen in die Zelle. Dieser lässt sich durch eine Spannungsquelle U_i und einen nachfolgenden Widerstand R_i simulieren. Ohne Aktionspotential ist der Widerstand R_i unendlich groß. Letztlich modelliert die Spannungsquelle das „chemische Potential" aufgrund der Diffusion.

Die so gebildete Einheit entspricht biologisch einem Natrium- und einem Kaliumkanal (Depolarisation bzw. Repolarisation) sowie der umgebenden Zellmembran; sie wiederholt sich praktisch unendlich oft längs des Axons.

- Auch ohne Aktionspotential wird ein Axonabschnitt von elektrischen Vorgängen beeinflusst, die sich in größerer Entfernung abspielen. Weil man dort von einem konstanten Einströmen von Ionen ausgehen kann, erweist sich eine Konstantstromquelle I_{ges} als zweckmäßig.

Im Ruhezustand liegt in unserem Modell keine Spannung zwischen Innen- und Außenseite der Zellmembran. Dies steht scheinbar im Widerspruch zu dem in Kap. 12 diskutierten Ruhepotential. Tatsächlich ist für die Signalleitung aber nur die *Abweichung* von diesem Ruhepotential interessant. Für unsere Betrachtungen muss deshalb die Natrium-Kalium-Pumpe nicht mit einbezogen werden. Auch Kanäle für weitere Ionen, z. B. für Cl^-, werden vernachlässigt.
Das Erdungssymbol verdeutlicht die Wahl des Zelläußeren als Potentialnullpunkt (vgl. Kap. 6.3.2). Es stellt zudem ein praktisch unerschöpfliches Reservoir von Ladungen dar. In der weiteren Darstellung wird auf diese Erinnerung der Einfachheit halber verzichtet.

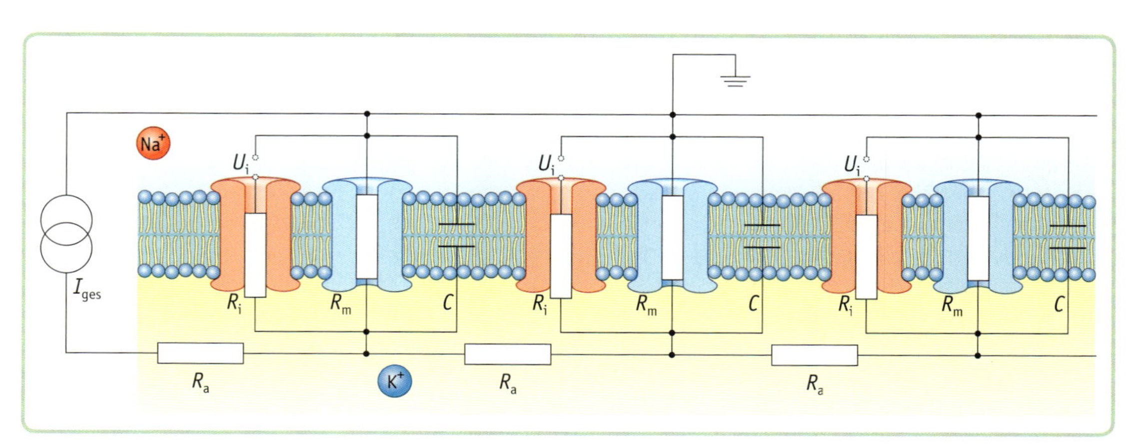

Abb. 13.1 ▶ Ersatzschaltkreis als Modell für drei Axonabschnitte

Selbst diese vereinfachte Schaltung ist nicht ohne weiteres zu verstehen. Zu ihrem grundsätzlichen Verständnis werden wir deshalb im Folgenden zunächst nur einzelne Teile betrachten.

13.2 Aufladen eines Kondensators

Betrachtet man nur die Reaktion der Membran auf ein von außen anliegendes Aktionspotential, so liegt ein Aufladevorgang eines Kondensators vor.

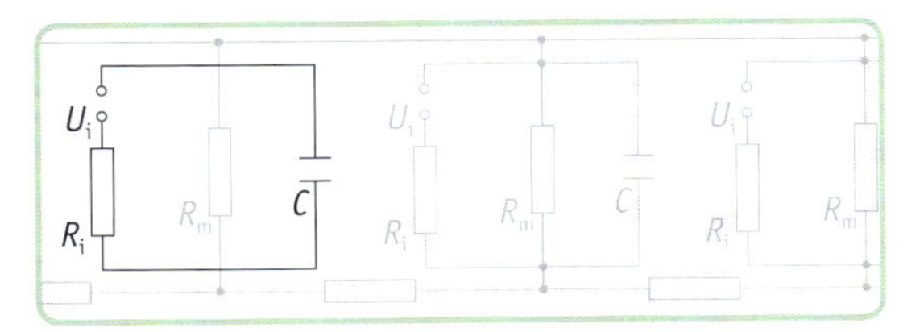

Abb. 13.2 ▶ Aufladen des Membrankondensators

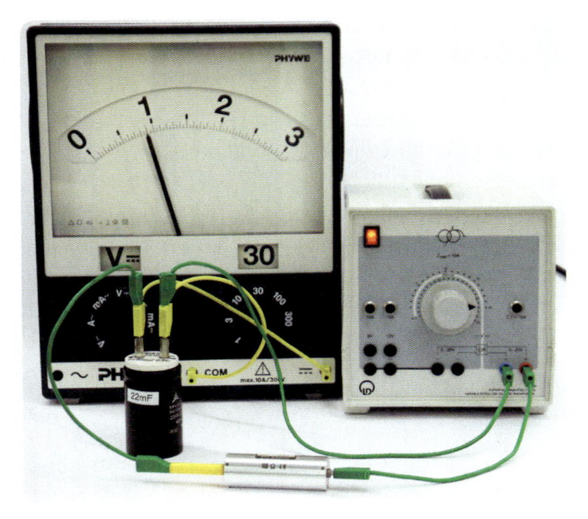

Abb. 13.3 ▶ Versuchsaufbau zum Aufladen eines Kondensators

Experimentell findet man dabei, dass sich die Spannung U_C am Kondensator erst allmählich an die vorgegebene Spannung U_i annähert (Abb. 13.4). Entscheidend für dieses Verhalten ist der Widerstand R_i, denn solange durch ihn ein Strom fließt, liegt an ihm auch ein Teil der Spannung U_i an. Die Spannung am Kondensator wird um diesen Betrag verringert. Wenn der Kondensator noch ungeladen ist, so ist der Spannungsunterschied zur Quelle am größten.

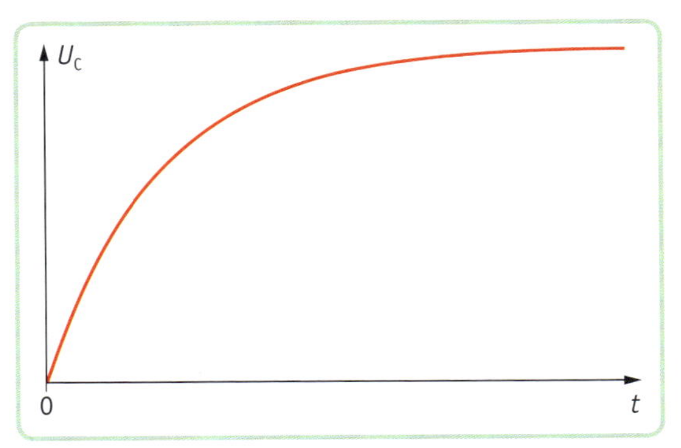

Abb. 13.4 ▶ Spannung am Kondensator beim Aufladen

Entsprechend leicht gelangen Ladungen auf die Kondensatorplatten, und der fließende Strom ist am größten. Je weiter jedoch der Kondensator aufgeladen ist, umso geringer wird dieser Strom, und es gelangen nur noch wenige Ladungen neu auf die Platten.

Die Zunahme der Spannung und die Zunahme der Ladung sind beim Kondensator direkt proportional zueinander. Damit lässt sich berechnen, wie steil die Spannungskurve am Anfang verläuft:

$$\frac{\Delta U_C}{\Delta t} = \frac{\Delta Q}{C \cdot \Delta t} = \frac{I}{C} = \frac{U_i}{R_i \cdot C}$$

Die Geschwindigkeit des Anstiegs wird also durch das Produkt $R_i \cdot C$ bestimmt. Eine genaue Betrachtung (analog zu Kap. 13.4) ergibt:

$$U_C = U_i \left(1 - e^{-\frac{t}{R_i \cdot C}}\right)$$

▶ Beispiel

Nach welcher Zeit $T_{1/2}$ ist der Kondensator zur Hälfte aufgeladen?

Lösung: $U_C = \frac{1}{2} U_i$ führt auf

$$\frac{1}{2} = 1 - e^{-\frac{T_{1/2}}{R_i \cdot C}} \text{ bzw. } e^{-\frac{T_{1/2}}{R_i \cdot C}} = \frac{1}{2}.$$

Logarithmieren: $-\frac{T_{1/2}}{R_i \cdot C} = \ln \frac{1}{2} = -\ln 2$

$$T_{1/2} = \ln 2 \cdot R_i \cdot C$$

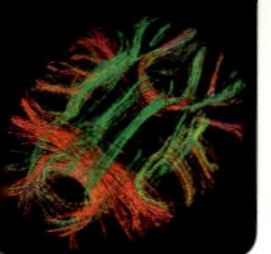

13.3 Entladen eines Kondensators

Bei abgeklemmter Spannung U_i (oder unendlich großem Widerstand R_i) kann sich der Membrankondensator im Laufe der Zeit wieder entladen. Voraussetzung dafür ist ein Stromfluss durch den Widerstand R_m (Abb. 13.5).

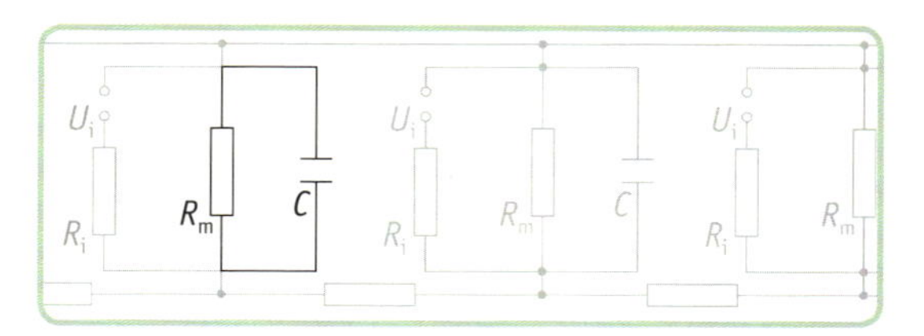

Abb. 13.5 ▶ Entladen des Membrankondensators

Auch hier fällt die Spannung am Kondensator nicht sofort auf null ab, weil der Stromfluss durch den Widerstand R_m ebenfalls mit einer Spannung verbunden ist. Die Spannung am Kondensator richtet sich nach den Ladungen auf den Platten: Am Anfang ist sie hoch; wenn der Kondensator schon weitgehend entladen ist, ist der Stromfluss und damit die Spannung niedrig.

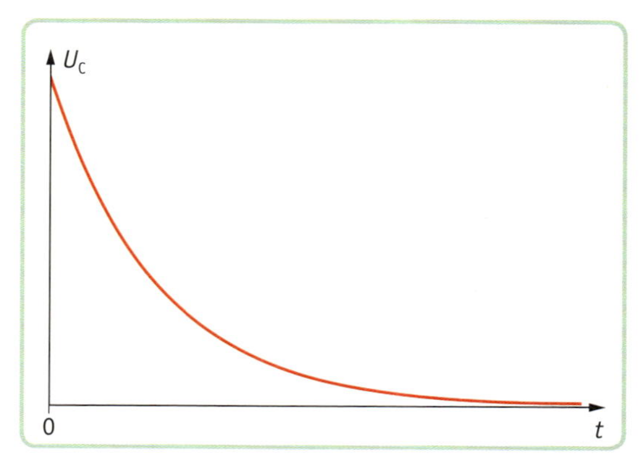

Abb. 13.6 ▶ Spannung am Kondensator beim Entladen

Ganz analog zum letzten Abschnitt ergibt sich für die Steigung der Spannungskurve am Anfang:

$$\frac{\Delta U_C}{\Delta t} = -\frac{\Delta Q}{C \cdot \Delta t} = -\frac{I}{C} = -\frac{U_i}{R_m \cdot C}$$

Lediglich das Vorzeichen hat sich geändert, weil die Spannung abnimmt. Wieder ist jedoch das Produkt aus Widerstand und Kapazität entscheidend. Die genaue Betrachtung ergibt in diesem Fall:

$$U_C = U_i\, e^{-\frac{t}{R_m \cdot C}}$$

13.4 Mathematik am Kondensator*

Wie kommt man auf die genauen Beziehungen für das Auf- bzw. Entladen des Kondensators? Die wichtigsten Überlegungen sind im letzten Abschnitt bereits geleistet worden: Man betrachtet die *Änderung* der Spannung am Kondensator $\frac{\Delta U_C}{\Delta t}$. Die Formel dazu in 13.3 lässt sich leicht auf alle Zeitpunkte verallgemeinern, nur muss jetzt der Strom als $I = \frac{U_C}{R}$ geschrieben werden. Man erhält eine Gleichung, die die Änderung einer Größe (hier: U_C) mit der Größe selbst verbindet:

$$\frac{\Delta U_C}{\Delta t} = -\frac{1}{R_m \cdot C} \cdot U_C$$

Um exakt zu arbeiten, müsste der Zeitschritt Δt unendlich klein gewählt werden; dann wird aber auch ΔU_C unendlich klein. In der Mathematik bildet man den Grenzwert des Differenzenquotienten und spricht insgesamt von der Ableitung. Physiker schreiben bei der Ableitung nach der Zeit nicht U_C' sondern $\dot{U}_C$, um zu kennzeichnen, dass nach der Zeit t abgeleitet wird. Also:

$$\dot{U}_C = -\frac{1}{R_m \cdot C} \cdot U_C$$

Gesucht ist somit eine Funktion $U_C(t)$, deren Ableitung proportional zur Funktion selbst ist. Bekanntlich hat die natürliche Exponentialfunktion genau diese Eigenschaft. Mit etwas Probieren findet man, dass die Funktion $U_C(t) = U_i\, e^{-\frac{t}{R_m \cdot C}}$ die Gleichung oben erfüllt. Mehr noch: Auch für $t = 0$ liefert sie einen sinnvollen Wert, denn $U_C(0) = U_i$. Das ist genau die Anfangsspannung am betrachteten Kondensator.
Ähnliche mathematische Problemstellungen treten in vielen Bereichen der Physik und anderer Naturwissenschaften auf. Man spricht allgemein von Differenzialgleichungen.

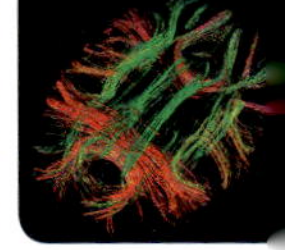

13.5 Kompletter Ersatzschaltkreis

Jetzt lassen sich beide Schaltungen zur eigentlichen interessierenden Schaltung (Abb. 13.7) kombinieren.

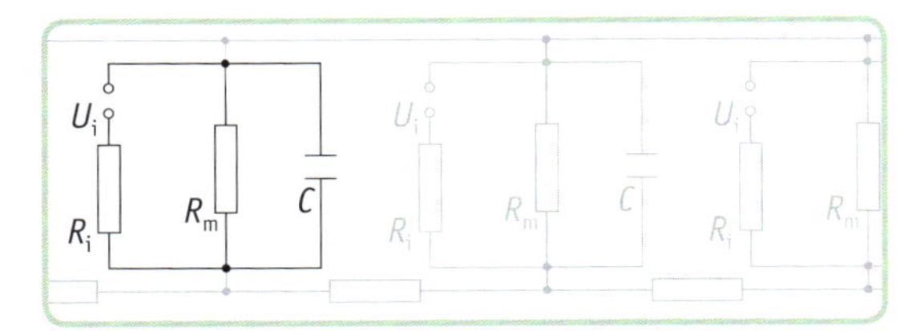

Abb. 13.7 ▶ Kompletter Ersatzschaltkreis für einen Axonabschnitt

Das Verhalten wird jetzt hauptsächlich durch den Widerstand R_m bestimmt: Ist er sehr hoch, so wird der Kondensator fast vollständig aufgeladen. Ist er jedoch sehr klein, dann kann ständig Ladung abfließen und der Kondensator kann sich nur auf sehr kleine Spannungswerte aufladen.

Für die Funktion des Axons ist nun entscheidend, dass die Ionenkanäle keine unveränderlichen Bauteile sind, sondern sich öffnen und wieder schließen können. Dies lässt sich, anders als bisher betrachtet, durch einen veränderlichen Widerstand R_m simulieren.

Das einfachste Modell dazu wurde bereits 1907 von dem französischen Neurologen LOUIS LAPICQUE vorgeschlagen und ist heute unter dem Namen „Integrate-and-Fire" bekannt. Seine wichtigsten Eigenschaften sind:

- Solange U_C unterhalb einer vorgegebenen Schwelle bleibt, ändert sich R_m nicht und ist sehr hoch. Die Schaltung wird von dem Aufladevorgang aus Kap. 13.2 dominiert. Ein anliegendes Signal U_i, etwa von einem äußeren Reiz, erzeugt eine Erhöhung der Spannung am Kondensator. Es kommt zu einem „Aktionspotential".
- Wenn die Kondensatorspannung jedoch die Schwelle erreicht, so bricht der Widerstand R_m zusammen und bleibt für eine kurze Zeit fast null. Dadurch kann sich der Kondensator entladen, und die an ihm anliegende Spannung geht wieder zurück (vgl. Kap. 13.3). Biologisch entspricht dem die Repolarisationsphase mit der Öffnung der Kalium-Kanäle.

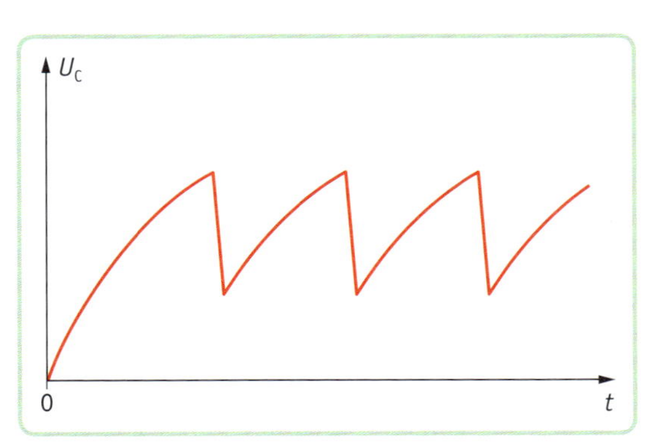

Abb. 13.8 ▶ Spannung am Kondensator bei variablem Membranwiderstand

- Während einer kurzen Zeitspanne kann die Kondensatorspannung nicht wieder ansteigen. Diese Zeit ist analog zur Refraktärzeit.
- Erst danach kann wieder ein neues Signal entstehen, vorausgesetzt, der Reiz von außen hält an.

Die mathematische Simulation in Abb. 13.8 gibt den Spannungsverlauf für ein andauernd „feuerndes" Neuron gut wieder. Eine komplette Erklärung

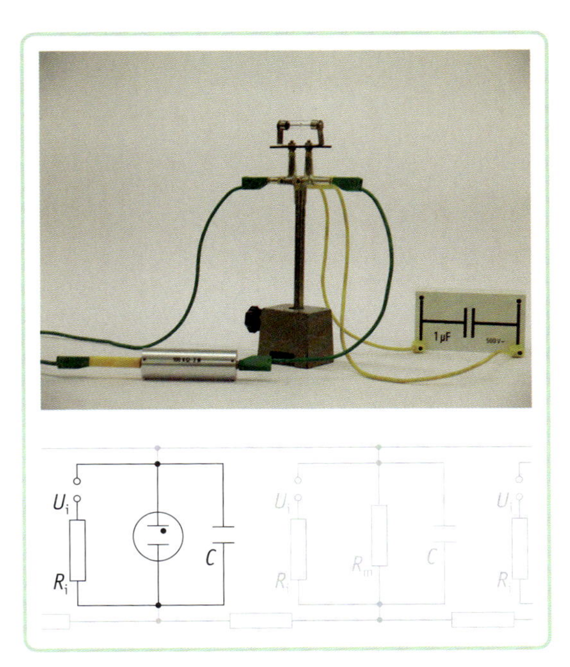

Abb. 13.9 ▶ Erzeugung von Kippschwingungen mit einer Glimmlampe

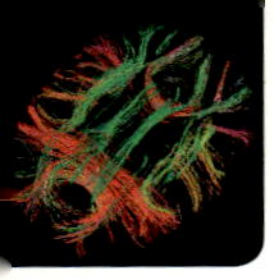

der biologischen Vorgänge kann sie jedoch nicht leisten. So wird z. B. das Öffnen der Natrium-Kanäle und damit die Depolarisationsphase nicht berücksichtigt; der Anstieg fällt in der Realität wesentlich drastischer aus.
Die Schaltung kann aber wegen ihrer Einfachheit gut experimentell getestet werden. Dabei lässt sich der variable Widerstand R_m mit einer Glimmlampe realisieren.
Diese besteht aus einem Glaskolben, der mit Edelgas (z. B. Neon) gefüllt ist, und in den zwei Elektroden eingegossen sind. Erst wenn die anliegende Spannung einen bestimmten Wert (ca. 70 V) überschreitet, kann durch die Glimmlampe ein Strom fließen, und die Gasfüllung beginnt zu leuchten. Unterhalb dieser Zündspannung ist ihr Widerstand praktisch unendlich groß, und sie kann als Isolator betrachtet werden. Der Kondensator wird bis zu dieser Schwelle aufgeladen. Bei der folgenden Entladung wird der Widerstand klein und die Spannung am Kondensator bricht sehr schnell zusammen. Bei einer bestimmten Minimalspannung erlischt die Glimmlampe schließlich und die Aufladung beginnt von vorne.
Im Experiment zeigt sich eine weitere wichtige Eigenschaft: Wegen der Schwelle kann die Spannung am Kondensator nicht beliebig groß werden. Ein höheres Eingangssignal kann sich deshalb nicht auf die Maximalspannung am Kondensator auswirken. Allerdings wird bei größerem U_i die Aufladekurve steiler (vgl. Kap. 13.2), so dass sich die Zeit bis zum Erreichen der Schwelle verkürzt. Genau dieser Effekt zeigt sich auch in der Biologie: Ein stärkerer Reiz führt zwar zur gleichen Höhe der Aktionspotentiale, diese folgen aber schneller aufeinander, ihre Frequenz ist größer.

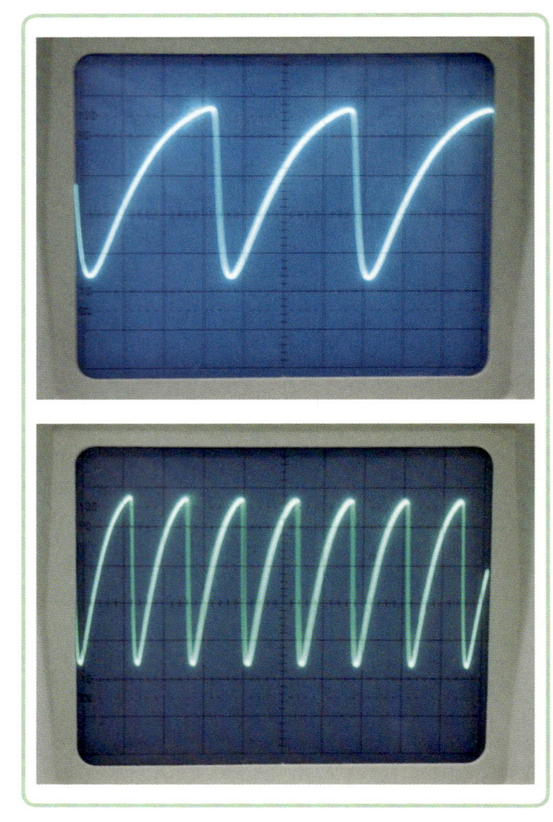

Abb. 13.10 ▶ Kippschwingung bei niedrigerem (oben) und bei höherem (unten) Eingangssignal

▶ Aufgaben

1 Aufladen eines Kondensators

a) Der Versuch nach Abb. 13.9 wird durchgeführt mit R_i = 100 kΩ und C = 10 µF. Nach welcher Zeit ist der Kondensator zur Hälfte aufgeladen?

b) Nach welcher Zeit hat der Kondensator die Zündspannung der Glimmlampe U_c = 70 V erreicht, wenn an der Schaltung U_i = 100 V anliegt? Wie ändert sich diese Zeit, wenn U_i = 200 V ist?

2 Mechanische Kippschwingung

Erklären Sie die Funktionsweise des in Abb. 13.11 abgebildeten „Wasserpendels". Stellen Sie den „Kippwinkel" des inneren Behälters als Funktion der Zeit dar. Wie unterscheidet sich die Schwingung z. B. von der eines normalen Federpendels?

3 Simulation von Neuronenverbänden*

Weil am Kondensator die Spannung und die Ladung direkt proportional zueinander sind, kann Abb. 13.8 auch als Verlauf der Ladung an einem Membranabschnitt interpretiert werden. In starker Vereinfachung passiert somit Folgendes: Die Ladung an dieser Stelle wird angesammelt und wächst immer weiter an. Wenn ein Schwellenwert erreicht ist, wird die Ladung schlagartig abgebaut und das Ansammeln beginnt von vorne.

Bei dem Spiel in Abb. 13.12 setzen die Spieler abwechselnd die gelben Ringe auf die Pflöcke, bis der Stapel vier Ringe hoch ist. Bei dieser Höhe wird er vollständig abgebaut, und die Ringe werden auf die vier Nachbarpflöcke verteilt. Wenn dabei ein Nachbarpflock einen vierten Ring erhält, werden dessen Ringe ebenfalls verteilt.

a) Das Spiel lässt sich auch mit Münzstapeln auf einem Schachbrett spielen. Probieren Sie es aus und beobachten Sie insbesondere, wie nach einiger Zeit ganze Kaskaden von „Entladungen" stattfinden.

b) Das Spiel stellt ein sehr einfaches Modell der Erregungsausbreitung im Gehirn dar. Machen Sie sich die Analogien klar: Welche Bedeutung haben die Pflöcke bzw. die Ringe? Welche Unterschiede gibt es zwischen dem Modell und dem biologischen Vorbild?

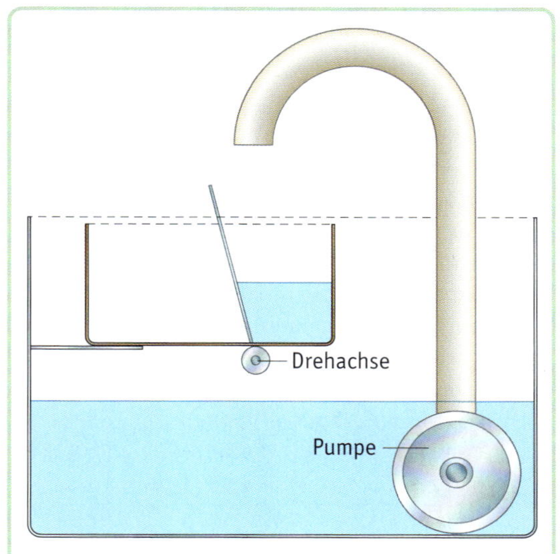

Abb. 13.11 ▶ Wasserpendel

Abb. 13.12 ▶ Spiel zur Simulation von mehreren Neuronen

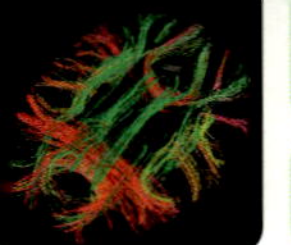

14 Erregungsleitung im Axon

14.1 Nervenleitgeschwindigkeit

Die Nervenleitgeschwindigkeit gibt an, wie schnell elektrische Impulse entlang einer Nervenfaser übertragen werden. Abb. 14.1 zeigt, wie bei der Messung vorgegangen wird.

Über eine Reizelektrode wird ein elektrischer Impuls im Nerv ausgelöst. Mittels einer Ableitelektrode wird gemessen, wann dieses Signal ankommt. Die Spannungsänderungen an einem Nerv, die an der Hautoberfläche gemessen werden können, sind sehr klein. Deshalb wird stattdessen die wesentlich größere Spannungsänderung gemessen, die in den durch den Nerv erregten Muskelzellen auftritt. Bei dieser Vorgehensweise misst man aber nicht die reine Nervenleitgeschwindigkeit sondern auch verschiedene Störeffekte wie z. B. die Übertragungszeit des elektrischen Impulses auf den Muskel. Daher führt man eine zweite Messung an demselben Muskel durch, die Reizelektrode wird jedoch an einer anderen Stelle des Nervs platziert. Nun vergleicht man, wie lange der Nervenimpuls bei den Messungen jeweils benötigt, um eine Muskelantwort hervorzurufen (Abb. 14.2). Durch die Differenzbildung werden die Störeffekte, die bei beiden Messungen gleichermaßen auftreten, eliminiert.

Die Nervenleitgeschwindigkeit ist nun folgendermaßen festgelegt:

$$v = \frac{\Delta x}{\Delta t}$$

wobei Δx den Abstand der beiden Reizelektroden (Abb. 14.1) und Δt die Laufzeitdifferenz (Abb. 14.2) der beiden Messungen angibt.

Diese Methode ist allerdings nur für Nervenzellen in unmittelbarer Nähe der Haut geeignet, da das elektrische Feld durch Gewebe abgeschwächt wird. Außerdem kann sie je nach gereizter Körperstelle sehr schmerzhaft sein. Insbesondere bei Nerven im Gehirn werden deshalb andere Methoden eingesetzt.

Im Gegensatz zur transkraniellen (schädeldurchdringenden) elektrischen Stimulation ist die transkranielle Magnetstimulation (TMS) schmerzfrei. Bei der TMS wird über den Schädel des Patienten eine Magnetspule gehalten (Abb. 14.3). Die Entladung eines Kondensators führt in der Spule für eine zehntausendstel Sekunde zu einem Stromfluss von bis zu 15 000 Ampere. Das dadurch entstehende Magnetfeld kann bis zu 2,5 Tesla betragen und durchdringt den Schädel praktisch ohne Abschwächung. Weil es sich zeitlich sehr schnell ändert, wird im Gewebe eine Spannung induziert. Verbunden damit ist ein Stromfluss parallel zur Spulenebene, welcher nach der Regel von LENZ dem in der Spule entgegengesetzt ist. Der Strom im Hirngewebe führt schließlich zu einer Erregung der in diesem Bereich liegenden Nervenzellen. Mit einer Ableitelektrode kann nun die Zeit gemessen werden, in der eine Muskelantwort erfolgt.

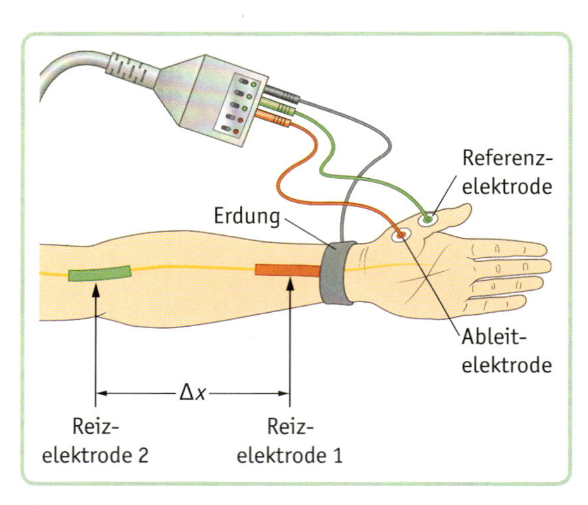

Abb. 14.1 ▶ Aufbau zur Messung der Nervenleitgeschwindigkeit

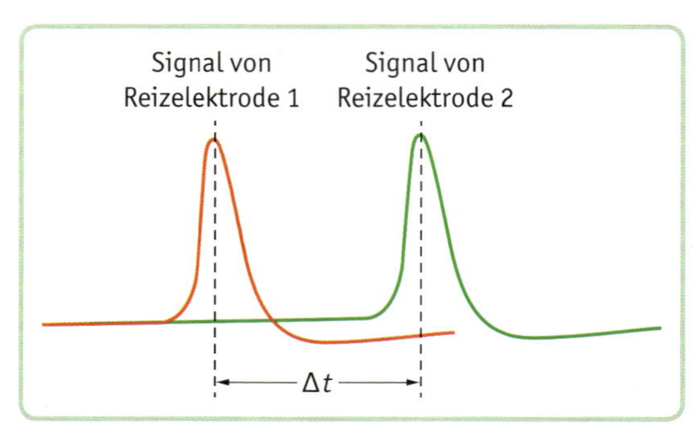

Abb. 14.2 ▶ Laufzeitdifferenz Δt am Ort der Ableitelektrode

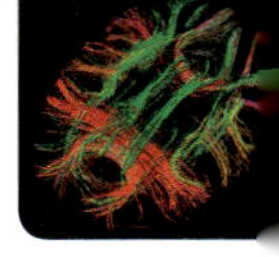

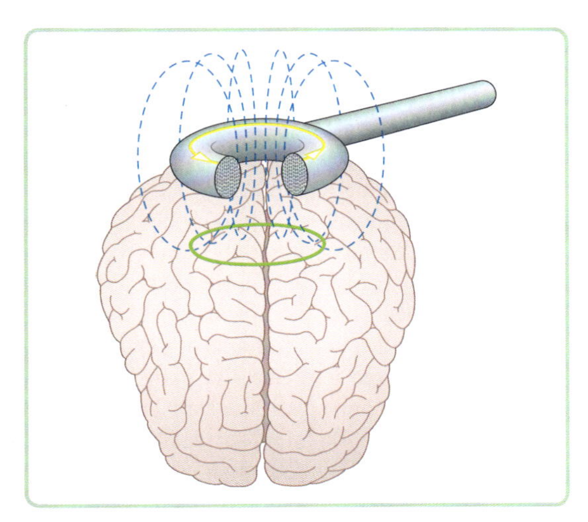

Abb. 14.3 ▶ Prinzip der TMS: In der Magnetspule erzeugt ein Strom (gelb) ein veränderliches Magnetfeld (blau), das seinerseits im Gewebe einen Stromfluss (grün) hervorruft.

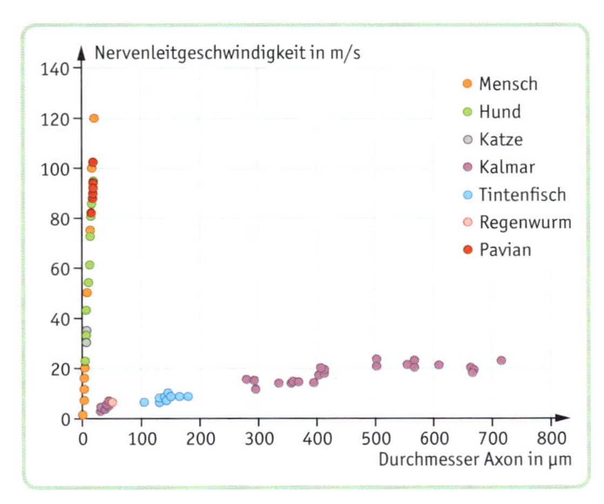

Abb. 14.4 ▶ Axondurchmesser und Nervenleitgeschwindigkeit

Abb. 14.5 ▶ Kalmar

Die Messung der Nervenleitgeschwindigkeit ist eine wichtige Untersuchungsmethode in der Neuromedizin. Sie wird unter anderem bei der Diagnose von Multipler Sklerose, des Karpaltunnelsyndroms und der Nervenkrankheit Polyneuropathie eingesetzt. Diese Krankheiten schädigen jeweils charakteristische Bestandteile von Nervenzellen. Daraufhin können die Nervenzellen die Nervenimpulse nicht mehr optimal weiterleiten.

Um die Symptome dieser Krankheiten mit den charakteristischen Befunden bei der Nervenleitgeschwindigkeit in Zusammenhang zu bringen, ist es nötig, die Funktionsweise von Nervenzellen genauer zu verstehen. Als ersten Schritt dazu misst man die Nervenleitgeschwindigkeit an verschiedenen Neuronentypen (Abb. 14.4). Dabei zeigt sich folgender Befund:

Die Nervenleitgeschwindigkeit steigt mit steigendem Durchmesser des Axons an. Bei Wirbeltieren wie Mensch, Affe, Katze und Hund können extrem hohe Nervenleitgeschwindigkeiten von bis zu 120 m/s bei sehr kleinen Axondurchmessern erzielt werden. Wirbellose Tiere wie Kalmare (Abb. 14.5), Tintenfische und Regenwürmer können diese Geschwindigkeiten selbst bei sehr großen Axondurchmessern nicht erzielen. Offenbar gibt es zwei Klassen von Axonen, die sich in ihrer Leistungsfähigkeit erheblich unterscheiden. Anatomisch unterscheiden sich die Axone von Wirbeltieren und wirbellosen Tieren darin, dass Wirbeltiere in der Regel eine Myelinscheide um das Axon ausbilden (vgl. Kap. 12.1). Diese fehlt bei wirbellosen Tieren. Es gibt also im Tierreich zwei verschiedene Strategien, um die Signalleitungsgeschwindigkeit zu maximieren:

- Axondurchmesser vergrößern
- Myelinscheide ausbilden.

Bei jedem Organismus ist es für das Überleben wichtig, möglichst schnell auf Änderungen der Umgebung zu reagieren. Eine schnelle Informationsübertragung im Nervensystem ist daher ein Evolu-

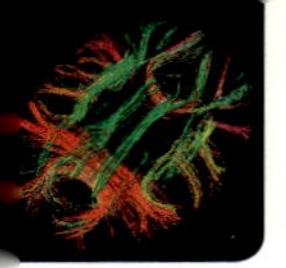

tionsvorteil. Doch wie kann eine Myelinscheide eine derartige Erhöhung der Signalleitungsgeschwindigkeit bewirken? Warum leiten dicke Axone die Signale schneller als dünne? Die Untersuchung solcher Fragen wird uns im Rest dieses Kapitels beschäftigen.

14.2 Elektrische Größen

In Kap. 13.1 wurde bereits ein Ersatzschaltkreis als Modell eines Axons eingeführt. Mithilfe dieses Modells sollen nun Voraussagen über die Stärke, Reichweite und zeitliche Entwicklung von Nervenimpulsen gemacht werden. Dazu müssen zunächst Eigenschaften verschiedener Bauelemente der Zelle mit den elektrischen Größen des Ersatzschaltkreises verknüpft werden.

Ein Nervensignal beruht auf Ladungsträgern, die in das Axon einströmen. Für Untersuchungszwecke kann diese Situation künstlich nachgestellt werden. Dazu wird KCl mit einer Glaskapillarelektrode (Reizelektrode) in das Zellinnere injiziert. Die K^+-Ionen können entweder das Axon über den nächstgelegenen Ionenkanal verlassen oder sie können sich an der Zellmembran anlagern und zum Membranpotential beitragen (Abb. 14.6). Wie aus Kap. 13.1 bekannt, lässt sich das Verhalten eines Ionenkanals im Ersatzschaltkreis über einen elektrischen Widerstand beschreiben, den sogenannten Membranwiderstand R_m. Die Anlagerung der Ionen an die Axonmembran kann im Ersatzschaltkreis durch das Aufladen eines Kondensators mit Kapazität C dargestellt werden.

Die Ionen haben darüber hinaus aber auch noch die Möglichkeit, zunächst in der Zellflüssigkeit eine gewisse Strecke entlang des Axons zurückzulegen und sich dort entweder an die Membran anzulagern oder über einen Ionenkanal abzufließen. Dies lässt sich im Ersatzschaltkreismodell über einen Axialwiderstand R_a beschreiben.

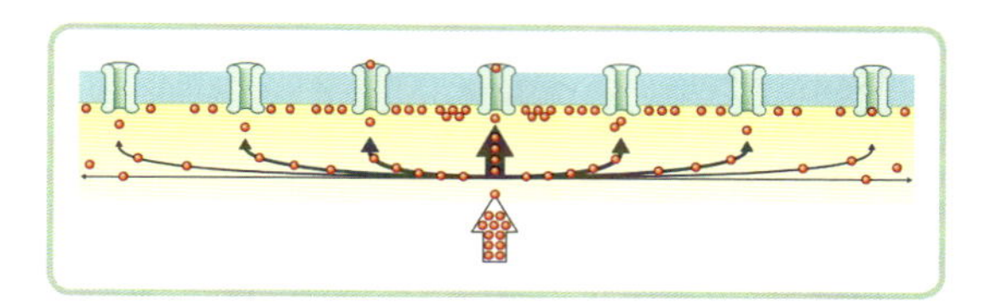

Abb. 14.6 ▶ Ladungsverteilung nach einer Ladungsträgerinjektion

14.2.1 Axialwiderstand

In elektrischen Schaltkreisen werden die verschiedenen Bauelemente durch Drähte miteinander verbunden. Die Drähte gestatten den Transport von Elektronen durch den Schaltkreis. In der Nervenzelle erfolgt der Ladungstransport durch Ionen, die über Ionenkanäle in der Zellmembran und über die Zellflüssigkeit in andere Bereiche der Zelle wandern. Die Ionenleitung durch die Zellmembran wird dabei durch die Durchlässigkeit und die Anzahl der Ionenkanäle begrenzt. Ganz ähnlich begrenzen die geometrischen Abmessungen und Materialeigenschaften eines Metalldrahtes den Elektronentransport in einem Schaltkreis. Um die Abhängigkeit des Widerstandes von diesen Größen zu untersuchen, wird experimentell der Widerstand von Drähten mit unterschiedlicher Länge, unterschiedlicher Querschnittsfläche und unterschiedlichem Material ermittelt.

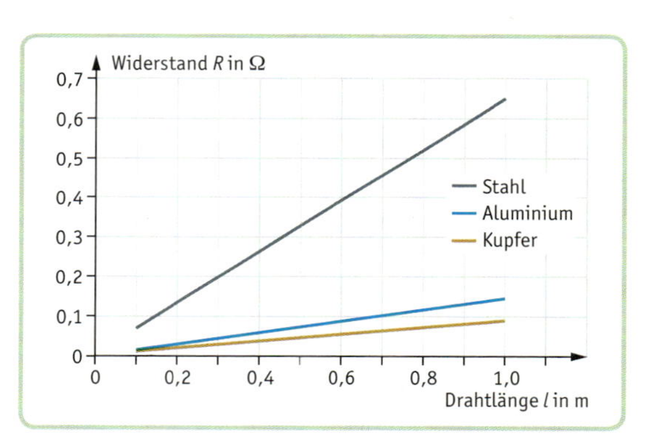

Abb. 14.7 ▶ Widerstand von Drähten mit gleicher Querschnittsfläche $A = 0,2\ mm^2$

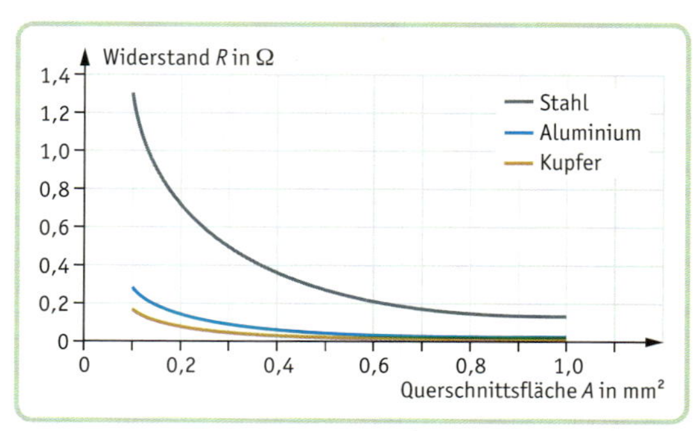

Abb. 14.8 ▶ Widerstand von Drähten mit gleicher Länge $l = 1$ m

Die Ergebnisse solcher Versuche zeigen Abb. 14.7 und 14.8. Es gilt offenbar:

$R \sim l$ und $R \sim \frac{1}{A}$, zusammen also $R \sim \frac{1}{A}$

Die Proportionalitätskonstante wird spezifischer Widerstand ρ genannt. Sie ist charakteristisch für das Material des Drahtes. Somit gilt allgemein:

$$R = \rho \cdot \frac{l}{A}$$

Ausgehend von diesem Zusammenhang lässt sich der Axialwiderstand eines zylinderförmigen Axonabschnitts mit der Länge l und dem Radius a darstellen als

$$R_a = \rho_z \cdot \frac{l}{A} = \rho_z \cdot \frac{l}{\pi \cdot a^2}$$

Dabei wurde für die Querschnittfläche $A = \pi a^2$ eingesetzt und für ρ der spezifische Widerstand der Zellflüssigkeit ρ_z (Abb. 14.9).

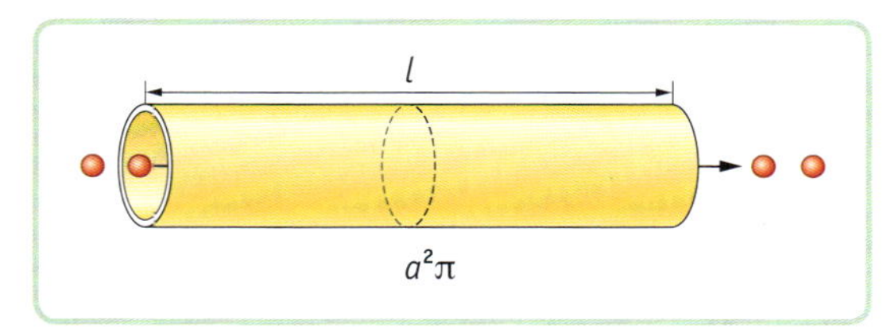

Abb. 14.9 ▶ Axialwiderstand eines Axonabschnittes

14.2.2 Membranwiderstand

In ähnlicher Weise lässt sich der Membranwiderstand eines zylinderförmigen Axonabschnittes der Länge l darstellen. Anders als im gerade betrachteten Fall treten die Ionen über Ionenkanäle durch die Mantelfläche des Zylinders nach außen (Abb. 14.10). Dabei durchlaufen sie ein Gewebe, das die Dicke d besitzt (entspricht der Länge des Drahtes) und eine Gesamtfläche von $2\pi \cdot a \cdot l$ (entspricht der Querschnittsfläche des Drahtes) aufweist. Mit den Ersetzungen $l \rightarrow d$, $A \rightarrow 2\pi \cdot a \cdot l$ und $\rho \rightarrow \rho_m$ gilt also:

$$R_m = \rho_m \cdot \frac{d}{A} = \rho_m \cdot \frac{d}{2\pi \cdot a \cdot l}$$

Der Membranwiderstand hängt nicht nur von der Geometrie, sondern auch von der Anzahl und der Leitfähigkeit der Ionenkanäle ab. Diese beeinflussen den spezifischen Widerstand der Axonmembran ρ_m; er ist indirekt proportional zur Anzahl der Kanäle pro Flächeneinheit (Abb. 14.11). Die Membrandicke d ist mit etwa 8 nm durch die Länge der Fettsäuremoleküle festgelegt und ist deswegen bei allen Organismen gleich groß.
Membranwiderstände werden oft auf eine Standardfläche von 1 mm² bezogen. Dabei entfällt die Abhängigkeit von der Axongeometrie (Axonradius, Axonlänge). Dies ermöglicht es, die reinen Materialeigenschaften von Axonmembranen verschiedener Organismen zu vergleichen.

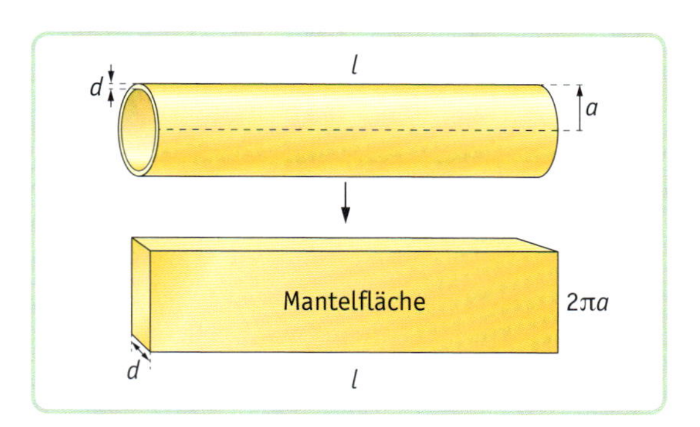

Abb. 14.10 ▶ Geometrische Eigenschaften eines Axons, die den Membranwiderstand festlegen

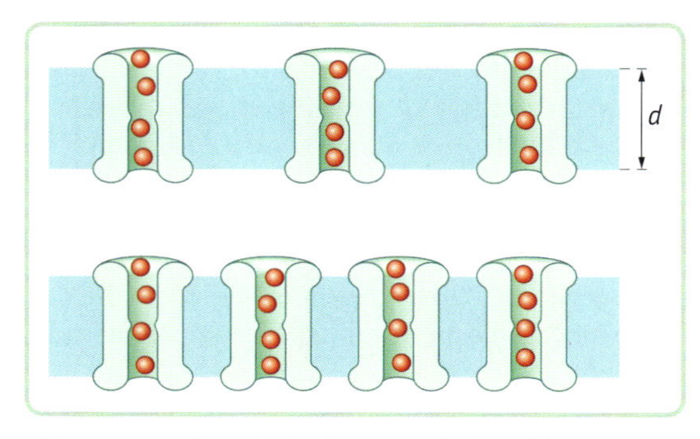

Abb. 14.11 ▶ Die Zahl der Ionenkanäle beeinflusst den Widerstand der Zellmembran.

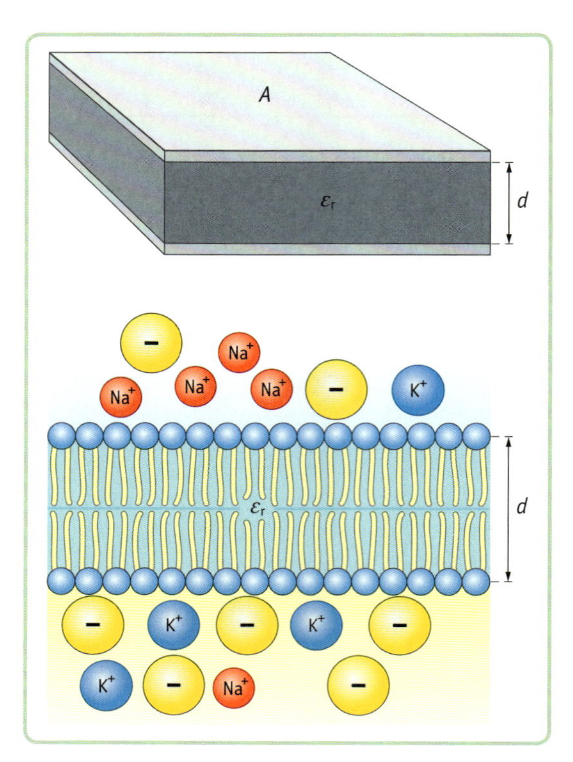

Abb. 14.12 ▶ Vergleich von Plattenkondensator und Membran

14.2.3 Membrankapazität

Biologische Membranen trennen Bereiche mit unterschiedlicher Ionenkonzentration. Dadurch bildet sich ein Membranpotential aus. Auf ähnliche Weise trennt ein Plattenkondensator Bereiche im elektrischen Schaltkreis mit unterschiedlicher Elektronenkonzentration. Die ladungstrennenden und ladungsspeichernden Eigenschaften der Zellmembran in einem elektrischen Ersatzschaltkreis durch einen Plattenkondensator zu modellieren, ist daher einleuchtend. In Kap. 6.3 wurde bereits die Kapazität in Abhängigkeit von der Geometrie angegeben. Jetzt muss berücksichtigt werden, dass sich zwischen den Platten nicht Luft (bzw. Vakuum) befindet, sondern ein sogenanntes Dielektrikum, nämlich das Membrangewebe. Die Kapazität lässt sich dann allgemein schreiben als

$$C = \frac{\varepsilon_0 \cdot \varepsilon_r \cdot A}{d}$$

wobei A die Fläche, ε_0 die Permittivität des Vakuums (elektrische Feldkonstante) und d der Abstand der Kondensatorplatten sind. Die relative Permittivität ε_r gibt an, wie durchlässig das Dielektrikum für elektrische Felder im Vergleich zum Vakuum ist. Sie ist somit eine Materialkonstante.
Weil die Membrandicke d sehr klein gegenüber dem Axonradius a ist, kann das Axon als „aufgerollter" Plattenkondensator betrachtet werden. Die Kapazität hängt wie in Kap. 14.2.2 von der Geometrie des Axonabschnitts (Radius a, Länge l, Membrandicke d) ab. Mit der Ersetzung $A \rightarrow 2\pi \cdot a \cdot l$ erhält man:

$$C = \frac{\varepsilon_0 \cdot \varepsilon_r \cdot 2\pi \cdot a \cdot l}{d}$$

Da die Membrandicke und die relative Permittivität einer Lipidmembran durch ihren molekularen Aufbau feststehen, ist $\frac{\varepsilon_0 \cdot \varepsilon_r}{d}$ für alle Zellmembranen in guter Näherung konstant. Die Kapazität eines Axons ist daher proportional zu seiner Oberfläche. Man kann sie, ähnlich wie beim Membranwiderstand, auf eine Standardfläche beziehen. Die Kapazität pro Flächeneinheit liegt für die bisher untersuchten Zellen (ohne Myelinscheide) in der Größenordnung von $1\ \mu F/cm^2$.

14.3 Passive und aktive Erregungsleitung

Werden in ein Axon K^+-Ionen injiziert, so ändert sich mit der Zeit das Membranpotential an dieser Stelle auf charakteristische Weise. Messungen des Membranpotentials am Riesenaxon des Tintenfisches ergeben, dass diese Änderungen typischerweise den in Abb. 14.13 gezeigten zeitlichen Verlauf aufweisen. Der Verlauf des Membranpotentials erinnert dabei an die Lade-/Entladekurve eines Kondensators (vgl. Kap. 13.2 und 13.3).
Während einer Ladungsträgerinjektion lagern sich K^+-Ionen an der Zellmembran an oder fließen über die Kalium-Ionenkanäle nach außen. Bleibt die Membranpotentialänderung unterhalb eines Schwellenwertes von ca. 20 mV, ändern die Ionenkanäle ihre Struktur nicht: Ein Teil der K^+-Ionenkanäle ist geöffnet, alle Na^+-Ionenkanäle sind geschlossen. Der Membranwiderstand bleibt also konstant. Unter

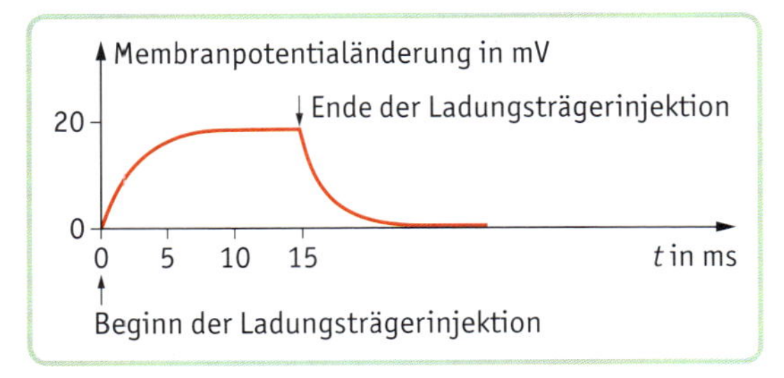

Abb. 14.13 ▶ Änderung des Membranpotentials bei passiver Signalleitung

diesen Umständen treten keine Aktionspotentiale auf, und die Änderung des Membranpotentials führt zu einer passiven Signalleitung. Dabei breitet sich die Potentialänderung längs des ganzen Axons aus, wird aber mit zunehmender Entfernung von ihrem Entstehungsort immer schwächer. Zur Übertragung von Information über weite Strecken ist sie daher nicht geeignet.

Die aktive Signalleitung weist diesen Mangel nicht auf. Um ein aktives Signal auszulösen, muss zunächst bei einer depolarisierenden Reizung ein Schwellenwert von 20 mV überschritten werden. Dadurch öffnen sich die spannungsgesteuerten Na^+-Kanäle und ein Aktionspotential wird ausgelöst (vgl. Kap. 12.3). Da sich bei diesem Vorgang der Membranwiderstand wiederholt ändert, wird diese Form der Signalleitung als aktiv bezeichnet.

Die Signalleitung über Aktionspotentiale ist selbstregenerierend, d. h. ihre Signalstärke nimmt nicht mit der Entfernung ab. Im Vergleich zur passiven Signalleitung ist sie aber langsam. Daher hat sich bei Wirbeltieren die saltatorische (sprunghafte) Signalleitung entwickelt, die entlang myelinisierter Axone verläuft. In den myelinisierten Bereichen gibt es kaum Na^+-Ionenkanäle, da die Myelinscheide das Axon isoliert. In diesem Bereich kann daher kein aktives Signal ausgebildet werden, selbst wenn der Schwellenwert für die Entstehung eines Aktionspotentials überschritten wird. Im Bereich zwischen den Ranvier'schen Schnürringen (Lücken in der Myelinschicht) wird das Signal daher stets passiv weitergeleitet (Abb. 14.14). Die passive Signalausbreitung ist schneller als die aktive, unterliegt dabei aber einer starken Dämpfung. Daher muss das Signal an den Ranvier'schen Schnürringen durch Ausbilden

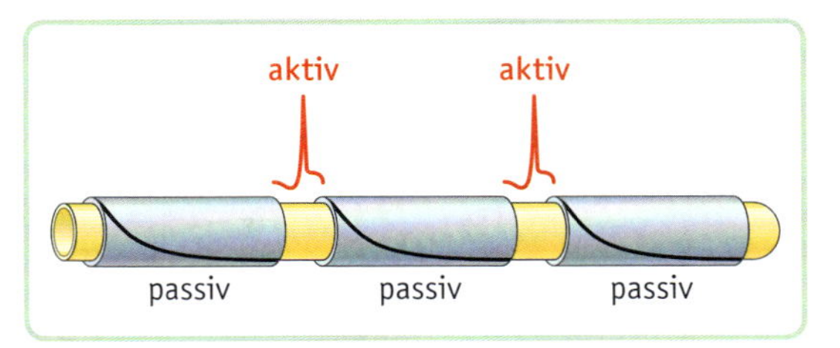

Abb. 14.14 ▶ Saltatorische Signalleitung

von Aktionspotentialen regelmäßig verstärkt werden. Insgesamt führt dies zu einer sehr schnellen Erregungsleitung, die außerdem den Energiebedarf des Organismus reduziert: An den Ranvier'schen Schnürringen befinden sich viele Natriumkanäle; im Bereich der Myelinscheide gibt es kaum welche. Deshalb sind nur an den Schnürringen Na-K-Pumpen erforderlich. Das ist bedeutsam, denn die Na-K-Pumpen sind für ca. 70 % des Gesamtenergieumsatzes einer aktiven Nervenzelle verantwortlich.

14.4 Räumliche Ausbreitung

14.4.1 Grundsätzlicher Spannungsverlauf

Warum werden passive Signale mit zunehmender Entfernung von der Injektionsstelle immer kleiner? Welche Eigenschaften des Axons legen fest, wie groß das Signal überhaupt werden kann? Um diese Fragen zu beantworten, werden die Vorgänge am Axon schrittweise in entsprechende Ersatzschaltkreise „übersetzt". Dabei wird berücksichtigt, dass passive Signale durch eine Ladungsträgerinjektion von „außen" entstehen (Aktionspotential am Axonhügel oder in benachbarten Axonbereichen), die am besten durch eine extern angetriebene Konstantstromquelle modelliert werden können (I_{ges} in Abb. 13.1).

Zunächst wird folgende Situation betrachtet: An einer Stelle des Axons werden positive Ionen, z. B. K^+, injiziert. Dabei bleibt die Membranpotentialänderung unterhalb des Schwellenwertes für ein Aktionspotential. Da für den Moment nur der Bereich unmittelbar um die Injektionsstelle herum interessiert, wird das Axon in Segmente der Länge l unterteilt, und wir beschränken uns auf dasjenige Axonsegment, in dem sich die Injektionsstelle befindet (Abb. 14.15).

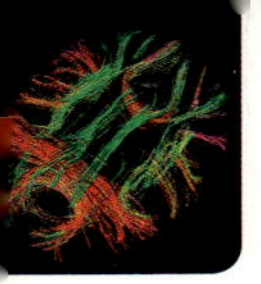

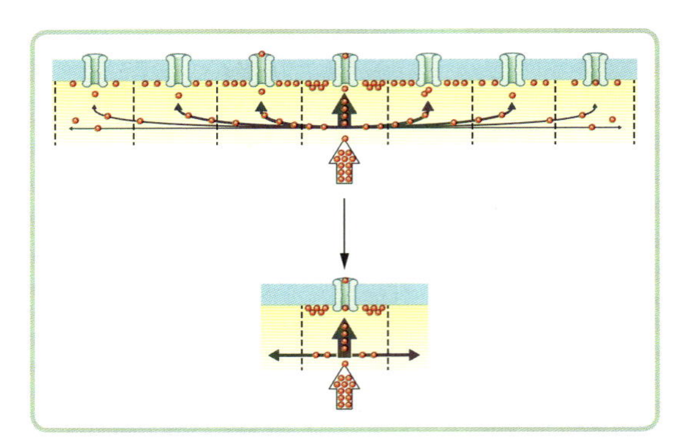

Abb. 14.15 ▶ Aufteilung des Axons in Segmente

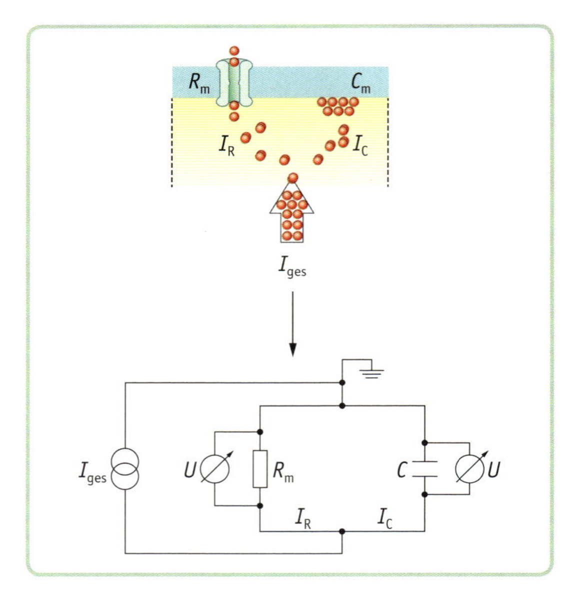

Abb. 14.16 ▶ Ersatzschaltkreis für ein Axonsegment mit Ladungsträgerinjektion

Der Anteil des Stromes (Ladungsträgerinjektion), der in diesem Segment verbleibt, wird im Folgenden mit I_{ges} bezeichnet (vgl. Abb. 14.16). Der Rest des injizierten Stromes, der in die benachbarten Axonsegmente abfließt, bleibt zunächst unberücksichtigt. Er wird später genauer betrachtet. Das Membranpotential setzt sich aus zwei Teilen zusammen: dem konstanten Ruhepotential U_0 und einem veränderlichen Anteil U, der das eigentliche Signal darstellt. Wie in Kap. 13.1 bereits erläutert, berücksichtigt unser Modell das konstante Ruhepotential nicht mehr eigens. Im Folgenden wird daher nur noch das eigentliche Signal U betrachtet.

Wie man in Abb. 14.16 sieht, können die injizierten Ladungen durch die Ionenkanäle abfließen, was den Membranstrom I_R verursacht. Für ihn gilt definitionsgemäß: $U = I_R \cdot R_m$. Die injizierten Ladungen können aber auch den Membrankondensator aufladen, was zum Kondensatorstrom I_C führt. Für jeden Zeitpunkt gilt für die Summe aus beiden Strömen:

$$I_{ges} = I_R + I_C \quad \text{(Knotenregel)}$$

Erfolgt eine konstante Strominjektion über einen langen Zeitraum, so ist der Membrankondensator irgendwann vollständig geladen. Dann gilt $I_C = 0$ und der Membranstrom wird mit $I_R = I_{ges}$ maximal. Zu diesem Zeitpunkt ist auch das maximale Membranpotential erreicht:

$$U_{max} = I_{ges} \cdot R_m$$

Da wir sehr kurze Axonsegmente betrachten, ist der Membranwiderstand sehr hoch (Kap. 14.2.2). Um ein bestimmtes Membranpotential (Signal) zu erzeugen, genügt also schon ein kleiner Injektionsstrom.

Bisher haben wir nur die lokalen Auswirkungen eines elektrischen Reizes betrachtet. Nachdem aber die räumliche Ausbreitung eines Signals untersucht werden soll, müssen auch Entfernungseffekte berücksichtigt werden. Der injizierte Strom kann nicht nur durch die Membran des bisher betrachteten Segments abfließen, sondern auch durch die benachbarten Segmente. Er fließt also zunächst im Inneren des Axons und tritt erst in einiger Entfernung durch die Membran aus. Für diesen Stromtransport in der Zellflüssigkeit ist der Axialwiderstand R_a maßgeblich.

Dauert die Ladungsträgerinjektion in ein Segment länger an, so ist der Membrankondensator vollständig geladen. Daher ist der Kondensatorstrom $I_C = 0$ und die Membranspannung $U = U_{max}$ konstant. Der Kondensator verhält sich nun wie ein unendlich großer Widerstand und kann für die weiteren Betrachtungen vernachlässigt werden. Jedes Axonsegment wird nur noch als Membranwiderstand modelliert, wobei die einzelnen Segmente über Axialwiderstände miteinander verbunden sind (Abb. 14.17).

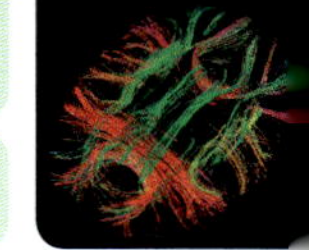

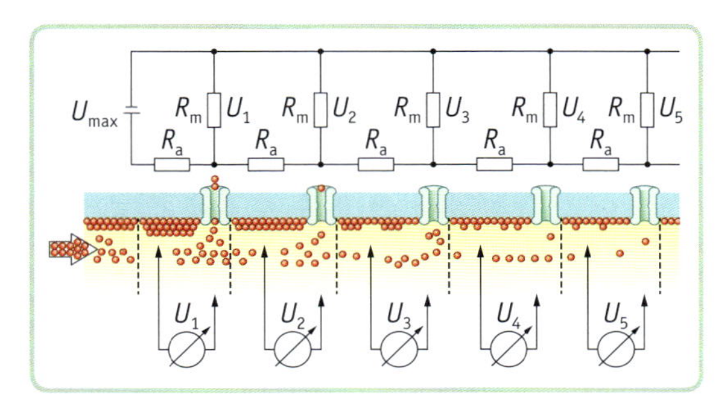

Abb. 14.17 Ladungsträgerverteilung längs der Membran und Ersatzschaltkreis. U_{max} ist die konstante Membranspannung, die sich im 0. Segment nach längerer Zeit durch eine konstante Strominjektion ergibt.

Die injizierten Ladungsträger fließen über die Ionenkanäle des gesamten Axons wieder nach außen. Im ersten Segment fließt ein bestimmter Anteil des Stromes, z. B. 50 %, durch den Membranwiderstand nach außen. Der Rest fließt über den Axialwiderstand ins benachbarte zweite Segment. Dort fließen wieder 50 % des Stromes durch den Membranwiderstand nach außen, der Rest fließt in das dritte Segment usw. Wie in Abb. 14.19 zu sehen ist, führen diese Überlegungen zu einer exponentiellen Abnahme des Axialstromes und des Membranstromes mit der Entfernung von der Stromquelle. Wegen $U = I_R \cdot R_m$ zeigt auch die Änderung des Membranpotentials eine exponentielle Abnahme.

Die Entfernung von der Injektionsstelle, bei der die Membranspannung auf die Hälfte des Ursprungswerts abgesunken ist, bezeichnet man als Halbwertslänge $L_{1/2}$. Damit lässt sich der Spannungsverlauf entlang des Axons beschreiben:

$$U(x) = U_{max} \cdot \left(\frac{1}{2}\right)^{\frac{x}{L_{1/2}}}$$

▶ Beispiel

Das exponentielle Absinken der Spannung wird in einem Analogieexperiment veranschaulicht. Auf einem Steckbrett baut man dazu die Schaltung nach Abb. 14.18 auf und misst die Spannungen an den „Membranwiderständen".

Zahlenwerte: $R_m = 100\ k\Omega$, $R_a = 220\ k\Omega$, „Segmentlänge" ca. 2 cm.

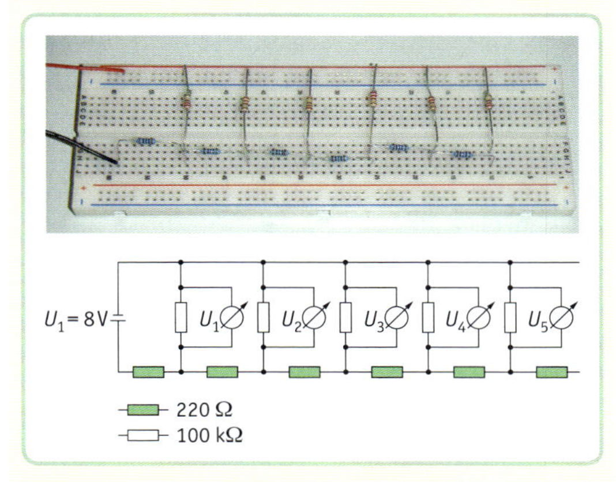

Abb. 14.18 Steckbrett mit Ersatzschaltkreis

Man erhält die folgenden Messwerte:

Messstelle n	0	1	2	3	4
U_n/V	8,0	3,69	1,84	0,88	0,35
U_n/U_{n+1}	2,17	2,01	2,09	2,51	–

Tab. 14.1 Spannungsverhältnisse im Experiment

Das Verhältnis zweier aufeinander folgender Spannungen beträgt im Mittel etwa 2,20. Das bedeutet, dass alle 20 mm die Membranspannung um den Faktor 2,2 sinkt. Es gilt also für die n-te Messstelle

$$U(n) = U_{max} \cdot 2{,}2^{-n}$$

Ansatz: $U(x) = U_{max} \cdot \left(\frac{1}{2}\right)^{\frac{x}{L_{1/2}}}$

$$U(20\text{ mm}) = \frac{U_{max}}{2{,}2} = U_{max} \cdot \left(\frac{1}{2}\right)^{\frac{20\text{ mm}}{L_{1/2}}}$$

$$\ln\left(\frac{1}{2{,}2}\right) = \frac{20\text{ mm}}{L_{1/2}} \cdot \ln\left(\frac{1}{2}\right)$$

$$L_{1/2} = 20\text{ mm} \cdot \frac{\ln\left(\frac{1}{2}\right)}{\ln\left(\frac{1}{2{,}2}\right)} \approx 17{,}6\text{ mm}$$

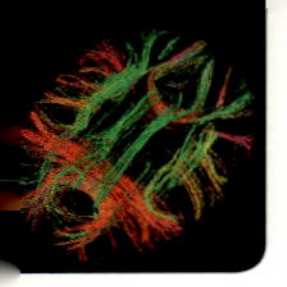

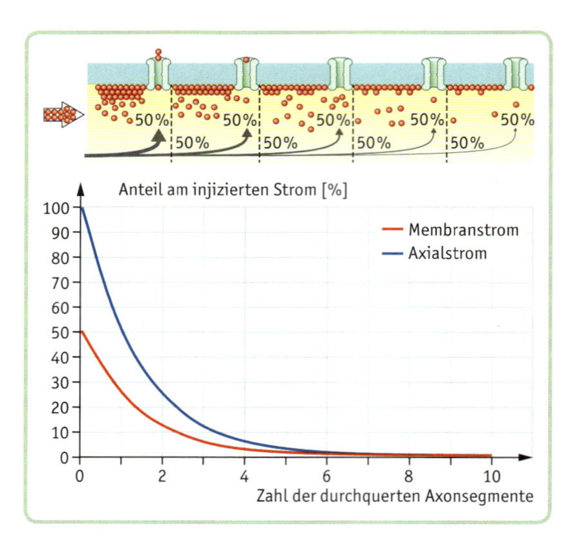

Abb. 14.19 ▶ Stromfluss durch das Axon und Abnahme von Axial- und Membranstrom mit der Entfernung

Die Halbwertslänge hängt vom Membranwiderstand und vom Axialwiderstand ab, da diese Größen festlegen, welcher Anteil des Stromes über die Membran abfließt bzw. in das nächste Segment weiterfließt.

14.4.2 Berechnung der Halbwertslänge

Zur Bestimmung des genauen Zusammenhangs zwischen Halbwertslänge und Membranwiderstand bzw. Axialwiderstand wird die unendlich lange Widerstandskette in Abb. 14.20 betrachtet.

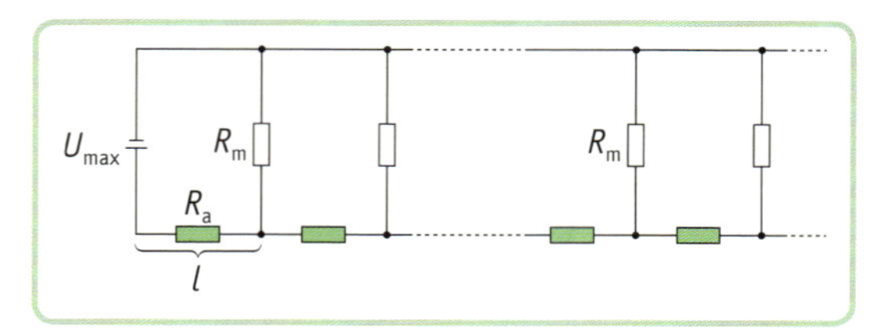

Abb. 14.20 ▶ Ersatzschaltkreis: Jedes Glied der Widerstandskette repräsentiert ein Axonsegment der Länge l.

Für den Gesamtwiderstand R dieser Schaltung gilt (vgl. Aufgabe 9):

$$R = \frac{R_a + \sqrt{R_a{}^2 + 4 \cdot R_a \cdot R_m}}{2}$$

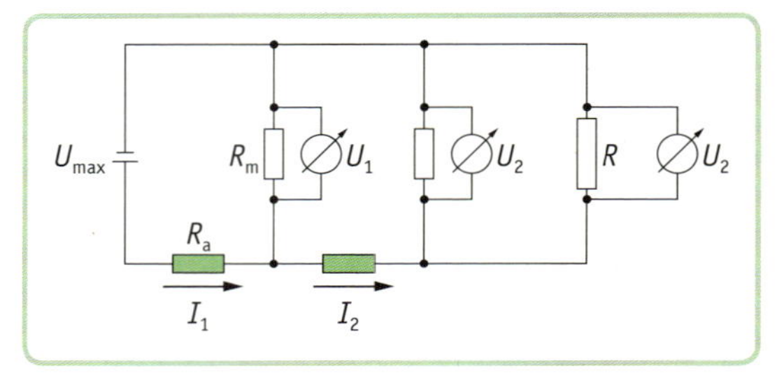

Abb. 14.21 ▶ Schaltung zur Ermittlung des Abfalls der Membranspannung

Im Fall einer kontinuierlichen Membran geht $l \to 0$. Wegen den Beziehungen aus Kap. 14.2, $R_a \sim l$ und $R_m \sim \frac{1}{l}$, gilt für diesen Fall $R_a << R_m$ und es folgt:

$$R \approx \sqrt{R_a \cdot R_m}$$

Nun werden die Spannungen U_1 und U_2 in zwei direkt aufeinander folgenden Segmenten betrachtet. Dabei genügt es, eine vereinfachte Variante der Schaltung zu untersuchen (Abb. 14.21). Es gilt:

$$U_1 = I_2 \cdot R_a + U_2 \quad \text{(Maschenregel)}$$

$$I_2 = \frac{U_2}{R_m} + \frac{U_2}{R} \quad \text{(Knotenregel)}$$

Setzt man I_2 in die erste Gleichung ein, so kann man U_1 komplett durch U_2 ausdrücken und man bekommt für das Verhältnis

$$\frac{U_2}{U_1} = \frac{R_m}{R_a + \frac{R_a \cdot R_m}{R} + R_m} \approx \frac{R_m}{R + R_m}$$

Nach jedem Axonsegment der Länge l nimmt die Spannung also um den Faktor $\frac{R_m}{R + R_m}$ ab. Dies führt auf den Ansatz

$$U(x) = U_{max} \cdot \left(\frac{R_m}{R + R_m}\right)^{\frac{x}{l}}$$

Wie groß ist die Halbwertslänge dieses exponentiellen Abfalls? Der Ansatz $U(L_{1/2}) = \frac{1}{2} U_{max}$ liefert:

$$\left(\frac{R_m}{R + R_m}\right)^{\frac{L_{1/2}}{l}} = \frac{1}{2}$$

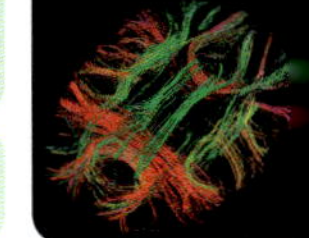

$$\frac{L_{1/2}}{l} \cdot \ln\left(\frac{R_m}{R + R_m}\right) = \ln\left(\frac{1}{2}\right)$$

$$L_{1/2} = l \cdot \frac{\ln\left(\frac{1}{2}\right)}{\ln\left(\frac{R_m}{R + R_m}\right)} = l \cdot \frac{\ln 2}{\ln\left(1 + \frac{R}{R_m}\right)}$$

$$= l \cdot \frac{\ln 2}{\ln\left(1 + \frac{\sqrt{R_m \cdot R_a}}{R_m}\right)} = l \cdot \frac{\ln 2}{\ln\left(1 + \sqrt{\frac{R_a}{R_m}}\right)}$$

Weil $R_a << R_m$ ist, ist der Wert unter der Wurzel sehr klein und die Näherung

$$\ln\left(1 + \sqrt{\frac{R_a}{R_m}}\right) \approx \sqrt{\frac{R_a}{R_m}}$$

ist zulässig. Es ergibt sich dann als Endergebnis:

$$L_{1/2} \approx l \cdot \ln 2 \cdot \sqrt{\frac{R_m}{R_a}}$$

Die beiden Widerstände lassen sich noch durch die Axongrößen (vgl. Kap. 14.2) ausdrücken:

$$L_{1/2} = l \cdot \ln 2 \cdot \sqrt{\frac{\rho_m \cdot d}{2\pi \cdot a \cdot l} \cdot \frac{\pi a^2}{\rho_z l}} = \ln 2 \cdot \sqrt{\frac{\rho_m \cdot d \cdot a}{2 \cdot \rho_z}}$$

Dieser Zusammenhang wird in Kap. 14.6 bei der Berechnung der Nervenleitgeschwindigkeit benötigt.

14.5 Zeitliche Ausbreitung

Für die Signalleitungsgeschwindigkeit ist auch entscheidend, wie viel Zeit benötigt wird, bis die maximale Membranspannung erreicht ist. Wie in Kap. 14.4 erläutert, fließt der injizierte Strom entweder als Membranstrom I_R durch die Ionenkanäle nach außen ab oder sorgt als Kondensatorstrom I_C für die Anreicherung von Ladungen an der Membran:

$$I_{ges} = I_R + I_C$$

Da der Axialwiderstand eines Segments viel kleiner ist als der Membranwiderstand (etwa zwei Größenordnungen beim Tintenfischaxon), verteilen sich die Ladungen entlang des Axons vergleichsweise schnell: Alle Membrankondensatoren laden sich also

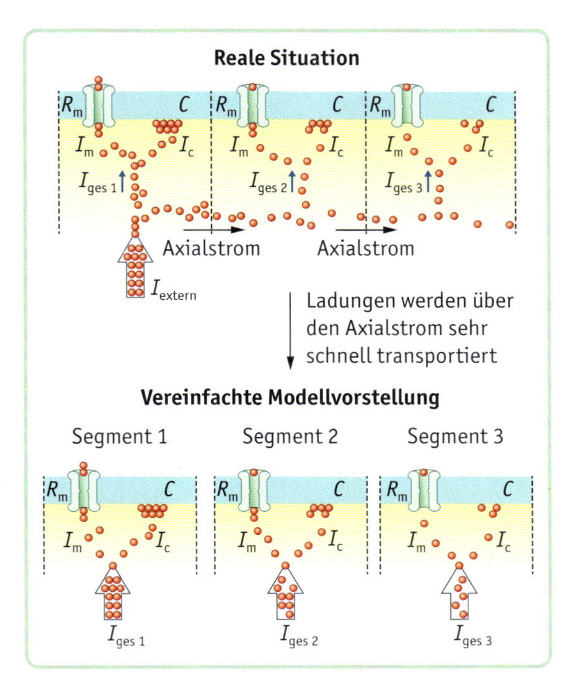

Abb. 14.22: Gleichzeitiges Aufladen der Membrankondensatoren während einer Ladungsträgerinjektion

näherungsweise gleichzeitig auf (siehe Abb. 14.22) und zeigen den gleichen Verlauf der Ladekurve.
Daher genügt es, im Ersatzschaltkreis nur ein einziges Axonsegment zu betrachten (Abb. 14.16). Kondensator und Widerstand sind parallel geschaltet, deshalb liegt an ihnen zu jedem Zeitpunkt die gleiche Spannung $U = U_C = U_R$ an.
Wird nun bei $t = 0$ der (näherungsweise konstante) Injektionsstrom I_{ges} eingeschaltet, lädt sich zunächst nur der Kondensator auf. Die zufließende Ladung Q erzeugt am Kondensator die Spannung $U_C = \frac{Q}{C}$. Als Folge steigt wegen $U_R = U_C$ die Spannung am Membranwiderstand an, so dass ein Membranstrom I_R zu fließen beginnt. In dem Maße, wie der Membranstrom I_R zunimmt, muss wegen $I_{ges} = I_R + I_C$ der Kondensatorstrom I_C abnehmen. Der Kondensator wird deshalb immer langsamer aufgeladen. Nach sehr langer Zeit erreicht das Membranpotential seinen Maximalwert $U_{max} = I_{ges} \cdot R_m$ und der gesamte Strom fließt nur über den Widerstand ab. Der Kondensator lädt sich nun nicht weiter auf.

Wie bereits in Kap. 13.2 gezeigt wurde, steigt die Kondensatorspannung U_C beim Aufladen mit konstanter Ladespannung exponentiell an. Wie schnell das Aufladen erfolgt, hängt von der Kapazität des Kondensators und von der Größe des im Schaltkreis vorhandenen Widerstands ab.
Hier geschieht das Aufladen bei konstantem Ladestrom (Abb. 14.16). Für die Ströme und die Spannungen in dieser Schaltung gilt:

$$I_C + I_R = I_{ges} \quad \text{und} \quad U_C = U_R = U$$

Ausgehend von der Gleichung für die Ströme führen ähnliche Überlegungen wie in Kap. 13 dann zu:

$$\frac{\Delta Q}{\Delta t} + \frac{U_R}{R_m} = I_{ges}$$

$$\frac{\Delta U_C \cdot C}{\Delta t} + \frac{U_C}{R_m} = I_{ges}$$

$$\frac{\Delta U_C}{\Delta t} = \frac{I_{ges}}{C} - \frac{U_C}{R_m \cdot C}$$

Entscheidend für die Spannungsänderung ist das Produkt $R_m \cdot C$. Analog zu Kap. 13.2 ergibt sich damit für die Membranspannung bei konstanter Strominjektion:

$$U_C = I_{ges} \cdot R_m \cdot \left(1 - e^{-\frac{t}{R_m \cdot C}}\right) \quad \text{bzw.}$$

$$U_C = I_{ges} \cdot R_m \cdot \left(1 - \left(\frac{1}{2}\right)^{-\frac{t}{T_{1/2}}}\right)$$

Die Zeitspanne $T_{1/2}$, innerhalb derer der Kondensator halb aufgeladen wird, ist charakteristisch für die Änderung des Membranpotentials. Man nennt sie Halbwertszeit und berechnet sie wie in Kap. 13.2. Es gilt:

$$T_{1/2} = \ln 2 \cdot R_m \cdot C$$

Ausgedrückt durch die Axongrößen folgt:

$$T_{1/2} = \ln 2 \cdot \rho_m \cdot \varepsilon_0 \cdot \varepsilon_r$$

14.6 Biologische Schlussfolgerung

Die passive Signalleitungsgeschwindigkeit ist umso größer, je schneller sich ein Signal aufbauen kann also je kleiner die Halbwertszeit ist ($v \sim \frac{1}{T_{1/2}}$) und je weniger es mit der Entfernung abklingt, also je größer die Halbwertslänge ist ($v \sim L_{1/2}$).

Dies bedeutet: $v \sim \frac{L_{1/2}}{T_{1/2}}$

Der Quotient $\frac{L_{1/2}}{T_{1/2}}$ hat bereits die passende Einheit für eine Geschwindigkeit. Die Proportionalitätskonstante ist daher ein reiner Zahlenfaktor. Ihr Wert wird meist auf eins festgelegt. In der Entfernung $L_{1/2}$ hat ein konstantes Ausgangssignal von 100 mV (Wert für ein Aktionspotential) nach der Zeit $T_{1/2}$ eine Stärke von 25 mV. Ein Aktionspotential, das immer eine Signalstärke von etwa 100 mV aufweist und sich zunächst rein passiv ausbreitet, gilt nach dieser Festlegung als angekommen, wenn es den Schwellenwert für das Auslösen eines neuen Aktionspotentials überschreitet.
Damit ergibt sich für v:

$$v = \frac{L_{1/2}}{T_{1/2}}$$

$$v = \frac{l \cdot \ln 2 \cdot \sqrt{\frac{R_m}{R_a}}}{\ln 2 \cdot R_m \cdot C} = \frac{1}{\varepsilon_0 \cdot \varepsilon_r} \cdot \sqrt{\frac{d \cdot a}{2 \cdot \rho_m \cdot \rho_z}}$$

Diese Geschwindigkeit hängt nur noch von den Eigenschaften des Axons ab, die willkürlich eingeführte Länge l der Segmente kommt nicht mehr vor. Zur Maximierung von v gibt es die im Folgenden beschriebenen Möglichkeiten.

Erniedrigung des spezifischen Membranwiderstands ρ_m

Um eine möglichst große Signalleitungsgeschwindigkeit zu erzielen, sollte ρ_m möglichst klein sein. Durch eine Erhöhung der Dichte der Ionenkanäle kann der spezifische Membranwiderstand erniedrigt werden, weil den Ionen mehr Durchgänge durch die Membran zur Verfügung stehen (vgl. Abb. 14.11).

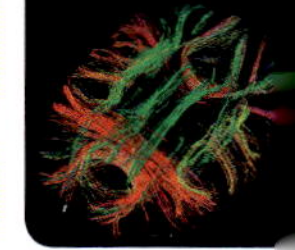

Mehr Ionenkanäle erfordern aber mehr Na-K-Pumpen, um das Ruhepotential aufrecht zu erhalten. Dies erhöht den Energieumsatz des Organismus. Daher kann die Anzahl der Ionenkanäle nicht beliebig erhöht werden.

Vergrößerung des Axonradius *a*

Die Signalleitungsgeschwindigkeit steigt mit der Wurzel aus dem Axonradius *a*. Dies erklärt die „Riesenaxone", die z. B. bei Tintenfischen auftreten.

Myelinisierung des Axons

Bei Axonen mit Myelinscheide nimmt die Membrandicke *d* etwa um den Faktor 100 zu. Dies führt zu einer Verzehnfachung der Signalleitungsgeschwindigkeit. Die Dicke der Myelinscheide ist dabei abhängig vom Axonradius. Das Verhältnis von Dicke der Myelinscheide zum Axonradius liegt für gewöhnlich bei ca. 0,7. Dies bedeutet für die Signalleitungsgeschwindigkeit eines myelinisierten Axons:

$$v = \frac{\sqrt{\frac{d \cdot a}{2 \cdot \rho_m \cdot \rho_z}}}{\varepsilon_0 \cdot \varepsilon_r} = \frac{\sqrt{\frac{0{,}7a \cdot a}{2 \cdot \rho_m \cdot \rho_z}}}{\varepsilon_0 \cdot \varepsilon_r} = a \cdot \frac{\sqrt{\frac{0{,}35}{\rho_m \cdot \rho_z}}}{\varepsilon_0 \cdot \varepsilon_r}$$

▶ Aufgaben

1 Spezifischer Widerstand eines Elektrolyten

Bei der Zellflüssigkeit im Inneren eines Axons handelt es sich um einen Elektrolyten, d. h. eine Flüssigkeit, in der positive (Na^+, K^+ und Ca^{2+}) und negative (Cl^-) Ionen gelöst sind.

Den spezifischen Widerstand eines Elektrolyten kann man aus seinen *I*-*U*-Kennlinien bestimmen, die mithilfe eines elektrolytischen Trogs (Abb. 14.23) gemessen werden.

Für einen Elektrolyten, der die chemische Zusammensetzung der Zellflüssigkeit eines Hummernervs aufweist, sind die Kennlinien in Abb. 14.24 dargestellt.

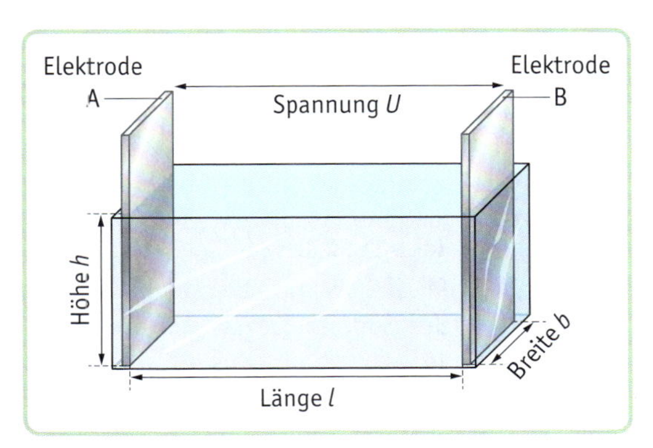

Abb. 14.23 ▶ Elektrolytischer Trog: Die Füllhöhe *h* ist variabel, daher kann die Elektrodenfläche angepasst werden.

Bestimmen Sie mit diesen Daten den spezifischen Widerstand ρ_Z der Zellflüssigkeit eines Hummeraxons.

2 Multiple Sklerose

Multiple Sklerose bedeutet wörtlich übersetzt „Vernarbung an verschiedenen Stellen". Es handelt sich dabei um eine entzündliche Erkrankung, die das Gehirn und das Rückenmark befällt. Fehlgesteuerte, körpereigene Abwehrzellen führen dabei zu einer dauerhaften Schädigung der Myelinschicht.

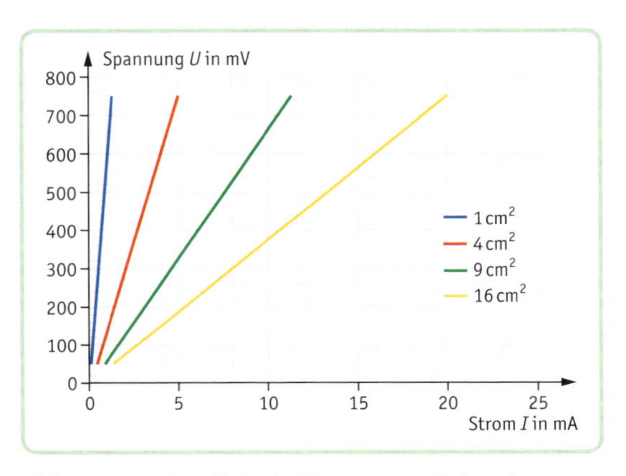

Abb. 14.24 ▶ Kennlinien bei konstantem Elektrodenabstand (10 cm) und variabler Elektrodenfläche (1 cm^2, 4 cm^2, 9 cm^2 und 16 cm^2)

Dadurch verliert die Myelinschicht ihre isolierende Funktion weitgehend.

a) Erklären Sie, wie sich Multiple Sklerose auf die Nervenleitgeschwindigkeit der betroffenen Nervenfasern auswirkt.
b) Welches Symptom im Einzelnen auftritt, ist abhängig von der jeweiligen Lokalisation des aktiven Entzündungsherdes im zentralen Nervensystem. Diskutieren Sie, welche Symptome auftreten könnten, wenn das motorische System betroffen ist.

3 Neuroimplantate

Die Hoffnungen sind groß, die sich an Neuroimplantate (Retinaimplantate, Cochleaimplantate, Neuroprothesen) knüpfen. Im Institut für Künstliche Intelligenz in San Diego laufen zum Beispiel bereits Hummer durch das Labor, bei denen natürlich gewachsene Nervenzellen entfernt und durch Neuroimplantate ersetzt worden sind. Die Hummer besitzen einige leicht zugängliche Nervenknoten, deren elektrische Eigenschaften gut bekannt sind. Sie sind ideal, um die Schnittstelle Neuroimplantat-Nervenzelle zu testen.

Damit die Halbleiterchips perfekt mit dem Körper zusammenarbeiten können, müssen die Eigenschaften der Nervenzellen sehr genau bekannt sein. In der folgenden Tabelle sind die Daten eines Hummeraxons mit dem Radius $a = 37{,}5\ \mu m$ angegeben.

ρ_Z	C/A	ρ_m
$60\ \Omega cm$	$1{,}0\ \mu F/cm^2$	$2{,}5 \cdot 10^9\ \Omega cm$

Tab. 14.2 ▶ Daten eines Hummeraxons

Berechnen Sie für dieses Axon

a) den Membranwiderstand
b) den Axialwiderstand
c) die Halbwertslänge
d) die Halbwertszeit
e) die Signalleitungsgeschwindigkeit.

Unterstellen Sie dabei eine Dicke der Zellmembran von $d = 8{,}0$ nm und eine Segmentlänge von $l = a$.

4 Relative Permittivität der Zellmembran

Die relative Permittivität der Phospholipide bestimmt die Kapazität der Zellmembran entscheidend mit.

a) Berechnen Sie die Dicke der Zellmembran, wenn man für diese eine relative Permittivität von $\varepsilon_r = 2$ veranschlagt. Die Kapazität der Zellmembran pro Flächeneinheit ist $\frac{C}{A} = 1{,}0\ \mu F cm^{-2}$.
b) Die tatsächliche Dicke der Zellmembran ergibt sich aus der Länge der Phospholipidmoleküle. Sie beträgt typischerweise 8,0 nm. Berechnen Sie daraus die relative Permittivität einer Zellmembran.
c) Die Ergebnisse aus Teilaufgabe a) und b) widersprechen sich. Dies liegt daran, dass die Membran (d = 8 nm) aus unpolaren Fettsäuremolekülen ($\varepsilon_r = 2$, d = 2 nm) und polaren Phosphatresten (d = 6 nm) besteht, die sich in ihrer relativen Permittivität stark unterscheiden. In Teilaufgabe b) wird eine mittlere Permittivität ermittelt, während in Teilaufgabe a) lediglich die Permittivität des Lipidanteils, aber die volle Membrandicke berücksichtigt wird. Schätzen Sie mithilfe dieser Angaben die relative Permittivität der Phosphatreste ab.
d) Betrachtet man nur den reinen Lipidanteil der Membran, so ergibt sich eine Membrandicke von 2,0 nm. Berechnen Sie damit erneut die relative Permittivität einer Zellmembran und vergleichen Sie mit den Ergebnissen aus den Teilaufgaben a) und b).

5 Aktive Signalleitung

Erklären Sie mithilfe von Abb. 14.25, wie sich

a) die Halbwertslänge und
b) die Halbwertszeit

der passiven Signalleitung auf die Geschwindigkeit der aktiven Signalleitung auswirkt. Gehen Sie bei Ihren Überlegungen immer von einer maximalen Signalstärke vom 100 mV aus. Dies entspricht der Signalstärke des Maximums des Aktionspotentials.

6 Halbwertszeit von Hummer- und Krabbennerven

Die Halbwertszeit von Hummernerven beträgt etwa 1,4 ms, die von Krabbennerven etwa 3,5 ms.

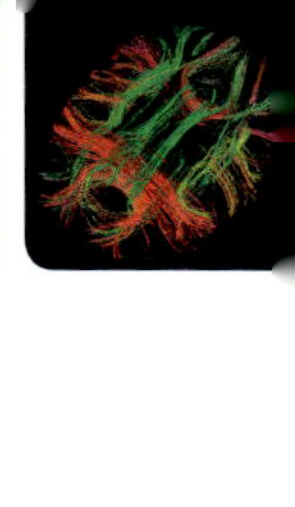

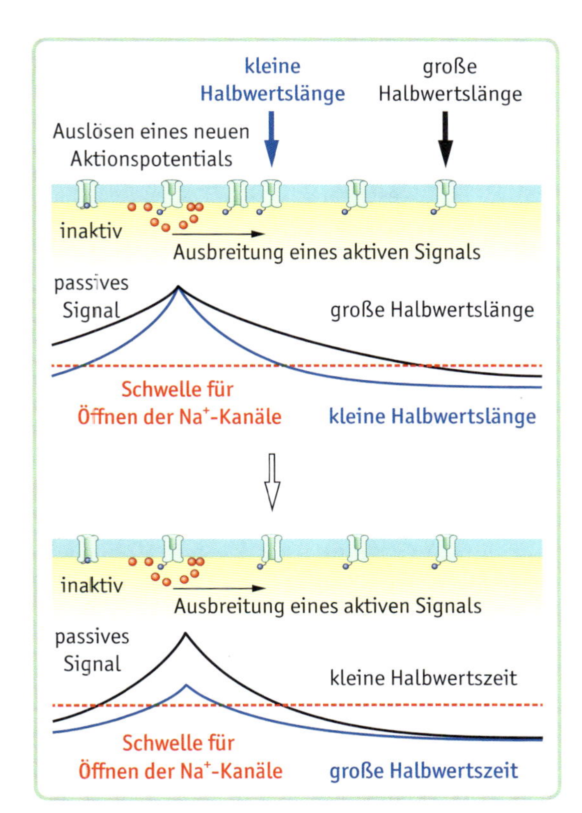

Abb. 14.25 ▶ Einfluss der Halbwertslänge und der Halbwertszeit auf die Signalleitungsgeschwindigkeit

a) Skizzieren Sie jeweils den zeitlichen Verlauf der Membranpotentialänderung, des Membranstroms und des Kondensatorstroms bei Hummern und Krabben im Vergleich. Die maximale Membranpotentialänderung soll dabei jeweils +100 mV betragen, der Injektionsstrom $I_{ges} = 70$ mA.
b) Der Schwellenwert für das Auslösen eines Aktionspotentials liegt bei einer Membranpotentialänderung von ca. +25 mV. Wird dieser Wert überschritten, wird das Signal am Axon aktiv weitergeleitet. Zum Zeitpunkt $t = 0$ beginnt eine Strominjektion, die zu einer maximalen Membranpotentialänderung von +60 mV führen würde. Berechnen Sie, wie lange es bei Hummernerven dauert, bis an der Injektionsstelle ein Aktionspotential ausgelöst wird.

7 Signalleitungsgeschwindigkeit beim Tintenfisch

Vor mehr als einem halben Jahrhundert untersuchten Alan Lloyd Hodgkin und Andrew Fielding Huxley die elektrischen Eigenschaften von Tintenfischaxonen, um ein mathematisches Modell solcher Riesenaxone anzufertigen. Ihre bahnbrechenden Entdeckungen wurden 1963 mit dem Nobelpreis für Medizin gewürdigt. Seither wurden die Riesenaxone des Tintenfisches immer wieder vermessen, um das Modell zu verfeinern. Die elektrischen Daten der Tintenfischaxone sind daher bestens bekannt:

a	250 µm
d	8,0 nm
$L_{1/2}$	3,7 mm
ρ_m	$8{,}75 \cdot 10^8\ \Omega$cm
ρ_Z	30 Ωcm
R_m einer Fläche von 1 mm²	70 kΩ
C_m einer Fläche von 1 mm²	10 nF

Tab. 14.3 ▶ Elektrische Daten der Tintenfischaxone

a) Die Membranpotentialänderung an der Injektionsstelle sei +100 mV. Skizzieren Sie in einem Diagramm die Membranpotentialänderung in Abhängigkeit von der Entfernung von der Injektionsstelle.
b) Berechnen Sie die Signalleitungsgeschwindigkeit beim Tintenfischaxon.
c) Angenommen, der Tintenfisch könnte unter Beibehaltung seiner sonstigen Axoneigenschaften seinen Axonradius vervierfachen. Bestimmen Sie für dieses Szenario die Auswirkungen auf den Membranwiderstand, den Axialwiderstand, die Membrankapazität und die Signalleitungsgeschwindigkeit.
d) Tintenfische haben die dicksten Axone im Tierreich. Maximal können sie einen Radius von bis zu 0,50 mm erreichen. Die Signalleitungsgeschwindigkeit beträgt dann bei diesen Tieren 20 m/s. Bei menschlichen Axonen kann dieser Wert hingegen bis zu 120 m/s betragen. Berechnen Sie den Axonradius eines Riesenaxons mit einer hypothetischen Signalleitungsgeschwin-

digkeit von 120 m/s. Geben Sie den Grund dafür an, dass es bei Tintenfischen keine Signalleitungsgeschwindigkeiten in dieser Größenordnung gibt.

8 Chippendale Mupp

Der Chippendale Mupp ist ein Fabelwesen, das in das Ende seines Schwanzes beißt, damit es Stunden später vom ankommenden Schmerz geweckt wird. Sein Schwanz ist dabei so lang, dass es 8 Stunden dauert, bis der Nerv den Schmerzimpuls zum Gehirn übertragen hat.

a) Angenommen, ein einzelnes Axon ohne Myelinscheide verbindet den Schwanz mit dem Rückenmark. Berechnen Sie die Länge des Schwanzes des Chippendale Mupp. Verwenden Sie für die Rechnung die Daten des Tintenfischaxons aus Aufgabe 7 und einen Axonradius von 0,5 mm.

b) Nun wird angenommen, dass der Chippendale Mupp ein Tintenfischaxon mit Myelinscheide besitzt. Die Membrandicke beträgt nun $d = 0{,}7 \cdot a$. Berechnen Sie erneut die Länge des Schwanzes.

9 Ersatzwiderstand eines Axons

Ein Axon kann näherungsweise als unendlich lange Widerstandskette aus Axial- und Membranwiderständen betrachtet werden. In Kap. 14.4.2 wurde der Gesamtwiderstand angegeben; die Begründung soll nun nachgeholt werden. Wir gehen dazu in mehreren Schritten vor.

a) Betrachten Sie die folgende Schaltung aus zwei Gliedern einer Widerstandskette und berechnen Sie den Ersatzwiderstand R_2.

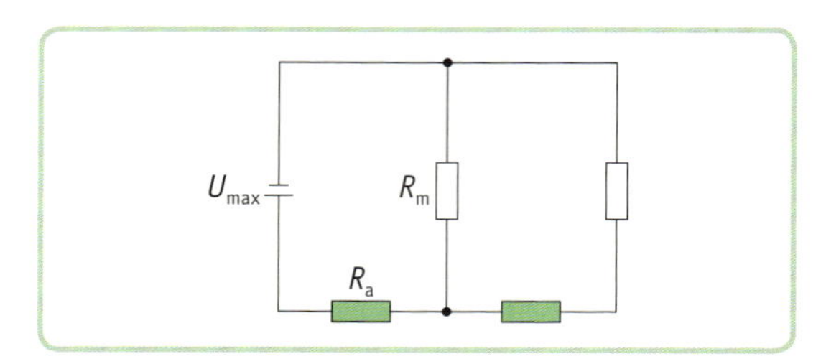

Abb. 14.26 ▶ Schaltung aus zwei Gliedern einer Widerstandskette

b) Betrachten Sie die folgende Schaltung aus drei Gliedern einer Widerstandskette und berechnen Sie mit dem Ergebnis von Teil a) den Ersatzwiderstand R_3.

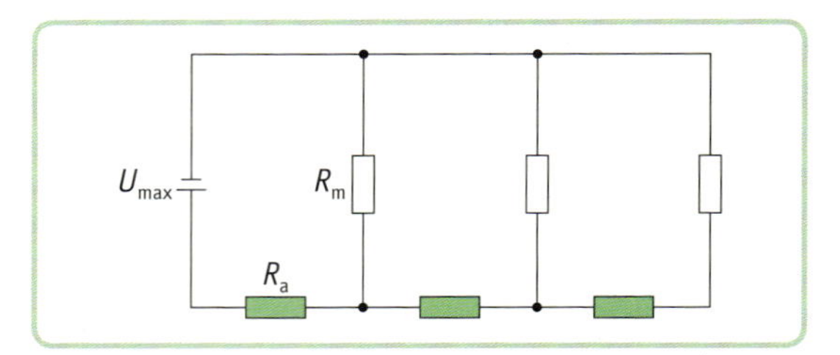

Abb. 14.27 ▶ Schaltung aus drei Gliedern einer Widerstandskette

c) Zeigen Sie mithilfe der Überlegungen aus Teilaufgabe b), dass für den Ersatzwiderstand einer Widerstandskette aus n Gliedern gilt:

$$R_n = R_a + \frac{1}{\frac{1}{R_m} + \frac{1}{R_{n-1}}}$$

R_{n-1} ist dabei der Ersatzwiderstand der um ein Glied kürzeren Kette.

d) Bei einer unendlich langen Kette ändert sich durch das Hinzufügen eines weiteren Kettengliedes der Gesamtwiderstand nicht. Daher gilt: $R_n = R_{n-1} = R$. Zeigen Sie damit, dass für den Widerstand R folgt:

$$R = \frac{R_a \mp \sqrt{R_a^{\,2} + 4 \cdot R_a \cdot R_m}}{2}$$

e) Erklären Sie, warum die Lösung

$$R = \frac{R_a - \sqrt{R_a^{\,2} + 4 \cdot R_a \cdot R_m}}{2}$$

unphysikalisch ist.

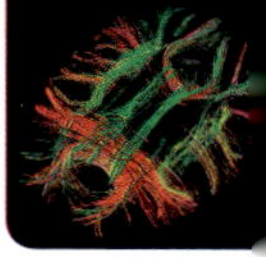

15 Nervensystem

15.1 Synapsen

Die Signalübertragung zwischen zwei Nervenzellen erfolgt über Synapsen. Sie bestehen aus drei Elementen: der präsynaptischen Endigung, einer Kontaktzone und der postsynaptischen Zelle. Synapsen werden aufgrund ihrer Funktionsweise in zwei Gruppen unterteilt, in elektrische und in chemische Synapsen.

15.1.1 Elektrische Synapsen

Elektrische Synapsen haben Verbindungskanäle, sogenannte Gap Junctions, über welche die Zellinnenräume von prä- und postsynaptischer Zelle miteinander verbunden sind. Bei den elektrischen Synapsen wird die Änderung des Membranpotentials über den elektrischen Widerstand der Gap Junctions direkt übertragen. Der Vorteil elektrischer Synapsen ist die verzögerungsfreie und damit schnelle Signalübertragung. Eine Signalverstärkung bei ihnen ist aber nicht möglich. Diese Form der Synapse findet man u. a. im Herzmuskel zwischen den Muskelzellen, in der glatten Muskulatur und in der Netzhaut.

15.1.2 Chemische Synapsen

Die meisten Synapsen sind chemische Synapsen. Grundsätzlich durchläuft ein elektrisches Signal die chemische Synapse nur in einer Richtung, und zwar vom prä- zum postsynaptischen Teil.

Ein einlaufendes Aktionspotential führt in der präsynaptischen Endigung zur Öffnung spannungsgesteuerter Calciumkanäle. Dies verursacht einen Anstieg der Calcium-Konzentration im Zellinneren. Die Neurotransmittermoleküle (chemische Botenstoffe) befinden sich in Bläschen (Vesikeln), die bei einem Anstieg der Calciumkonzentration mit der präsynaptischen Membran verschmelzen. Dabei wird der Inhalt der Vesikel in den synaptischen Spalt ausgeschüttet. Der synaptische Spalt hat typischerweise eine Breite von 20 – 40 nm.

An der postsynaptischen Membran, die auf der anderen Seite des synaptischen Spaltes liegt, werden die freigesetzten Neurotransmitter an ligandengesteuerte Ionenkanäle (vgl. Kap. 12.2) gebunden. Dadurch öffnen sich Ionenkanäle, hauptsächlich für Na^+, und es kommt zu einer Depolarisation der postsynaptischen Nervenzelle. Nachdem der Neurotransmitter an die Ionenkanäle gebunden hat, wird er von Enzymen in der postsynaptischen Membran gespalten. Dies verhindert eine Dauererregung der postsynaptischen Nervenzelle.

Chemische Synapsen ermöglichen eine Signalverstärkung, sie übertragen die Signale im Gegensatz zu elektrischen Synapsen aber nur langsam (Verzögerung 1 – 5 ms).

Beispiele für Neurotransmitter sind Acetylcholin (vegetatives Nervensystem), Noradrenalin, Dopamin, Serotonin und Glutamat. Ihre Wirkung kann durch Nervengifte beeinflusst werden. Mangel oder Überschuss an bestimmten Neurotransmittern kann außerdem zu Krankheiten wie Parkinson oder Schi-

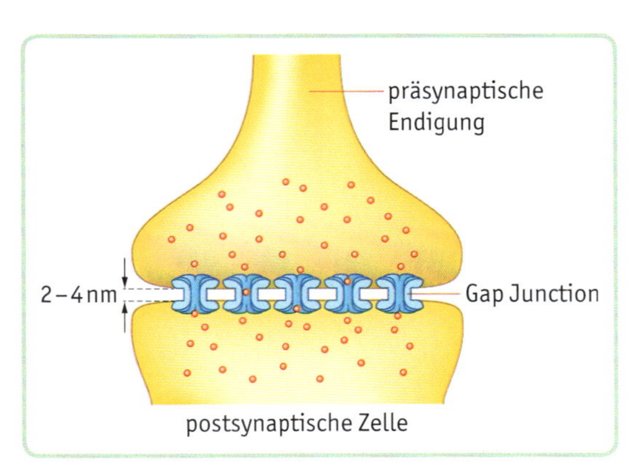

Abb. 15.1 ▶ Elektrische Synapse

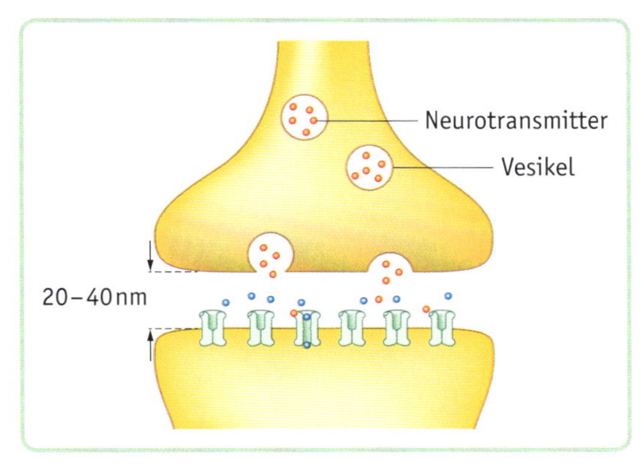

Abb. 15.2 ▶ Chemische Synapse

zophrenie führen. Die Transmitterfreisetzung kann auch durch eingedrungene Bakterien gestört werden; dies geschieht z. B. bei Tetanus.

15.1.3 Signalverrechnung

An den Synapsen einer Nervenzelle gehen Signale von mehreren benachbarten Nervenzellen ein. Die Ausschüttung von Neurotransmittern kann dabei nicht nur erregend wirken, sondern auch hemmend. Das ist der Fall, wenn statt der Na^+-Kanäle solche für K^+ geöffnet werden. Eine solche neuronale Hemmung ist wichtig, um das Nervensystem nicht zu „überlasten". Eine fehlende Hemmung ist z. B. bei epileptischen Anfällen beteiligt.
Die Erregung, die an einer einzelnen Synapse übertragen wird, ruft Potentialveränderungen im Bereich von typischerweise 1 – 2 mV hervor. Dieser Wert ist zu klein, um ein Aktionspotential auszulösen. Erst das Zusammenwirken mehrerer Erregungen kann zu einem neuen Aktionspotential führen.
Alle Signale, die über die an den Dendriten anliegenden Synapsen eingehen, werden in der postsynaptischen Zelle passiv weiter geleitet. Diese Signale können gleichzeitig von mehreren verschiedenen Nervenzellen (räumliche Summation) oder nacheinander von der gleichen Nervenzelle (zeitliche Summation) am Axonhügel eintreffen (Abb. 15.3). Die Summe der Signale entscheidet darüber, ob der Schwellenwert für das Auslösen eines Aktionspotentials überschritten wird oder nicht. Die zeitliche Summation ist nur möglich, weil passive Signale eine Zeitkonstante von einigen Millisekunden aufweisen. Eine Depolarisierung (oder Hyperpolarisierung) wird daher nur langsam abgebaut. Erreicht ein zweites oder drittes Signal den Axonhügel, bevor die Depolarisierung vollständig abgebaut ist, so besteht die Möglichkeit, dass der Schwellenwert für das Auslösen eines Aktionspotentials überschritten wird.
Im Folgenden beschäftigen wir uns ausschließlich mit der räumlichen Summation. In der einfachsten Form erhält dabei ein Neuron gleichzeitig Signale von mehreren vorgeschalteten Neuronen. Wie diese Signale verrechnet werden, ob sie erregend oder hemmend wirken, wird durch die jeweilige Synapse bestimmt. In Abb. 15.4 geben die Zahlen solche (fiktiven) Synapsenstärken an. Positive Werte markieren erregende Synapsen, negative Werte hemmende.
Die Synapsenstärken sind jedoch nicht für alle Zeiten festgelegt: Eine der wichtigsten Erkenntnisse der Neurowissenschaften ist gerade ihre Veränderlichkeit. Man spricht auch von synaptischer Plastizität. Nur auf diese Weise ist es möglich, dass Organismen lernen können, d. h. ihr Verhalten im Laufe der Zeit ändern.
Eine konkrete Lernregel formulierte 1949 der kanadische Psychologe DONALD HEBB: Die Stärke einer Sy-

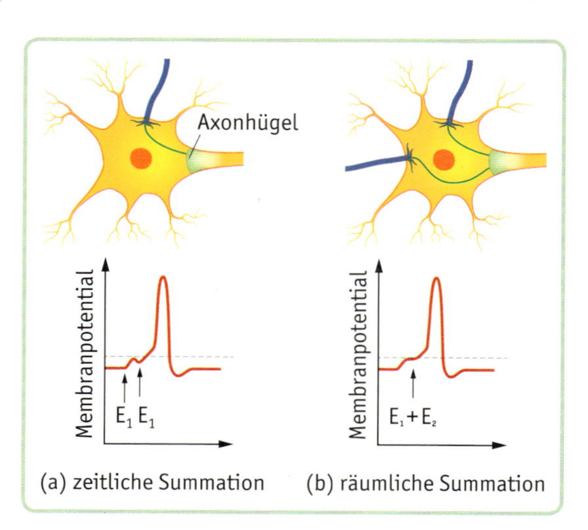

Abb. 15.3 ▶ Zeitliche und räumliche Signalverrechnung

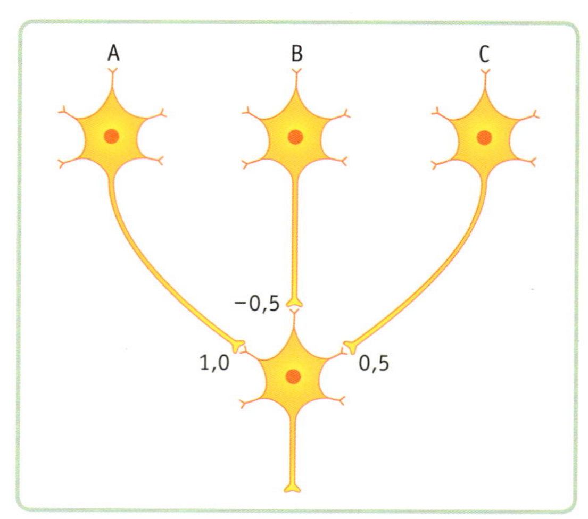

Abb. 15.4 ▶ Einfaches Beispiel einer Neuronenverbindung

napse nimmt umso stärker zu, je öfter auf das Feuern der präsynaptischen Nervenzelle (Aktionspotential) ein Feuern der postsynaptischen Nervenzelle folgt. Anatomisch kann sich dabei die äußere Gestalt der Synapse (Vergrößerung der Kontaktzone) oder die synaptische Übertragung (Erhöhung der Effektivität der Ionenkanäle) verändern.

15.2 Modell eines neuronalen Netzes*

Neben der Signalübertragung auf *eine* Nervenzelle interessieren natürlich Netze aus sehr vielen Neuronen, wie sie z. B. im menschlichen Gehirn vorliegen. Die Komplexität ist hier enorm; dennoch können mathematische Simulationen neuronaler Netze helfen, bestimmte Funktionsweisen besser zu verstehen. Unabhängig davon bietet die sogenannte Neuroinformatik eine Alternative zu herkömmlichen Computerprogrammen.
Hinter einem Netzwerk wie in Abb. 15.5 steht die folgende grundlegende Idee: Muster aus der Umwelt erregen bestimmte „Eingangsneuronen", z. B. in der Netzhaut bzw. der Sehrinde. Deren Zustand steuert (eventuell über Zwischenschichten) die Erregung von „Ausgangsneuronen", die dann eine Antwort auf das Muster veranlassen.

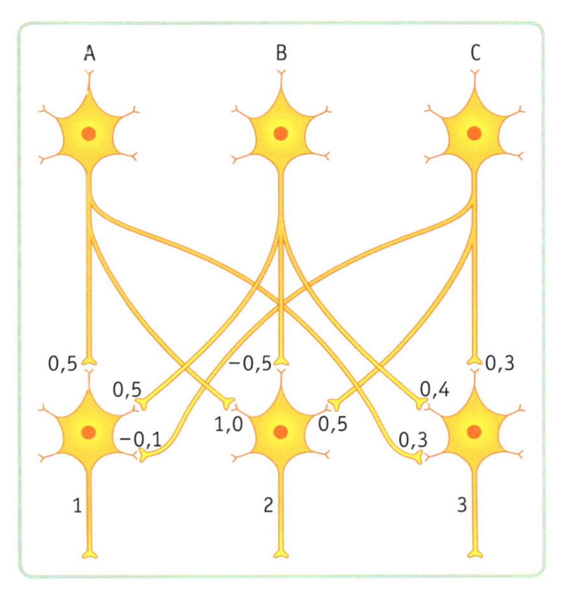

Abb. 15.5 ▶ Neuronales Netz aus sechs Neuronen: drei Eingangsneuronen A, B, C und drei Ausgangsneuronen 1, 2, 3

Zur Berechnung arbeitet man mit stark vereinfachenden Annahmen:

- Der Erregungszustand eines Neurons wird entweder durch $x = 0$ (keine Erregung) oder durch $x = 1$ (Neuron feuert) dargestellt.
- Die Stärke der Übertragung an den Synapsen wird durch eine Zahl w mit $-1 \leq w \leq 1$ charakterisiert. $w < 0$ bedeutet eine hemmende Synapse, $w > 0$ eine verstärkende.
- Die Wirkung auf ein Ausgangsneuron erhält man, indem man den Erregungszustand x jedes Eingangsneurons mit der entsprechenden Synapsenstärke w multipliziert und aufsummiert. Ist das Ergebnis kleiner als eine Schwelle, dann bleibt das Ausgangsneuron still, ansonsten feuert es.

Die Signalstärke S_1 für das erste Ausgangsneuron in Abb. 15.5 berechnet sich beispielsweise mit

$$S_1 = x_A \cdot 0{,}5 + x_B \cdot 0{,}5 + x_C \cdot (-0{,}1)$$

Für alle Ausgangsneuronen zusammen lässt sich diese Rechnung einfacher mit Vektoren schreiben:

$$\begin{pmatrix} S_1 \\ S_2 \\ S_3 \end{pmatrix} = x_A \cdot \begin{pmatrix} 0{,}5 \\ 1{,}0 \\ 0{,}3 \end{pmatrix} + x_B \cdot \begin{pmatrix} 0{,}5 \\ -0{,}5 \\ 0{,}4 \end{pmatrix} + x_C \cdot \begin{pmatrix} -0{,}1 \\ 0{,}5 \\ 0{,}3 \end{pmatrix}$$

Sind nun etwa die Neuronen A und B aktiv, C jedoch nicht, so berechnet man:

$$\begin{pmatrix} S_1 \\ S_2 \\ S_3 \end{pmatrix} = 1 \cdot \begin{pmatrix} 0{,}5 \\ 1{,}0 \\ 0{,}3 \end{pmatrix} + 1 \cdot \begin{pmatrix} 0{,}5 \\ -0{,}5 \\ 0{,}4 \end{pmatrix} + 0 \cdot \begin{pmatrix} -0{,}1 \\ 0{,}5 \\ 0{,}3 \end{pmatrix} = \begin{pmatrix} 1{,}0 \\ 0{,}5 \\ 0{,}7 \end{pmatrix}$$

Hat man einen Schwellenwert von 0,95 festgelegt, so wird dieser nur bei Neuron 1 erreicht und ein neues Aktionspotential ausgelöst. Würde nun auch noch Neuron C feuern, ergäbe sich folgende Rechnung:

$$\begin{pmatrix} S_1 \\ S_2 \\ S_3 \end{pmatrix} = 1 \cdot \begin{pmatrix} 0{,}5 \\ 1{,}0 \\ 0{,}3 \end{pmatrix} + 1 \cdot \begin{pmatrix} 0{,}5 \\ -0{,}5 \\ 0{,}4 \end{pmatrix} + 1 \cdot \begin{pmatrix} -0{,}1 \\ 0{,}5 \\ 0{,}3 \end{pmatrix} = \begin{pmatrix} 0{,}9 \\ 1{,}0 \\ 1{,}0 \end{pmatrix}$$

Neuron 1 feuert nun nicht mehr, dafür aber Neuron 2 und Neuron 3.
Bereits solche einfachen neuronalen Netze sind fähig zu lernen. Dabei ändern sich auf festgelegte Weise die Synapsenstärken w. Eine sehr einfache Lernregel, die allerdings keinen Anspruch auf biologische Korrektheit stellt, wurde 1960 von FRANK

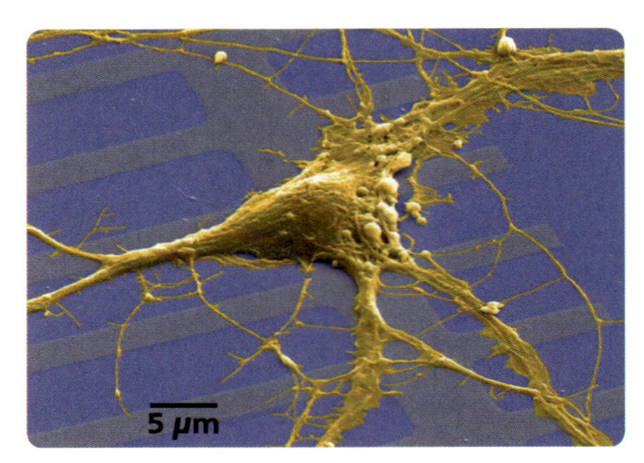

Abb. 15.6 ▶ Neuron aus dem Gehirn einer Ratte auf einer Siliziumschicht mit Transistoren

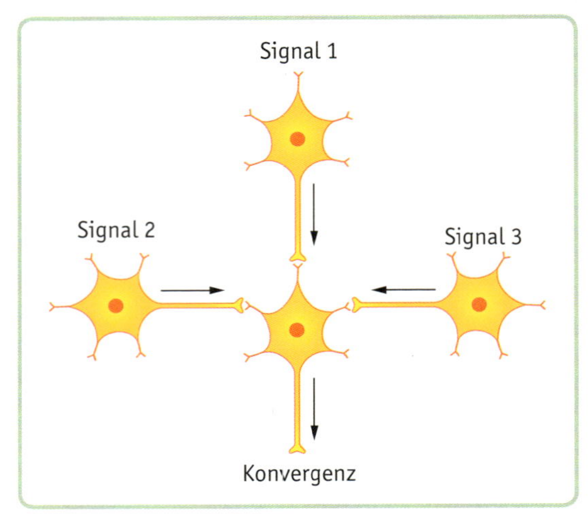

Abb. 15.7 ▶ Konvergente Verschaltung

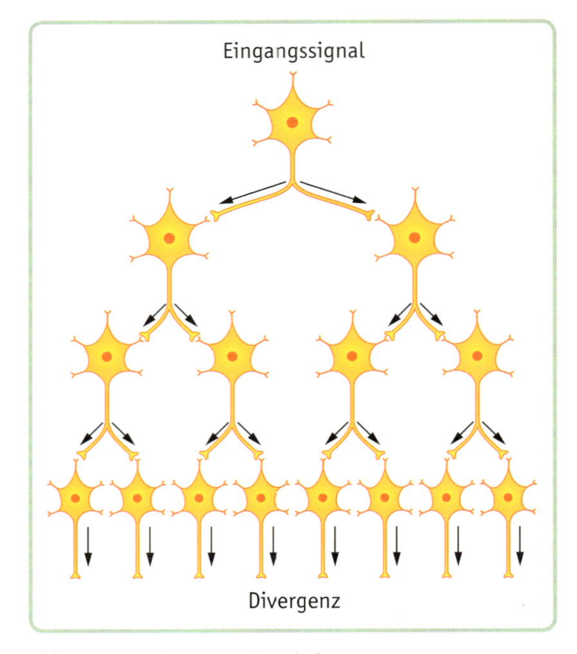

Abb. 15.8 ▶ Divergente Verschaltung

ROSENBLATT beschrieben: Wenn ein Ausgangsneuron den „falschen" Zustand hat, dann werden die Synapsen derjenigen Eingangsneuronen verstärkt, die den „gewünschten" Zustand haben; die anderen werden abgeschwächt. Bei richtigem Zustand des Ausgangsneurons ändert sich nichts, d. h. das Netz lernt nur aus Fehlern. Es existiert inzwischen eine Reihe von Computerprogrammen, die auf solche oder ähnliche Weise „lernen" können. Eine typische Anwendung ist das Erkennen von Handschriften. Hier gibt es keine Vorgabe, die dem Computer einprogrammiert werden könnte, sondern die Maschine muss sich Schritt für Schritt dem Benutzer anpassen. In den letzten Jahren ist auch die Verbindung von biologischen Nervenzellen mit Computerchips möglich geworden. Transistoren auf dem Chip registrieren die schwachen elektrischen Felder der Neuronen. Umgekehrt reagieren Neuronen mit Aktionspotentialen auf externe elektrische Felder. Es lassen sich sogar mehrere Neuronen, z. B. von Schnecken oder Ratten, aufbringen; man erhält so ein natürliches neuronales Netz, dessen Aktivität direkt messbar ist.

15.3 Signalverarbeitung in der Netzhaut*

Die Signale der Sinneszellen werden bereits auf ihrem Weg zum Gehirn auf vielfältige Weise aufbereitet. Die beiden wichtigsten Varianten der Signalaufbereitung sind die divergente und die konvergente Verschaltung. Bei konvergenter Verschaltung werden die Signale vieler Rezeptorzellen in einer nachgeschalteten Nervenzelle gebündelt. Bei divergenter Verschaltung sendet eine Nervenzelle Signale an viele nachgeschaltete Nervenzellen (Abb. 15.7 und 15.8, vgl. auch Abb. 2.3).

Die laterale Hemmung ist eine spezielle Verschaltung von Nervenzellen im Auge, die immer dann ein-

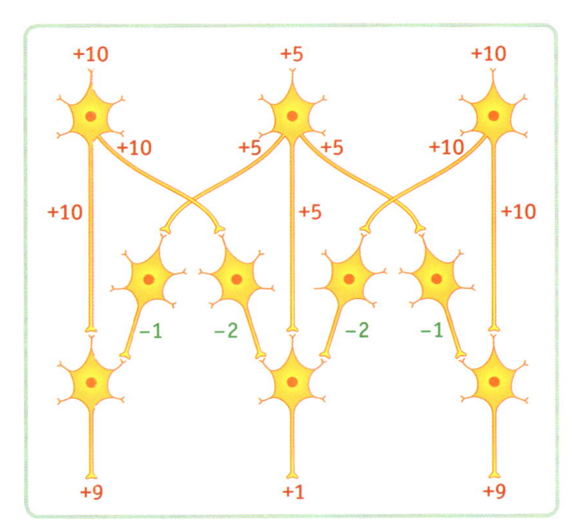

Abb. 15.9 ▶ Laterale Hemmung

gesetzt wird, wenn vorhandene Kontraste verstärkt werden sollen. Abb. 15.9 zeigt das Prinzip: Zu sehen sind drei Nervenzellen (z. B. Sinneszellen in der Retina). Die Erregung der äußeren Nervenzellen ist dabei etwas stärker (+10) als die der inneren (+5). Die Zahlen stellen hier keine Synapsenstärken dar, sondern geben Auskunft über die Stärke der Erregung, z. B. durch die Frequenz der Aktionspotentiale (vgl. Kap. 13.5). Je größer die Zahl, desto größer die Erregung. In der zweiten Ebene befinden sich Interneurone, die ein erregendes ankommendes Signal (rot) in ein hemmendes Signal (grün) umwandeln. Durch einfaches Summieren der erregenden und hemmenden Einflüsse in der untersten Ebene ergibt sich dabei eine Kontrastverstärkung, da der Unterschied in der Erregung von 5 auf 8 anwächst. Dies ist

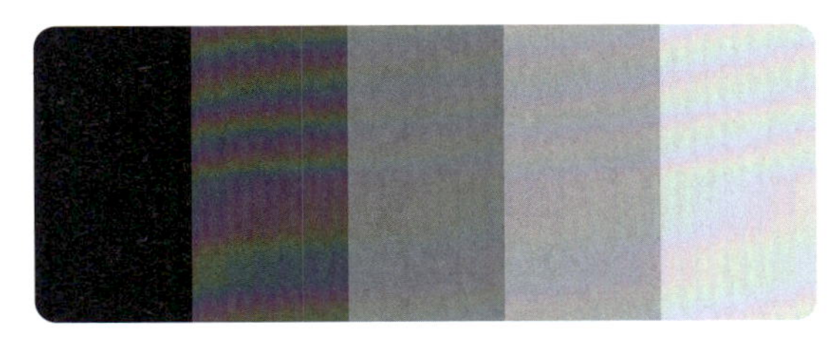

Abb. 15.10 ▶ Mach'sche Bänder: An den Rändern erscheinen die Kanten heller bzw. dunkler. Wenn man alles bis auf eine Teilfläche abdeckt, sieht man, dass die Teilflächen einheitlich hell sind.

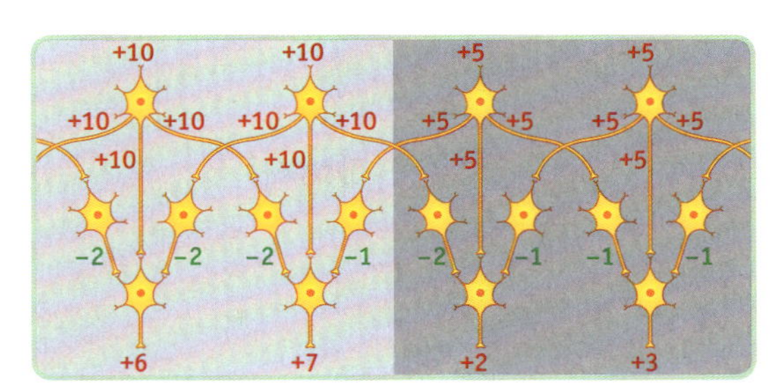

Abb. 15.11 ▶ Erklärung der Mach'schen Bänder anhand der lateralen Hemmung

beim Erkennen von Kanten hilfreich und ist eine der Grundlagen der visuellen Objekterkennung.
Unter gewissen Umständen führt die laterale Hemmung zu einer irreführenden Überbetonung von Kontrasten, die einen falschen Helligkeitseindruck vermittelt. Dies erzeugt spezielle optische Täuschungen, sogenannte Kontrasttäuschungen. Ein bekanntes Beispiel hierfür sind die Mach'schen Bänder (Abb. 15.10 und 15.11).

15.4 Verschaltungsprinzipien im Gehirn*

Das Gehirn des Menschen besteht aus ca. 100 Milliarden Nervenzellen, von denen jede im Durchschnitt mit 1000 anderen verbunden ist. Daraus ergibt sich eine extrem komplizierte Struktur, die man erst in den letzten Jahren begonnen hat zu verstehen.
Hilfreich ist dabei der Vergleich mit höheren Tieren. Abb. 15.12 zeigt das Gehirn einer Katze, in dem mit Magnetresonanz-Aufnahmen (vgl. Kap. 10.4) der Verlauf von Nervenfasern sichtbar gemacht wurde. Es fällt auf, dass die Verbindungen sehr ungleichmäßig verteilt sind. Es existieren zum einen viele kurze Nervenfasern, die nur lokal Zellen verbinden. Zum anderen gibt es wenige Nervenbündel, die das gesamte Gehirn durchziehen. Abb. 15.13 zeigt exemplarisch die Verschaltung von sechs Gehirnregionen beim Menschen. Ein Großteil der Kommunikation läuft über einige wenige „Schaltzentralen" ab, die mit sehr vielen anderen Neuronen vernetzt sind. Das Gehirn erreicht auf diese Weise eine maximale Vernetzung mit minimalem Aufwand; auf der anderen Seite hat ein Ausfall oder eine Verletzung der „Schaltzentralen" dramatische Wirkungen.
Überraschenderweise tritt die gleiche Struktur, „Kleine-Welt-Netzwerk" genannt, in vielen andern

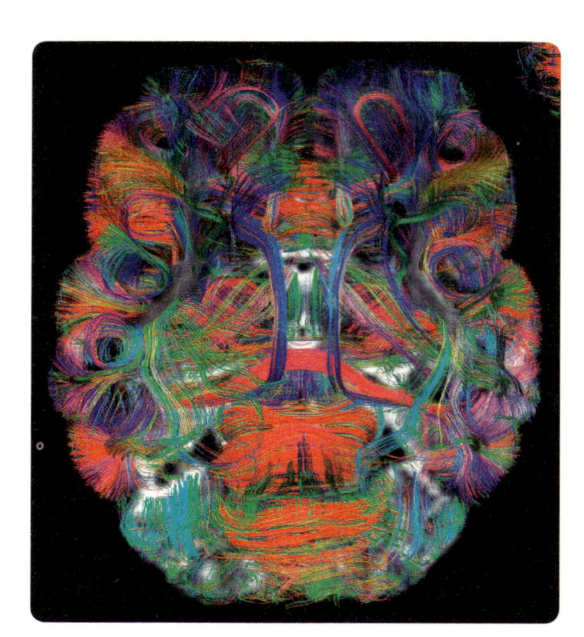

Abb. 15.12 ▶ Nervenfasern im Gehirn einer drei Monate alten Katze

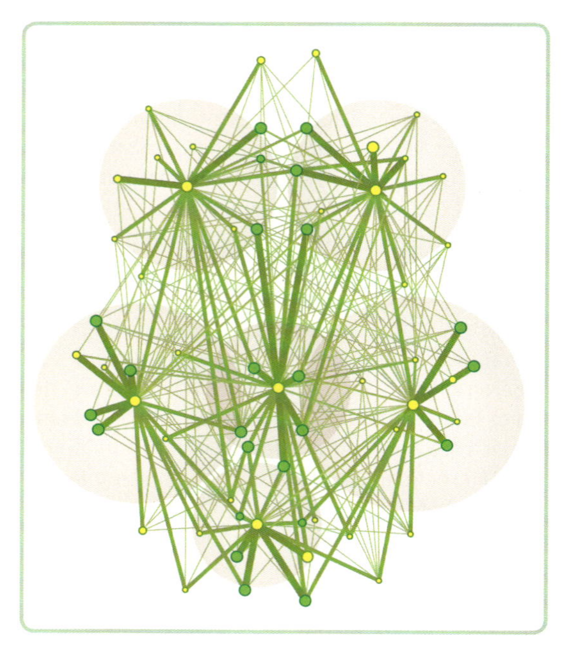

Abb. 15.13 ▶ Netzwerk des menschlichen Gehirns mit „Schaltzentralen" (gelb)

Zusammenhängen auf. Chemische Reaktionen in Zellen laufen bevorzugt über wenige, immer wieder auftretende, Verbindungen ab. Für die schnelle Ausbreitung von Epidemien reichen einige wenige Personen aus, die mit vielen anderen in Kontakt stehen. Und auch künstliche Netzwerke wie Elektrizitätsleitungen oder die Links im Internet folgen den gleichen Gesetzen.

15.5 Synchronisation von Zellen*

Zentraler Bestandteil jedes Computers oder Mikroprozessors ist ein Taktgeber, der die Arbeitsschritte koordiniert. Dazu werden sogenannte Schwingkreise verwendet, die sehr genau auf bestimmte Frequenzen abgestimmt sind. Auch im menschlichen Gehirn gibt es periodische Schwankungen der postsynaptischen Potentiale. Geschieht dies bei vielen Neuronen gleichzeitig, so kann das entstehende elektrische Feld außen am Schädel registriert werden: Man misst ein EEG (Elektroenzephalogramm). Die Technik ist ähnlich wie beim EKG (vgl. Kap. 7), jedoch sind die Spannungen nochmals um eine Größenordnung schwächer und erreichen maximal 100 µV.
Anders als beim Computer lassen sich beim Menschen eine ganze Reihe unterschiedlicher „Taktfrequenzen" messen. Die α-Wellen liegen bei etwa 8 bis 13 Hz und treten im entspannten Wachzustand auf. Den langsamsten Rhythmus findet man im Tiefschlaf; die dort messbaren δ-Wellen haben eine Frequenz von etwa 0,5 bis 3 Hz. Daneben gibt es periodische Vorgänge in Zellen außerhalb des Gehirns, die beispielsweise den Herzschlag oder automatisierte Bewegungen steuern. Schließlich ist der Schlaf-Wach-Zyklus ein elementarer Biorhythmus aller höheren Tiere.
So unterschiedlich die genannten periodischen Vorgänge auch sein mögen, so ist ihnen doch etwas gemeinsam: Es gibt keinen zentralen Taktgeber wie im Computer, sondern die beteiligten Zellen synchronisieren sich selbstständig. Auf diese Weise können Unterschiede in der Taktfrequenz der Einzelzellen ausgeglichen werden, außerdem ist das System sehr robust gegenüber dem Ausfall von Teilen. Der Sinusknoten im Herzen z. B. besteht aus etwa 10 000 Schrittmacherzellen, die eigenständig elektrische Schwingungen ausführen können, aber doch als Einheit agieren (vgl. Kap. 7).

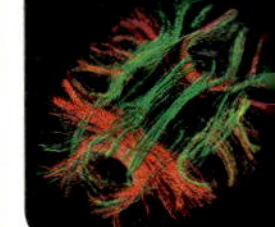

Das Zusammenwirken solcher Zellverbände ist nach wie vor Gegenstand der Forschung. Es gibt jedoch einfache Analogieversuche, die zeigen, wie sich aus scheinbar chaotischem Verhalten spontane Ordnungsmuster ergeben. Eine Gruppe von Metronomen, die auf leicht unterschiedliche Taktfrequenzen eingestellt sind, produziert ein völlig unrhythmisches Geräusch. Manchmal bewegen sich zwar zwei oder drei der Metronome im Gleichtakt, doch dieser Zustand hält nur für kurze Zeit an. Ganz anders sieht es aus, wenn sich die Metronome gegenseitig beeinflussen können, z. B. weil sie sich gemeinsam auf einer schwingenden Unterlage befinden (Abb. 15.14). Nach kurzer Zeit haben sich die Taktfrequenzen angeglichen und die Metronome schwingen völlig synchron. Die Voraussetzungen, die für eine solche Synchronisation nötig sind, können mittlerweile sehr erfolgreich mathematisch beschrieben werden. Gleichzeitig haben sich die Untersuchungsmöglichkeiten der Neurobiologie deutlich verbessert. Es ist möglich, die Erregungszustände verschiedener Neuronenverbände gleichzeitig zu vermessen. Dabei stellt sich heraus, dass beim Betrachten bewegter Muster Neuronen in mehreren Hirnregionen synchron feuern. Dies lässt sich so deuten, dass diese Regionen jeweils auf bestimmte Eigenschaften der Muster ansprechen, z. B. auf Farbe, Form oder Bewegungsrichtung. Die Synchronisation „bindet“ alle diese Einzelwahrnehmungen zusammen und lässt den Gegenstand als Einheit erscheinen.

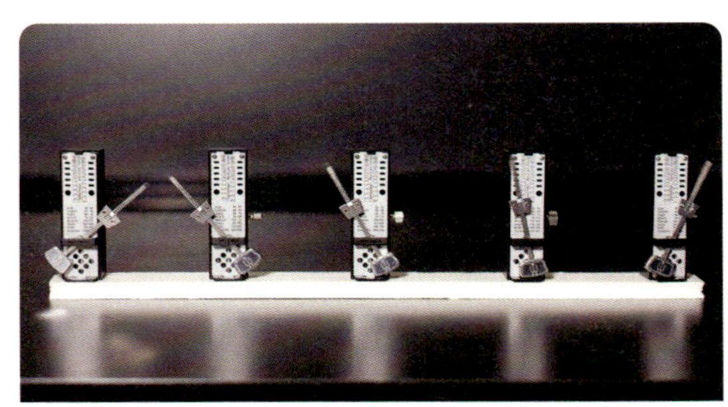

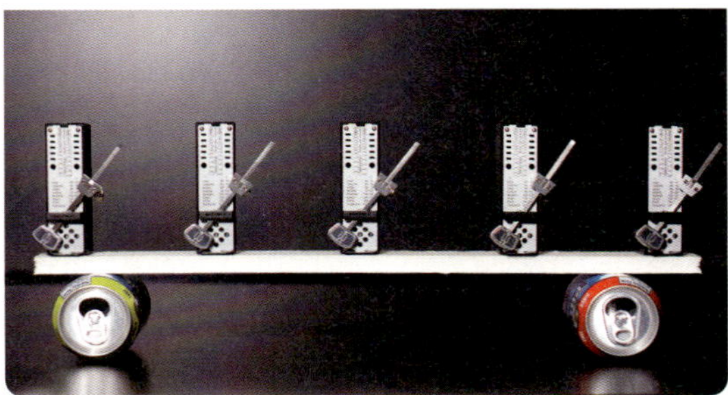

Abb. 15.14 ▶ Modellexperiment zur Synchronisation

▶ Aufgaben

1 Lernen*

a) Nennen Sie Konsequenzen für das optimale Lernen, die aus der Hebb'schen Regel folgen.
b) Gelerntes wird im Schlaf von einem Zwischenspeicher, dem Hippocampus, ins Langzeitgedächtnis umgespeichert. Dabei kann man im Schlaflabor eine sehr hohe Gehirnaktivität beobachten. Diskutieren Sie, welche Vorgänge dabei im Gehirn ablaufen.

2 Laterale Hemmung*

Abb. 15.15 zeigt die Reizverarbeitung von fünf benachbarten Sehzellen nach dem Prinzip der lateralen Hemmung. Die hemmenden, grün gekennzeichneten Nervenzellen wandeln ein erregendes Signal der Stärke x in ein hemmendes Signal der Stärke $-0{,}2x$ um. Berechnen Sie, welche Signalstärken bei den unteren Neuronen ankommen.

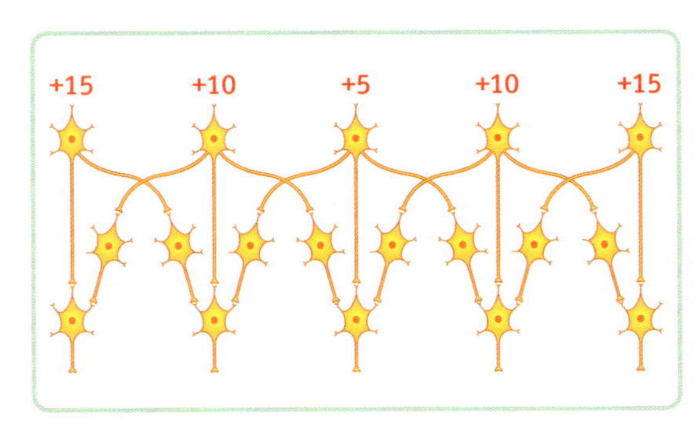

Abb. 15.15 ▶ Zu Aufgabe 2

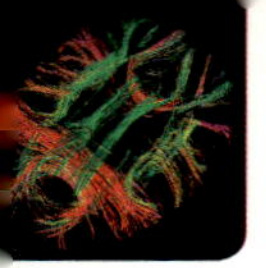

3 Nervengifte

Auf seiner zweiten Reise machte der britische Entdecker Sir JAMES COOK eine unliebsame Erfahrung: Er verzehrte Teile eines ihm unbekannten Fisches. Kurz darauf traten verschiedene Symptome auf: Schwäche in den Gliedmaßen, Taubheit in den Extremitäten und motorische Störungen. Man nimmt heute an, dass JAMES COOK mit dem Gift des Kugelfisches in Berührung kam. Das Nervengift bindet an die spannungsabhängigen Natrium-Ionenkanäle von Nervenzellen und blockiert diese.

a) Beschreiben Sie, welche Auswirkungen dieses Gift auf die Nervenzellen bzw. die Signalleitung hat.
b) Erklären Sie die geschilderten Symptome.
c) Jedes Jahr erkranken einige tausend Menschen, weil sie Fische oder Krustentiere gegessen haben, die das Gift Ciguatoxin in ihrem Körper angereichert hatten. Die Symptome sind: Missempfindungen, Kopf- und Muskelschmerzen, Unregelmäßigkeiten im Puls. Ciguatoxin bindet ebenfalls an die spannungsabhängigen Natrium-Ionenkanäle von Nervenzellen. Dies setzt die Schwelle zum Auslösen eines Aktionspotentials herab.
Vergleichen Sie mit der Wirkung des Kugelfisch-Giftes.
d) Synapsengifte sind spezielle Nervengifte, die die Funktion von Synapsen beeinträchtigen. Sie blockieren entweder die Abgabe der Neurotransmitter in den synaptischen Spalt (z. B. bei Botulin) oder sind Neurotransmittern so ähnlich, dass sie an ihrer Stelle mit den ligandengesteuerten Ionenkanälen in der postsynaptischen Membran reagieren und diese blockieren (z. B. Curare) oder fälschlich dauerhaft öffnen (Nicotin).
Beschreiben Sie, welche Auswirkungen Synapsengifte auf die Signalleitung haben.

4 Frosch*

Ein Frosch sitzt am Rande eines Teiches. Seine Sinneszellen können ihm drei Arten von Informationen liefern: Storch im Anflug, Fliege im Anflug und keine Bewegung zu entdecken. Abhängig von der empfangenen Information soll der Frosch entweder fliehen, fressen oder verdauen. Abb. 15.16 zeigt eine extrem vereinfachte neuronale Schaltung für diesen Frosch. Die Neuronen A bis C kodieren den jeweiligen Sinneseindruck so, wie unten in der Abbildung zu sehen. Blaue Neuronen sollen dabei feuern. Die Neuronen 1 bis 3 sind zuständig für das Strecken des Oberschenkelmuskels (Fliehen), Bewegung des Zungenmuskels (Fressen) und Sekretion der Magensäfte (Verdauung).
Entscheiden Sie, welches der Neuronen 1 bis 3 für welche Aktion verantwortlich ist. Die Schwelle für das Auslösen liegt bei 1,1.

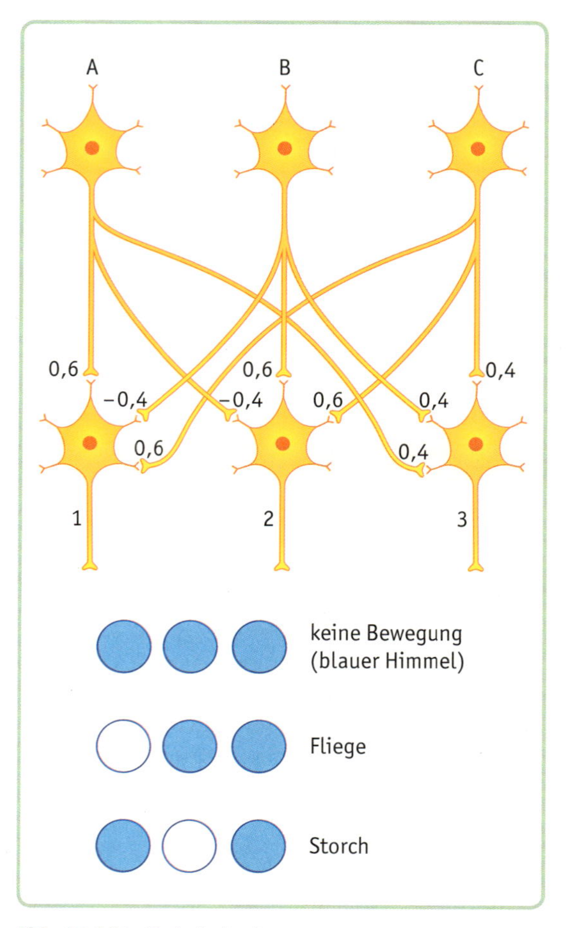

Abb. 15.16 ▶ Zu Aufgabe 4

Grundlagen der Biomechanik*

Bewegungen sind für Menschen und Tiere von größter Bedeutung. Je nach Lebensraum (Land, Luft, Wasser) haben sich verschiedene, der Umgebung angepasste Möglichkeiten für die Fortbewegung entwickelt. Damit einher ging eine exakte Abstimmung der entsprechenden Körperteile. So besteht der Bewegungsapparat des Menschen aus Muskeln, Sehnen und Knochen, die hohen Belastungen standhalten müssen. Das gilt insbesondere im Sport: Um Höchstleistungen zu erbringen, müssen die Eigenschaften und die Grenzen des Körpers bekannt sein. Unter Berücksichtigung der von außen einwirkenden Kräfte kann man dann einen Bewegungsablauf optimieren. Dabei kommen heute auch viele technische Hilfsmittel zum Einsatz, mit denen z. B. Beschleunigungen, Spannungen und Dehnungen analysiert werden können.

16 Biostatik*

16.1 Kräfte und Drehmomente

16.1.1 Kräftegleichgewicht

In der Newton'schen Bewegungsgleichung $\vec{F} = m \cdot \vec{a}$ ist die beobachtete Beschleunigung $\vec{a}$ mit der resultierenden Kraft, die auf den Körper einwirkt, verknüpft. Dies kann eine einzige relevante Kraft sein, z. B. die Erdanziehungskraft $\vec{F}_G$ beim freien Fall einer kleinen Kugel. Oft werden aber mehrere Kräfte gleichzeitig ausgeübt. Wenn ein Fahrradfahrer einen Hügel hinabrollt, wirkt auf ihn die Erdanziehungskraft $\vec{F}_G$ und die Straße übt nach oben eine Normalkraft $\vec{F}_N$ aus. Bei höherer Geschwindigkeit ist noch der Luftwiderstand $\vec{F}_L$ entgegen der Bewegungsrichtung zu berücksichtigen. Wie bestimmt sich die gesamte Wirkung, wenn mehrere Kräfte angreifen?

Abb. 16.1 ▶ Auf einen Radfahrer ausgeübte Kräfte

Die Kraft ist von ihrer Art her eine besondere Größe. Man muss wissen, in welche Richtung die Kraft wirkt und wo sie an einem Körper angreift, um ihre Wirkung zu beschreiben.

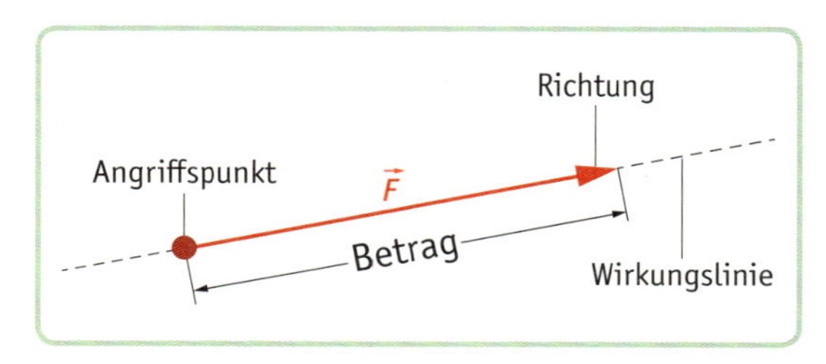

Abb. 16.2 ▶ Kraft als Vektor

Bei der Kraft handelt sich deshalb um eine vektorielle Größe im Gegensatz zu skalaren Größen wie etwa der Masse. Die vollständige Beschreibung der Kraft beinhaltet daher drei Teile: den Betrag, also die Stärke, die Richtung und den Angriffspunkt der Kraft. Dargestellt wird die Kraft durch einen Pfeil. Dabei beschreibt die Länge des Pfeils den Betrag der Kraft, die Richtung des Pfeils repräsentiert die Wirkungsrichtung der Kraft, die sogenannte Wirkungslinie. Der Pfeil beginnt am Angriffspunkt der Kraft am Körper.

Nur bei starren Körpern dürfen die Pfeile entlang der Wirkungslinie verschoben werden, ohne dass sich die Wirkung der Kraft ändert. Bei elastischen Körpern ist dies nicht möglich.

Wenn der Körper idealisiert als punktförmig betrachtet werden kann, lässt sich die resultierende Kraft $\vec{F}_{res}$ einfach als vektorielle Summe bestimmen:

$$\vec{F}_{res} = \vec{F}_1 + \vec{F}_2$$

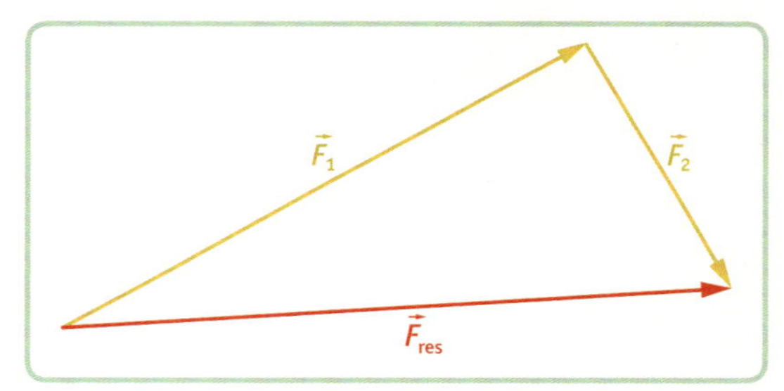

Abb. 16.3 ▶ Vektorielle Addition der beiden Kräfte $\vec{F}_1$ und $\vec{F}_2$ zur resultierenden Kraft $\vec{F}_{res}$

Wenn die Summe aller angreifenden Kräfte null ist, spricht man vom Kräftegleichgewicht. Von besonderem Interesse ist der Fall des statischen Kräftegleichgewichts, bei dem der Körper im Ruhezustand verbleibt.

Bei ausgedehnten Körpern greifen die Kräfte in der Regel nicht im gleichen Punkt an. Beim Handstand auf dem Barren beispielsweise greifen am Turner drei Kräfte an (Abb. 16.4): Die Erdanziehungskraft im sogenannten Schwerpunkt (vgl. Kap. 17.2.3) und die Kräfte $\vec{F}_1$ und $\vec{F}_2$ an der rechten bzw. der linken Hand. Im Gleichgewicht gilt auch hier

$$\vec{F}_E = -\left(\vec{F}_1 + \vec{F}_2\right) \quad \text{oder}$$

$$\vec{F}_E + \vec{F}_1 + \vec{F}_2 = 0 \,.$$

Aber wenn der Turner z. B. seinen Schwerpunkt parallel zu den Holmen verschiebt, beginnt er eine Drehbewegung, obwohl noch immer Kräftegleichgewicht herrscht. Demnach muss noch eine weitere Bedingung für statisches Gleichgewicht erfüllt werden, die das Vermeiden von Drehbewegungen erfasst. Die dafür entscheidende physikalische Größe ist das Drehmoment.

Abb. 16.4 ▶ Drei Kräfte greifen am Barrenturner an.

16.1.2 Drehmoment und Hebelgesetz

Durch eine Kontraktion des Bizeps wird der Unterarm nach oben gedreht (Abb. 16.5). Die Drehachse ist dabei das Ellbogengelenk (G). Die Erdanziehungskraft, die wir uns im Schwerpunkt angreifend vorstellen, dreht den Arm nach unten. Um den Arm angewinkelt zu halten, müssen beide Drehwirkungen entgegengesetzt gleich sein.

Für die Herleitung der quantitativen Bedingung für das Gleichgewicht bezüglich Drehungen untersuchen wir das Verhalten einer Stange mit einer Drehachse an einem Ende (Abb. 16.5b). An der Stange können in verschiedenen Abständen von der Drehachse unterschiedliche Gewichtsstücke angehängt werden. Diese würden die Stange nach unten drehen, wenn diese Wirkung nicht durch eine passend

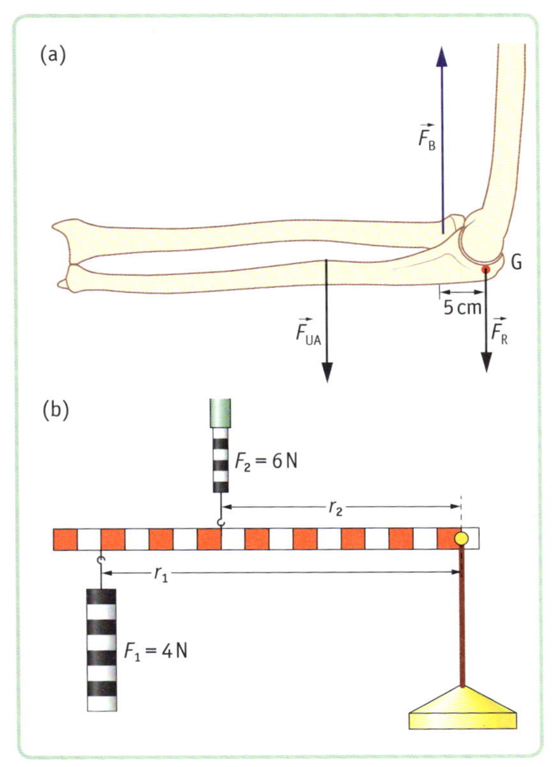

Abb. 16.5 ▶ (a) Vereinfachtes Ellbogengelenk mit den beiden Kräften ($\vec{F}_B$ Bizepskraft; $\vec{F}_{UA}$ Gewichtskraft des Unterarms, $\vec{F}_R$ Reaktionskraft des Gelenks auf den Unterarm) (b) Gleichgewichtsbedingung für einen einseitigen Hebel mit Verhältnis 3:2

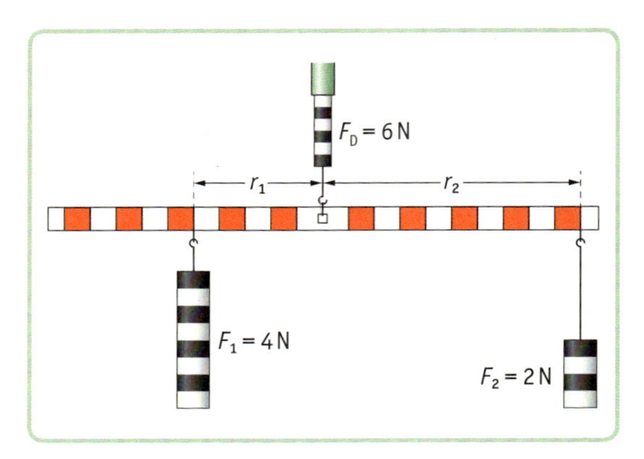

Abb. 16.6 ▶ Zweiseitiger Hebel mit Verhältnis 2:1

gewählte, nach oben gerichtete Kraft $\vec{F}_2$ kompensiert wird. Im Gleichgewicht, wenn die Stange sich nicht dreht, ergibt sich das

Hebelgesetz
$F_1 \cdot r_1 = F_2 \cdot r_2$

Greifen die beiden Kräfte wie in Abbildung 16.5 an der gleichen Seite der Drehachse an, spricht man von einem einseitigen Hebel. Greifen sie wie in Abbildung 16.6 auf verschiedenen Seiten der Drehachse an, spricht man von einem zweiseitigen Hebel.
Es kommt also nicht nur auf die Beträge der Kräfte an, sondern auch auf die Abstände r der Wirkungslinien der Kräfte von der Drehachse. Die Wirkungslinien der Kräfte stehen senkrecht auf den Hebelarmen.
Die Gleichgewichtsbedingung oben kann vereinfacht werden durch die Einführung einer neuen physikalischen Größe: Das Produkt $M = F \cdot r$ wird Drehmoment genannt. Seine Einheit ist das Newtonmeter, kurz 1 Nm.

Drehmoment
$M = F \cdot r$

Wenn der Hebel im Gleichgewicht ist, gilt also:
$M_1 = M_2$.
Wie sehen die vollständigen Gleichgewichtsbedingungen für die Kräfte und die Drehmomente für den Unterarm aus, wenn dieser rechtwinklig angehoben ist und in der Hand eine Eisenkugel der Masse 10 kg gehalten wird (Abb. 16.7)?

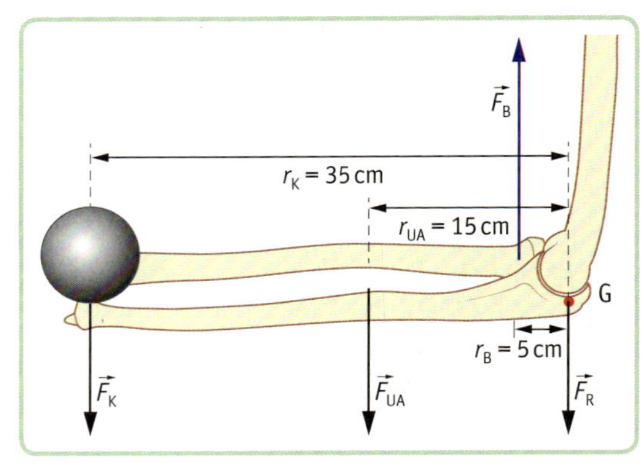

Abb. 16.7 ▶ Vereinfachtes Ellbogengelenk mit Eisengewicht und eingezeichneten Kräften auf dem Unterarm

Bezüglich des Ellbogengelenks (G) gibt es drei Drehmomente: Die Erdanziehungskraft $\vec{F}_K$ auf die Kugel gibt ein gegen den Uhrzeigersinn drehendes Drehmoment. Ebenfalls gegen den Uhrzeigersinn dreht die im Schwerpunkt des Unterarms angreifende Erdanziehungskraft $\vec{F}_{UA}$. Der Bizeps führt zu einem im Uhrzeigersinn drehenden Moment, das der Summe der beiden anderen Drehmomente betragsmäßig gleich sein muss: $F_B \cdot r_B = F_{UA} \cdot r_{UA} + F_K \cdot r_K$.

Neben der Gleichgewichtsbedingung für die Drehmomente muss die Summe aller Kräfte null sein, sonst würde sich der Unterarm verschieben. Im Gelenk drückt der Unterarm nach oben gegen den Oberarm, und damit übt der Oberarm nach dem Wechselwirkungsprinzip (vgl. 17.2) auf den Unterarm nach unten die Kraft $\vec{F}_R$ aus. Im Gleichgewicht muss die Summe der Beträge der am Unterarm angreifenden, nach unten gerichteten Kräfte gleich dem Betrag der Kraft sein, die der Bizeps nach oben ausübt:

$F_R + F_{UA} + F_K = F_B$

Mit den Werten $r_B = 5$ cm, $F_{UA} = 24$ N, $r_{UA} = 15$ cm, $F_K = 100$ N und $r_K = 35$ cm ergibt sich aus beiden Gleichungen für das Drehmoment- und das Kräftegleichgewicht $F_B = 772$ N und $F_R = 648$ N. Beide Werte sind recht groß. Der Bizeps muss eine Kraft ausüben, wie sie zum Heben einer Masse von etwa 80 kg erforderlich ist. Und durch diese große Belastung werden die Knorpelschichten im Gelenk stark beansprucht.

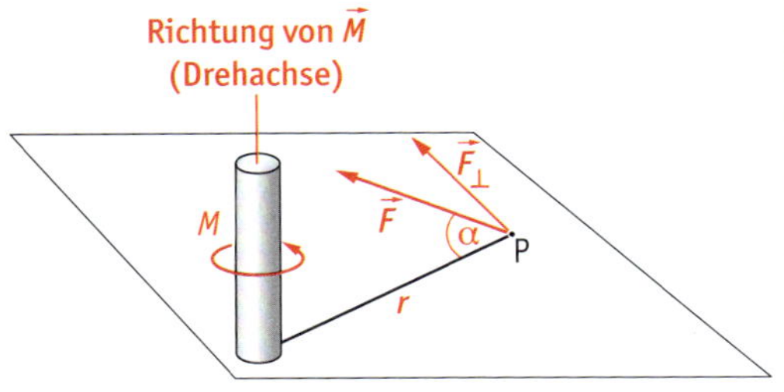

Abb. 16.8 ▶ Bestimmung des Drehmoments mit einer Kraft $\vec{F}$, die nicht senkrecht zum Hebelarm steht. $|\vec{F}_\perp| = |\vec{F}| \sin\alpha$

▶ Beispiel

Bei der Versorgung von Knochenverletzungen werden Knochenschrauben eingesetzt, um Knochenfragmente miteinander zu verbinden.

Abb. 16.9 ▶ Knochenschrauben

Eine 6,5-mm-Knochenschraube wird mit einem Drehmoment von etwa 2 Nm in einen Knochen eingedreht. Um dieses Drehmoment zu erreichen, muss an dem 10 cm langen Schraubenschlüssel mit einer Kraft von 20 N gezogen werden. Das bedeutet aber auch, dass bei einer fest sitzenden Knochenschraube (Radius 3,25 mm) eine Reibungskraft von 615 N zwischen Schraube und Knochen wirkt.

Es ist plausibel, dass der Betrag des Drehmomentes sich ändert, wenn Hebelachse und Wirkungslinie der Kraft nicht senkrecht aufeinander stehen. Experimentell lässt sich nachweisen, dass nun das Produkt von Hebelarm und Kraftkomponente $|\vec{F}_\perp| = |\vec{F}| \sin\alpha$ senkrecht zum Hebelarm zu verwenden ist (α ist der Winkel zwischen Hebelarm und Kraft $\vec{F}$).

16.1.3 Das statische Gleichgewicht

Bei einem Körper, der seinen Bewegungszustand nicht ändert, d.h. in Ruhe bleibt oder sich gleichförmig weiterbewegt, heben sich alle an ihm angreifenden Kräfte und alle an ihm angreifenden Drehmomente in ihrer Wirkung auf:

a) $\vec{F}_1 + \vec{F}_2 + \vec{F}_3 + \ldots = \sum \vec{F}_i = 0$

b) Summe der rechtsdrehenden Drehmomente = Summe der linksdrehenden Drehmomente

Diese beiden Gleichgewichtsbedingungen, das Kräftegleichgewicht und das Drehmomentgleichgewicht, sind die wichtigsten Werkzeuge der Statik, da aus ihnen z.B. Gleichungen für unbekannte Kräfte oder Drehmomente aufgestellt werden können.
Im Folgenden betrachten wir nur Beispiele, in denen durch eine geschickte Wahl des Koordinatensystems eine Vereinfachung auf eine zweidimensionale Betrachtung möglich ist. Dann gibt es als Gleichgewichtsbedingungen zwei Gleichungen für die Kraftkomponenten in x- und in y-Richtung und eine Gleichung für die Drehmomente.

16.1.4 Anwendung: Belastung der Wirbelsäule

Die Möglichkeit des aufrechten Stehens und Laufens verschafft dem Menschen einen großen Vorteil: Er kann seine Hände frei für nützliche Tätigkeiten verwenden. Dafür muss er aber einen Preis bezahlen: Die Wirbelsäule, insbesondere die Bandscheiben zwischen den Lendenwirbeln, wird stark belastet. Die Wirbelsäule sorgt durch ein Zusammenspiel mit Rücken- und Bauchmuskeln für die aufrechte Haltung. Die Lendenwirbelsäule muss die Gewichtskraft auf Oberkörper, Kopf und Arme und die zusätzliche Kraft durch die Spannung der Muskeln kompensieren.
Mithilfe der Gleichgewichtsbedingungen für Kräfte und Drehmomente ist eine Abschätzung der Belastung der Lendenwirbelsäule möglich. Zur Vereinfachung denkt man sich die Masse von Oberkörper, Kopf und Armen im Schwerpunkt vereinigt. Die Gewichtskraft greift dann an diesem Punkt an. Das Lot durch den Schwerpunkt geht nicht durch das Gelenk der Lendenwirbel hindurch, sondern verläuft bei

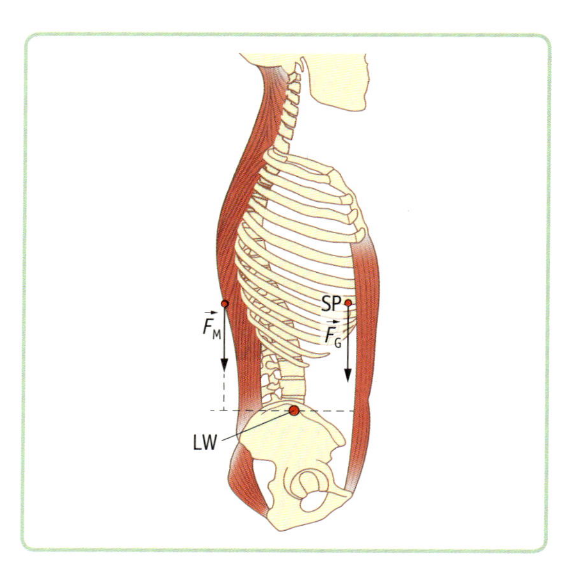

Abb. 16.10 ▶ Wirbelsäule und Muskeln

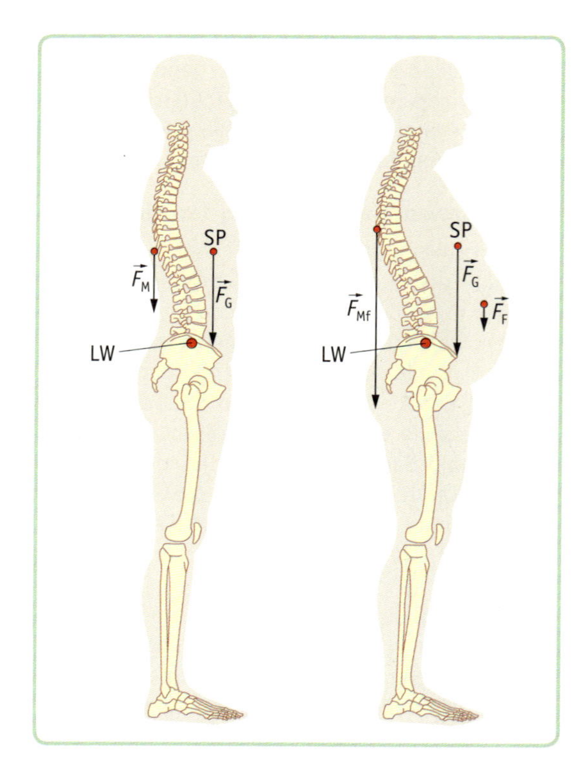

Abb. 16.11 ▶ Schwerpunkt, Gewichtskraft und Rückenmuskeln bei einem durchtrainierten und bei einem übergewichtigen Menschen

einem durchtrainierten Menschen etwa 3 cm zum Körperinneren hin verschoben. Damit gibt es ein Drehmoment: Aufgrund der Gewichtskraft wird der Oberkörper nach vorn gedreht. Die Wirkungslinien der Rückenmuskeln sind bezüglich der Lendenwirbel etwa 5 cm nach außen verschoben. Werden sie angespannt, gibt es ein nach hinten wirkendes Drehmoment. Beide Drehmomente müssen sich bei aufrechter Haltung gerade gegenseitig kompensieren, wie bei einem zweiseitigen Hebel im Gleichgewicht. F_M sei die Kraft, die der Rückenmuskel ausübt, und F_G die Gewichtskraft von Körper, Kopf und Armen. Nach dem Drehmomentgleichgewicht gilt dann:

$$F_M \cdot 0{,}05\ \text{m} = F_G \cdot 0{,}03\ \text{m}.$$

Angenommen, die Gewichtskraft für den ganzen Körper betrage 800 N, dann hat F_G einen Betrag von etwa 500 N. Also muss der Rückenmuskel eine Kraft von $F_M = \dfrac{500\ \text{N} \cdot 0{,}03\ \text{m}}{0{,}05\ \text{m}} = 300\ \text{N}$ ausüben. Mit dieser Kraft wird der Oberkörper zusätzlich nach unten gezogen. Damit wirkt auf die Bandscheiben in der Lendenwirbelsäule insgesamt eine Kraft von 500 N + 300 N = 800 N. Allein 300 N sind erforderlich für die aufrechte Körperhaltung.

Wie wirkt sich bei einem übergewichtigen Menschen am Bauch angelagertes Fettgewebe aus? Angenommen, die Gewichtskraft F_F auf das Fettgewebe betrage 100 N und der Schwerpunkt davon befinde sich 20 cm vom Lendenwirbelgelenk entfernt. Dann gibt es ein zusätzliches Drehmoment ($0{,}2\ \text{m} \cdot F_F$), und es muss nun im Gleichgewicht gelten

$$F_{MF} \cdot 0{,}05\ \text{m} = F_G \cdot 0{,}03\ \text{m} + F_F \cdot 0{,}2\ \text{m}.$$

Der jetzt erforderliche Wert für F_{MF} ist

$$F_{MF} = \frac{F_G \cdot 0{,}03\ \text{m} + F_F \cdot 0{,}2\ \text{m}}{0{,}05\ \text{m}} = 700\ \text{N}.$$

Die Gewichtskraft und die Kraft durch die Rückenmuskeln ergeben insgesamt eine Belastung von 500 N + 100 N + 700 N = 1300 N. Die ca. 10 kg Fettgewebe am Bauch erhöhen demnach die Belastung der Bandscheiben im Lendenwirbelbereich nicht um 100 N, sondern um 500 N.

▶ Beispiel

Belastungen des Knies bei der Kniebeuge

Während der Kniebeuge wird besonders das Kniegelenk stark belastet. Unter Belastung soll verstanden werden, mit welcher Kraft F_{Knie} der Gelenkkopf des Oberschenkels gegen die Gelenkplatte des Unterschenkels gepresst wird. Diese Kraft setzt sich aus zwei Anteilen zusammen. Der eine Anteil rührt von der Gewichtskraft von Rumpf und Oberschenkel her, die je zur Hälfte auf das linke und das rechte Knie einwirkt. Diese Kraft bezeichnen wir mit F_{RO}. Sie führt zusätzlich zu einem Drehmoment, das den Oberschenkel gegen den Unterschenkel im Gegenuhrzeigersinn dreht. Der Rumpf würde dadurch weiter absinken, wenn es nicht ein zweites Drehmoment gäbe, das genauso stark im Uhrzeigersinn dreht. Wie kommt dieses zweite Drehmoment zustande? Um in der Hocke im Gleichgewicht verharren zu können, müssen die Muskeln an der Vorderseite des Oberschenkels angespannt werden. Die Mehrzahl dieser Muskeln sind am oberen Ende des Oberschenkelknochens fixiert. Die unteren Enden münden in die Patellasehne, die über die Kniescheibe wie über eine Rolle umgelenkt wird und am Unterschenkel fixiert ist (Abb. 16.12). Betrachtet man Abb. 16.12, dann bemerkt man, dass der Oberschenkelknochen physikalisch im Wesentlichen die Rolle eines Kranauslegers spielt. Durch Kontraktion des Muskels wird sein Ende (bei der Hüfte) gehoben, so wie der Kranausleger durch Aufwickeln des Seiles. Das durch die Muskelkontraktion entstehende Drehmoment ist bestimmt durch die von den Muskeln ausgeübte Kraft F_M und den Kraftarm a_{KS} (Abstand der Kniescheibe vom Lot durch die Drehachse DA). Bei einer Muskelkontraktion wird über die Patellasehne der Unterschenkel mit der Kraft F_M nach oben gezogen und gegen den Gelenkkopf des Oberschenkels gepresst. Nach dem Wechselwirkungsprinzip drückt der Gelenkkopf des Oberschenkels mit einer Kraft vom gleichen Betrag gegen die Gelenkplatte des Unterschenkels. Die Belastung F_{Knie} ist damit gegeben durch $F_{Knie} = F_{RO} + F_M$.

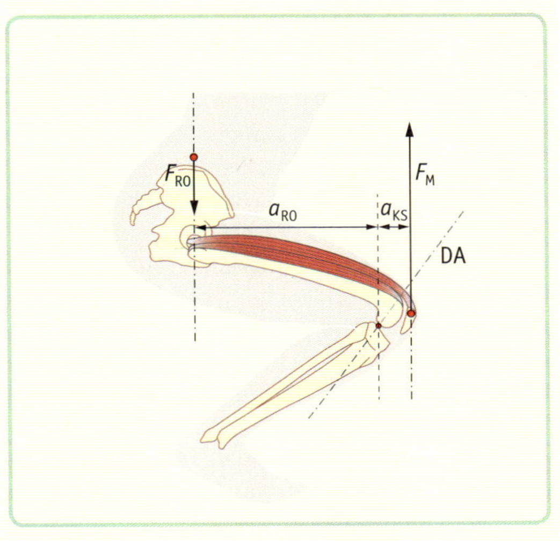

Abb. 16.12 ▶ Schematische Darstellung einer Kniebeuge

Die vom Oberschenkelmuskel auszuübende Kraft F_M schätzen wir mithilfe des Drehmomentengleichgewichts ab:

$$F_M \cdot a_{KS} = F_{RO} \cdot a_{RO}$$

Mit den Beispielswerten von $a_{KS} = 6$ cm und $a_{RO} = 25{,}5$ cm erhalten wir die gesuchte Kraft $F_M = 4{,}25 \cdot F_{RO}$.

Die Belastung F_{Knie} ist damit gegeben durch

$$F_{Knie} = F_{RO} + F_M = 5{,}25 \cdot F_{RO}$$

Wir wollen dies mit der Gewichtskraft des gesamten Körpers vergleichen. Die Gewichtskraft von Rumpf und Oberschenkel beträgt ca. 85 % der Gewichtskraft $F_{Körper}$ der Person. Dann ist

$F_{RO} = \frac{1}{2} \cdot 0{,}85 \cdot F_{Körper}$ (Verteilung auf zwei Knie).

Damit ist die Belastung eines Knies

$$F_{Knie} = 5{,}25 \cdot F_{RO} = 5{,}25 \cdot 0{,}85 \cdot 0{,}5\, F_{Körper} = 2{,}23 \cdot F_{Körper}$$

Die Belastung des Knies mit dem 2,23-Fachen Körpergewicht während der Kniebeuge ist überraschend groß.

16.2 Problemlösung in der Biostatik

16.2.1 Allgemeines Vorgehen

Um Fragen der Biostatik zu bearbeiten, muss man sich klar machen, dass es sich dabei meist um komplexe Probleme handelt. Diese sind nur durch Modellierung und damit einhergehend durch eine Vereinfachung lösbar bzw. berechenbar. Daher ist es sinnvoll, sich ein mehrschrittiges Vorgehen zum Problemlösen, also ein „Rezept", auszuarbeiten.
Zuerst muss man die Situation genau betrachten und die beteiligten Komponenten des Problems erkennen. Dann wird zu der Situation ein Modell erstellt, in dem unwichtige Dinge weggelassen werden dürfen. Je stärker ein Modell vereinfacht wird, desto einfacher wird es auch lösbar, aber unter Umständen ist die Lösung dafür auch weiter von der realen Situation entfernt. Daher sollte man auf ein ausgewogenes Maß an Vereinfachung und Realitätsnähe achten. Nach der Modellierung werden nun die Kraft- und Drehmomentengleichgewichte aufgestellt und die sich ergebenden Gleichungen gelöst. Der letzte Schritt ist die sinnvolle und ehrliche Beurteilung der gefundenen Werte. Sind die Werte so wie erwartet oder völlig unrealistisch? Falls die Ergebnisse sehr von den eigenen Erwartungen abweichen, müssen das Modell und die anschließenden Rechnungen überprüft werden.

Zusammengefasst erfolgt die Lösung also in den folgenden Schritten:

1. Situation analysieren
2. Ersatzmodell erstellen
3. Gleichgewichte aufstellen und lösen
4. Betrachtung und Beurteilung der Ergebnisse
5. Gegebenenfalls: Verbesserung des Modells

16.2.2 Anwendung: Schmerzen in der Achillessehne

Mancher Sportler hat plötzlich seine Achillessehne schmerzhaft wahrgenommen. Die Achillessehne ist bereits im Alltag stark belastet. Im Weiteren soll abgeschätzt werden, mit welcher Kraft die Achillessehne belastet wird, wenn eine Person (m = 70 kg) auf einem Fuß einen Zehenstand macht.

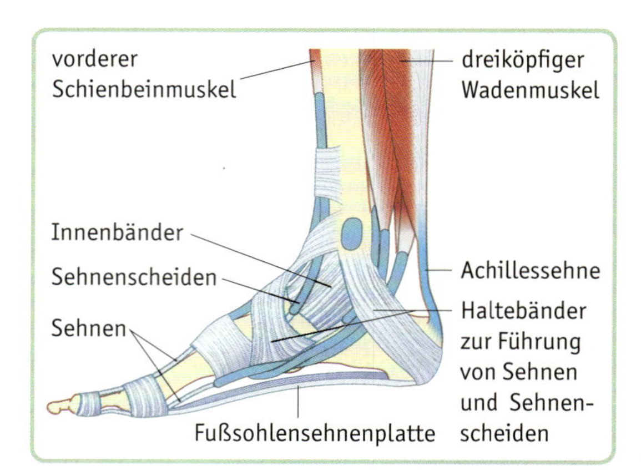

Abb. 16.13 ▶ Reduzierte Darstellung der Muskeln, Sehnen und Knochen am Fuß

1. Situation analysieren

Der menschliche Fuß ist sehr kompliziert aufgebaut. Er besteht aus den Zehen, dem Mittelfuß und der Fußwurzel. Etwa ein Viertel der Knochen des menschlichen Körpers findet man in den Füßen. Die Fußmuskulatur hat die Aufgabe, die Bewegungen des Fußes auszuführen und wird in lange und kurze Fußmuskeln unterteilt. Die kurzen Fußmuskeln befinden sich am Fuß, die langen Fußmuskeln liegen am Unterschenkel. Die Achillessehne überträgt die Kraft des Musculus triceps surae auf den Fuß.

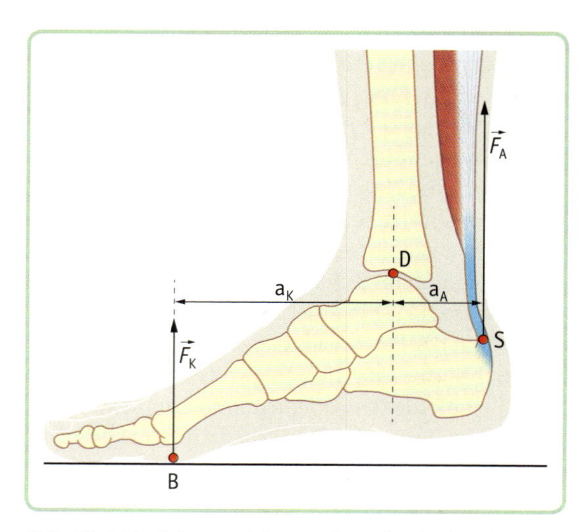

Abb. 16.14 ▶ Schemazeichnung des Fußgelenks mit der Achillessehne

2. Ersatzmodell erstellen

Um den Fuß zu modellieren, kann man ihn stark vereinfacht als einen zweiseitigen, um D drehbaren Hebel auffassen (Abb. 16.14). An einem Ende dieses Hebels (an der Ferse) greift die Achillessehne (blau) an. Damit die Ferse nicht auf den Boden kommt, zieht der an der Achillessehne befestigte Wadenmuskel den Fuß um den Drehpunkt D nach oben.

Die berücksichtigten Kräfte sind:

F_A: Kraft, mit der die Achillessehne die Ferse an der Stelle S nach oben zieht.

F_K: Reaktionskraft des Bodens und damit dem Betrag nach gleich der Gewichtskraft des Körpers.

3. Gleichgewichte aufstellen und lösen

Es ergibt sich folgendes Drehmomentengleichgewicht:

$$|F_A \cdot a_A| = |F_K \cdot a_K|$$

Daraus kann man die Kraft, welche die Achillessehne übertragen muss, berechnen:

$$|F_A| = \left|\frac{F_K \cdot a_K}{a_A}\right|$$

Wenn eine Person (m = 70 kg) auf einem Fuß einen Zehenstand macht, ist die Reaktionskraft des Bodens die gesamte Gewichtskraft des Körpers, also $F_K = 700$ N. Der Hebelarm der Achillessehne a_A ist etwa 5,5 cm, der Abstand des Ballens vom Drehpunkt a_K etwa 12,3 cm. Damit ergibt sich:

$$|F_A| = \left|\frac{12{,}3\ \text{cm}}{5{,}5\ \text{cm}} \cdot F_K\right| = |2{,}24 \cdot F_K| = 1568\ \text{N}$$

4. Betrachtung und Beurteilung der Ergebnisse

Die Achillessehne wird bei einem einbeinigen Zehenstand mit dem 2,24-Fachen des Körpergewichts belastet, wenn die Ferse gerade den Boden verlässt. Die Belastungen werden höher, je höher die Ferse angehoben wird. Der Berührpunkt B des Fußes wandert dabei in Richtung der Zehenspitze, und dann ändert sich das Verhältnis der Hebelarme so, dass der Quotient $\frac{a_K}{a_A}$ größer wird.

16.3 Dehnung und Elastizität

Die Elastostatik ist das Teilgebiet der Physik, welches die bisherige Vereinfachung auf einen starren Körper aufgibt und auch Verformungen innerhalb des betrachteten Körpers berücksichtigt. Neben den von außen wirkenden Kräften, den Belastungen, rücken die Vorgänge im Inneren des Materials, insbesondere die mechanischen Spannungen und die Dehnungen, in den Mittelpunkt des Interesses.

16.3.1 Spannung

Eine wichtige neue Größe in der Elastostatik ist die mechanische Spannung. Aus der Erfahrung wissen wir, dass nicht nur die Kräfte allein die Wirkung bestimmen. Ob und wie ein Seil reißt, hängt neben der Belastung auch von dem Material und der Dicke des Seils ab.

Allein durch die äußere Belastung eines Körpers lässt sich noch nichts über die Vorgänge und Beanspruchungen in seinem Inneren aussagen. Dazu benötigen wir die mechanische Spannung σ, die beschreibt, wie viel Kraft pro Fläche ausgeübt wird:

$$\sigma = \frac{F}{A}$$

mit der Einheit $[\sigma] = 1\,\frac{\text{N}}{\text{m}^2} = 1\ \text{Pa}$

Die mechanische Spannung gibt es nicht nur in Festkörpern, sondern auch in Flüssigkeiten und Gasen. Dort wird sie aber als Druck p bezeichnet (vgl. Kap. 4.3.1).

Anhand eines belasteten Muskels kann man gut den Unterschied zwischen der von außen wirkenden Kraft (äußere Belastung) und der im Muskel bestehenden Spannung (innere Beanspruchung) deutlich machen.

Ein Bizeps werde mit einer Kraft von 800 N belastet. Vereinfachend nehmen wir an, dass die Spannungen innerhalb der betrachteten Schnittflächen konstant sind und sich somit einfach als Quotient der wirkenden Kraft und der Querschnittsfläche errechnen lassen.

Ein Muskelbauch habe einen Durchmesser von etwa 10 cm und damit eine Querschnittsfläche von etwa 80 cm². Mit der wirkenden Kraft von 800 N er-

gibt sich eine mechanische Spannung von $10\,\frac{\text{N}}{\text{cm}^2}$ = 100 kPa. Am Muskelansatz (Durchmesser etwa 1 cm) ist die Querschnittsfläche etwa 0,8 cm². Die Kraft beträgt weiterhin 800 N; für die mechanische Spannung erhält man jetzt aber $1000\,\frac{\text{N}}{\text{cm}^2}$ = 10 MPa.
Im Muskelansatz hat man bei gleicher äußerer Belastung damit eine um den Faktor 100 größere Spannung und damit eine um den Faktor 100 größere Beanspruchung als im Muskelbauch. Durch den sehnigen Aufbau des Muskelansatzes kann dieser aber deutlich höhere Spannungen aushalten als der Muskelbauch.
Sehnen und Bänder haben einen kleineren Durchmesser als die Muskelansätze, wobei die gleichen Kräfte wie in den Muskeln wirken. Daher lässt sich erahnen, wie groß die Spannungen und damit die Belastungen in den Sehen und Bändern sind.

16.3.2 Dehnung

Werden auf zwei Seitenflächen eines Körpers Kräfte ausgeübt, so verformt er sich. Diese Verformungen werden typischerweise im Vergleich zum unbelasteten Zustand des Körpers betrachtet.
Zur Beschreibung der Dehnung verwendet man die relative Dehnung ε_l als Quotient der Längenänderung Δl und der unbelasteten Länge l_0:

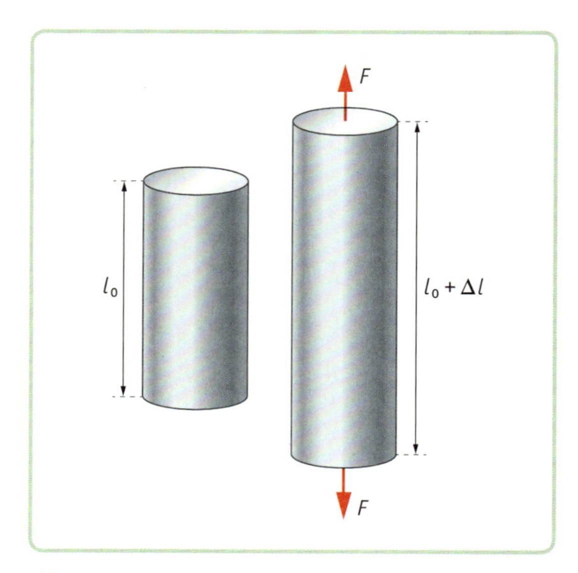

Abb. 16.15 ▶ Dehnung eines Stabes

relative Dehnung

$$\varepsilon_l = \frac{\Delta l}{l_0}$$

Wenn die Abmessung des Körpers sich längs der Kraftrichtung vergrößert, spricht man von einer Streckung (positive Dehnung), andernfalls von einer negativen Dehnung oder Stauchung.

16.3.3 Der Zusammenhang von Spannung und Dehnung

Falls äußere Kräfte auf einen Körper wirken, treten neben den Spannungen in dem Körper auch Verformungen oder Dehnungen auf. Beide Größen sind nicht unabhängig voneinander.
Für den Fall eines linearen Zusammenhangs zwischen der Spannung und der Dehnung gilt:

$$\sigma = E \cdot \varepsilon$$

wobei E der sogenannte Elastizitätsmodul, eine Materialkonstante, ist. Je größer der Betrag von E ist, desto größer ist die benötigte Spannung um eine bestimmte elastischen Verformung zu erreichen.
Dies ist eine andere Formulierung des Hooke'schen Gesetzes, wie man durch Umformen erkennt:

$$\frac{F}{A} = \sigma = E \cdot \varepsilon = E \cdot \frac{\Delta l}{l_0}$$

$$F = \frac{E \cdot A}{l_0} \cdot \Delta l = D \cdot \Delta l$$

Der Spannungs-Dehnungs-Zusammenhang wird im Hooke'schen Gesetz als linear angenommen. Dieser Zusammenhang ist üblicherweise aber nichtlinear. Gewebe besteht zum Teil aus ausgerichteten Fasern (z. B. Elastin, Kollagen und glatten Muskelfasern) und verhält sich daher in unterschiedlichen Richtungen nicht gleich; man spricht dann von Anisotropie. Ebenso verformt sich Gewebe unter einer länger anliegenden Kraft dauerhaft und geht nach dem Ende der Krafteinwirkung nicht sofort vollständig in seine ursprüngliche Form zurück; man spricht von visko-elastischem Verhalten.
Damit ein Elastizitätsmodul E sinnvoll definiert werden kann, muss der Spannungs-Dehnungs-Zusam-

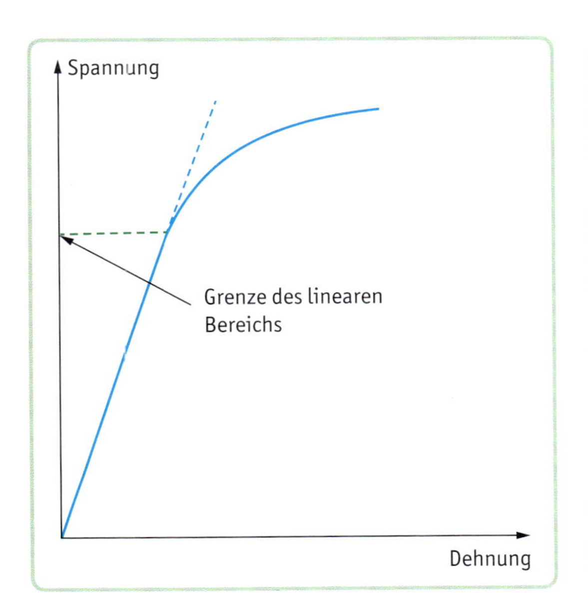

Abb. 16.16 ▶ Dehnungs-Spannungs-Kennlinie mit elastischem und plastischem Teil

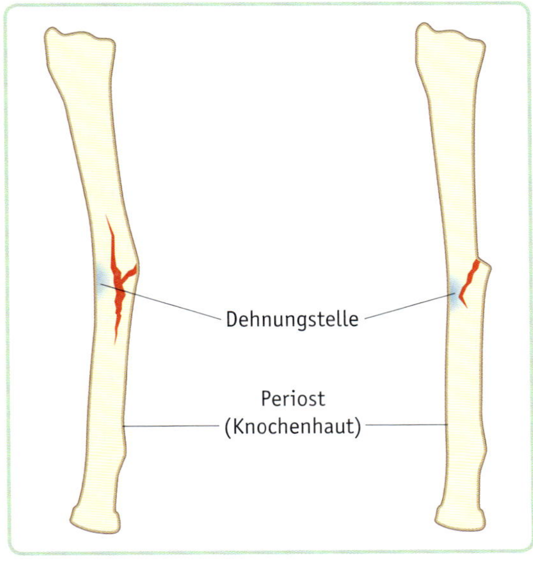

Abb. 16.17 ▶ Gespaltener und nichtgespaltener Grünholzbruch

menhang zumindest in einem Teilbereich als linear angenommen werden. Dieser Bereich ist meist für kleine Spannungen und Dehnungen zu beobachten, die Steigung der Kennlinie ist in diesem Bereich der Betrag des Elastizitätsmoduls *E*. Man spricht vom sogenannten Hooke'schen Bereich. Verlässt man diesen Bereich, kommt man in den plastischen Bereich, in dem sich das Material dauerhaft verformt.

In der Biomechanik wird häufig zwischen „hartem" und „weichem" Gewebe unterschieden. Für „weiche" Gewebe variiert *E* typischerweise zwischen einigen 10 kPa und 100 kPa, wohingegen die Werte für „harte" Gewebe in der Größenordnung einiger GPa liegen. Bei kompakten Knochen beträgt *E* z. B. 16 bis 19 GPa.

Während es unterschiedliche Arten von „weichem" Gewebe (Weichteile) gibt, kommen „harte" Gewebe hauptsächlich in Form von verkalktem (kalzifiziertem) Gewebe vor, vor allem in Form von Knochen (Kap. 16.4).

Die Gewebeeigenschaften ändern sich mit dem Alterungsprozess erheblich. „Weiches" Gewebe von Kindern ist sehr dehnbar, es wird erst mit zunehmendem Alter steifer, das heißt, der Elastizitätsmodul wächst. Dies ist vor allem durch eine zunehmende Anzahl von Verknüpfungen der Kollagenfasern zu erklären. Auch bei hartem Gewebe ist ein wachsender Elastizitätsmodul zu beobachten. Die Knochen junger Kinder sind noch sehr biegsam, da die Mineralisierung erst mit dem Alter fortschreitet. So sind auch die Knochenbrüche unterschiedlich. Bei Erwachsenen findet man oftmals Frakturen, die mehr einem Bruch von sprödem Material ähneln. Bei Kindern dagegen findet man oft sogenannte Grünholzbrüche. Ein Teil des Knochens kann dabei die Krafteinwirkung durch elastische Verformung kompensieren, während ein anderer Teil aufgrund der größeren Dehnungsbelastung bricht. Dabei kann sich der Knochen im Bereich zwischen gedehntem und gebrochenem Teil längs spalten.

16.3.4 Arten der Belastung

Wie sich Material unter Belastung verhält, hängt neben der betragsmäßigen Größe auch von der Art der Belastung ab. Es ist offensichtlich ein Unterschied, ob ein Stab gezogen oder gebogen wird. Daher betrachten wir nun einige einfache, aber wichtige Belastungsarten. Alle Belastungen können als Kombinationen dieser elementaren Belastungen betrachtet werden.

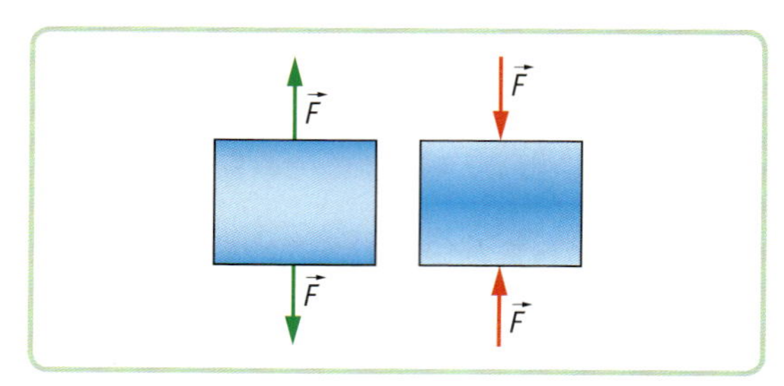

Abb. 16.18 Zug und Druck

Zug und Druck

Zug und Druck sind die einfachsten Belastungen eines festen Körpers. Dabei wirken die Kräfte senkrecht auf gegenüberliegende Flächen des Körpers. Wirken die Kräfte in Richtung des Körperinneren, so spricht man von Druck, sind die Kräfte vom Körperinneren weg gerichtet, so spricht man von Zug.

Biegung

Eine Biegung tritt ein, wenn Kräfte nicht symmetrisch auf einen Körper wirken, d. h. eine Seite stärker belastet wird als die andere. Dabei wird der Körper auf der einen Seite auf Druck, auf der anderen Seite auf Zug beansprucht. Wie stark ein Körper verbogen wird, hängt von seiner Geometrie, dem Betrag und der Richtung der Kraft ab. Ein vertikal belasteter Balken biegt sich weniger durch, wenn er hochkant und nicht flach liegt. Dies wird beachtet, indem die vertikale Ausdehnung in den Kennzahlen für die zu erwartenden Verbiegungen stärker berücksichtigt wird als die horizontale Ausdehnung.
Beispiele für Verbiegungen unterschiedlich geformter Stäbe (vgl. Abb. 16.19), gekennzeichnet durch einen Zahlenwert I für die zu erwartende Verbiegung (I spielt im Wesentlichen die gleiche Rolle wie die Federkonstante D im Hooke'schen Gesetz):

Rechteck wie im Fall (a): $I = \frac{b \cdot a^3}{12}$

Rechteck wie im Fall (b): $I = \frac{a \cdot b^3}{12}$

Röhre wie im Fall (c): $I = \frac{\pi}{4} \cdot (R^4 - r^4)$

Stab mit Radius R ($r = 0$): $I = \frac{\pi}{4} \cdot R^4$

Je größer I ist, desto steifer ist der Körper.

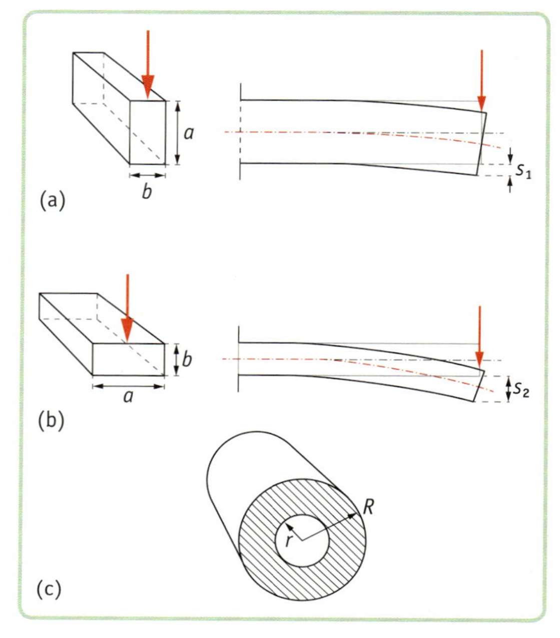

Abb. 16.19 Beispiele für Verbiegungen

Ein Knochen kann als Röhre angenähert werden, deren Innenradius etwa 70 % des Außenradius R hat und damit ein $I = 0{,}76 \cdot \frac{\pi}{4} \cdot R^4$ besitzt. Ein Knochenstab gleicher Masse hätte einen Radius von $0{,}71 \cdot R$ und ein $I = 0{,}25 \cdot \frac{\pi}{4} \cdot R^4$. Der Röhrenknochen hat damit etwa die dreifache Biegesteifigkeit eines massiven Knochens gleicher Masse.

Torsion

Torsionen oder Verdrehungen treten immer dann auf, wenn Drehmomente auf einen Körper wirken.

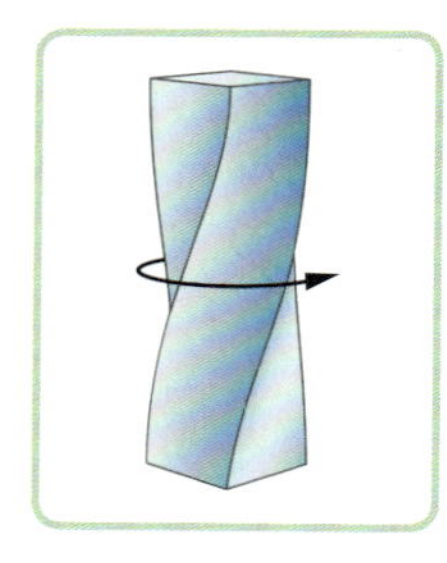

Abb. 16.20 Torsion oder Verdrehung eines Stabes

Genauso wie bei den Biegungen ergibt sich, dass ein Röhrenknochen etwa die dreifache Verdrehungssteifigkeit hat wie ein massiver Knochen gleicher Masse.

16.4 Knochen

16.4.1 Aufbau und Funktion

Das Skelett des Menschen bildet das Gerüst des Körpers. Die Bausteine sind die Knochen. Sie sind eine besondere, harte Form von Bindegewebe. Je nach Lage und Funktion sehen Knochen ganz unterschiedlich aus. Man unterscheidet verschiedene Formen: Röhrenknochen, wie den Oberschenkelknochen, platte Knochen, wie unsere Schädeldecke, kurze Knochen, wie etwa die Handwurzelknochen oder unregelmäßig geformte Knochen, wie die Wirbel.
In den vorwiegend auf Biegung und Torsion beanspruchten Stützknochen treten die größten Spannungen am Rand auf. Zur Knochenmitte hin fallen sie ab bzw. verschwinden ganz. Um die Masse der Knochen möglichst klein zu halten, besitzen die Stützknochen einen Rohrquerschnitt. Sie werden deshalb auch Röhrenknochen genannt. Röhrenknochen sind die größten im Körper vorkommenden Knochen. Sie bestehen in der Mitte aus einem Schaft, der Diaphyse, und den beiden verdickten Enden, den Epiphysen (Abb. 16.21).

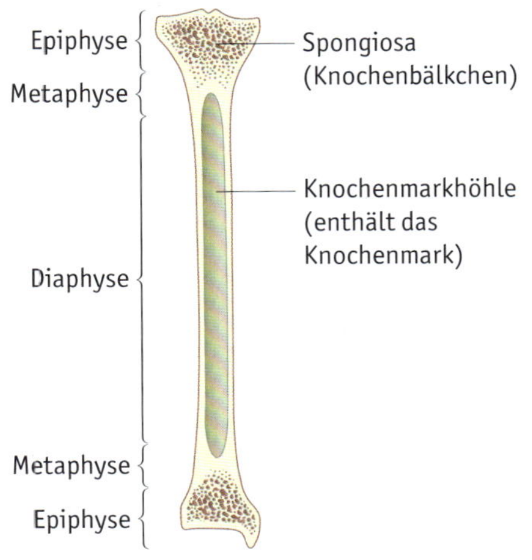

Epiphyse
Metaphyse
Diaphyse
Metaphyse
Epiphyse
Spongiosa (Knochenbälkchen)
Knochenmarkhöhle (enthält das Knochenmark)

Abb. 16.21 Schematischer Aufbau eines Röhrenknochens

Die Diaphyse ist eine Röhre aus kompakter Knochensubstanz. Im Inneren ist die Markhöhle. Im Bereich der Epiphysen ist die kompakte Knochensubstanz nur sehr dünn, in ihrem Inneren findet man schwammartiges Knochenmaterial. Es handelt sich um ein Geflecht aus feinen Knochenbälkchen, den Trabekeln. Die Knochenbälkchen sind so angeordnet, dass sie den wichtigsten Belastungslinien des Knochens folgen. Sie treffen sich rechtwinklig und durchziehen den Knochen. Diese Strukturen halten großen Druck- und Zugspannungen stand. Zudem können sie innerhalb kurzer Zeit veränderten Belastungen durch Materialumbau angepasst werden. Deshalb sieht die schwammartige Struktur auch in verschiedenen Knochen unterschiedlich aus, je nachdem, welchen Kräften (Druck- oder Torsionskräften) sie ausgesetzt ist und in welchen Richtungen die größte Belastung liegt.
Der Aufbau des Knochens ist ein Musterbeispiel für Leichtbauweise. Das Knochenmaterial ist elastisch wie Birkenholz, zugfest wie Kupfer, und besitzt eine Druckfestigkeit, die höher ist als die von Muschelkalk und Sandstein. Die statische Biegefestigkeit ist sogar vergleichbar mit Stahl.

Belastungskenngrößen von Knochen:
Elastizitätsmodul 16 000 – 19 000 N/mm^2
Zugfestigkeit 120 N/mm^2 (max. Zug, dem der Knochen standhält)
Druckfestigkeit 170 N/mm^2 (max. Druck, dem der Knochen standhält)

Abb. 16.22 Knochenbälkchen in der Epiphyse

Abb. 16.23 ▶ Querfraktur und Kompressionsfraktur

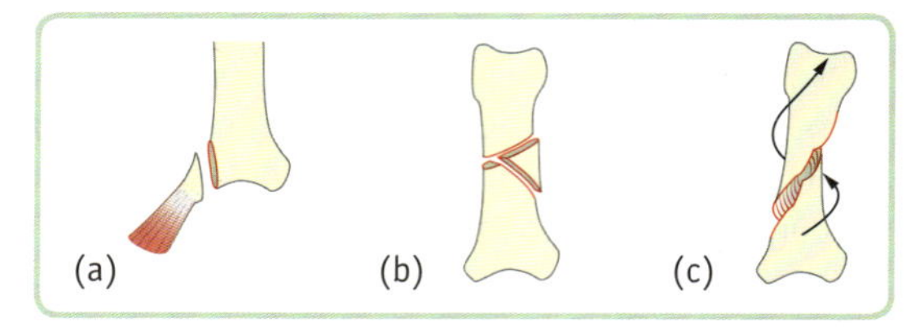

Abb. 16.24 ▶ Abrissfraktur, Biegefraktur und Torsionsfraktur

16.4.2 Knochenbrüche

Die Querfraktur ist eine einfache, quer verlaufende Fraktur. Sie wird oft durch direkte Krafteinwirkung auf die feststehende Extremität verursacht, z. B. durch eine Grätsche beim Fußball.

Eine Kompressionsfraktur ist durch eine Krafteinwirkung auf die Längsachse eines Knochens bedingt. Oft sieht man solche Brüche bei Stürzen aus größerer Höhe wie zum Beispiel die Dachdeckerfraktur, ein Trümmerbruch des Fersenbeins.

Die Abrissfraktur oder Zugfraktur wird auch knöcherner Ausriss genannt. Eine plötzliche Spannungssteigerung einer Sehne oder eines Bandes am knöchernen Ansatz reißt ein Stück des Knochens ab. Wegen der, vor allem bei jüngeren Menschen, höheren Zugfestigkeit der Sehnen und Bänder im Vergleich zu Knochen kann es zu solchen Abrissen kommen.

Eine Biegefraktur hat eine Verbiegung der Extremität an einer Kante oder eine direkte Krafteinwirkung als Ursache. Es kann ein Querbruch oder ein Schrägbruch mit Biegungskeil vorliegen.

Eine Spiral- oder Torsionsfraktur zeigt eine spiralförmig verlaufende Frakturlinie und entsteht durch Verdrehung der feststehenden Extremität. Diese Brüche sieht man häufig bei Skiunfällen. Der Fuß ist am Ski und im Schuh fixiert, der restliche Körper kann durch einen Sturz verdreht werden, wodurch es zu einem Spiralbruch kommen kann.

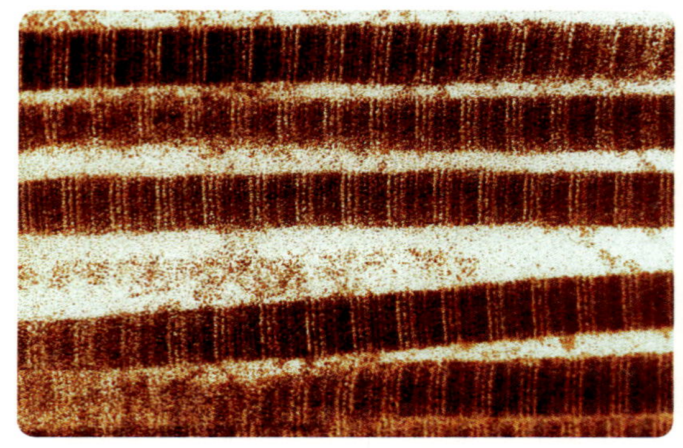

Abb. 16.25 ▶ Kollagenfasern eines Bandes unter dem Mikroskop

16.5 Bänder und Sehnen

16.5.1 Aufbau und Funktion

In unserem Körper sind Bänder und Sehnen wenig dehnbare, faserartige Bindegewebsstränge. Sie sind für die beweglichen Verbindungen unseres Skeletts zuständig. Sie verbinden nicht einfach nur Muskel und Knochen miteinander, sondern beschränken auch die Beweglichkeit der Gelenke auf ein funktionell sinnvolles Maß. Bänder verbinden Knochen mit Knochen, Sehnen verbinden Knochen mit Muskeln.

Ein Band oder eine Sehne besteht aus vielen parallel zueinander verlaufenden elastischen Fasern, dem Kollagen. Dies ist ein relativ fibröses, d. h. faserreiches Protein mit außerordentlich hoher Reißfestigkeit, welches sich unter Zug auch nicht stark dehnt. Die Achillessehne reißt bei einer Belastung von 10 000 N bei einer Querschnittsfläche von 80 mm^2, das entspricht der Gewichtskraft von einer Tonne auf einer Fläche etwas kleiner als ein Cent-Stück. Die Fasern sind im Ruhezustand des Bandes leicht wellig angeordnet.

Wird ein Band über ein gewisses Maß hinaus gedehnt, so spricht man von Bänderdehnungen, Bänderzerrungen und Bänderanrissen oder Bänderrissen.

16.5.2 Verletzungen der Bänder

Bänderverletzungen im Sprunggelenk sind eine häufige Verletzung im Sport. Starke Überdehnungen und Risse der Außenbänder können vor allem durch Umknicken bei der Landung oder ungeschicktes Auftreten entstehen. Das Gelenk überschreitet

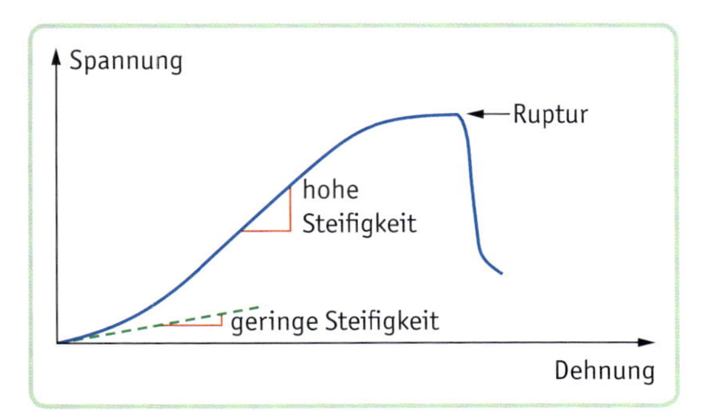

Abb. 16.26 ▶ Idealisierte Dehnungs-Kraft-Kennlinie eines Bandes

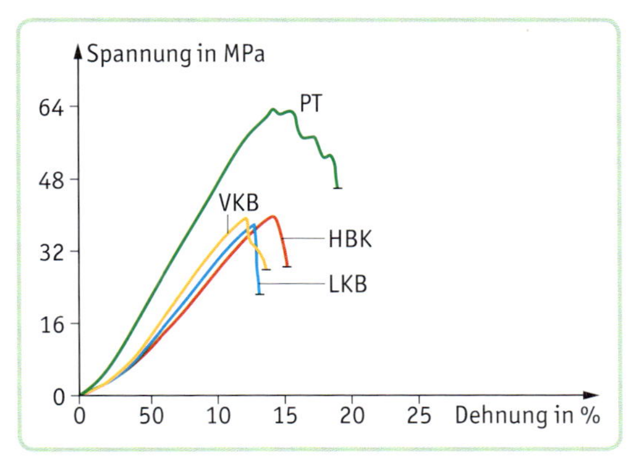

Abb. 16.27 ▶ Dehnungs-Spannungs-Kennlinie einiger Bänder im Knie. Vorderes Kreuzband (VKB), hinteres Kreuzband (HKB), laterales Kollateralband (LKB) und Patellasehne (PT)

dabei die kritische Grenze, der Muskel reagiert nicht schnell genug und die Bänder werden geschädigt. Bei einem übermüdeten oder unzureichend aufgewärmten Muskel ist die Reaktionszeit besonders groß und damit die Verletzungsgefahr besonders hoch.

Bei geringer Belastung verläuft die Dehnungs-Kraft-Kurve flach, da sich die Fasern noch parallel ausrichten, wodurch das Band noch eine geringe Steifigkeit hat. Das Band verlängert sich damit bei kleiner Krafteinwirkung relativ stark. Bei erhöhter Belastung nimmt die Steifigkeit des Bandes zu. Die Kollagenfaserbündel sind nun komplett parallel ausgerichtet und verhalten sich elastisch. Durch noch größere Krafteinwirkung finden irreversible Veränderungen im Band statt, so dass es nicht mehr zu seiner ursprünglichen Länge zurückgehen kann. Man spricht dann von Bänderdehnungen oder Bänderzerrungen. Nimmt die Kraft weiter zu, beginnen einzelne Faserbündel zu reißen. Nicht alle Faserbündel sind der gleichen Belastung ausgesetzt, weswegen das Band nicht sofort komplett durchreißen muss. Je nach Schwere des Risses spricht man von Bänderanrissen oder Bänderrissen.

Im Dehnungs-Spannungs-Diagramm einiger Bänder im Knie sieht man dies gut (Abb. 16.27). Das hintere Kreuzband (HKB) und das laterale Kollateralband (LKB) reißen nach dem Erreichen der maximalen Spannung praktisch sofort durch. Beim vorderen Kreuzband (VKB) kann man erkennen, dass sich das Band nach einem Anriss noch weiter dehnt und erst dann durchreißt. Bei der Patellasehne (PT) sieht man gut, wie sich die Sehne nach mehreren Anrissen immer weiter dehnt, bis sie endgültig reißt.

▶ Aufgaben

1 Hebel am Kopf 1

Auch an unserem Kopf kann man Hebel finden. Unser Gesicht und der Vorderkopf ziehen mit ihrem Gewicht den Schädel nach vorne und nach unten. Ohne die hintere Halsmuskulatur, die den Kopf in der gewohnten Position hält, würde dieser immer nach vorne überkippen. Physikalisch betrachtet ist dies nichts anderes als ein Hebel.
Was spricht dafür, den menschlichen Schädel mit der Halsmuskulatur als Hebel zu betrachten? Wo würde in diesem Fall der Drehpunkt liegen? Warum ist es viel angenehmer, den Kopf aufrecht als vornüber gebeugt zu halten?

2 Hebel am Kopf 2

Auch zum Kauen nutzt der Mensch Hebel. Der wohl am häufigsten genutzte Hebel ist der Unterkiefer. Zum Sprechen, Beißen und Kauen wird der Kiefer als Hebel verwendet. Um den Mund zum Essen zu verwenden, müssen die Muskeln weit hinten am Kiefer, nahe am Drehpunkt, angewachsen sein.

a) Welche Folge hat dies für die Kaumuskulatur? Muss diese mehr oder weniger als die maximale Beißkraft F aufbringen? Begründen Sie Ihre Antwort mithilfe von Drehmomenten.
b) Schätzen Sie das Hebelverhältnis an Ihrem Kiefer ab. Unterscheiden Sie dabei zwischen Schneide- und Backenzähnen.
c) Welche Zahnpartien sind besser geeignet, um harte Gegenstände zu zerkleinern?

3 Vogelschnäbel

Abb. 16.28 ▶ Wer frisst was?

Welcher dieser beiden Vögel (Abb. 16.28) ist ein Körnerfresser, welcher ein Insektenfresser? Begründen Sie Ihre Antwort.

4 Kräfte zum Aufstehen

Bei einer Kniebeuge beträgt das Lastmoment im Kniegelenk 250 Nm bei einem Kniewinkel von 90°. Wie viel muss die Kraft im Muskel Quadriceps femoris mindestens betragen, um im Knie zu strecken?

5 Kräfte bei der Kniebeuge an der Hüfte

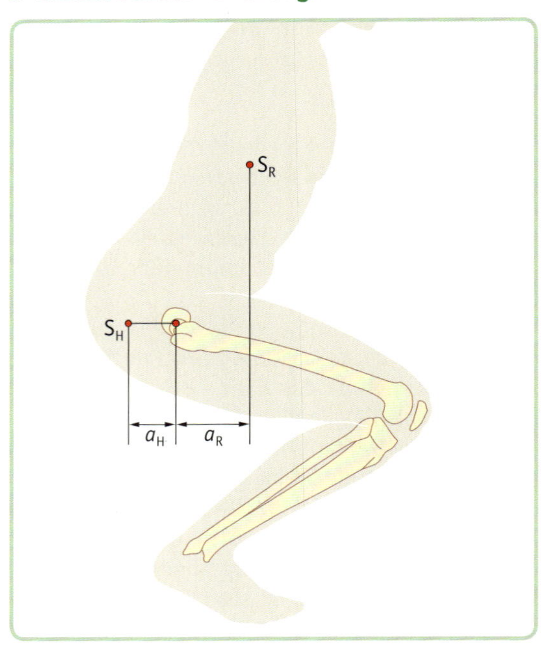

Abb. 16.29 ▶ Schematische Zeichnung einer Kniebeuge

Betrachtet man das Hüftgelenk als Drehpunkt, so greift auf der linken Seite des Hebels im Punkt S_H die Kraft F_H an, auf der rechten Seite wirkt im Punkt S_R die Gewichtskraft F_R des Rumpfes. Es gelte $a_R : a_H = 1{,}5$.

a) Um welchen Faktor ist die Kraft F_H, die in S_H angreift, größer als F_R?
b) Die Gewichtskraft des Rumpfes ist ca. 70 % der gesamten Gewichtskraft F_G der Person. Wie viel Prozent der Gewichtskraft F_G beträgt die Kraft $F_{H+Körper}$ im Hüftgelenk?
c) Vergleichen Sie die Belastung des Hüft- und des Kniegelenkes bei der Kniebeuge und ziehen Sie daraus Folgerungen.

6 Verletzungen durch Umknicken

Wenn man ungeschickt auftritt, kann es passieren, dass man umknickt und sich am Knöchel verletzt.
Ein solches Umknicken nennt man Auswärtsdrehung oder Supinationstrauma.

a) Wie groß sind die dabei auftretenden Kräfte auf das Außenband?
b) Warum hängt die Kraft auf das Außenband von der Sohlendicke ab?
c) Warum ziehen Sportler manchmal extrem flache Schuhe an?
d) Warum haben z. B. Basketballschuhe trotzdem dicke Sohlen?

7 Bandscheiben

Die menschliche Wirbelsäule besteht aus über 30 Wirbeln, die übereinander gestapelt sind. Zwischen zwei Wirbeln liegt eine Bandscheibe. Sie bildet einen Stoßdämpfer für die Wirbel. Man kann sich eine Bandscheibe wie ein Wasserkissen vorstellen. Der Druck, der auf der Wirbelsäule lastet, wird durch die Bandscheibe gleichmäßig auf den gesamten Wirbelquerschnitt verteilt. Wird die Wirbelsäule belastet, so wird diese zusammengepresst. Die Wirbelkörper können nicht nachgeben, aber die Bandscheiben werden quasi ausgepresst. Flüssigkeit wird in das umgebende Gewebe abgegeben, und die Bandscheibe wird etwas dünner. Wird die Wirbelsäule längere Zeit nicht mehr so stark belastet, dies geschieht zum Beispiel in der Nacht während des Schlafs, saugen die Bandscheiben die abgegebene Flüssigkeit auf und nehmen ihre ursprüngliche Form wieder an. Wenn Sie sich am Morgen und am Abend messen, können Sie feststellen, dass Sie am Morgen etwas größer als am Abend sind. Dasselbe merken Astronauten im All. Sie wachsen in der Schwerelosigkeit.
Zu hohe sowie langzeitige Belastungen und Überbeanspruchungen können die Bandscheiben schädigen. Die Bandscheibe kann z. B. platzen und drückt dann etwas auf das Rückenmark. Dies ist der bekannte Bandscheibenvorfall. Die Beanspruchungsgrenze einer Bandscheibe ist von Mensch zu Mensch unterschiedlich (abhängig vom Alter, der Vorgeschichte u. a.) und somit ist es schwierig zu sagen, welche Belastung zu hoch ist.
Eine unbeschädigte Bandscheibe eines Jugendlichen kann eine Kraft der Größenordnung von 1000 N aushalten, ohne einen bleibenden Schaden davonzutragen.
Wie könnte ein Modell für eine Bandscheibe ausschauen, mit dem man die physikalischen Eigenschaften einer Bandscheibe herausfinden kann?
Wie ist ein Versuch anzulegen, mit dessen Hilfe man überprüfen will, ob das Bandscheibenmodell dem Hooke'schen Gesetz gehorcht? Welche Größen müssen dafür gemessen werden?
Bauen Sie einen solchen Versuch auf und nehmen Sie eine Kennlinie des Bandscheibenmodells auf.
Welche Kennlinie ist für die gesunde Bandscheibe zu erwarten?

8 Belastung des Körpers bei Sprüngen

Bei Sprüngen sollte mit Vorsicht vorgegangen werden. Gebrochene Fußgelenke, gebrochene Beine und Gehirnerschütterungen gehören zu den häufigsten Sprungverletzungen. Im Sport werden durch die Verwendung verschiedener Matten Schutzmaßnahmen für Geräte- oder Bodenturner getroffen. Ein Turner, der 2 m herunterspringt (z. B. vom Reck) ist 6,3 m/s schnell.

a) Wieso brechen bei Sprunganlagen am ehesten die Sprunggelenke des Sportlers?
b) Wie stark werden die Fußgelenke bei einer Landung belastet, wenn der Bremsweg in der Sprungmatte 2–5 cm beträgt? Welchen Vielfachen der Fallbeschleunigung entspricht das?
c) Wie lässt sich die Belastung für den Kopf reduzieren?
d) Wie hilft die Wirbelsäule dabei, dass ein Sportler keine Gehirnerschütterung bekommt?

17 Bewegungen*

17.1 Beschreibung von Bewegungen: Kinematik

Die Kinematik beschreibt den zeitlichen Verlauf von Bewegungen im Raum durch mathematische Gleichungen, die sogenannten Bewegungsgleichungen. Diese Betrachtungen müssen oft auf „punktförmige" Körper beschränkt werden. Darunter versteht man Körper, die zwar eine endliche Masse besitzen, deren Volumenausdehnung aber vernachlässigt werden kann. Da reale Körper aber immer ein gewisses Volumen besitzen, wird meist nur die Bewegung ihres Schwerpunktes (vgl. Kapitel 17.1.1) betrachtet. Der eigentlich ausgedehnte Körper kann dann – näherungsweise – als Massenpunkt aufgefasst werden.

17.1.1 Videoanalyse

Mit der Videoanalyse lassen sich Bewegungen in Situationen analysieren, in denen man nicht live dabei ist oder bei denen die Messung den Ablauf zu stark stört. Mithilfe des Computers ist es möglich, den Ort eines Gegenstandes in einem Videoausschnitt zu bestimmen. Dieser Gegenstand wird Bild für Bild vom Benutzer oder dem Computer gesucht und markiert. So kennt man zu jedem Zeitpunkt den Ort des Gegenstandes, den man untersuchen will, und kann errechnen, wie sich dieser Ort von Bild zu Bild ändert. Ein typischer Videofilm besteht aus 25 Vollbildern pro Sekunde, d. h. alle 0,04 s wird ein neues Bild aufgezeichnet. Da alle Bilder im Abstand von 0,04 s aufgenommen werden, kann man berechnen, wie schnell sich der Gegenstand bewegt.

Doch welcher Punkt eines Körpers wird betrachtet, um die Bewegung zu untersuchen? Bei „punktförmigen" Objekten, wie zum Beispiel einem Tennisball, wird einfach der Mittelpunkt oder sogar der Ball als Ganzes betrachtet.

Wie ist das aber bei ungleichmäßig geformten Objekten? Ist nur der Einfluss der Erdanziehungskraft zu berücksichtigen, ist dies recht einfach. Man stellt sich vor, dass der Körper auf einen Punkt zusammengezogen wird, den sogenannten Schwerpunkt. Die Kraft auf den Schwerpunkt hat die gleiche Wirkung wie die Summe der Teilkräfte auf alle Volumenelemente des Körpers. Es genügt also, von einem Körper einen einzigen Punkt, den Schwerpunkt, zu betrachten, um Aussagen über die Bewegung des kompletten Körpers zu machen.

Bei komplexeren Bewegungen von Körpern, zum Beispiel dem Speerwurf (Translation und Rotationen des Speers) oder bei Bewegungen, bei denen sich die einzelnen Teile gegeneinander bewegen, ist diese Vereinfachung nicht mehr angemessen. Hier müssen die Bewegungen verschiedener Körperteile wie Ferse, Knie, Hüfte, Schulter usw. separat aufgezeichnet und analysiert werden.

17.1.2 Koordinatensysteme

Um die Bewegung eines Körpers im Raum beschreiben zu können, benötigt man ein Bezugssystem. Einen beliebig gewählten Bezugspunkt legt man als Nullpunkt des Koordinatensystems fest.

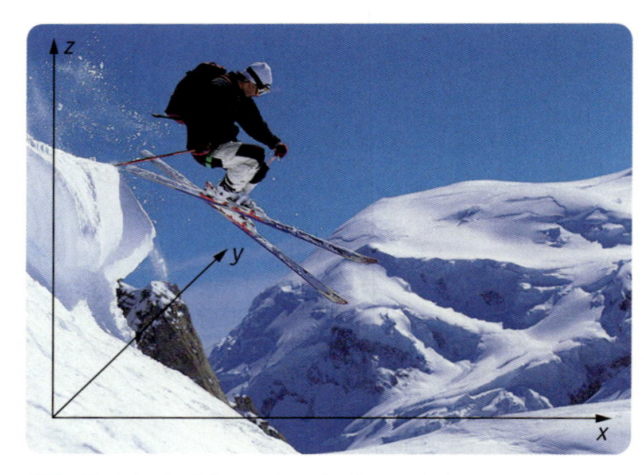

Abb. 17.1 ▶ Dreidimensionales kartesisches Koordinatensystem

Die Lage eines Massenpunktes kann zu jedem Zeitpunkt eindeutig angegeben werden. Die Art der Beschreibung kann aber unterschiedlich erfolgen.

Das kartesische Koordinatensystem verwendet im dreidimensionalen Raum drei jeweils senkrecht zueinander stehende Achsen. Die Koordinaten eines Punktes werden als Tripel angegeben, bei dem jede einzelne Komponente den Abstand des Punktes vom Nullpunkt in eine bestimmte Raumrichtung angibt. Die Koordinaten eines Punktes P beschreiben dann seine Bahn in Abhängigkeit von der Zeit t. Bezieht man diese Koordinaten auf einen vorher gewählten

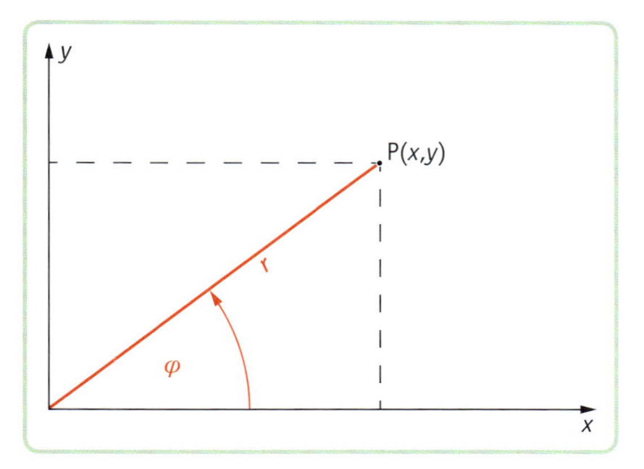

Abb. 17.2 ▶ Zweidimensionales kartesisches Koordinatensystem mit Koordinaten x und y. Alternativ dazu kann der Punkt auch durch Angabe des Abstandes r vom Koordinatenursprung und des Winkels φ zwischen Ortsvektor und x-Achse beschrieben werden.

Nullpunkt, so erhält man den Ortsvektor $\vec{r}(t)$ mit den drei Koordinaten $x(t)$, $y(t)$ und $z(t)$.
Bei der Betrachtung der Bewegung in zwei Dimensionen reduziert sich die Darstellung auf zwei Koordinaten; für die Beschreibung einer geradlinigen Bewegung genügt sogar nur eine Koordinate.
Eine geschickte Wahl des Bezugssystems kann die Beschreibung der Bewegung sehr vereinfachen. Gleitet z. B. ein Skispringer die Schanze hinab, so genügt eine eindimensionale Beschreibung. Man wählt deshalb ein Koordinatensystem, in dem eine Komponente parallel zur Rampe liegt (Abb. 17.3).

17.1.3 Translationen und Rotationen

Gibt man die Betrachtung eines punktförmigen Körpers auf, so kann man prinzipiell zwischen zwei verschiedenen Bewegungstypen unterscheiden. Ein punktförmiger Körper kann nur im betrachteten Raum verschoben werden; diese Bewegungsart nennt man Translation. Drehungen müssen nicht berücksichtigt werden, da der punktförmige Körper keine Ausdehnung hat. Der Basketballwurf (Abb. 17.5) ist ein typisches Beispiel für eine Translation. Der Ball bewegt sich im Raum; Drehungen spielen keine Rolle oder können vernachlässigt werden.
Hat der Körper jedoch eine Ausdehnung, dann sind auch Drehungen möglich und sollten auch beschrieben werden können. Die Drehungen werden als Rotationen bezeichnet. Ein ausgedehnter Körper, der sich in drei Dimensionen bewegen kann und dabei seine Form nicht ändert, wird dann mit den drei translatorischen Koordinaten $x(t)$, $y(t)$ und $z(t)$ und zusätzlich mit den drei rotatorischen Koordinaten $\varphi_x(t)$, $\varphi_y(t)$ und $\varphi_z(t)$ beschrieben. Hierbei beschreibt $\varphi_x(t)$ die Rotation um die x-, $\varphi_y(t)$ die Rotation um die y- und $\varphi_z(t)$ die Rotation um die z-Achse. Eine Bewegung, die sich aus einer Translation und einer Rotation zusammensetzt, ist beispielsweise der Snowboard-Sprung (Abb. 17.4). Der Schwerpunkt des Springers bewegt sich ähnlich wie der Basketball, gleichzeitig ändert sich aber auch seine Orientierung im Raum. Der Springer führt zusätzlich eine Rotation durch.

Abb. 17.3 ▶ Reduktion der benötigten Koordinaten durch geschickte Wahl des Koordinatensystems (rot eingezeichnet)

Abb. 17.4 ▶ Snowboard-Sprung. Der Springer bewegt sich (Translation) und dreht sich zudem gleichzeitig um seinen Schwerpunkt (Rotation).

17.1.4 Bewegung des Arms

Wird der Unterarm parallel zum Boden nach oben gehoben, dann spricht man von einer reinen Translation des Unterarms. Lässt man den Arm hängen und schwingt ihn von vorne nach hinten, dann spricht man von einer reinen Rotationsbewegung. Die Ausholbewegung des Arms beim Sprung aus der Hocke ist eine Kombination aus einer Translations- und einer Rotationsbewegung. Während des Sprungs bewegt sich der Körper und damit auch der Arm nach oben, vollführt also eine Translation. Gleichzeitig wird der Arm von hinten nach vorne geschwungen und rotiert dabei.

17.1.5 Kinematische Grundgrößen

Die Kinematik beschreibt den zeitlichen Verlauf von Bewegungen im Raum, z. B. durch Angabe des Ortes zu jedem Zeitpunkt. Das Ziel der Kinematik ist es, möglichst umfassende Informationen über den Bewegungsablauf eines Körpers zu gewinnen.

Ort, Weg und Drehwinkel

Der Ort $\vec{r}$, an dem sich ein Körper befindet, ist seine Lage in einem Bezugssystem zu einem bestimmten Zeitpunkt. Der zurückgelegte Weg s wird als Länge der Bahn zwischen zwei Orten gemessen. Der Verschiebungsvektor $\Delta\vec{r} = \vec{r}_2 - \vec{r}_1$ beschreibt die direkte Verbindung zweier Punkte.

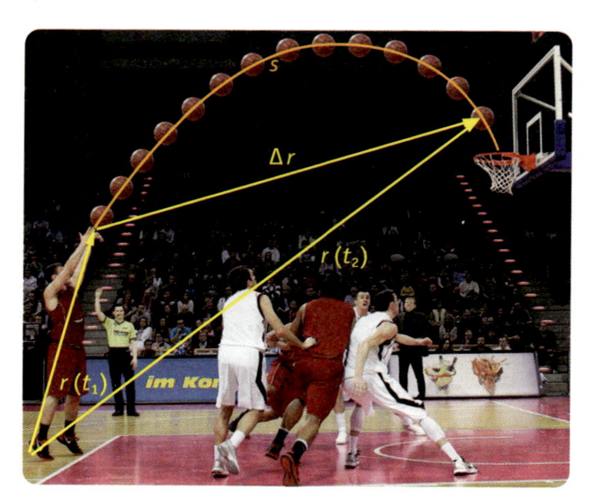

Abb. 17.5 ▶ Bei Bewegungen muss man zwischen dem Verschiebungsvektor $\Delta\vec{r}$ und dem entlang der Bahnkurve zurückgelegten Weg s unterscheiden.

Der Drehwinkel ist bei Rotationen die entsprechende Größe zum Weg s. Dreht sich ein starrer Körper um eine Achse, so beschreiben alle Punkte des Körpers Kreisbahnen. Punkte, die näher an der Drehachse sind, müssen keinen so langen Weg für eine komplette Umdrehung zurücklegen wie weiter entfernte Punkte. Jedoch drehen sich alle Punkte, die fest miteinander verbunden sind, in der gleichen Zeit um den gleichen Winkel. Damit ist die Drehung des Körpers mit der Angabe des Winkels eindeutig beschrieben. Man gibt den Winkel typischerweise im Bogenmaß an, da damit ein Zusammenhang zwischen dem Drehwinkel und dem zurückgelegten Weg hergestellt werden kann (vgl. Abb. 17.6): $\varphi = \frac{s}{r}$.

Geschwindigkeit

Körper, die für kinematische Betrachtungen interessant sind, bewegen sich. Die Geschwindigkeit beschreibt, wie schnell diese Bewegungen ablaufen und ob sich die Bewegungsrichtung ändert. Die Geschwindigkeit ist definiert als der Quotient aus Ortsverschiebung $\Delta\vec{r}$ und verstrichener Zeit Δt:

$$\vec{v} = \frac{\Delta\vec{r}}{\Delta t} \qquad [\vec{v}] = 1\,\frac{\text{m}}{\text{s}}$$

Diese Definition ist eine Durchschnittsangabe für das Zeitintervall Δt (Abb. 17.5). Lässt man $\Delta t \to 0$ gehen, so erhält man die Ableitung

$$\vec{v}(t) = \frac{d\vec{r}(t)}{dt}$$

als sinnvolle Angabe der Momentangeschwindigkeit im Zeitpunkt t.

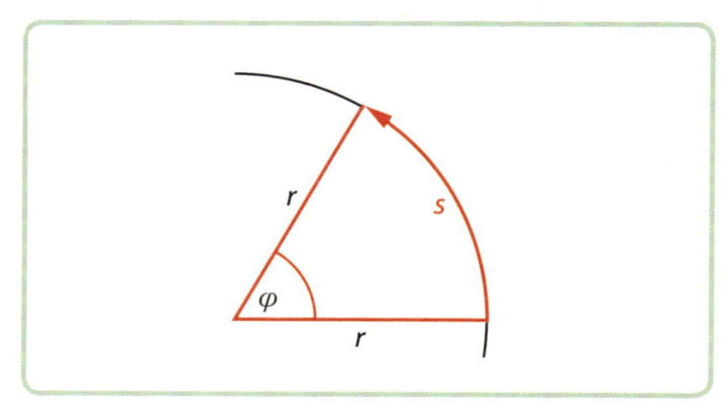

Abb. 17.6 ▶ Zusammenhang zwischen Drehwinkel und zurückgelegtem Weg

Bei Bewegungen mit konstanter Geschwindigkeit vereinfacht sich die Berechnung der Geschwindigkeit zu $\vec{v} = \frac{\Delta \vec{r}}{\Delta t}$, weil hier in jedem gleichen Zeitabschnitt Δt der Körper um den gleichen Verschiebungsvektor $\Delta \vec{r}$ verschoben wird. Bei Translationen haben alle Punkte des Körpers betragsmäßig und von der Richtung her die gleiche Geschwindigkeit. Da bei Rotationen verschiedene Punkte des Körpers unterschiedlich lange Wege zurücklegen, haben die Punkte auch unterschiedliche Geschwindigkeiten.

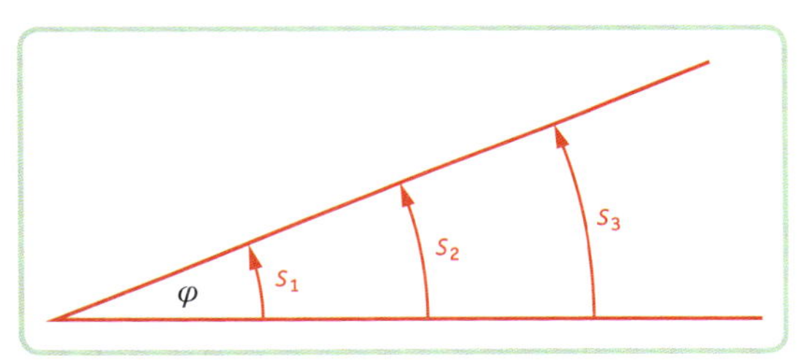

Abb. 17.7 ▶ Es werden unterschiedliche Strecken zurückgelegt, aber es wird der gleiche Winkel überstrichen.

Jedoch ist der überstrichene Winkel für alle Punkte des Körpers gleich, und man kann analog zur Geschwindigkeit, genauer gesagt dem Tempo, bei Translationen die Winkelgeschwindigkeit $\omega(t) = \frac{d\varphi(t)}{dt}$ definieren. Die Maßeinheit ist $[\omega] = 1\,\frac{\text{rad}}{\text{s}}$.

Beschleunigung

Die Beschleunigung dient zur Beschreibung von Bewegungen mit veränderlicher Geschwindigkeit. So, wie die Geschwindigkeit die Änderung des Ortes beschreibt, wird mit der Beschleunigung die Änderung der Geschwindigkeit angegeben.
Die Beschleunigung ist definiert als der Quotient aus Geschwindigkeitsänderung $\Delta \vec{v}$ und verstrichener Zeit Δt:

$$\vec{a}(t) = \frac{\Delta \vec{v}(t)}{\Delta t} \qquad [\vec{a}] = 1\,\frac{\text{m}}{\text{s}^2}$$

Die Beschleunigung $\vec{a}(t)$ im Zeitpunkt t ist gegeben durch den Grenzwert für $\Delta t \to 0$:

$$\vec{a}(t) = \frac{d\vec{v}(t)}{dt}$$

Beispiele für Geschwindigkeitssteigerungen pro Sekunde (also Beschleunigungen) für geradlinige Bewegungen:

- Beim Fahrradfahren treten bei Freizeitfahrern Beschleunigungen von etwa 1 m/s² auf, Sportprofis können etwa 2 m/s² erreichen, d. h. jede Sekunde nimmt während des Beschleunigungsvorganges die Geschwindigkeit um 2 m/s = 7,2 km/h zu.
- Mit den ersten Schritten nach dem Start kann ein Sprinter mit etwa 4 m/s² beschleunigen.
- Die Kugel beim Kugelstoßen wird während der Abstoßphase mit etwa 10 m/s² beschleunigt.
- Tennisball: Beschleunigungen bis zu 10 000 m/s².
- Pkw beim Anfahren: etwa 3 m/s².

Da es sich bei der Geschwindigkeit um einen Vektor handelt, stellt nicht nur eine betragsmäßige Änderung der Geschwindigkeit eine Beschleunigung dar, sondern auch eine Richtungsänderung des Geschwindigkeitsvektors ist eine Beschleunigung. Ein Körper, der sich mit konstanter Geschwindigkeit auf einer Kreisbahn bewegt, wird konstant beschleunigt. Es ändert sich zwar nicht der Betrag der Bahngeschwindigkeit, aber die Richtung der Geschwindigkeit. Es liegt also eine Beschleunigung, die sogenannte Zentripetalbeschleunigung, vor, welche zum Mittelpunkt der Kreisbahn hin gerichtet ist.

Genauso wie bei den Translationen gibt es auch bei den Rotationen eine Winkelbeschleunigung:

$$\alpha(t) = \frac{d\omega(t)}{dt}$$

Abb. 17.8 ▶ Die Zentripetalbeschleunigung $\vec{a}_r$ ist notwendig, um den Hammer auf der Kreisbahn zu halten.

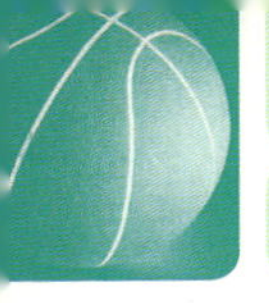

17.1.6 Zusammenhang der kinematischen Größen

Die drei beschreibenden Größen Ort, Geschwindigkeit und Beschleunigung sind nicht unabhängig voneinander. Für konstant beschleunigte Bewegungen gelten die schon bekannten Gleichungen:

$$\vec{a}(t) = \vec{a} = const.$$

$$\vec{v}(t) = \vec{a} \cdot t + \vec{v}_0$$

$$\vec{s}(t) = \frac{1}{2} \cdot \vec{a} \cdot t^2 + \vec{v}_0 \cdot t + \vec{s}_0$$

Sollen aber Bewegungen beschrieben werden, bei denen die Beschleunigungen nicht konstant sind, reichen die mathematischen Schulkenntnisse nicht mehr aus. Die Methode der kleinen Schritte ermöglicht es aber, auch solche Bewegungen zumindest numerisch zu berechnen. Man errechnet aus der Beschleunigung die Geschwindigkeitsänderung in einem Zeitintervall und erhält so die neue Geschwindigkeit. Aus dieser Geschwindigkeit kann man die Ortsänderung und damit den neuen Ort berechnen.
Wenn man jedoch aus einer Videoanalyse nur die Ortsdaten z. B. eines Sprungwurfs (vgl. Kap. 17.3.1) hat, will man auch die beiden anderen Größen, die Geschwindigkeit und die Beschleunigung, kennen. Ähnlich der Methode der kleinen Schritte versucht man die Berechnung durchzuführen. Aus den Ortsdaten erhält man die Ortsänderung in einem bestimmten, kleinen Zeitabschnitt, welche die Geschwindigkeit ergeben. Die Geschwindigkeitsänderung in einem bestimmten, kleinen Zeitabschnitt gibt wiederum die Beschleunigung.

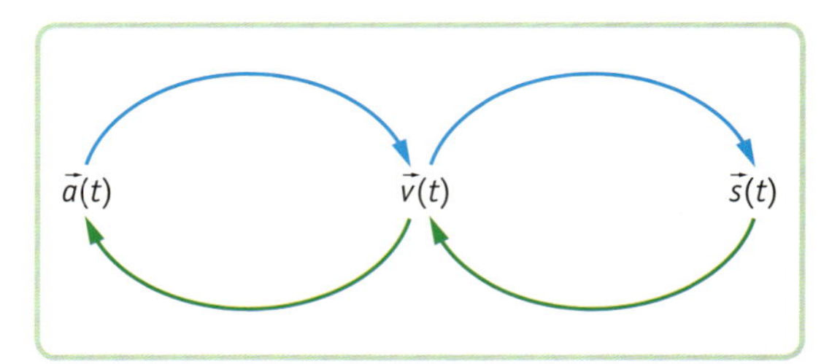

Abb. 17.9 ▶ Der Weg von der Beschleunigung zum Ort in der Methode der kleinen Schritte (blau), oder vom Ort zur Beschleunigung, wie bei der Auswertung der Videoanalyse (grün).

17.2 Ursache von Bewegungen: Dynamik

In der Dynamik wird der Zusammenhang zwischen der Bewegung eines Körpers und den auf ihn wirkenden Kräften untersucht. Kräfte beschreiben die Einwirkung eines Körpers auf einen anderen. Beispiele sind die Wirkung der Hand beim Kugelstoßen auf die Kugel, des Kopfes auf den Fußball beim Kopfball oder des Fußes des Hochspringers auf den Boden beim Absprung. Wenn eine Kraft auf einen Körper ausgeübt wird, dann ändert sich dessen Geschwindigkeit. Er kann sich dadurch schneller oder langsamer bewegen oder seine Bewegungsrichtung ändern (beim Kopfstoß ändert der Ball seine Bewegungsrichtung und meist auch sein Tempo). Die physikalische Größe Kraft gibt an, wie stark auf einen Körper eingewirkt wird und in welche Richtung die Einwirkung erfolgt. Formal wird sie deshalb durch einen Vektor beschrieben. Seine Länge ist ein Maß für die Stärke der Einwirkung. Die Pfeilrichtung gibt die Richtung an, in der auf den Körper eingewirkt wird (siehe dazu auch Kap. 16.1.1).
Zwischen der einwirkenden Kraft $\vec{F}$, der Einwirkungsdauer Δt, der Masse m des Körpers und der Änderung der Geschwindigkeit $\Delta\vec{v}$ besteht der Zusammenhang (zweites Newton'sches Gesetz):

$$m \cdot \Delta\vec{v} = \vec{F} \cdot \Delta t$$

Oft wird dieses Gesetz nach Umstellung in der Form

$$\vec{F} = m \cdot \frac{\Delta\vec{v}}{\Delta t} = m \cdot \vec{a}$$

geschrieben (Kraft gleich Masse mal Beschleunigung).

Beispiel zum zweiten Newton'schen Gesetz: Die Schlagkraft eines Boxers hängt vereinfacht von der Masse seiner Faust und der Beschleunigung der Faust ab. Will der Boxer seine Schlagkraft erhöhen, könnte er die Masse der Faust vergrößern, was nicht realistisch ist, oder die Faust stärker beschleunigen. Das erste Newton'sche Gesetz (der Trägheitssatz) lautet:

Abb. 17.10 ▶ Durchschnittliche Kraft auf den Ball während eines Kopfballs (Serienbildaufnahme, wodurch der Kopf mehrfach überlagert wird)

Ist die Summe der von außen auf einen Körper einwirkenden Kräfte gleich null, so verharrt er in seinem Bewegungszustand oder bleibt in Ruhe.

$\sum\vec{F} = 0 \Leftrightarrow \vec{v} = const.$

Im Grunde folgt dies aus dem zweiten Newton'schen Gesetz. Setzt man dort die Kraft null, so muss auch die Geschwindigkeitsänderung null sein, damit die Gleichung erfüllt ist.
Drittes Newton'sches Gesetz oder das Wechselwirkungsprinzip:

Die Kraft $\vec{F}_{12}$ mit der ein Körper 1 auf einen Körper 2 einwirkt, ist gegengleich groß zur Kraft $\vec{F}_{21}$, mit der Körper 2 auf Körper 1 einwirkt:

$\vec{F}_{12} = -\vec{F}_{21}$

Beispiel zum dritten Newton'schen Gesetz: Wird ein Handballer von einem gegnerischen Spieler angerempelt, so kann es passieren, dass der Sportler aus dem Gleichgewicht gerät. Während der Sportler mit seinem Körper eine Kraft $\vec{F}$ auf den Gegner ausübt, die die Geschwindigkeit des Gegners abbremst, übt der Gegner auf seinen Körper eine Reaktionskraft $-\vec{F}$ aus, die ihn nach hinten beschleunigt.

17.3 Bewegungserfassung mit Sensoren

Bewegungen können auf ganz unterschiedliche Weisen erfasst werden. Zum einen sind direkte Zeit-Orts-Messungen mit Stoppuhr, Messband und Federkraftmesser, aber auch indirekte Messungen durch Videoanalyse (vgl. Kap. 17.1.1) oder Auswertung von Serienbildern möglich (Abb. 17.4 und 17.10). Andererseits können die Daten auch elektronisch durch Kraft- oder Beschleunigungsmessung gewonnen werden.

17.3.1 Videoanalyse beim Handballsprungwurf

Der Sprungwurf (Abb. 17.12) ist einer der wichtigsten und am häufigsten angewandten Würfe im Handball. Ein solcher Sprungwurf wurde per Videoanalyse ausgewertet und dabei mehrere Punkte des Körpers beobachtet, da es sich um ein Zusam-

Abb. 17.11 ▶ Wechselwirkung bei Kopfstoß. $\vec{F}_{Ball}$ ist die Kraft, die der Ball auf den Kopf ausübt.

Abb. 17.12 ▶ Der spanische Nationalspieler Antonio Jesus García Robledo beim Sprungwurf

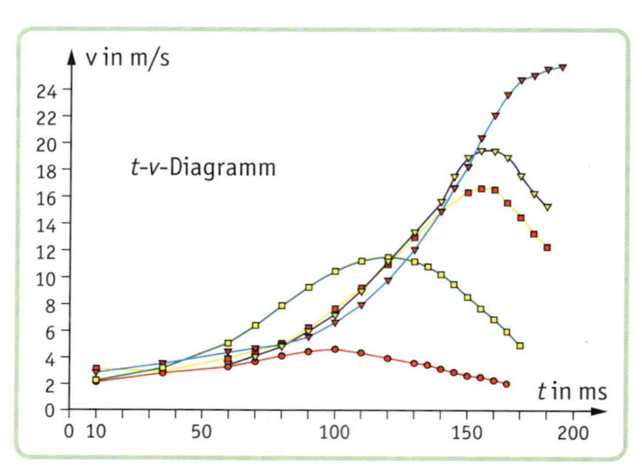

Abb. 17.13 ▶ Sprungwurf (▼ Ball, ▼ Hand, ● Handgelenk, ■ Ellenbogen, ■ Schulter)

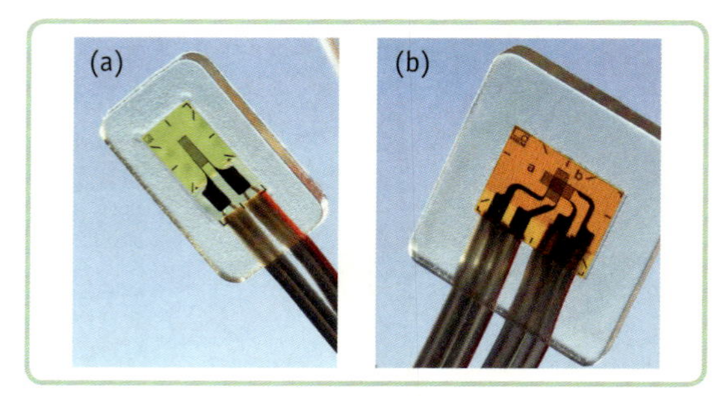

Abb. 17.14 ▶ (a) Detailaufnahme eines Dehnungsmessstreifens; (b) Ausführung zur gleichzeitigen Messung in zwei Richtungen

menspiel verschiedener Bewegungsabläufe handelt (Abb. 17.13).

Interessant an dem Diagramm ist, dass die Maximalbeschleunigungen bzw. -geschwindigkeiten der einzelnen Körperteile nicht gleichzeitig auftreten, sondern der Reihe nach von der Schulter über das Ellbogengelenk nach außen. Dies hängt mit den Eigenschaften der betroffenen Muskeln zusammen: Gleichzeitige maximale Beschleunigung von Schulter bis Handgelenk würde zu einer gegenseitigen Behinderung von verschiedenen Muskeln führen. Das aufeinanderfolgende Erreichen der Höchstgeschwindigkeiten der verschiedenen Körperteile ist am effektivsten.

Weitere Ergebnisse von Videoanalysen bei Wurfbewegungen:

- Bei guten Würfen ist der Beschleunigungsweg des Balles länger als bei schlechten. Der Kontakt zwischen Ball und Hand soll möglichst lang sein, die Ausholbewegung soll groß sein.
- Bei guten Würfen sind die maximalen Geschwindigkeiten aller beteiligten Körperteile größer als bei schlechten.
- Würfe auf niedrige Ziele (z. B. die unteren Ecken eines Tores) erfolgen im Allgemeinen mit höherer Ballgeschwindigkeit.

17.3.2 Die Kraftmessplatte

Eine sehr weit verbreitete und störungsunanfällige Methode, Kräfte zu messen, ist das sogenannte Dehnungsmessverfahren.

Bei dieser Messmethode wird die Verformung als Messsignal verwendet. Diese Verformung wird mithilfe eines sogenannten Dehnungsmessstreifens in ein elektrisches Signal umgewandelt und kann zum Beispiel von einem Computer gemessen und in eine Kraft umgerechnet werden.

Ein Dehnungsmessstreifen ist im Prinzip sehr einfach aufgebaut. Ein dünner Draht wird in Schlangenlinien auf ein dünnes Plastikplättchen aufgebracht. Dieses Plastikplättchen wird dann auf das Material geklebt, dessen Dehnung man messen will. Wird ein Metallstab, auf dem ein Dehnungsmessstreifen aufgeklebt ist, verformt, so wird auch der Draht auf dem Dehnungsmessstreifen gedehnt. Für den Widerstand eines Dehnungsmessstreifens gilt $R = \rho \cdot \frac{l}{A}$ (ρ spezifischer Widerstand, l Länge des Widerstandes, A Querschnittfläche des Widerstands, vgl. Kap. 14.2.1). Durch die Dehnung wird der Draht verlängert, und wegen des gleichbleibenden Volumens verkleinert sich sein Querschnitt. Dadurch ändert sich sein Widerstand. Er wird größer, und das wiederum ist elektrisch messbar. Aus dieser Änderung des Widerstandes kann man schließen, um wie viel sich der Draht gedehnt hat, daraus um wie viel sich der Metallstab verformt hat und daraus wiederum, wie groß die Kraft ist, die gerade auf den Metallstab wirkt.

Bei Kraftmessplatten sind in die Beine, mit denen die Platte auf dem Boden steht, Dehnungsmessstreifen eingebaut. Somit kann man feststellen, welche Kraft auf die Platte wirkt. Die einfachste Kraftmessplatte ist eine elektrische Personenwaage.

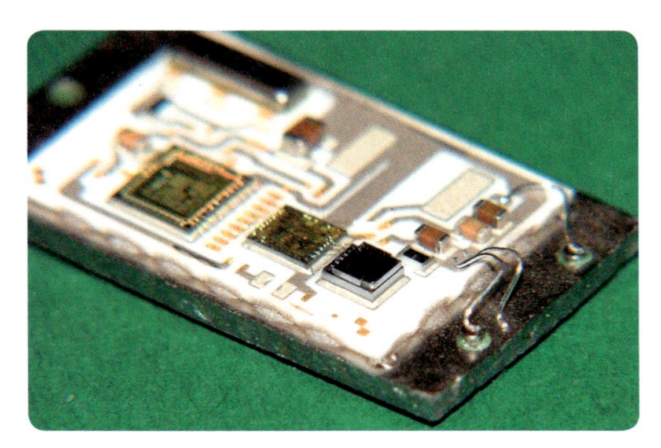

Abb. 17.15 ▶ Zerlegter Beschleunigungsmesser. Die seismische Masse ist das silberne Plättchen vorne rechts, wobei die große Seitenlänge etwa 1 bis 2 mm beträgt.

17.3.3 Der Beschleunigungsmesser

Ein Beschleunigungsmesser ist ein Sensor, der durch Kraftmessung die Beschleunigung eines Objektes misst. Es gibt verschiedene Möglichkeiten, die Kraftmessung durchzuführen. Eine der gängigsten ist die sogenannte kapazitive Methode.

Für die Beschleunigungsmessung kann die Trägheit eines kleinen Probekörpers im Inneren des Sensors, die sogenannte „seismische Masse" genutzt werden. Diese ist an einem dünnen, elastischen Stab befestigt. Wird das Messgerät beschleunigt, so wird die seismische Masse relativ gegen das Gehäuse aus seiner Ruhelage heraus verschoben.

Je nach Konstruktion können die Beschleunigungen in alle drei Raumrichtungen gleichzeitig gemessen werden. Durch Gegenkräfte, die durch federnde Elemente in der jeweiligen Raumrichtung erzeugt werden, stellt sich je nach wirkender Kraft eine bestimmte Ortsauslenkung des Probekörpers ein. Diese ist proportional zur wirkenden Kraft (Hooke'sches Gesetz). Mit dem zweiten Newton'schen Gesetz folgt hieraus unmittelbar die Beschleunigung. Zur Bestimmung der Ortsauslenkung sind am Probekörper parallel zu den Raumrichtungen Plättchen angebracht, die sich in einem Kondensator bewegen. Diese Verschiebung sorgt dafür, dass eine an den Kondensatorplatten anliegende elektrische Spannung messbar verändert wird (vgl. Kap. 6.3.4). Die Spannungsänderung wird dann von einer Auswerteelektronik in Beschleunigungswerte umgerechnet.

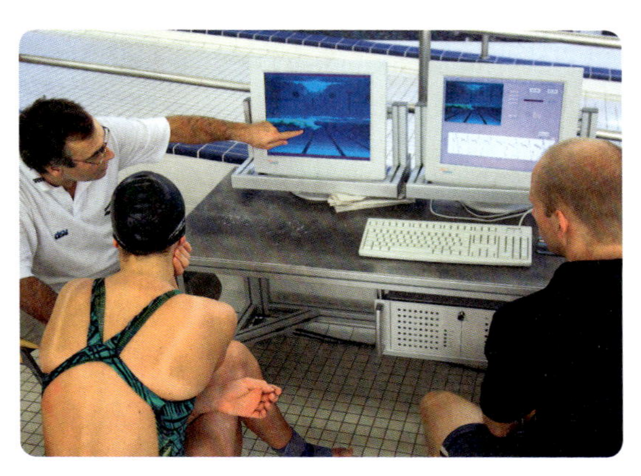

Abb. 17.16 ▶ Auswertung einer Schwimmphase mithilfe von Beschleunigungsmessung

17.3.4 Beschleunigungsmesser in der Bewegungsanalyse

Bisher wurden zur Überprüfung der Schwimmtechnik von Leistungssportlern meistens zwei Videokameras und ein Geschwindigkeitsmesser mit Zugseil verwendet. An einem solchen Leistungsdiagnostik-Messplatz werden die Schwimmer im Wasser an ein dünnes Seil, das auf einer Kabeltrommel aufgewickelt ist, gelegt. Wird nun dieses Seil durch die Schwimmer abgewickelt, so wird die Trommel in Rotation versetzt und aus deren Drehgeschwindigkeit auf die Geschwindigkeit des Schwimmers geschlossen. Das Problem hierbei ist, dass das Seil immer straff gehalten werden muss, was eine Kraft von ca. 10 N notwendig macht. Dadurch werden die Schwimmer permanent gebremst. Außerdem ist es mit dieser Technik nicht möglich, den Sprung ins Wasser oder das Wenden zu untersuchen.

Die Forscher des EuropeanMediaLaboratory (EML) haben einen Beschleunigungsmesser entwickelt, den der Athlet während der ganzen Schwimmphase bei sich trägt und der alle auftretenden Beschleunigungen speichert. Die so gewonnenen Daten können anschließend am Rechner ausgelesen und ausgewertet werden. Es wird so möglich, den Absprung vom Startblock, die Sprungweite, die einzelnen Armzüge und Beinschläge zu erfassen, aber auch die exakten Bahnzeiten und die Wendevorgänge genau zu analysieren.

17.4 Wie nimmt der Mensch Beschleunigungen wahr?

Mit dem Vestibularapparat im Innenohr können alle notwendigen Arten von Beschleunigung registriert werden. Er besteht aus den drei Bogengängen zur Erkennung von Drehbewegungen und einem Vorhof. Der Vorhof ist für die Erkennung von Linearbeschleunigungen zuständig. Er enthält zwei miteinander verbundene Säckchen (Sacculus und Utriculus), die mit einer Flüssigkeit gefüllt sind und in deren Wand sich jeweils ein Sinnesfeld befindet.

Diese Sinnesfelder bestehen aus Haarzellen, die sich zum Erfassen der Beschleunigungen verbiegen. Die kleine Kugel auf den Sinneshärchen (Abb. 17.18), die für die Auslenkung der Haarzellen verantwortlich ist, entspricht der seismischen Masse im technischen Beschleunigungssensor.

Die Zelle selbst erzeugt je nach Verbiegung ein unterschiedlich starkes Signal (vgl. Kap. 12.2). Diese Haarzellen haben eine unvorstellbare Empfindlichkeit. Sie sind in der Lage, Kräfte von $7 \cdot 10^{-13}$ N zu detektieren.

An diesem Beispiel sieht man schön, dass die moderne Sensorentechnik nicht erst eine Erfindung des Menschen ist, sondern sich im Laufe der Evolution schon viel früher genau das gleiche Messprinzip entwickelt hat. Die körpereigenen Beschleunigungssensoren des Menschen sind um Größenordnungen kleiner als ein Beschleunigungsmesser und haben einen um Größenordnungen größeren Messbereich.

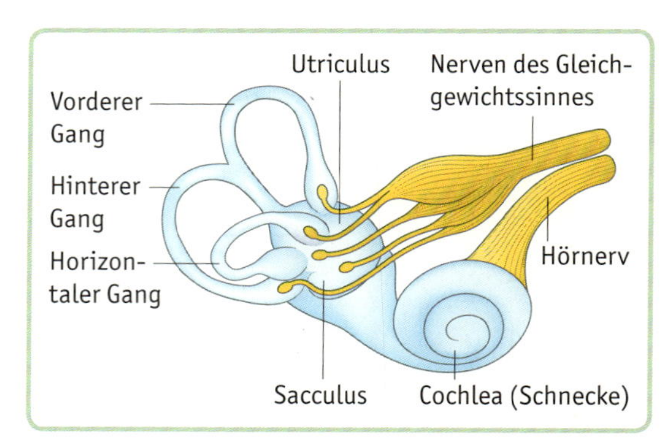

Abb. 17.17 ▶ Der menschliche Vestibularapparat im Innenohr

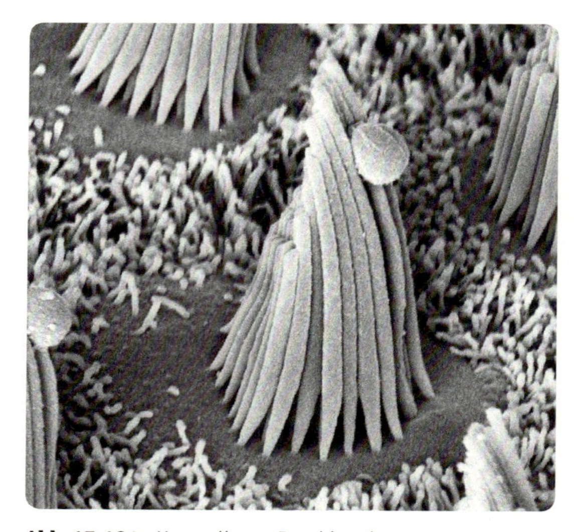

Abb. 17.18 ▶ Haarzelle zur Beschleunigungsmessung

17.5 Modellierung von Bewegungsabläufen

Ziel der Biomechanik ist es nicht nur, Bewegungsabläufe zu dokumentieren, sondern sie zu modellieren, um sie zu verstehen. Am Beispiel der Kniebeuge und zweier verschiedener Sprünge soll dies nun exemplarisch durchgeführt werden. Dabei werden nur Kräfte senkrecht zum Boden betrachtet.

17.5.1 Die Kniebeuge

Wenn man ruhig auf der Kraftmessplatte steht, wirkt nur die Gewichtskraft $\vec{F}_G = m \cdot \vec{g}$, und nur diese wird registriert. Die Kraftmessplatte übt nach dem dritten Newton'schen Gesetz eine zur Gewichtskraft gegengleiche Kraft $\vec{F}_{Boden}$ auf die Person aus, wodurch die Summe der an der Person angreifenden Kräfte gleich null ist ($\vec{F}_G + \vec{F}_{Boden} = \vec{F}_G + (-\vec{F}_G) = 0$) und die Person, die ruhig auf der Platte steht, auch in Ruhe bleibt (erstes Newton'sches Gesetz).

Bei einer Kniebeuge kann man die Bewegung in sieben Abschnitte aufgliedern.

1. Abschnitt: Die Person ist in Ruhe, sie wird nicht beschleunigt.

2. Abschnitt: Die Person lässt ihren Schwerpunkt nach unten „fallen", der Schwerpunkt führt also eine beschleunigte Bewegung aus ($\vec{a}$ zeigt nach unten).

3. Abschnitt: Die Bewegung nach unten muss abgebremst werden. Dazu benötigt man eine Kraft nach oben, und folglich ist die Beschleunigung des Schwerpunktes nach oben gerichtet.

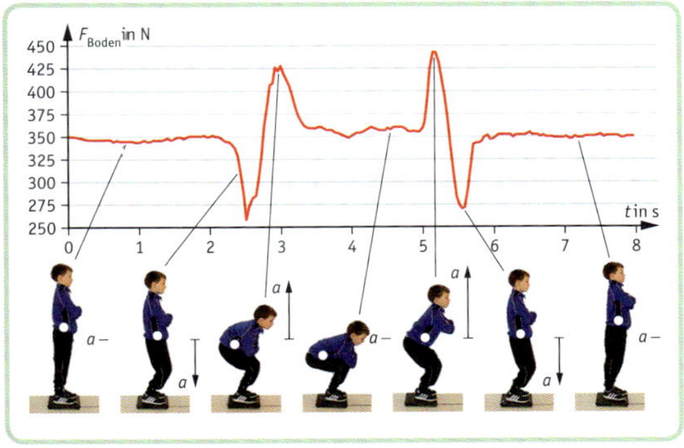

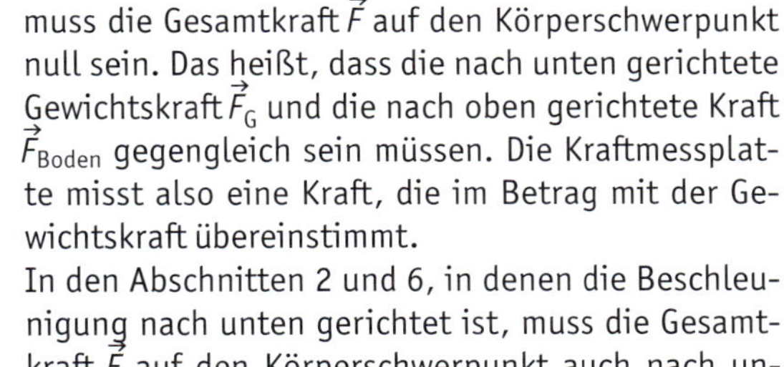

Abb. 17.19 ▶ Kniebeuge einer Person mit $m = 35$ kg, also $|\vec{F}_G|$ etwa 350 N (weiß: Schwerpunkt)

Abb. 17.20 ▶ Kniebeuge einer Person, die ihren Schwerpunkt (weiß) nach unten „fallen" lässt.

4. Abschnitt: Die Person und somit auch ihr Körperschwerpunkt befinden sich in Ruhe. Der Körper wird nicht beschleunigt.

5. Abschnitt: Die Person bewegt sich nach oben. Der Körperschwerpunkt wird nach oben beschleunigt.

6. Abschnitt: Die Bewegung nach oben muss abgebremst werden. Dazu benötigt man eine Beschleunigung nach unten.

7. Abschnitt: Die Person und somit auch ihr Körperschwerpunkt befinden sich in Ruhe, es wirkt also keine Beschleunigung.

Die wirkende Kraft auf den Schwerpunkt der Person ist proportional zur wirkenden Beschleunigung. Die Kraftmessplatte kann allerdings nur die Kraft $\vec{F}_{Boden}$ messen, die sich aber aus der Summe von $\vec{F}_G$ und $\vec{F}$ ergibt.

In den Abschnitten 1, 4 und 7 ohne Beschleunigung muss die Gesamtkraft $\vec{F}$ auf den Körperschwerpunkt null sein. Das heißt, dass die nach unten gerichtete Gewichtskraft $\vec{F}_G$ und die nach oben gerichtete Kraft $\vec{F}_{Boden}$ gegengleich sein müssen. Die Kraftmessplatte misst also eine Kraft, die im Betrag mit der Gewichtskraft übereinstimmt.

In den Abschnitten 2 und 6, in denen die Beschleunigung nach unten gerichtet ist, muss die Gesamtkraft $\vec{F}$ auf den Körperschwerpunkt auch nach unten gerichtet sein. Da die nach unten gerichtete Gewichtskraft unverändert bleibt, muss die Kraft $\vec{F}_{Boden}$, welche nach oben gerichtet ist, vom Betrag her kleiner als die Gewichtskraft sein. Die Kraftmessplatte misst also eine Kraft $\vec{F}_{Boden}$ mit $|\vec{F}_{Boden}| < |\vec{F}_G|$.

In den Abschnitten 3 und 5, in denen die Beschleunigung nach oben gerichtet ist, muss die Gesamtkraft $\vec{F}$ auf den Körperschwerpunkt auch nach oben gerichtet sein. Analog zu der obigen Überlegung erhält man: Für die von der Kraftmessplatte gemessene Kraft gilt $|\vec{F}_{Boden}| > |\vec{F}_G|$.

17.5.2 Der Sprung aus dem Stand senkrecht nach oben

Die Anfangsphase eines Sprunges aus dem Stand, bei dem man zum Schwungholen in die Knie geht, ist mit der Anfangsphase der Kniebeuge fast identisch. Wieder bewegt sich der Körperschwerpunkt zu Beginn des Sprunges nach unten: Der Körperschwerpunkt wird nach unten beschleunigt. Folglich ist die Gesamtkraft auf die Person nach unten gerichtet (zweites Newton'sches Gesetz). Jetzt aber verändert sich der Bewegungsablauf im Vergleich zur Kniebeuge.

Die Bewegung nach unten wird wie im Abschnitt 3 der Kniebeuge wieder abgefangen, der Körperschwerpunkt wird nach oben gegen die Bewegungsrichtung beschleunigt. Aber diese Beschleunigung endet nicht, wenn der Körperschwerpunkt in Ruhe ist, sondern wird aufrechterhalten, so dass sich der Körper nach oben bewegt.

Die Beschleunigung ist deutlich größer als die, welche benötigt wird, um die Bewegung nach unten zu stoppen. Man sieht, dass der Körperschwerpunkt sich nach oben bewegt, und man hebt ab. Dadurch wird die Verbindung zur Kraftmessplatte aufgeho-

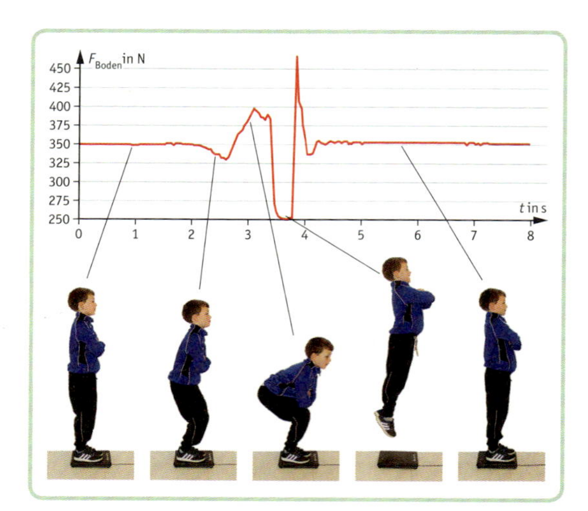

Abb. 17.21 ▶ Sprung einer Person mit m = 35 kg aus dem Stand, also F_G etwa 350 N

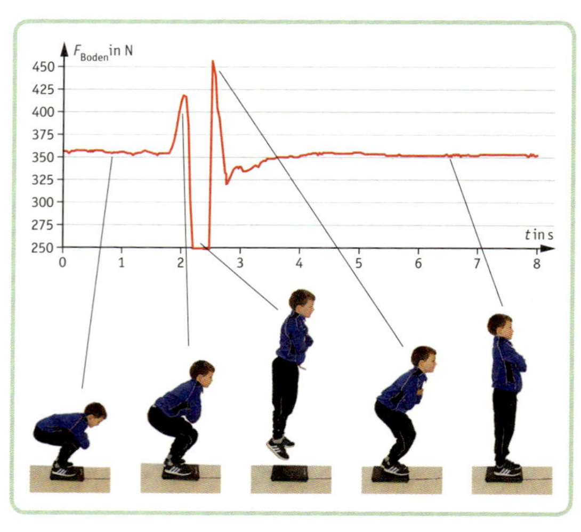

Abb. 17.22 ▶ Sprung einer Person mit m = 35 kg aus der Hocke, also F_G etwa 350 N

ben. Somit wird während der Flugphase keine Kraft mehr registriert.

Die Landephase auf der Messplatte kann man sich wie eine Kniebeuge nach unten vorstellen. Man muss den Körperschwerpunkt, der sich nach unten bewegt, abfangen. Dazu wird dieser nach oben beschleunigt. Somit ist die Gesamtkraft auf die Person wieder nach oben gerichtet (vgl. Abschnitt 3). Man drückt stark gegen den Boden, wodurch die von der Kraftmessplatte gemessene Kraft und damit auch die Kraft, die von der Platte auf die Person wirkt, sehr viel größer als die Gewichtskraft der Person ist. Ist der Körperschwerpunkt abgefangen, so ist man wieder in der aufrecht stehenden Ausgangsposition und die von der Kraftmessplatte aufgezeichnete Kraft gleich der Gewichtskraft der Person.

17.5.3 Der Sprung aus der Hocke senkrecht nach oben

Die Landephase eines Sprunges aus dem Stand unterscheidet sich nicht von der Landephase eines Sprunges aus einer gehockten Position. Jedoch ist der Absprung deutlich unterschiedlich. Nachdem man zu Beginn der Bewegung schon in der gehockten Position ist, kann man die anfängliche Kniebeuge nur noch erahnen, oder diese fällt völlig weg. Der Körperschwerpunkt wird nach oben beschleunigt, so lange bis man abhebt.

▶ Aufgaben

1 Abschlaggeschwindigkeit eines Golfballs

Physikalisch gesehen ist der Abschlag eines Balles der umgekehrte Fall des Fangens. Die Verformungen sind hier im mm- bis cm-Bereich, Golfbälle wiegen zwar nur 50 Gramm, werden aber bei einem Drive-Schlag mit ca. 20 000 g (g = 9,81 m/s^2) in 57 Mikrosekunden auf eine hohe Geschwindigkeit gebracht. Berechnen Sie die Abschlaggeschwindigkeit eines Golfballs.

2 Fabelrennen von Tokyo

25. August 1991, 19:05, Olympiastadion Tokyo: Sechs Läufer überquerten die Ziellinie fast in einer Reihe, aber CARL LEWIS hatte buchstäblich einen Bruchteil einer Sekunde Vorsprung auf die anderen Läufer und in einer Weltrekordzeit von 9,86 Sekunden gewonnen. Das Rennen ging in die Geschichte ein als das erste Rennen, in dem sechs Läufer die 100-m-Strecke in weniger als 10 Sekunden liefen:

- Carl Lewis (9,86 s; neuer Weltrekord)
- Leroy Burrell (9,88 s; läuft eine persönliche Bestleistung, verliert aber trotzdem seinen Weltrekord)
- Denis Mitchell (9,91 s)
- Linford Christie (9,92 s; neuer Europarekord)
- Frankie Fredericks (9,95 s; neuer Afrikarekord)
- Ray Stewart (9,96 s; neuer jamaikanischer Rekord).

Beantworten Sie mit dem Zeitprotokoll von Carl Lewis und Leroy Burrell (Abb. 17.23) folgende Fragen:

a) Wer von beiden hatte den besseren Start?
b) Wann machte Carl Lewis die Zeit auf Leroy Burrell gut?
c) Wie schnell lief Carl Lewis durchschnittlich bei seinem Weltrekordrennen?
d) Wie schnell lief er auf den ersten zehn Metern?
e) Wie schnell lief er auf den letzten zehn Metern?
f) Zeichnen Sie ein Weg-Geschwindigkeitsdiagramm der beiden Sprinter.

3 Schwimmbewegungen unter der Lupe

Mit dem System aus Abb. 17.16 erhält man das Bewegungsdiagramm in Abb. 17.24 beim Brustschwimmen.

a) Machen Sie sich klar, warum in Position 1 die gezeigten Geschwindigkeits- und Beschleunigungswerte auftreten.
b) Begründen Sie, welche Schwimmphasen den Positionen 2, 3 und 4 zuzuordnen sind.
c) Wie hängen allgemein die Graphen für Geschwindigkeit und Beschleunigung miteinander zusammen? Geben Sie eine physikalische Begründung dafür an.

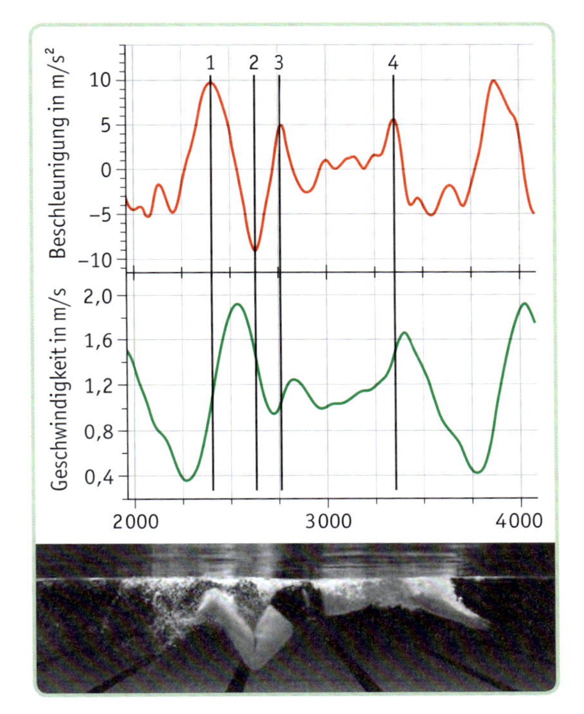

Abb. 17.24 Diagramm einer Schwimmbewegung und Momentanbild des Schwimmers zu der Position 1.

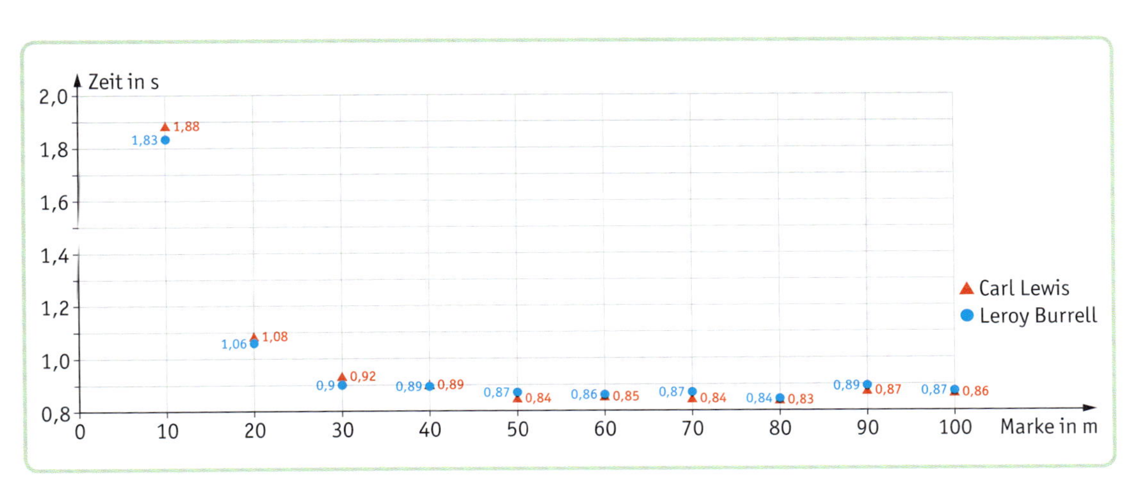

Abb. 17.23 zu Aufgabe 2: Zeitprotokoll des Rennens

4 Skiunfall

Beim Skifahren fällt ein Kind aus 1 m Höhe mit dem Kopf (m = 3 kg) auf eine harte Piste. Die Gesamtverformung von Piste und Kopf beträgt 3 mm.

a) Wie groß ist die mittlere Bremskraft?
b) Wie groß wäre die mittlere Bremskraft gewesen, wenn ein Helm (Helmverformung 1 cm) getragen worden wäre?

5 Anfahren eines Radfahrers

Ein Radfahrer beschleunigt aus dem Stand mit einer konstanten Kraft von 120 N. Seine Masse beträgt 70 kg, die Masse des Fahrrades 10 kg.

a) Berechnen Sie die Beschleunigung des Radfahrers und seine Geschwindigkeit (in km/h) nach 10 s.
b) Welchen Weg hat der Radfahrer nach 10 s zurückgelegt?

6 Untersuchung von Bewegungen

Um Bewegungen physikalisch zu untersuchen, werden Kraftmessplatten, Beschleunigungssensoren oder Videoanalysen verwendet.
Wie könnte ein Zeit-Kraft-Diagramm in den folgenden Fällen etwa aussehen?
Fertigen Sie jeweils eine Skizze Ihrer Vermutung an, begründen Sie die einzelnen Phasen und messen Sie danach den entsprechenden Vorgang.

a) Sie stehen ruhig auf der Messplatte.
   Sie stehen zunächst ruhig, gehen dann in die Knie und bleiben in der Hockstellung ruhig.
   Sie sind zunächst ruhig in der Hockstellung, stehen dann auf und bleiben aufrecht stehen.
   Sie führen eine Kniebeuge durch.
b) Sie sind zunächst ruhig in der Hockstellung, stoßen sich kräftig nach oben ab, springen in die Höhe und landen wieder auf der Messplatte.
   Sie stehen zunächst ruhig, gehen dann in die Knie, stoßen sich kräftig nach oben ab, springen in die Höhe und landen wieder auf der Messplatte.
   Bei welcher Sprungtechnik können Sie höher springen? Kann man das schon aus dem Zeit-Kraft-Diagramm erkennen?
c) Sie steigen die Treppen hinauf und herunter. Kann man erkennen, mit welchem Bein Sie jeweils aufgetreten sind?
d) Sie stehen zunächst ruhig auf dem Boden, stoßen sich kräftig nach oben ab und springen auf die Messplatte, die ca. 30 cm erhöht steht. Das ist ein sogenannter Hochsprung beim Leichtathletiktraining.
e) Sie stehen zunächst ruhig auf einem Hocker ca. 30 cm über der Kraftmessplatte, stoßen sich nach oben ab und springen auf die Messplatte. Das ist ein sogenannter Niedersprung beim Leichtathletiktraining.
   Bei welcher Trainingsform werden ihre Muskel und Gelenke stärker belastet?
f) Folgende Versuche können Sie sowohl mit einem Fahrrad als auch mit Inlineskates durchführen. Achten Sie aber immer auf die entsprechenden Sicherheitsvorkehrungen!
   Sie fahren aus dem Stand los.
   Sie fahren mit konstanter Geschwindigkeit und werden dann schneller.
   Sie fahren mit konstanter Geschwindigkeit und werden dann langsamer.
   Sie fahren eine Kurve.
   Sie fahren eine enge Kurve und eine weite Kurve.

7 Eigene Ideen untersuchen

Überlegen Sie sich selbst Situationen, die Sie untersuchen wollen. Beschreiben Sie diese und skizzieren Sie wieder zuerst den von Ihnen vermuteten Zeit-Kraft-Verlauf. Begründen Sie diesen und führen Sie anschießend die Messung durch.
Überlegen Sie sich, ob es sinnvoller ist, mit der Kraftmessplatte oder mit dem Beschleunigungsmesser zu arbeiten.

8 Fangen eines Handballs

Handballspieler fangen die Bälle oft nur mit einer Hand. Ein Handball ist im Mittel 450 g schwer und beim Pass hat der Ball eine Geschwindigkeit von 20 m/s. Wie ist es möglich, solch einen Wurf zu fangen, wenn man mit einem Arm nur eine Kraft von ca. 300 N aufbringen kann?

18 Strömungsmechanik*

18.1 Der Blutkreislauf beim Menschen

Zur Aufrechterhaltung der biologischen Funktionen des menschlichen Organismus ist ein Versorgungs- und Transportsystem erforderlich: das Blutgefäßsystem. Es sorgt für den Transport von Sauerstoff, Nährstoffen, Wasser, Elektrolyten, Hormonen, Abwehrzellen und für den Abtransport von Abfallprodukten des Stoffwechsels. Kommt der Blutkreislauf zum Stillstand, treten schon nach wenigen Minuten irreversible organische Schäden auf.

Das Blut besteht aus einer wässrigen Lösung (Plasma), in der feste Bestandteile aufgeschwemmt sind: rote Blutkörperchen (Erythrozyten), weiße Blutzellen (Leukozyten) und Blutplättchen (Thrombozyten).

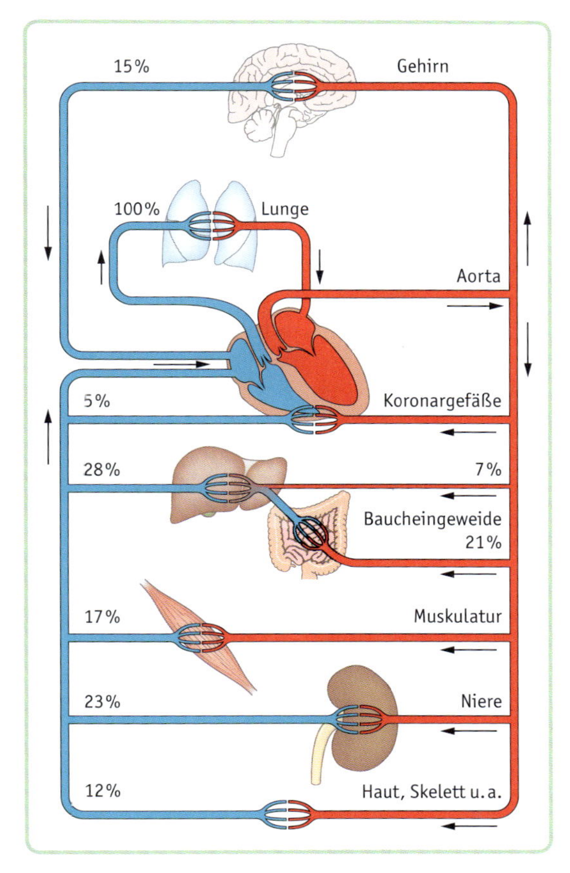

Abb. 18.1 ▶ Schematische Darstellung des menschlichen Blutkreislaufs mit Angabe der durchschnittlichen prozentualen Verteilung des vom Herzen ausgestoßenen Blutvolumens

Die für den Fluss des Blutes erforderlichen Druckdifferenzen werden durch Kontraktionen der Herzmuskeln erzeugt. Abb. 18.1 zeigt den prinzipiellen Aufbau des Blutgefäßsystems.

Beim Lungenkreislauf wird sauerstoffarmes und kohlenstoffdioxidreiches Blut aus der rechten Herzhälfte ausgestoßen, fließt durch das Lungengefäßsystem, nimmt Sauerstoff auf, gibt CO_2 ab und fließt dann zurück zur linken Herzhälfte. Von dort wird es durch die Blutgefäßsysteme der anderen Organe gepumpt, versorgt diese mit Stoffen, nimmt Stoffwechselprodukte auf und fließt zurück in die rechte Herzhälfte.

Die vom Herzen wegführenden Arterien verzweigen sich in Arteriolen bis hin zu den kleinsten Blutgefäßen, den Kapillaren. Diese haben einen Durchmesser von 5 bis 10 µm. Die Kapillaren bilden ein feinverästeltes Netzwerk in den Geweben des Körpers und sorgen für den Stoffaustausch durch Diffusion zwischen Blut und Gewebe. Die Kapillaren vereinigen sich zu Venolen und diese zu den Venen, die zum Herzen zurückführen. Die größten Arterien und Venen haben einen Durchmesser bis zu 2 cm.

Während der Kontraktion der linken Herzkammer (Systole genannt) steigt der Blutdruck in den Arterien auf etwa 14 kPa. Die Arterien dehnen sich dabei etwas aus. Dadurch erfolgt der Druckanstieg langsamer und in der Erschlaffungsphase des Herzmuskels (Diastole) ist der Druckabfall ebenfalls verlangsamt, weil sich die Arterien elastisch zusammenziehen. Der untere Wert des Blutdrucks beträgt etwa 11 kPa.

In der Medizin wird der Blutdruck traditionell angegeben durch die Höhe einer Quecksilbersäule, die gerade den entsprechenden Druck erzeugt. 1 mmHg entspricht 133,322 Pa. Durchschnittswerte für den Blutdruck in dieser Maßeinheit sind 120 mmHg bzw. 80 mmHg für den systolischen bzw. den diastolischen Druck. Werte über 140 mmHg bzw. 90 mmHg werden als zu hoch angesehen. Zu hoher Blutdruck kann langfristig zu Schädigungen der Blutgefäße führen.

18.2 Kontinuitätsgleichung und Strömungsgeschwindigkeit

Das Blut kann als eine inkompressible Flüssigkeit angesehen werden. Dann fließt durch jeden Querschnitt A eines Blutgefäßes pro Sekunde die gleiche Flüssigkeitsmenge ΔV. Der Volumenstrom $I_V = \frac{\Delta V}{\Delta t}$ an den Orten 1 und 2 in Abb. 18.2 ist deshalb gleich groß:

$$\frac{\Delta V_1}{\Delta t} = \frac{A_1 \cdot L_1}{\Delta t} = \frac{A_2 \cdot L_2}{\Delta t} = \frac{\Delta V_2}{\Delta t}$$

Kontinuitätsgleichung der Strömungsmechanik

Zwischen der (mittleren) Strömungsgeschwindigkeit v und der Querschnittsfläche A besteht ein einfacher Zusammenhang, der aus der Kontinuitätsgleichung folgt:

$$\frac{\Delta V_1}{\Delta t} = \frac{A_1 \cdot L_1}{\Delta t} = A_1 \cdot \frac{L_1}{\Delta t} = A_1 \cdot v_1 = \frac{\Delta V_2}{\Delta t}$$

$$= \frac{A_2 \cdot L_2}{\Delta t} = A_2 \cdot v_2 \quad \text{oder} \quad A_1 \cdot v_1 = A_2 \cdot v_2$$

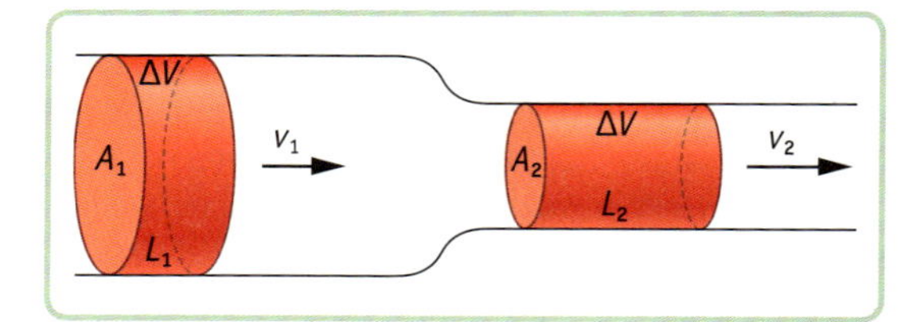

Abb. 18.2 ▶ Ein Rohr verengt sich an einer Stelle. Durch die Querschnitte A_1 und A_2 fließt pro Sekunde die gleiche Menge an Flüssigkeit.

An den Stellen mit größerem Querschnitt A fließt das Blut also mit einer geringeren Geschwindigkeit. Der gesamte Querschnitt aller parallelen Kapillaren, in die sich die Hauptschlagader (Aorta) letztlich verzweigt, ist etwa 1000-mal größer als der der Aorta. In der Aorta fließt das Blut mit einer Geschwindigkeit von etwa 0,2 m/s. Dann liegt die Strömungsgeschwindigkeit in den parallelen Kapillaren in der Größenordnung von 0,2 mm/s. Damit ist im Gewebe ausreichend Zeit für den Stoffaustauch zwischen dem Blut in den Kapillaren und dem Gewebe gegeben.

18.3 Der Zusammenhang zwischen Druck und Geschwindigkeit: das Gesetz von Bernoulli

Ändert sich der Querschnitt eines Blutgefäßes, z. B. durch Ablagerungen an der Gefäßwand, dann ändert sich nach der Kontinuitätsgleichung auch die Strömungsgeschwindigkeit des Blutes. Gleichzeitig ändern sich dabei auch die Druckverhältnisse. Zwischen Strömungsgeschwindigkeit v und Druck p gibt es an jeder Stelle einen Zusammenhang, der durch die Bernoulli-Gleichung beschrieben wird.
Wenn eine Flüssigkeit zu einer Verengungsstelle hinströmt, verringert sich der Druck. Um dieses erstaunliche Verhalten in einer Strömung zu verstehen, wird ein kleiner Würfel (Abb. 18.3) betrachtet, den man sich aus dem Wasser herausgeschnitten denkt. In der Verengungsstelle muss die Geschwindigkeit des Würfels größer werden, denn die Fließgeschwindigkeit nimmt zu. Das bedeutet, der Würfel wird in Richtung der Engstelle positiv beschleunigt. Dann muss die Druckkraft auf die linke Würfelseite größer als die auf die rechte Seite sein. Damit ist der Druck in dem linken, weiten Rohr größer als im rechten, engen Rohr. Folglich ist in einem Rohrabschnitt, in dem die Flüssigkeit schneller fließt als in einem anschließenden dickeren Rohrstück, der Druck in der Flüssigkeit kleiner. Druck und Geschwindigkeit verhalten sich gegenläufig.
Dies kann auch experimentell nachgewiesen werden (Abb. 18.4). Aus einem großen Vorratsgefäß fließt Wasser durch ein Rohr, bei dem an mehreren Stellen durch Steigrohre der Druck angezeigt wird.

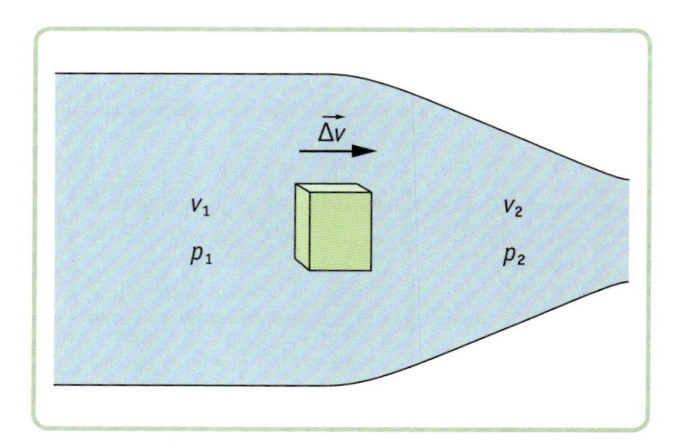

Abb. 18.3 ▶ Eine Flüssigkeit ströme von links nach rechts gegen eine Verengung. Dann ist $v_1 < v_2$ und $p_1 > p_2$.

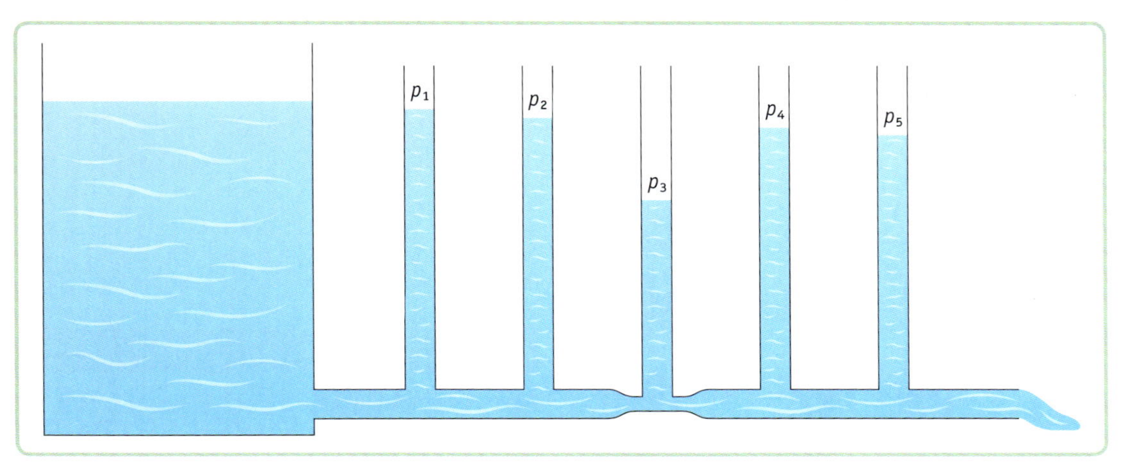

Abb. 18.4 Durch das Rohr mit einer Verengungsstelle fließt Wasser. Das Wasser in den Steigrohren gibt durch seine Höhe den Druck an der jeweiligen Stelle an. An der Verengungsstelle, durch die das Wasser mit größerer Geschwindigkeit fließt, sinkt der Druck und steigt anschließend wieder an. Der geringfügige Druckabfall von p_1 bis p_5 ist auf die Reibung zurückzuführen: Um die Flüssigkeit gegen den Reibungswiderstand durch die Rohrstücke zwischen den Steigrohren zu treiben, ist eine Druckdifferenz erforderlich.

Herleitung der Bernoulli-Gleichung

Die resultierende Kraft auf den Wasserwürfel (Kantenlänge L) in Strömungsrichtung in Abbildung 18.3 ist gegeben durch die Summe der beiden Druckkräfte auf die linke und die rechte Würfelseite:

$$F_{res} = (p_1 - p_2) \cdot A$$

In der Zeit Δt legt der Würfel die Strecke L zurück, und zwar mit der mittleren Geschwindigkeit $v_m = \frac{v_1 + v_2}{2}$. Die Masse des Würfels ist $m = \rho \cdot V = \rho \cdot L \cdot A$ (wobei ρ die Dichte der Flüssigkeit ist). Einsetzen in die Newton'sche Bewegungsgleichung ergibt:

$$F_{res} = (p_1 - p_2) \cdot A = m \cdot \frac{\Delta v}{\Delta t} =$$

$$\rho \cdot A \cdot L \cdot \frac{v_2 - v_1}{\Delta t} = \rho \cdot A \cdot (v_2 - v_1) \cdot \frac{L}{\Delta t} =$$

$$\rho \cdot A \cdot (v_2 - v_1) \cdot v_m = \rho \cdot A \cdot (v_2 - v_1) \cdot \frac{v_1 + v_2}{2} =$$

$$\frac{1}{2} \rho \cdot A \cdot (v_2^2 - v_1^2)$$

Gleichsetzen der beiden markierten Terme und Umstellen liefert die Bernoulli-Gleichung:

$$p_1 + \frac{1}{2} \cdot \rho \cdot v_1^2 = p_2 + \frac{1}{2} \cdot \rho \cdot v_2^2$$

Das bedeutet: An jeder Stelle einer Strömung durch ein Rohr oder ein Blutgefäß hat die Summe aus Druck p in der Flüssigkeit und $\frac{1}{2} \cdot \rho \cdot v^2$ den gleichen Wert. An den Stellen mit hoher Strömungsgeschwindigkeit ist der Druck kleiner als an den Stellen mit geringer Strömungsgeschwindigkeit.

18.4 Stromlinienbilder und stationäre Strömungen

Werden in einem Strömungsrohr mit unterschiedlichen Querschnitten die Wege mitschwimmender Teilchen kontinuierlich aufgezeichnet, erhält man Bilder wie in Abbildung 18.5. Man nennt diese Darstellungen Stromlinienbilder. Aus ihnen kann man ablesen, an welchen Stellen sich der Druck ändert. Dort, wo die Stromlinien enger zusammenliegen, ist die Strömungsgeschwindigkeit größer als in den Bereichen, in denen sie weiter auseinanderliegen. Dort ist nach der Bernoulli-Gleichung der Druck kleiner als in den aufgeweiteten Rohrabschnitten.
Bleibt in jedem Bereich der Flüssigkeit der Strömungszustand zeitlich unverändert, spricht man

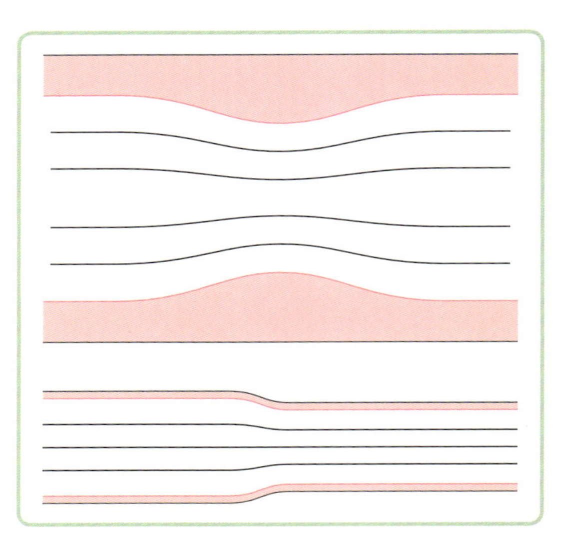

Abb. 18.5 ▶ Stromlinienbilder in einer Rohrströmung

von einer stationären Strömung. Nur für diesen Fall gelten die bisher dargestellten Gesetze (Kontinuitätsgleichung und Bernoulli-Gleichung).

18.5 Anwendung der Bernoulli-Gleichung auf Stenose, Thrombose und Aneurysma

An den Wänden der Blutgefäße können sich Fettsubstanzen und Kalk ablagern und damit den Gefäßquerschnitt verengen. Dies wird Stenose genannt. Der Blutstrom wird reduziert und dies kann zu Mangelerscheinung in Körperteilen führen.

Die Gefahr eines Verschlusses wird zusätzlich erhöht, weil die Bernoulli-Gleichung gilt. In Abbildung 18.6 ist eine Ablagerung in einer Arterie dargestellt. Das um das Blutgefäß herum liegende Gewebe übt von außen auf das Gefäß einen Druck aus. Diesem wirkt von innen der normale Blutdruck entgegen und kompensiert den Außendruck. Nach der Bernoulli-Gleichung sinkt an der Ablagerungsstelle der Blutdruck. Fällt der Innendruck an der Ablagerungsstelle unter einen kritischen Wert, dann kann die Arterie zusammengedrückt und der Blutstrom unterbrochen werden mit Folgeschäden für das nicht versorgte Gewebe. Die physikalischen Gesetze der Strömungsmechanik führen also dazu, dass an einer Verengung in einem Blutgefäß die Gefahr eines Selbstverschließens besteht.

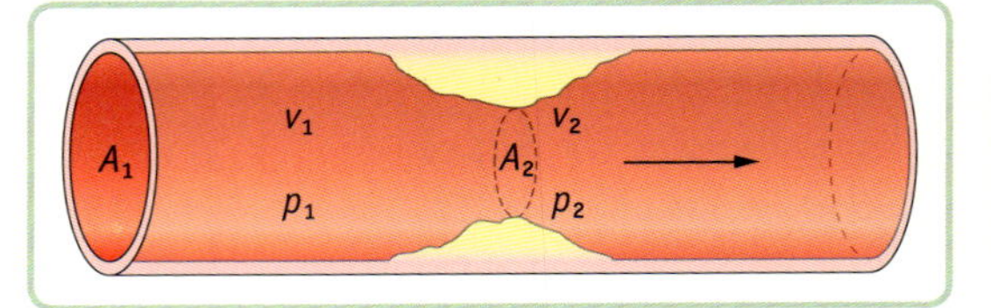

Abb. 18.6 ▶ Verengung in einer Arterie durch Ablagerungen (gelb). Das Blut fließt durch $A_2 < A_1$, daher ist die Strömungsgeschwindigkeit $v_2 > v_1$ und der Druck $p_2 < p_1$.

▶ Beispiel

Eine Arterie habe eine innere Querschnittsfläche A_1 von 20 mm². Der Blutdruck hat zu einem bestimmten Zeitpunkt den Wert p = 14 kPa und die Strömungsgeschwindigkeit betrage v_1 = 0,1 m/s. Die Dichte ρ des Blutes ist 1,06 g/cm³. An einer Ablagerungsstelle A_2 verengt sich der Querschnitt auf 1 mm². Auf welchen Wert sinkt der Blutdruck an der Verengungsstelle?

Fließgeschwindigkeit an der Verengung:

Aus der Kontinuitätsgleichung $v_1 \cdot A_1 = v_2 \cdot A_2$ ergibt sich v_2 zu

$$v_2 = v_1 \cdot \frac{A_1}{A_2} = \frac{0{,}1\,\frac{\text{m}}{\text{s}} \cdot 20\,\text{mm}^2}{1\,\text{mm}^2} = 2\,\frac{\text{m}}{\text{s}}.$$

Einsetzen der Werte von v_1, v_2, p_1 und ρ in die nach p_2 umgestellte Bernoulli-Gleichung:

$$p_1 + \frac{1}{2} \cdot \rho \cdot {v_1}^2 = p_2 + \frac{1}{2} \cdot \rho \cdot {v_2}^2 \text{ ergibt}$$

$$p_2 = 14\,\text{kPa} - \frac{1}{2} \cdot 1{,}06 \cdot 10^3 \frac{\text{kg}}{\text{m}^3} \cdot (4 - 0{,}01)\,\frac{\text{m}^2}{\text{s}^2}$$

$$= 14\,\text{kPa} - 2{,}11\,\text{kPa} = 11{,}89\,\text{kPa}$$

Durch die Verengung in der Arterie sinkt der Blutdruck um etwa 15 % des ursprünglichen Wertes.

Die Thrombose

Wenn sich in einem Blutgefäß ein Blutpfropf (Thrombus) mit Einbuchtungen ausbildet, wie in Abbildung 18.7 dargestellt, wird der Druck p_2 in der Engstelle nach der Bernoulli-Gleichung geringer. In der Einbuchtung wird der Druck p_1 wegen $v \approx 0$ größer, so dass sich ein großer Druckunterschied $(p_1 - p_2)$ mit einer beträchtlichen Druckkraft auf den Thrombus in Fließrichtung ergibt. Ein Teil dieses Pfropfens kann sich von der Gefäßwand lösen, an einer engeren Stelle stecken bleiben und das Blutgefäß verschließen. Im schlimmsten Fall kann dies zu einem tödlichen Herzinfarkt oder Hirnschlag führen.

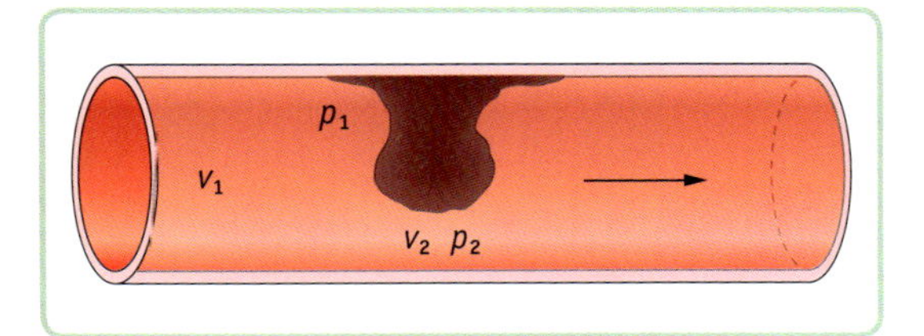

Abb. 18.7 ▶ Ausbildung eines Thrombus

Das Aneurysma

Eine weitere gefährliche Gefäßkrankheit ist das Aneurysma, das gewissermaßen das Gegenteil der Stenose ist. Auch hier verstärken sich aufgrund physikalischer Gesetze Effekte, die zu schweren Organschädigungen bis hin zum Tod führen können. Bei einem Aneurysma erweitert sich eine Ausbeulung der Arterienwand immer weiter. Dies kann dazu führen, dass das Aneurysma platzt und es zu inneren Blutungen kommt. Besonders gefährlich sind Aneurysmen im Gehirn oder an der Aorta.

Wenn bei der Aufweitung alle Arterienwandschichten beteiligt sind, entsteht eine etwa kugelförmige Ausbeulung (Aneurysma verum; Abb. 18.8 links). Reißen die innere und die mittlere Gewebeschicht ein, muss die äußere Gefäßwandschicht dem Blutdruck standhalten (Aneurysma falsum; Abb. 18.8 rechts).

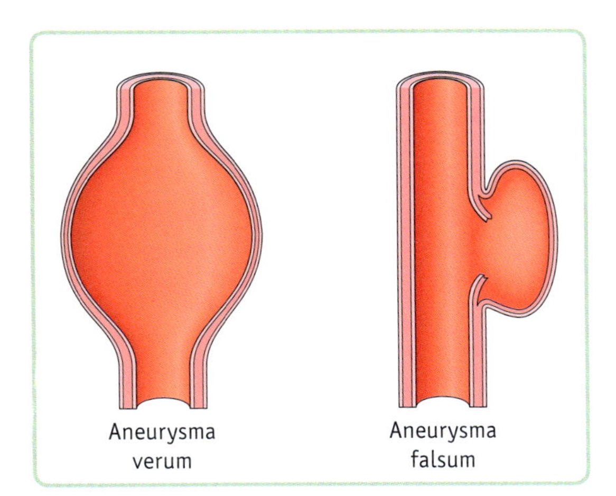

Abb. 18.8 ▶ Aneurysma verum und Aneurysma falsum

Das physikalische Gesetz, aus dem die selbstverstärkenden Effekte beim Aneurysma abgelesen werden können, ist das Gesetz von LAPLACE. Dieses Gesetz verknüpft für den Gleichgewichtszustand die Spannung σ in der Gefäßwand, die Druckdifferenz p zwischen Innen- und Außendruck (transmuraler Druck) an einer elastischen Kugel (oder in einem zylindrischen Rohr) mit der Wanddicke D und dem Radius r.

Ableitung des Laplace'schen Gesetzes

In einen Abschnitt eines Blutgefäßes mit Länge L, Radius r und Gefäßwanddicke D werde gedanklich ein Schnitt gelegt (Abb. 18.9). Der Radius r sei sehr groß gegen D, und in der Ader herrsche ein Blutdruck p. Durch den Blutdruck p werden die beiden Gefäßhälften mit einer Kraft $F_D = p \cdot L \cdot 2 \cdot r$ auseinandergedrückt. In der Gefäßwand entsteht dadurch eine Spannung σ (vgl. Kap. 16.3.1). Diese ist gegeben durch die Kraft F_s, mit der die beiden Hälften zusammengehalten werden, geteilt durch die Fläche $2 \cdot L \cdot D$ (zwei Teilflächen mit Flächeninhalt $L \cdot D$):

$$\sigma = \frac{F_s}{2 \cdot L \cdot D}$$

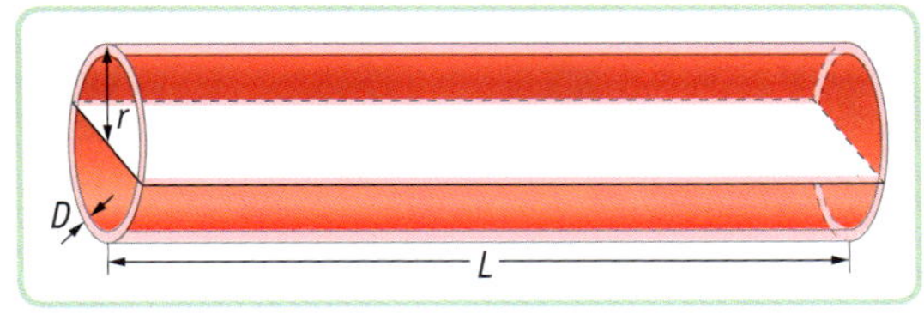

Abb. 18.9 ▶ Herleitung der Laplace'schen Gleichung für ein Blutgefäß mit Innenradius r und Wanddicke D

Im Gleichgewichtsfall (das Blutgefäß wird durch die Druckkraft nicht auseinander gerissen) muss die Bedingung $F_S = F_D$ erfüllt sein. Einsetzen von F_S und F_D und Auflösen nach σ liefert

$$\sigma = \frac{p \cdot r}{D}$$

Laplace'sches Gesetz

Auch für einen kugelförmigen Gefäßabschnitt gilt das Laplace'sche Gesetz, nur muss dann D durch $2D$

ersetzt werden. Wenn sich an einer Stelle die Gefäßwand ausbeult (Gewebeschaden, Druckwelle o. ä.), wird dort die Querschnittsfläche A_2 größer und die Flussgeschwindigkeit nimmt ab. Gemäß der Bernoulli-Gleichung steigt der Druck p_2 (Abb. 18.10). Der Gefäßinnendruck muss vor allem von der Gefäßwand kompensiert werden. Die auftretende Gefäßwandspannung ist nach dem Gesetz von LAPLACE für eine kugelförmige Ausbeulung bestimmt durch:

$$\sigma = \frac{p \cdot r}{2 \cdot D}$$

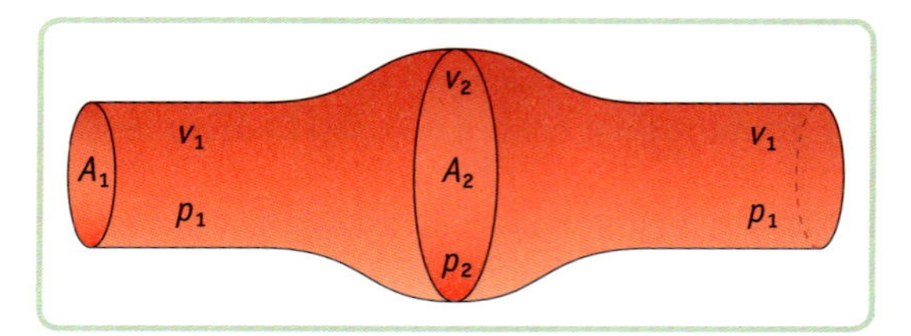

Abb. 18.10 ▶ Aneurysma in einer Arterie. Es ist $A_2 > A_1$, daher ist die Strömungsgeschwindigkeit $v_2 < v_1$ und der Druck ist $p_2 > p_1$.

Vergrößert sich der Gefäßdurchmesser r, dann steigt der Druck p. Gleichzeitig wird die Wanddicke D kleiner, da sich das Gewebe der Gefäßwand auf eine größere Fläche verteilt. Alle drei Größen p, r und D ändern sich also so, dass die Wandspannung σ zunimmt. Es kann sich hier leicht ein Teufelskreis mit immer weiterer Ausdehnung bis zum Reißen der Gefäßwand entwickeln, wenn die Spannung σ die Festigkeitsgrenze überschreitet.

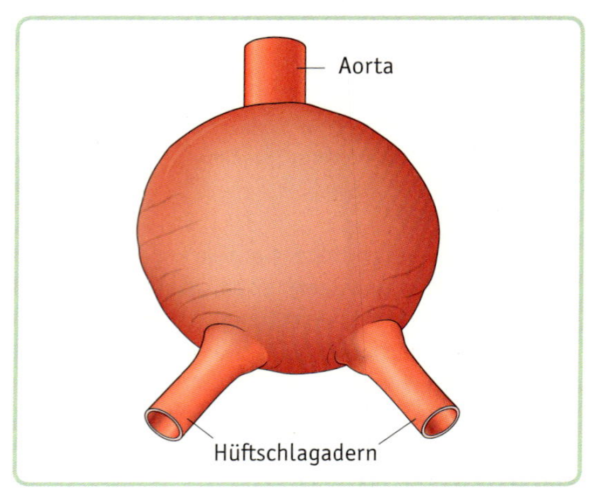

Abb. 18.11 ▶ Ein Aneurysma an der Verzweigungsstelle der Aorta in die Hüftschlagadern

▶ Aufgaben

1 Gesetz von Bernoulli

Der Durchmesser eines Rohres halbiere sich an einer Stelle. Bestimmen Sie den Druckabfall Δp in Abhängigkeit von der Geschwindigkeit v_1 im weiten Rohrabschnitt.

2 Fontäne

Die Große Fontäne im Herkulespark in Kassel erreicht eine Höhe von etwa 50 m. Wie groß muss der Druck im Zuleitungsrohr mindestens sein?
Hinweis: Zur Abschätzung des minimalen Druckes kann die Geschwindigkeit v_1 des Wassers im Wasserreservoir vernachlässigt werden. Berechnen Sie in einem ersten Schritt die Geschwindigkeit, mit der das Wasser das Fontänenrohr verlassen muss.

3 Dachschaden

In Abbildung 18.12 sind die Strömungslinien dargestellt, wenn eine Windböe ein Haus trifft. Erklären Sie anhand des Stromlinienbildes, weshalb es dazu kommen kann, dass das Dach hochgehoben werden kann.

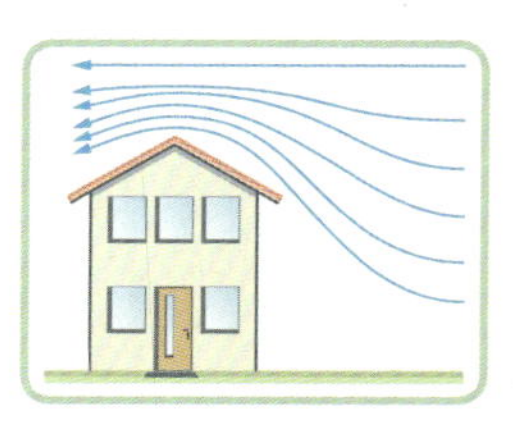

Abb. 18.12 ▶ Strömungslinien an einem Haus

4 Aneurysma

An einer Stelle einer Arterie hat sich der Durchmesser verdoppelt, und es ist eine kugelförmige Ausbeulung entstanden. Um welchen Faktor hat sich die Spannung im Gewebe der Gefäßwand verändert? Der Blutdruck in der ungeschädigten Arterie beträgt 14 kPa, die Fließgeschwindigkeit ist 0,1 m/s.

19 Vortrieb im Wasser*

Abb. 19.1 ▶ Eine Gruppe von Delphinen

Abb. 19.2 ▶ Qualle

Menschen und landlebende Tiere bewegen sich auf dem Erdboden vorwärts, indem sie eine Haftreibungskraft auf den Boden ausüben. Nach dem Wechselwirkungsprinzip übt dann der Boden auf den Menschen oder das Tier die zugehörige, entgegen gerichtete Reaktionskraft aus, die für die Vorwärtsbewegung verantwortlich ist. Beim Schwimmen ist das Wasser der relevante Wechselwirkungspartner. Auf möglichst effektive Weise muss Wasser nach hinten beschleunigt werden, die Reaktionskraft treibt den Schwimmer nach vorne.
Bei den im Wasser lebenden Tieren haben sich im Laufe der Evolution verschiedene Mechanismen zur Vortriebserzeugung entwickelt (Tab. 19.1), die teilweise erstaunlich leistungsfähig sind. So können sich Delphine mit Geschwindigkeiten von mehr als 60 km/h durch das Wasser bewegen.

Im Folgenden werden die vier wichtigsten Vortriebsarten beschrieben. Bei manchen Tieren können auch zwei Bewegungstypen beobachtet werden.

19.1 Vortrieb durch Rückstoß

Typische Vertreter für Vortrieb durch Rückstoß sind Tintenfische und Quallen.
Am Beispiel der Qualle soll eine vereinfachte Betrachtung der Bewegungsphasen durchgeführt werden: In der Körperhöhle befindliches Wasser wird nach hinten ausgestoßen. Es bekommt dadurch einen Impuls $p = m \cdot v$ nach hinten. Nach dem Impulserhaltungssatz erhält die Qualle den gleich großen Impuls nach vorne, bewegt sich also vorwärts. Durch den hohen Widerstand des Wassers wird sie abgebremst und kommt zur Ruhe. Nun muss die Körperhöhle wieder mit Wasser gefüllt werden. Auch

Vortriebstypen	Beschreibung	Beispiele
Rückstoß	Wasser wird eingesogen und mit höherer Geschwindigkeit ausgestoßen.	Qualle, Tintenfisch
Rudern, Paddeln	Flossen oder Gliedmaßen werden mit möglichst großem Widerstand nach hinten bewegt und gegen einen kleinen Widerstand zurück nach vorne.	Kofferfisch, Barsch, Eisbär, Frosch
Schwanzflossenschlag (Oszillation)	Schwanzflosse wird hin und her bewegt.	Delphin, Wal, Hai, Barsch, Forelle
Wellenbewegung (Undulation)	Mit dem Körper (oder einer einzelnen Flosse) wird eine Wellenbewegung ausgeführt.	Aal, Muräne, Forelle

Tab. 19.1 ▶ Zusammenstellung verschiedener Mechanismen zur Erzeugung eines Vortriebs in Wasser

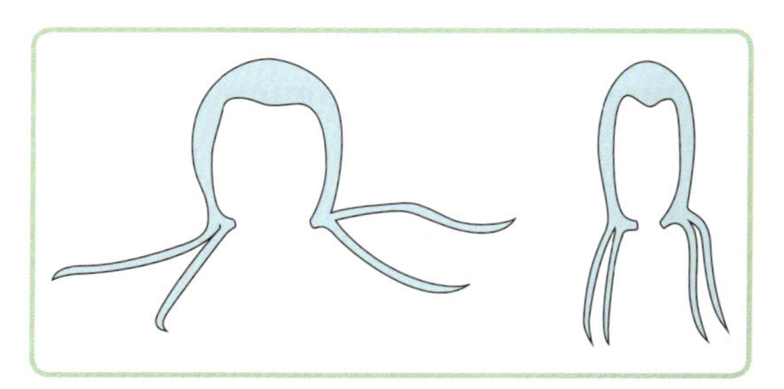

Abb. 19.3 ▶ Schematische Darstellung einer Qualle in Füll- (links) und Ausstoßphase (rechts)

hierbei erhält der Körper einen Impuls, allerdings entgegensetzt zur Bewegungsrichtung. Wären die auf das Wasser übertragenen Impulse in der Ausstoß- und in der Füllphase gleich, dann würde die Qualle nur hin und her pendeln. Aus zwei Gründen ist der Impuls beim Einströmen kleiner:

- Das Wasser strömt nicht nur von hinten sondern auch seitlich ein.
- Vor allem aber ändert die Qualle den Querschnitt der Ein- und Austrittsöffnung (Abb. 19.3). Dadurch sind die Ein- und die Ausströmgeschwindigkeiten deutlich verschieden und damit auch die auf die Qualle übertragenen Impulse.

19.2 Vortrieb durch Rudern

Der Vortrieb durch Rudern wird erzeugt, indem eine Flosse (oder eine der Gliedmaßen) mit möglichst großem Querschnitt gegen das Wasser nach hinten bewegt wird, so dass maximal viel Wasser in diese Richtung beschleunigt wird und das Tier einen großen Impuls nach vorne bekommt. Die Rückführung

Abb. 19.4 ▶ Flussbarsch

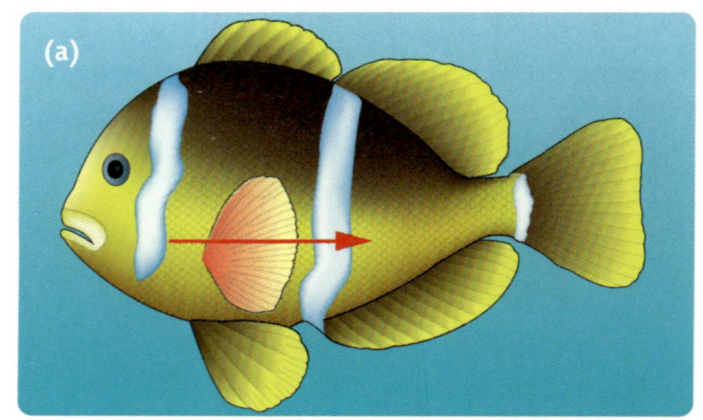

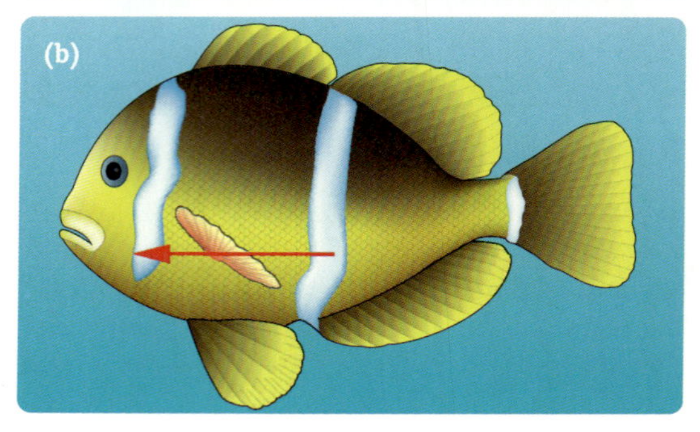

Abb. 19.5 ▶ **(a)** Die quergestellte Flosse wird nach hinten bewegt (in Richtung des Pfeils). Die Reaktionskraft des Wassers auf die Flosse schiebt den Fisch nach vorne.
(b) Die gedrehte Flosse wird nach vorne bewegt. Es entsteht nur eine kleine, nach hinten gerichtete Reaktionskraft.

muss so erfolgen, dass möglichst wenig Wasser nach vorne (und der Fisch folglich nach hinten) beschleunigt wird. Dazu wird die Flosse um etwa 90° gedreht, so dass sie mit ihrer flachen Seite durch das Wasser bewegt wird (Abb. 19.5).
Ohne Flossendrehung käme der Fisch gar nicht oder nur geringfügig vorwärts (vgl. Aufgabe 4). Bei den meisten Fischen kommt diese Art des Antriebs nur in Kombination mit dem Schwanzflossenschlag vor, die seitlichen Flossen dienen vor allem der raschen Richtungsänderung. Für schnelles und ausdauerndes Schwimmen ist die Vortriebsart Rudern allein nicht leistungsfähig genug.

19.3 Vortrieb durch Flossenschlag

Dieser sehr effektive Vortrieb wird von fast allen Fischen genutzt: Die stark ausgeprägte Schwanzflosse wird entweder horizontal (z. B. Forelle, Hai) oder bei den Säugetieren (Delphin, Wal) vertikal hin- und her

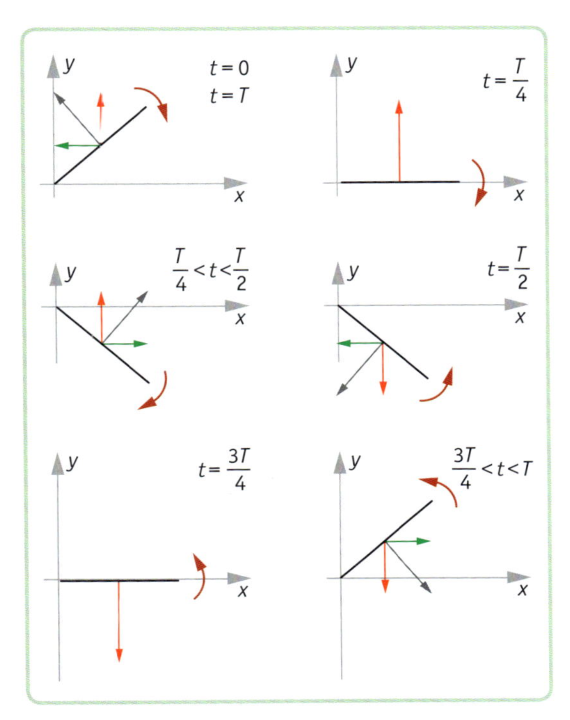

Abb. 19.6 ▶ Kräfte auf eine einteilige Flosse während eines Bewegungszyklus. Die grauen Pfeile geben die resultierende Kraft, die grünen die Kräfte in horizontaler Richtung und die roten Pfeile die Kräfte in vertikaler Richtung an.

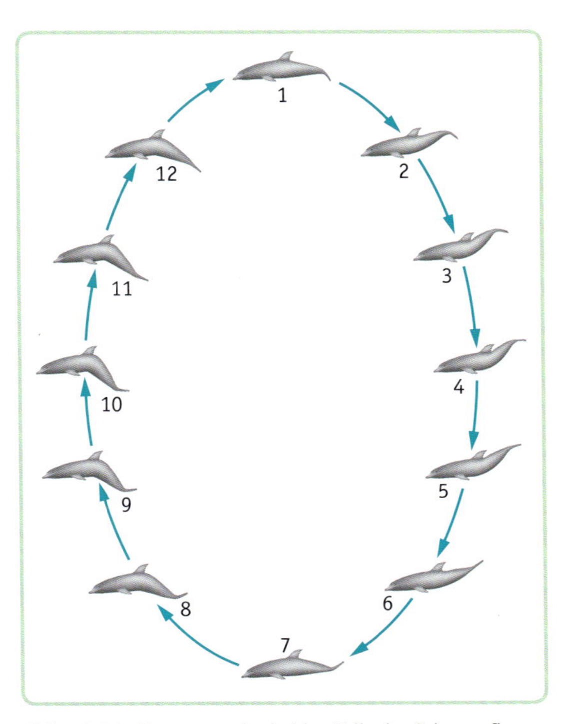

Abb. 19.7 ▶ Bewegung der beiden Teile der Schwanzflosse eines Delphins

bewegt. Wenn man sich zunächst vorstellt, dass sich die Schwanzflosse wie eine Tür als Ganzes hin- und her bewegt, dann kann es keinen effizienten Vortrieb geben. Denn bei einem vollständigen Zyklus wird Wasser sowohl nach hinten gedrückt als auch nach vorne (und nach oben und unten). Die Kräfte auf den Fisch heben sich im Mittel weitgehend auf. In Abbildung 19.6 sind für einige Positionen während einer Bewegungsperiode T die Kräfte, die das Wasser auf die Schwanzflosse ausübt, eingetragen.

Die Bewegung der Schwanzflosse muss deshalb anders verlaufen. Beobachtungen haben gezeigt, dass man sich die Flosse aus zwei Teilen bestehend vorstellen kann, die sich in einer bestimmten Weise zueinander bewegen. In Abbildung 19.7 sind für einen Zyklus an mehreren Positionen die Orientierungen der beiden Flossenteile dargestellt.

Abbildung 19.8 zeigt die vom Wasser auf die beiden Schwanzflossenteile ausgeübten Kräfte für eine Be-

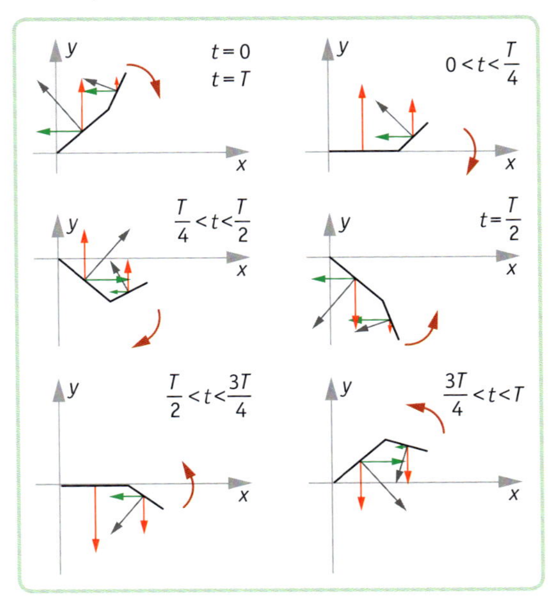

Abb. 19.8 ▶ Kräfte auf die zweiteilige Schwanzflosse zu sechs verschiedenen Zeitpunkten (Farben wie in Abb. 19.6)

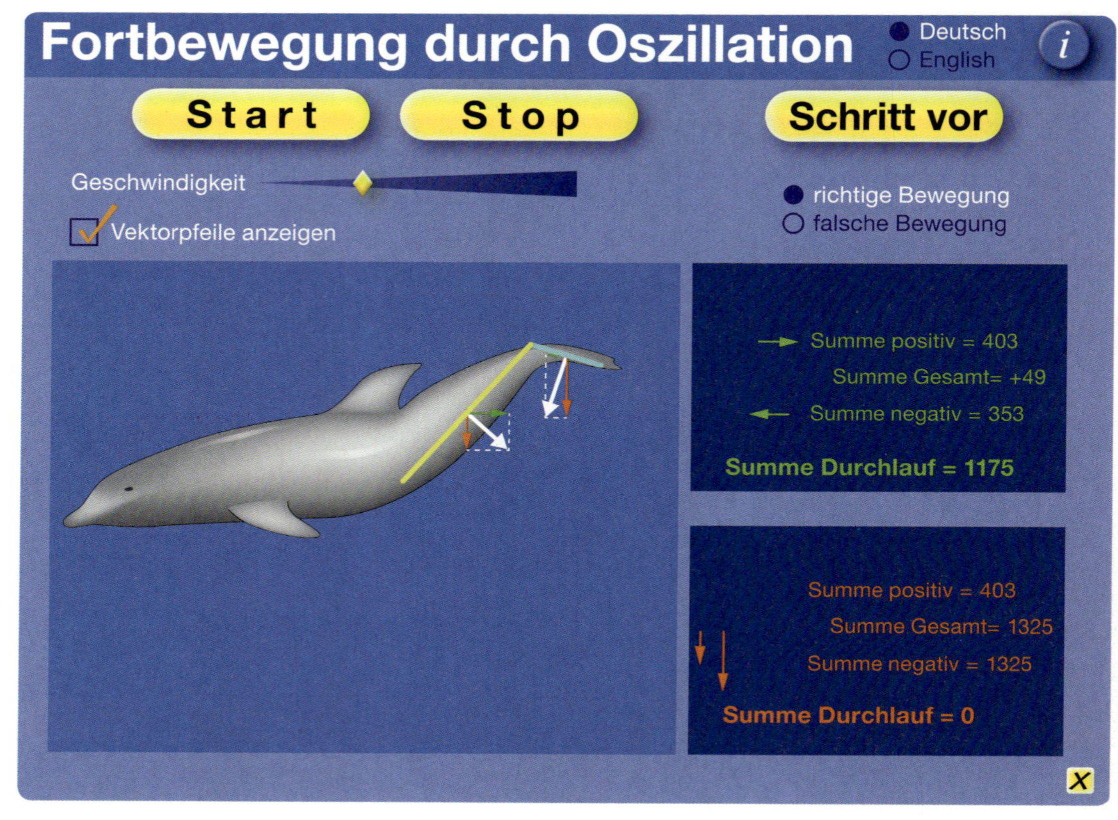

Abb. 19.9 ▸ Computersimulation zur Erklärung des Vortriebs durch Flossenschlag

wegungsperiode *T*. Man sieht, dass insgesamt eine nach vorne gerichtete Kraft übrig bleibt.
In Abbildung 19.9 ist eine Computersimulation zu sehen, mit der die Entstehung des Vortriebs beim Rudern, beim Flossenschlag und bei der Wellenbewegung (auch Undulation genannt) veranschaulicht werden kann. Aufgerufen ist die Simulation des Flossenschlags. Die Bewegung der beiden Schwanzflossenteile erfolgt entgegengesetzt zur Richtung der weißen Pfeile, die die Richtungen der Reaktionskraft des Wassers auf die Flossenteile angeben. Die roten Pfeile geben die Kräfte in vertikaler Richtung an. Die Summe über eine vollständige Bewegungsperiode ist null. Die grünen Pfeile repräsentieren die horizontal angreifenden Kräfte. Hier ergibt sich über eine Periode eine resultierende Kraft, die zur Vorwärtsbewegung des Delphins führt.

19.4 Vortrieb durch Wellenbewegung

Beobachtet man eine schwimmende Muräne, dann sieht man, dass der Körper eine Wellenbewegung ausführt (Abb. 19.10). Es sieht so aus, als ob sich vom Kopf her in Schwanzrichtung eine Welle durch den Körper schiebt.

Abb. 19.10 ▸ Nasenmuräne (Rhinomuraena quaesita)

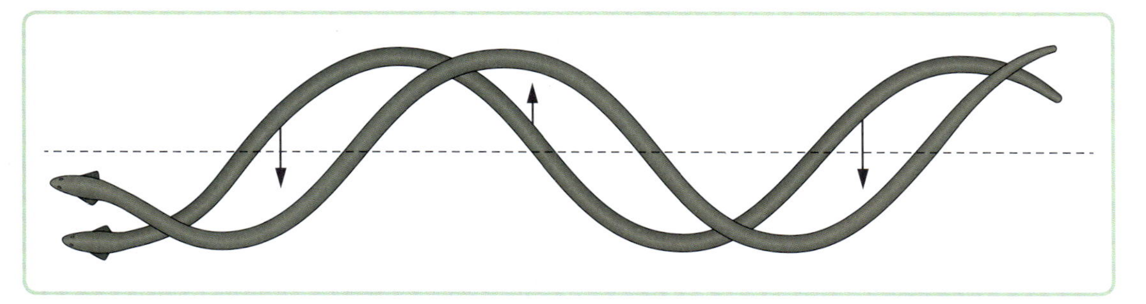

Abb. 19.11 ▶ Die Welle durch den Körper schiebt sich von links nach rechts. Die Pfeile geben die Bewegungsrichtung der dortigen Körperteile an.

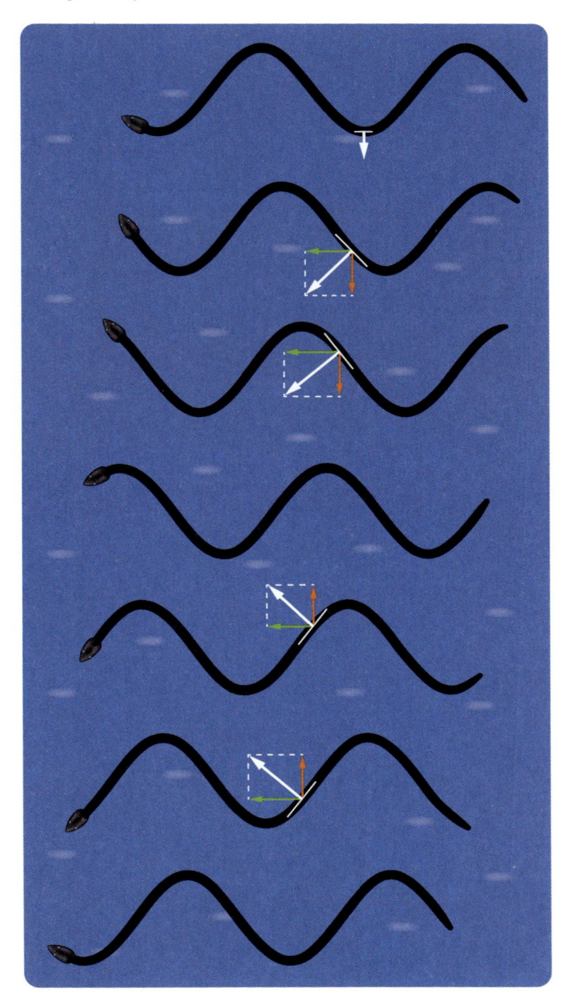

Abb. 19.12 ▶ Wellenbewegung durch den Körper einer Muräne mit Kraft auf einen bestimmten Teil des Körpers

In Abbildung 19.12 ist für sieben aufeinander folgende Zeitpunkte für einen ausgewählten Teil des Körpers die aus der Bewegung gegen das Wasser entstehende Reaktionskraft eingezeichnet, die das Wasser auf diesen Körperteil ausübt. Zu beachten ist, dass die Bewegung des Körperteils aufgrund der Wellenbewegung in Teilbild 2 von unten nach oben erfolgt.

▶ Aufgaben

1 Seepferdchen

Ordnen Sie die Schwimmarten Kraulen, Brustschwimmen, Rückenschwimmen und Delphin den verschiedenen Mechanismen für die Vortriebserzeugung im Wasser zu.

2 Zu Wasser und zu Lande

Es gibt in der Wüste Schlangen, die sich auf der Sandoberfläche bewegen können. Welche Vortriebsart werden sie – im Vergleich zu den Tieren im Wasser – vermutlich nutzen? Begründen Sie Ihre Vermutung.

3 Rudern

Wie führt ein Ruderer das Ruder während eines Schlagzyklus? Begründen Sie, dass damit ein effektiver Vortrieb möglich ist.

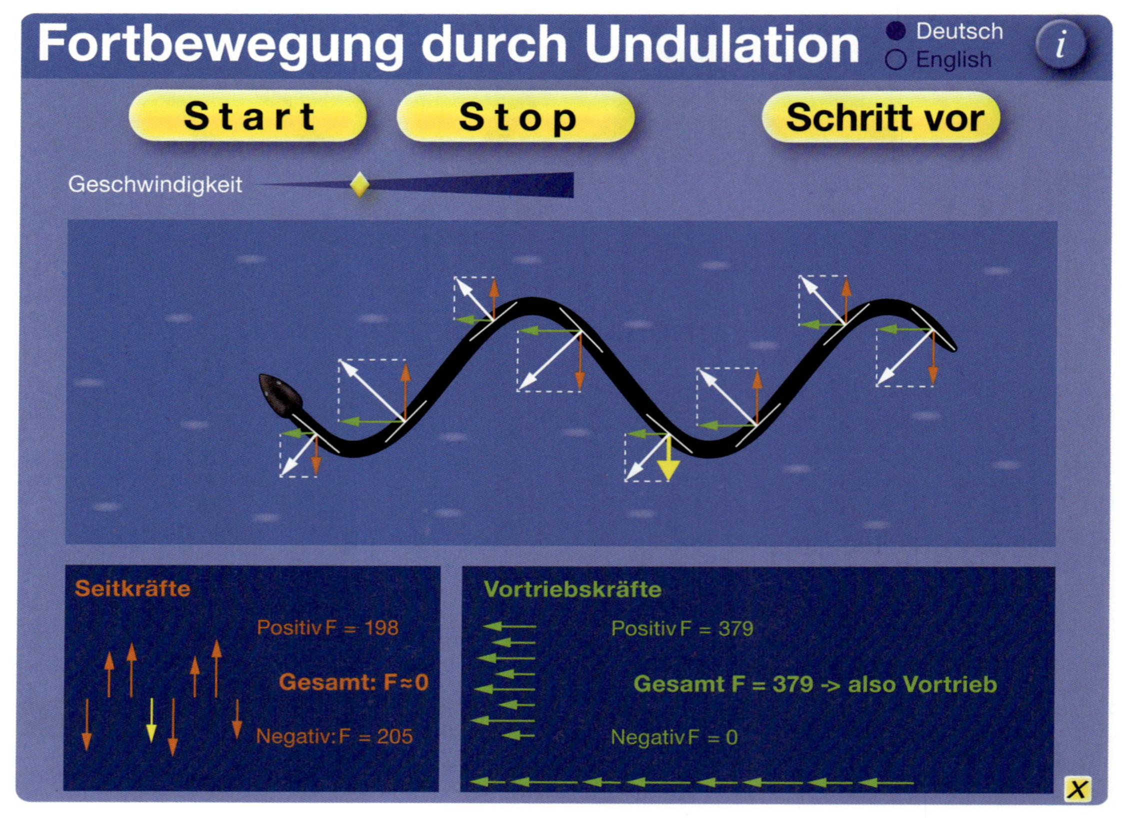

Abb. 19.13 ▶ Computersimulation, mit der die Entstehung des Vortriebs bei der Wellenbewegung veranschaulicht werden kann

4 Flossenschlag

Wie bewegt sich der Körper eines Flussbarsches, der seine Flossen ohne Verdrehen vor und zurück bewegt? Diskutieren Sie nacheinander die beiden Fälle:

a) Die Flossenbewegung startet bei anfangs ruhendem Fisch von der maximal vorderen Position aus und bewegt sich nach hinten. In welche Richtung bewegt sich der Fisch? Begründen Sie Ihre Antwort.
Wenn die Flosse hinten angekommen ist, gibt es eine Pause bei der Flossenbewegung und der Fisch kommt aufgrund der Reibung mit dem Wasser zur Ruhe. Dann bewegt er die Flossen von hinten nach vorn und hält sie dort an. In welche Richtung bewegt sich der Fisch jetzt? Begründen Sie Ihre Antwort.
Hat sich der Fisch, wenn er durch die Reibung wieder zur Ruhe gekommen ist, nach diesen zwei Bewegungsphasen vom Anfangsort nach vorne oder nach hinten verschoben?

b) Die Flossen stehen anfangs senkrecht vom Körper ab. Dann beginnt die Flossenbewegung von vorne nach hinten und pausiert, wenn die Flosse maximal nach hinten gedreht ist. Der Fisch komme zur Ruhe. Anschließend werden die Flossen vollständig nach vorne gedreht. Beschreiben und begründen Sie, welche Bewegung der Fisch in den beiden Phasen ausführt.

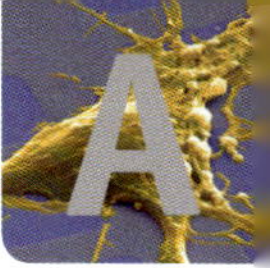

Stichwortverzeichnis

E

F

G

Bildnachweis

© 2004 Richard Megna / Fundamental Photographs – S. 42 // 123rf.com / © leon7 – S. 52 // © A1 Pix / Your Photo Today, Taufkirchen – S. 198 // Bergische Universität Wuppertal – S. 73 // David Blazek, Prag – S. 203 // Markus Buchner, Institut für Sport- und Sportwissenschaft Ruprecht-Karls-Universität, Heidelberg – S. 213 (2) // Carl Zeiss AG, Oberkochen – S. 116 // Courtesy of the Laboratory of Neuro Imaging and Martinos Center of Biomedical Imaging, Consortium of the Human Connectome Project – http://www.human-connectomeproject.org – S. 149 (9) // Andrew Davidhazy, Rochester Institute of Technology (RIT) – S. 37 (2) // Rainer Dietrich, Schweinfurt – S. 46 (3), 68, 82(3), 85, 86, 99 (2), 100 (2), 102, 122, 129, 130 (2), 157, 159, 160 (2), 161 (2), 169 // dpa Picture-Alliance, Frankfurt – S. 26; - / Bernd Thissen – S. 205; - / Bodo Marks – S. 53; - / Chassenet – S. 22; - / Daniel Reinhardt – S. 122; - / Frank Leonhardt – S. 63; - / GES / Helge Prang – S. 187; - / Kyodo – S. 148; - / Michael Rosenfeld – S. 22; - / Rolf Kosecki – S. 203; - / Shemetov Maxim – S. 147; - / Sport Moments / Lorenz – S. 204; - / Svens Simon / Anke Fleig – S. 207; - / Universität Tübingen – S. 12; - / Vladimir Godni – S. 54 // dreamstime / ©Isselee – S. 11 // Markus Elsholz, M!ND-Center Universität Würzburg – S. 95, 96, 97, 98 // EML European Media Laboratory, Heidelberg – S. 209 // Doreen Eschinger, Bamberg – S. 27 (2) // F1online Bildagentur / Aflo, Frankfurt – S. 207 // Christian Fauser, Würzburg – S. 134 // fotolia / © Felix Horstmann – S. 108; - / © Ingo Bartussek – S. 133; - / © juefraphoto – S. 133; - / © Konstantin Li – S. 78; - / © masa – S. 39; - / © Maxim Petrichuk – S. 186 // © Fraunhofer IFAM, München – S. 189 // © Dr David Furness / Welcome Images – S. 75 // Thomas Geßner, Stockstadt – S. 207, 209, 211 (2), 212 (2) // Getty Images / Stephen Frink, München – S. 224; - / Superstock – S. 31 // Grundlagen der Biophysik, Handreichung, Staatsinstitut für Schulqualität und Bildungsforschung, München (Hrsg.), Brigg Pädagogik Verlag, Augsburg 2009, S. 65 – S. 75 // Christian Hanel, Schweinfurt – S. 81 // Haug GmbH & Co. KG, Leinfelden-Echterdingen – S. 85 // HBM, Darmstadt – S. 208 // A. James Hudspeth / Rockefeller University, New York – S. 210 // David Julius, UCSF – S. 37 // Leybold / LD Didactic, Hürth – S. 126// mauritius images / Science Source, Mittenwald – S. 87 // Robert Meckler, Fürth – S. 107, 138 // MPI für Biochemie Peter Fromherz, Martinsried – S. 180 // nach:geogegra / miche.schneider / CC BY-SA 3.0 – S. 17, 18 (2) // Okapia / © Horst Jegen / Mc Photo, Frankfurt – S. 77; - / © Manfred P. Kage – S. 197 // Photos courtesy Harvard Natural Science Lecture Demonstrations, FAS Science Division, Cambridge – S. 183 (2) // PHYWE Systeme GmbH & Co. KG, Göttingen – S. 76, 138 // Andreas Reichenbach, Leipzig – S. 34, 36 (3) // Helmut Schmitz, Universität Bonn – S. 38 // Emi Takahashi et al. Developing Neocortex Organization and Connectivity in Cats Revealed by Direct Correlation of Diffusion Tractography and Histology Cereb. Cortex (2011) 21 (1): 200-211 doi:10.1093/cercor/bhq084, Fig. 1C – S. 182 // thinkstock / © stockbyte – S. 185; - / Hemera / © Vadim Kozlovsky – S. 128; - / iStock / © AustralisPhotography – S. 133; - / iStock / © Dmitiry Kutlayev – S. 200; - / iStock / © FooTToo – S. 133; - / iStock / © gewoldi – S. 48; - / iStock / © grzymkie – S. 133; - / iStock / © Gytis Mikulicius – S. 83; - / iStock / © IMNATURE – S. 200; - / iStock / © Ivan Kuzmin – S. 64; - / iStock / © Ivan Montero – S. 79; - / iStock / © luisrsphoto – S. 133; - / iStock / © Mark Kostich – S. 131; - / iStock / © scyther5 – S. 133; - / iStock / © Susanne Law Cain – S. 133; - / iStock / © Vladimir Konjushenko – S. 222; - / iStock / © wenht – S. 131; - / iStock / © nabihariahi – Einband; - / iStock / © Nastco – S. 23; - / iStock / © Nathaniel Frey – S. 37; - / Photodisc / © Digital Vision – S. 202 // U.S. National Library of Medicine – S. 150 // Universität Augsburg / Lehrstuhl Experimentalphysik VI / Prof. J. Mannhardt, Prof. F. Gießibl, Augsburg – S. 121 // Universitätsklinikum, Heidelberg – S. 146 // www.wikimedia.org / © AG Prof. Schmitz / CC BY-SA 2.5 – S. 38; - / © Hans Hellewaert / CC BY-SA 3.0 – S. 163; - / Albert kok / CC BY-SA 3.0, 2.5, 2.0, 1.0 – S. 80; - / Anton / CC BY-SA 3.0 – S. 13; - / Armedblowfish / BSD – S. 69; - / BS Thurner Hof / CC BY-SA 3.0 – 221; - / BSD / Tallfred – S. 19; - / che – S. 116; - / Dartmouth Electron Microscope Facility, Dartmouth College – S. 121; - / George Grantham Bain Collection / Library of Congress – S. 125; - / Hbvorkyb / CC BY-SA 3.0 – S. 98; - / Hg6996 – S. 132; - / Mark Fickett / CC BY-SA 2.5 – S. 33; - / Michael Van Woert, NOAA DESDIS, ORA / CC BY-SA 2.0 – S. 26; - / Plepe2000 / CC BY-SA 3.0, 2.5, 2.0, 1.0 – S. 116; - / Polini / CC BY-SA 3.0 – S. 181; - / Saginaw Future / CC BY-SA 2.0 – S. 136; - / sec11 / CC BY-SA 3.0 – S. 118; - / SecretDisc / CC BY-SA 3.0 – S. 51 (2); - / Serguei S. Dukachev / CC BY-SA 3.0 – S. 221; - / Stan Sehbs / CC BY-SA 3.0 – S. 90; - / Steve / CC BY-SA 2.0 – S. 65; - / Steven Fruitsmaa, / CC BY-SA 3.0, 2.5, 2.0, 1.0 – S. 97; - / Yeza / CC BY-SA 3.0, 2.5, 2.0, 1.0 – S. 90